Matemáticas Financieras Básicas

Aplicaciones al sector público y privado

2ª edición

MATEMÁTICAS FINANCIERAS BÁSICAS

APLICACIONES AL SECTOR PÚBLICO Y PRIVADO

2ª EDICIÓN

Francisco López Corrales
Doctor en Ciencias Económicas y Empresariales
Profesor Titular de la Universidad de Vigo

Mercedes Mareque Álvarez-Santullano
Doctora en Ciencias Económicas y Empresariales
Profesora de la Universidad de Vigo

Marina Anido Crespo
Licenciada en Ciencias Actuariales y Financieras

Garceta
grupo editorial

MATEMÁTICAS FINANCIERAS BÁSICAS 2ª EDICIÓN **Aplicaciones al sector público y privado**
Francisco López Corrales, Mercedes Mareque Álvarez-Santullano, Marina Anido Crespo **ISBN:** 978-84-1622-898-0 **IBERGARCETA PUBLICACIONES, S.L., Madrid, 2018** **Edición:** 1ª **Nº de páginas:** 478 **Formato:** 17 × 24 cm. **Materia IBIC:** KFF. Finanzas

MATEMÁTICAS FINANCIERAS BÁSICAS. 2ª EDICIÓN

Aplicaciones al sector público y privado

info@garceta.es

ISBN: 978-84-1622-898-0

Edición: 1ª.

Impresión: 1ª.

Depósito legal: M-2406-2018

Imagen de cubierta: © Fotolia_Martin Schumann

Impresión: Producciones Digitales Pulmen, S.L.L.

OI: 0155/2020

IMPRESO EN ESPAÑA-PRINTED IN SPAIN

La cultura financiera es imprescindible
para entender la información emitida por las entidades financieras
por lo que sería deseable que formara parte de los diseños curriculares básicos.

Los autores

CONTENIDO

PRÓLOGO

A pesar de que el Gobierno adorne la información sobre la crisis financiera con datos macroeconómicos positivos, lo cierto es que todavía sigue presente, especialmente en las personas físicas de rentas bajas y desempleados y también en las empresas de reducida dimensión. Estos colectivos encuentran dificultades para que sus necesidades de financiación sean atendidas por las instituciones financieras, cada vez más reacias a atender a colectivos que le supongan riesgos en su gestión, haciendo que estos acudan a otro tipo de entidades, que sí le ofrecen alternativas, pero en unas condiciones bastante abusivas.

Desde nuestro punto de vista, los gobiernos deberían implicarse en formar a sus ciudadanos en adquirir una cultura financiera básica, desde la enseñanza secundaria, pasando por la celebración de distintos cursos asequibles para todos los ciudadanos, sin coste, ya que los existentes están correctamente estructurados, con un nivel no comprensible para buena parte de los usuarios; básicamente nos referimos a los que figuran en las páginas web del Banco de España y de la Comisión Nacional del Mercado de Valores.

En la Administración Pública suele ocurrir que buena parte de la financiación que obtienen no se ajusta a la entidad financiera que ofrece condiciones más ventajosas, normalmente no se cobran comisiones iniciales pero los tipos de interés suelen ser altos y las comisiones de desistimiento también. Esta situación mejoró con la aplicación del principio de prudencia financiera, además de otras medidas impuestas por el gobierno; no obstante, en la Administración Pública en general y, en los ayuntamientos en particular, el tema financiero está bastante olvidado.

Si además de lo expuesto anteriormente se añade que las propias instituciones financieras ofrecen sus productos financieros con informaciones poco claras, difícilmente entendibles por los distintos usuarios y que éstos siguen sin leer la letra pequeña que figura en los contratos, se llega entonces a la misma situación que existía antes del inicio de la crisis, se depende del empleado de la institución que tan malos recuerdos trae.

Se hace necesario tener alguna formación **financiera** para saber interpretar la información que nos ofrecen las distintas instituciones financieras. Los autores, todos con experiencia en la docencia universitaria, siempre explicamos a nuestros alumnos que cuando compramos un determinado producto, observamos las condiciones más ventajosas. Esto lo podemos aplicar también en la elección de un determinado producto financiero. Antes de acudir a una institución financiera es bueno informarse antes para saber de qué nos están hablando y no dejarlo nunca en manos de terceros.

Con la publicación de este libro en su segunda edición, mejorada, ampliada y actualizada, se pretende contribuir a incrementar la cultura financiera de los ciudadanos en general, aportando información de buena parte de los productos financieros existentes en el mercado, con un enfoque práctico para una mejor comprensión.

El libro se ha estructurado en cinco partes; la primera de título *Leyes financieras básicas*, consta de cuatro capítulos en donde se explican los conceptos básicos necesarios para acometer el estudio de esta disciplina; a las leyes financieras de capitalización y descuento, tanto simples como compuesta, se le han dedicado bastantes ejemplos representativos al igual que al estudio de los distintos tipos de interés, base para entender otros conceptos. El cálculo de los intereses legales, intereses de demora e intereses comerciales, también son explicados en este capítulo.

La segunda parte, denominada *Rentas financieras*, contiene ocho capítulos, al igual que la primera parte de este libro, con un enfoque práctico, en donde se desarrollan los conceptos básicos necesarios para comprender el concepto de renta y las distintas clases de rentas; las rentas constantes, variables en progresión aritmética y geométrica y las rentas fraccionadas, con distintos supuestos prácticos.

La tercera parte se dedica al estudio de los *Préstamos*. Comprende cinco capítulos, en donde se explica el concepto de préstamo y sus distintos métodos de amortización. Se ha incluido en esta parte una breve referencia a lo que será la nueva ley hipotecaria y el cálculo de la tasa efectiva y coste amortizado que, si bien no son conceptos financieros propiamente dichos, sí son de aplicación para la contabilización de los préstamos, tanto desde el punto de vista del prestamista como del prestatario. Se presenta también un supuesto de aplicación de la cláusula suelo.

La cuarta parte del libro, lleva por título los *Empréstitos*. En ella se hace referencia a su concepto y a los distintos tipos de empréstitos existentes en el mercado financiero; únicamente se analizan los denominados empréstitos normales, tanto desde el punto de vista del ente emisor como del obligacionista.

La última parte del libro, *Operaciones financieras utilizadas en el sector público y/o privado*, contiene una serie de productos financieros tales como el arrendamiento financiero, *renting*, letras del Tesoro, pólizas de crédito, etc., además de supuestos de aplicación del principio de prudencia financiera.

Los autores queremos seguir agradeciendo al grupo editorial Garceta por hacer posible la segunda edición de este libro.

Diciembre de 2018

Francisco López Corrales

PARTE I

LEYES FINANCIERAS BÁSICAS

CAPÍTULO 1

CONCEPTOS BÁSICOS

Contenido

1.1. CAPITAL FINANCIERO

La definición que sobre este concepto nos da el profesor Gil Peláez[1] es la siguiente:

> *"... La medida de un bien económico referida al momento de su disponibilidad o vencimiento".*

Por su parte, Andrés de Pablos matiza la definición anterior, definiendo el capital financiero como sigue:

> *"... La medida de cualquier activo real o financiero, expresada por su cuantía y por su vencimiento o momento de disponibilidad".*

Si comparamos ambas definiciones de capital financiero se deduce que el concepto de *bien económico*, que figura en la definición del profesor Gil Peláez, es sustituido en la que da Andrés de Pablo[2] por *activo real* o *financiero*; es decir, la definición se amplía para incluir a los activos financieros ya que cuando se opera con estos activos no suele hacerse referencia a bienes económicos concretos.

El capital financiero se identifica por las componentes (C, t), en donde:

$C \longrightarrow$ Representa la cuantía del capital expresada en unidades monetarias.

$t \longrightarrow$ Indica el vencimiento o disponibilidad de la cuantía, expresado en unidades de tiempo (años, meses, etc.).

La representación gráfica del capital financiero suele hacerse de distintas formas, tal como figura en los siguientes gráficos.

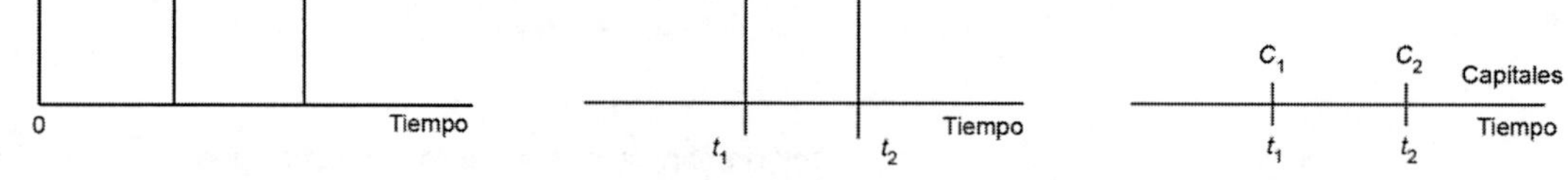

Los capitales pueden analizarse desde una perspectiva objetiva, o bien, desde una perspectiva subjetiva.

---

[1] L. Gil Peláez. *Matemáticas de las Operaciones financieras*. Página 24, Editorial AC, 1987.

[2] Andrés de Pablo López. *Matemáticas de las Operaciones financieras*. Página 31, Editorial UNED, 1993.

En el primer caso, los capitales han de ser de cuantía positiva ($C \geq 0$) puesto que todo activo real tiene un valor, mayor o menor, en función de la utilidad que proporciona; desde una perspectiva subjetiva, el valor de C puede ser mayor o menor que cero ($C \gtrless 0$), es decir, refleja la posición de una persona respecto a un capital determinado. Así pues, si $C > 0$, se entenderá como un ingreso para un determinado sujeto económico, en cambio, $C < 0$, se entenderá como un pago o reintegro a realizar por este sujeto.

Un ejemplo de capital financiero seria la compra de un coche, su valoración sería distinta en el momento de su compra que, por ejemplo, un año después.

En relación al tiempo, podrá ser positivo o negativo; es positivo cuando su vencimiento es posterior al origen y es negativo cuando su vencimiento es anterior al origen de la operación.

Al conjunto de todos los posibles capitales financieros se le denomina **espacio financiero** y se simboliza con la letra E:

$$E = \{ (C,t)/(C,t) \in R \}$$

Además, $C \in R^{+}$ cuando se analiza desde una perspectiva objetiva.

1.2. COMPARACIÓN ENTRE CAPITALES FINANCIEROS

Dados dos capitales financieros (C_1, t_1) y (C_2, t_1), se trata de comparar cuál es el preferible o si son indiferentes.

$$(C_1, t_1) \quad \begin{matrix} \succ \\ \sim \\ \prec \end{matrix} \quad (C_2, t_2)$$

El símbolo "$\succ$" significa *preferible*; el símbolo "$\prec$" indica *menos preferible* y el símbolo "$\sim$" indica *indiferente* o *equivalente*.

Existen algunos casos en que la comparación es inmediata, como ocurre cuando los capitales son iguales y vencimientos distintos.

$$C_1 = C_2 \text{ y } t_1 < t_2 \rightarrow (C_1, t_1) \succ (C_2, t_2)$$

Esta relación nos indica que entre dos capitales de la misma cuantía, se prefiere el de menor vencimiento.

Por otra parte, si los capitales son distintos $C_1 > C_2$ y los tiempos son iguales $t_1 = t_2$:

$$C_1 > C_2 \text{ y } t_1 = t_2 \rightarrow (C_1, t_1) \succ (C_2, t_2)$$

Lo que nos indica que entre dos capitales que tengan el mismo vencimiento, se prefiere el de mayor cuantía.

Algunos ejemplos de lo expuesto anteriormente pueden ser los siguientes casos:

- Entre dos capitales iguales, por ejemplo, $C_1 = C_2 = 1.000$ € y vencimientos distintos: 2 y 3 años, respectivamente, es preferible el del vencimiento más próximo, es decir, (1.000, 2).
- Entre dos capitales distintos, por ejemplo, $C_1 = 1.000$ € y $C_2 = 990$ € con vencimiento dentro de dos años, es preferible $C_1 = 1.000$ € en el momento 2, es decir, el de mayor cuantía.

Estos dos casos pueden representarse gráficamente de la siguiente forma:

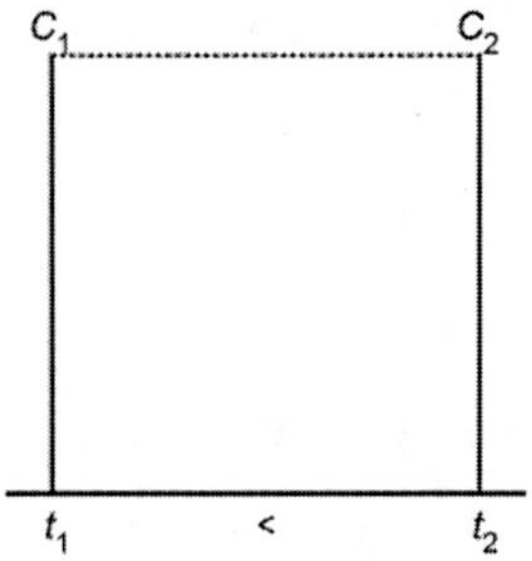

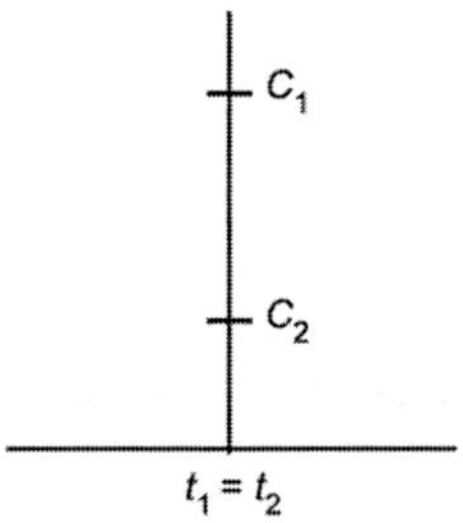

Los dos casos analizados de comparación de capitales son de aplicación directa en virtud del principio de subestimación de los capitales futuros.

Cuando dos capitales financieros son distintos, es decir, presentan distinta cuantía y vencimiento ya no podemos afirmar de forma directa cuál de ellos se prefiere o si son indiferentes; para efectuar la comparativa habrá que homogeneizar los vencimientos, es decir, proyectar ambos capitales a un mismo momento p de tiempo tomado como referencia.

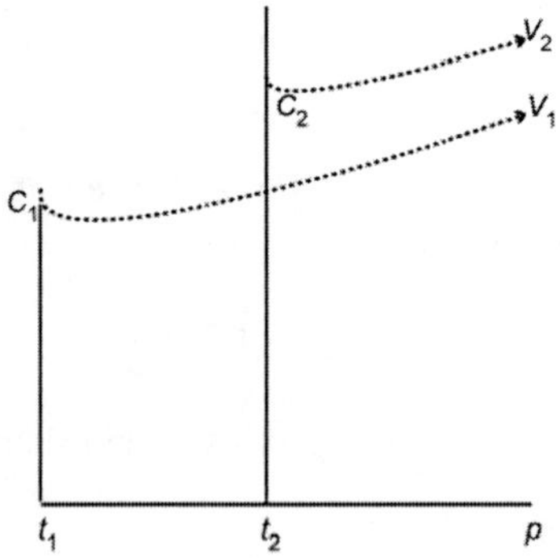

En el gráfico anterior:

$$V_1 = proy_p\ (C_1, t_1)$$

$$V_2 = proy_p\ (C_2, t_2)$$

Como consecuencia de la proyección, tenemos:

$$V_2 > V_1 \rightarrow (C_2, t_2) \succ (C_1, t_1)$$

La relación anterior nos indica que entre dos capitales cualesquiera, se prefiere el que tiene mayor sustituto en p.

Sí, $V_2 = V_1 \rightarrow (C_2, t_2) \sim (C_1, t_1)$, ambos capitales tienen el mismo sustituto en p, lo que implica que son equivalentes.

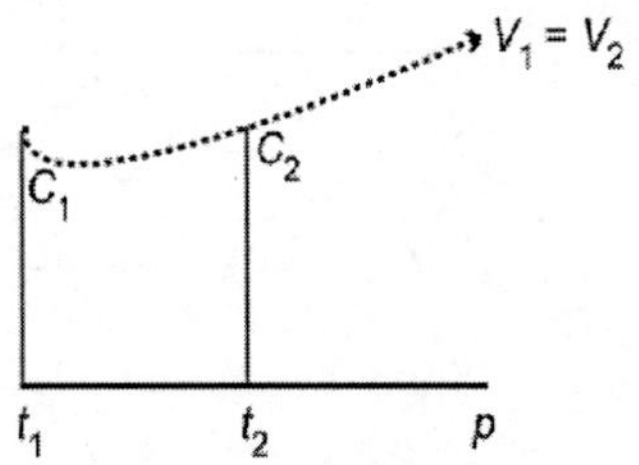

1.3. LEYES FINANCIERAS. PROPIEDADES

En el epígrafe anterior hemos explicado cómo se comparan capitales financieros de distintas cuantías y vencimientos, pero quedó una cuestión sin resolver, ¿cómo se proyectan los capitales al punto de referencia p? Los agentes económicos han de disponer de reglas o criterios con los cuales poder comparar capitales, la expresión matemática de esos criterios recibe la denominación de **leyes financieras.**

La ley financiera es pues, la expresión matemática que permite para cada par (C, t) obtener V, es decir, es una función (F) que depende del capital (C), tiempo (t) y del punto de referencia (p) y se expresa como sigue:

$$V = F(C, t, p) = proy_p\,(C, t)$$

Cuando $p > t$, la ley recibe el nombre de **ley financiera de capitalización**, y la función F se suele sustituir por L.

$$V = L(C, t, p)$$

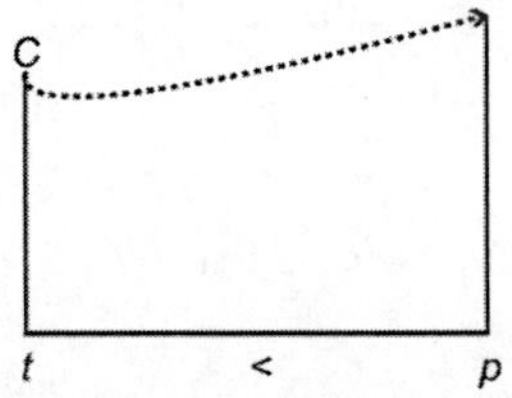

Cuando, por el contrario, $p < t$, la ley recibe el nombre de **ley financiera de descuento** y la función (F) se sustituye por A.

$$V = A(C, t, p)$$

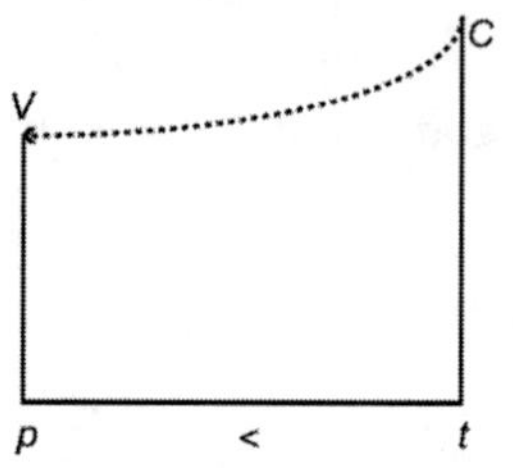

Resumiendo,

$$V = F(C, t, p) = proy_p(C, t) \quad \begin{cases} \text{Si } p > t, \text{ Ley financiera de capitalización: } L(C, t, p) \\ \text{Si } p < t, \text{ Ley financiera de descuento: } A(C, t, p) \end{cases}$$

Ejemplo 1.1.

Tomando el año 13 como fuente de referencia y de acuerdo con la ley financiera de capitalización:

$$L(t, p) = 1 + 0{,}05\ (p - t), \text{ con } p > t$$

Se pide: ¿cuál de los siguientes capitales se prefiere desde el punto de vista financiero: 600 € disponibles en el año 6 o 700 € en el año 10?

Solución

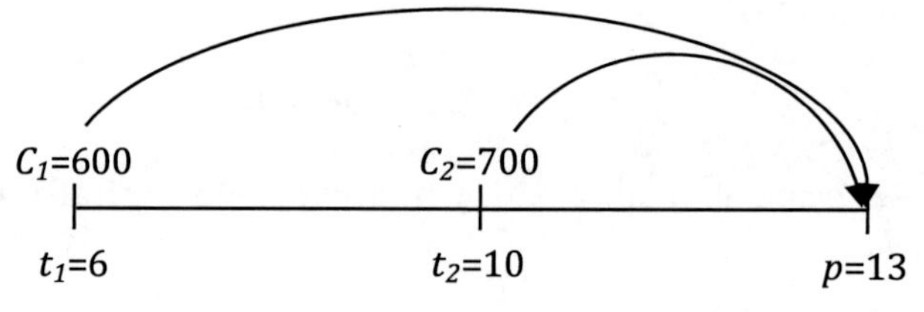

$$V_1 = C_1 \times L(6, 13) = 600 \times [1 + 0{,}05 \times (13 - 6)] = 810\ €.$$

$$V_2 = C_2 \times L(10, 13) = 700 \times [1 + 0{,}05 \times (13 - 10)] = 805\ €.$$

En consecuencia,

$$V_1 > V_2 \rightarrow (600, 6) \succ (700{,}10)$$

$$p = 13$$

Ejemplo 1.2.

Determinar si los capitales (10.000, 13) y (13.000, 17) son equivalentes, aplicando una ley financiera $L(t,p)= 1 + 0{,}12\ (p - t)$, teniendo en cuenta que el punto de aplicación de la ley sería dentro de 22 años.

Solución

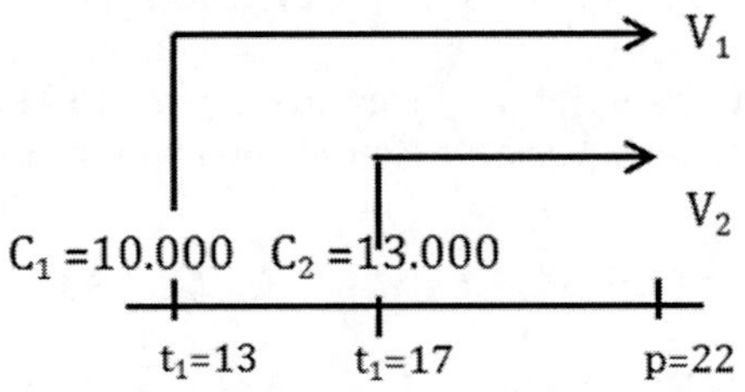

$$V_1 = C_1 \times L(13,22) = 10.000 \times [1 + 0{,}12 \times (22 - 13)] = 20.800\ €$$

$$V_2 = C_2 \times L(17,22) = 13.000 \times [1 + 0{,}12 \times (22 - 17)] = 20.800\ €$$

En consecuencia, los capitales V1 y V2 son equivalentes y por tanto indiferentes

$$V_1 = V_2 \rightarrow (10.000, 13) \sim (10.000,17)$$

$$p = 22$$

Las leyes financieras, tal y como hemos hecho constar, son funciones matemáticas que relacionan las variables capital (C), vencimiento (t) y punto de referencia (p).

$$V = F(C,t,p)$$

Pero no todas las expresiones matemáticas que relacionan C, t, y p, sirven como leyes financieras. Así, a la función F se le ha de exigir el cumplimiento de una serie de propiedades que a continuación se detallan de forma resumida:

- La función F ha de ser positiva: $V = F(C,t,p) > 0$.
- La función F ha de ser homogénea de grado uno respecto a C. Se designa por $F\ (t,p)$.
- Cuando $t = p$, cualquier capital ha de tener como equivalente a sí mismo.

- Las leyes financieras han de cumplir la propiedad de subestimación de capitales futuros respecto de los actuales a igualdad de cuantías, lo que da lugar a los conceptos de rédito e interés como retribución o precio por diferir la disponibilidad de un capital.
- La función F ha de ser continua respecto a t y p.

Teniendo en cuenta que son muchas las funciones que pueden utilizarse como leyes financieras, éstas se pueden agrupar en subconjuntos formados por aquellas leyes que tiene alguna propiedad común. Los subconjuntos más destacables son:

- **Leyes estacionarias**, este tipo de leyes se caracterizan porque no varían ante cualquier desplazamiento de la variable tiempo. En capitalización puede expresarse así:

$$L\,(t,p) = L\,(t+h, p+h)\ \forall\, h\ \epsilon\, R,$$

si, $h = -t$, nos queda lo siguiente:

$$L\,(t,p) = L\,(t-t, p-t) = L\,(0, p-t),$$

si, $p - t = z$ (tiempo interno), entonces:

$$L(t,p) = L(0,z)$$

- **Leyes sumativas**, en estas leyes sumativas, los intereses correspondientes a intervalos parciales no se acumulan al principal para generar nuevos intereses. A estas clases de leyes pertenece la ley de capitalización simple y la ley del descuento simple comercial.

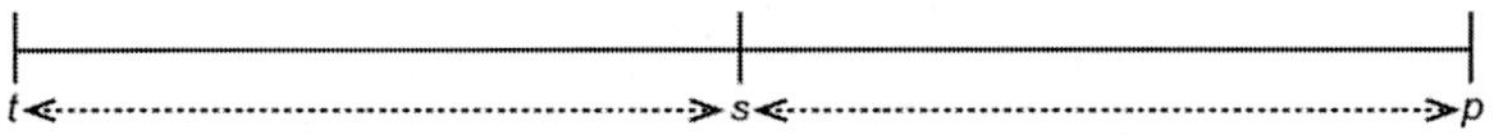

$$I\,(t,p) = I\,(t,s) + I\,(s,p)$$

- **Leyes multiplicativas**, en este tipo de leyes, los intereses correspondientes a intervalos parciales sí se acumulan al principal para generar nuevos intereses. A esta clase de leyes pertenecen la capitalización compuesta y el descuento compuesto.

Ejemplo 1.3.

Dada la función:

$$F(t,p) = 1 + i\,(p-t) \qquad \text{con } i > 0 \ y \ p > t$$

Demostrar que cumplen las propiedades para que sea una ley financiera de capitalización simple.

Solución

1) La función $F\,(t, p)$ ha de ser positiva: para que la función sea positiva:

$$i > 0 \qquad y \qquad p > t$$

2) La función $F\,(t, p)$ ha de ser homogénea de grado 1: los resultados obtenidos con esta función si son válidos para 1 u.m., lo serán también para C u.m., multiplicando el resultado obtenido para 1 u.m. por C u.m.

3) Cuando $t = p$, se cumple que:

$$p = t \;\rightarrow\; F = 1 + i\,(t - t) = 1$$

$$t = p \;\rightarrow\; F = 1 + i\,(p - p) = 1$$

Cualquier capital es equivalente a si mismo, en este caso el capital es de 1 u.m.

4)

$$\frac{\partial\, F\,(t,p)}{\partial p} + \frac{\partial\, F\,(t,p)}{\partial t} = 0$$

$$i + (-i) = 0$$

En consecuencia $i > 0$ para que se cumpla esta propiedad.

Por tanto cumple la propiedad de subestimación de capitales futuros respecto a los actuales.

5) La función ha de ser continua respecto a t y p. La gráfica de la función tomando t como p, como variables independientes, es una función lineal (su gráfica es una líneas recta). Además esta ley también es estacionaria y sumativa:

- Estacionaria:

$$F\,(t,p) = 1 + i\,(p - t) \qquad i > 0 \;\; y \;\; p > t$$

$$F\,(t + h, p + h) = 1 + i\,[p + h - (t + h) = 1 + i\,(p - t)]$$

- Sumativa

  En este tipo de leyes de capitalización simple los intereses no son productivos:

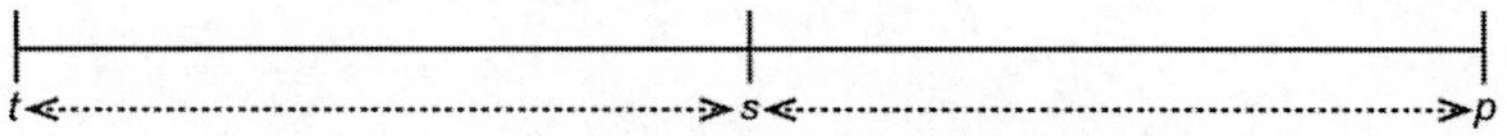

$$I(t,p) = I\ (t,s) + I\ (s,p)$$

$$I\ (t,p) = 1 - F\ (t,p) = 1 - [1 + i\ (p - t)] = i\ (p - t)$$

$$I\ (t,s) = 1 - F\ (t,s) = 1 - [1 + i\ (s - t)] = i\ (s - t)$$

$$I\ (s,p) = 1 - F\ (s,p) = 1 - [1 + i\ (p - s)] = i\ (p - s)$$

Por tanto, se cumple:

$$I\ (t,s) + I\ (s,p) = I(t,p)$$

Ejemplo 1.4.

Dada la función:

$$F\ (t,p) = (1 + i)^{p-t} \qquad i > 0 \quad p > t$$

Demostrar que se trata de una ley financiera de capitalización compuesta.

Solución

1) La función $F\ (t, p)$ ha de ser positiva: para que la función sea positiva:

$$i > 0 \qquad y \qquad p - t > 0$$

2) La función $F\ (t,p)$ ha de ser homogénea de grado 1 (mismo razonamiento que en ejercicio anterior).

3)

$$\frac{\partial\ F\ (t,p)}{\partial p} + \frac{\partial\ F\ (t,p)}{\partial t} = 0$$

$$(1 + i)^{p-t} \times \ln\ (1 + i) + (1 + i)^{p-t} \times \ln\ (1 + i) \times\ (-1) = 0 \qquad i > 0$$

4) Por tratarse de una función exponencial es continua tanto respecto a t como a p.

Además es estacionara y multitplicativa:

- Estacionaria

$$F\ (t,p) = (1 + i)^{p-t}$$

$$F\ (t + h, p + h) = (1 + i)^{(p+h)-(t+h)} = (1 + i)^{p-t}$$

- Multiplicativa

  Los intereses son productivos.

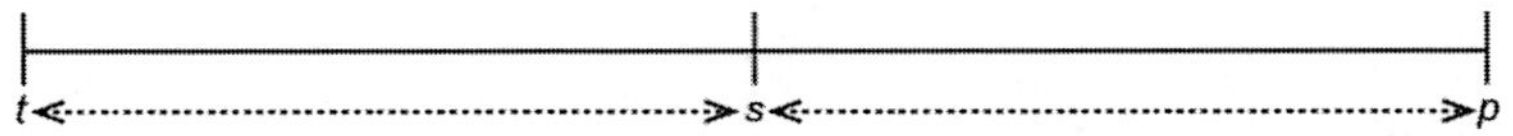

$$F\ (t,p) = F\ (t,s)\ \times\ F\ (s,p)$$

$$F\ (t,p) = (1+i)^{p-t}$$

$$F\ (t,s)\ \times\ F\ (s,p) = (1+i)^{s-t}\ \times\ (1+i)^{p-s} = (1+i)^{p-t}$$

La función $F\ (t,p) = (1+i)^{p-t}$, con $i > 0\ y\ p - t > 0$ es una ley financiera de capitalización compuesta por cumplirse las propiedades 1) a la 4).

1.4. MAGNITUDES DERIVADAS

A partir de las *magnitudes primarias* y fundamentales, cuantía (C) y vencimiento (t), surgen un conjunto de *magnitudes derivadas* que dependen de aquellas, siendo las más importantes el factor, el rédito y el tanto.

1.4.1. Factor financiero

Tal como hemos analizado, la ley financiera nos servía para obtener en p el capital financiero equivalente al par $(C,\ t)$. Para obtener el equivalente en otro momento distinto de "p", se utiliza el **factor financiero**.

Cada factor financiero va asociado al intervalo (t_1, t_2) que es el número por el que hay que multiplicar la cuantía que vence en un extremo del intervalo para obtener la cuantía equivalente en el otro extremo.

- Si se opera con una *ley financiera de capitalización*:
  - El **factor de capitalización** $u\left(t_{1,}t_2\right)$, permite obtener C_2 conocida C_1.

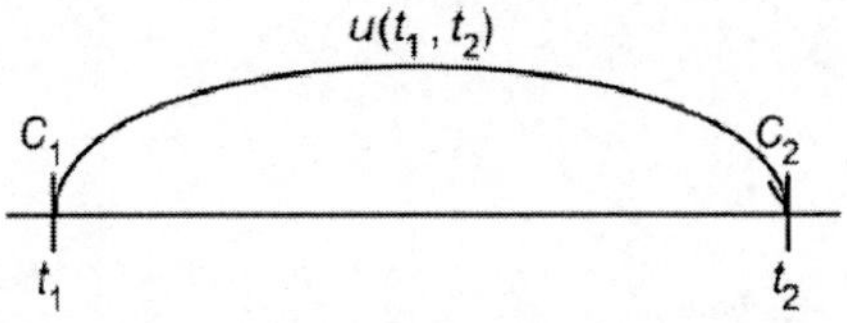

$$u\ (t_{1,}t_2) = \frac{C_2}{C_1} > 1$$

– El inverso del factor de capitalización se denomina **factor de contracapitalización**, $u^*(t_1,t_2)$ y permite obtener C_1 conocida C_2.

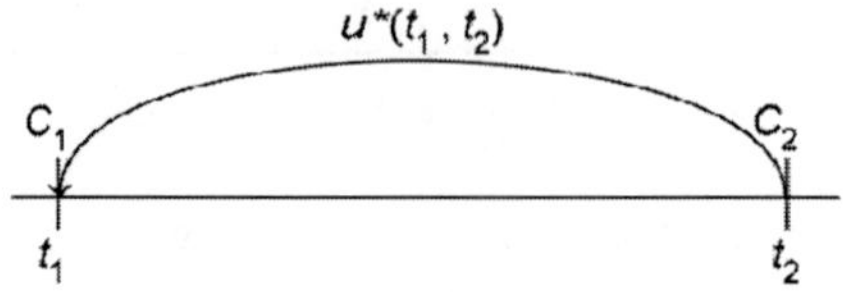

$$u^*(t_1,t_2) = \frac{1}{u(t_1,t_2)} = \frac{C_1}{C_2} < 1$$

- Si se opera con una *ley financiera de descuento*:

– **El factor de descuento,** $v(t_1,t_2)$ y permite obtener la cuantía de C_1 conocida C_2.

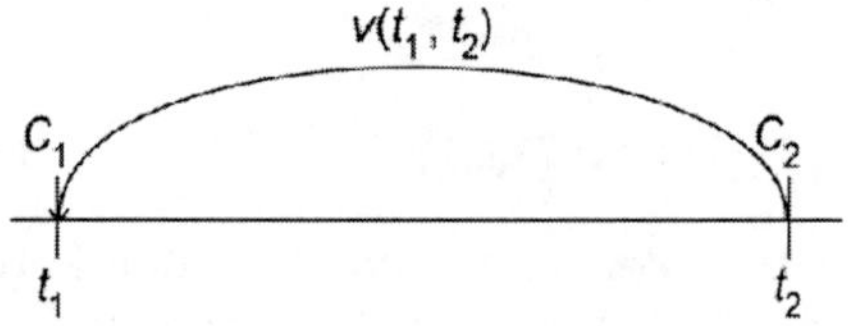

$$v(t_1,t_2) = \frac{C_1}{C_2} < 1$$

– El inverso del factor de descuento se denomina **factor de contradescuento,** $v^*(t_1,t_2)$ y permite obtener C_2 conocida C_1.

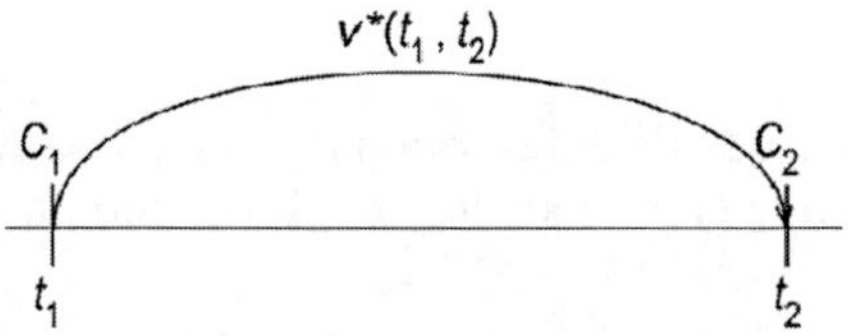

$$v^*(t_1,t_2) = \frac{C_2}{C_1} > 1$$

1.4.2. Rédito

El **rédito**, segunda magnitud derivada que analizaremos, es el complemento, en valor absoluto, a la unidad del correspondiente factor.

- Si operamos con la *ley financiera de capitalización*:
  - El **rédito de capitalización,** $i(t_1, t_2)$ vendrá dado por la siguiente expresión:

$$i(t_1, t_2) = u(t_1, t_2) - 1$$

  - El **rédito de contracapitalización,** $i^*(t_1, t_2)$ vendrá dado por la siguiente expresión:

$$i^*(t_1, t_2) = 1 - u^*(t_1, t_2)$$

- Si por el contrario operamos la *ley financiera de descuento*:
  - El **rédito de descuento,** $d(t_1, t_2)$ vendrá dado por:

$$d(t_1, t_2) = 1 - v(t_1, t_2)$$

  - El **rédito de contradescuento,** $d^*(t_1, t_2)$ será:

$$d^*(t_1, t_2) = v^*(t_1, t_2) - 1$$

El **rédito** es pues, el incremento o disminución por unidad monetaria al pasar de un extremo al otro del intervalo (t_1, t_2).

A partir del rédito surgen estas dos magnitudes: Interés (I) y descuento (D).

- El **interés ordinario o pospagable,** mide el incremento que experimenta la cuantía de capital disponible en t_1 al diferir su disponibilidad a t_2 $(t_1 < t_2)$.

$$I = C_2 - C_1 = C_1 \cdot u(t_1, t_2) - C_1 = C_1 \cdot [u(t_1, t_2) - 1] = C_1 \cdot i(t_1, t_2)$$

- El **interés anticipado o prepagable,** mide la disminución que experimenta la cuantía de capital disponible en t_2 al diferir su disponibilidad a $t_1 (t_1 < t_2)$.

$$I^* = C_2 - C_1 = C_2 - C_2 \cdot u^*(t_1, t_2) = C_2 \cdot [1 - u^*(t_1, t_2)] = C_2 \cdot i^*(t_1, t_2)$$

Por tanto, la relación entre ambos intereses es:

$$I = I^* \cdot u(t_1, t_2)$$

$$I^* = I \cdot u^*(t_1, t_2)$$

- El **descuento ordinario o prepagable** mide la disminución que experimenta la cuantía de capital disponible en t_2 al anticipar su disponibilidad a t_1.

$$D = C_2 - C_1 = C_2 - C_2 \cdot v\,(t_1, t_2) = C_2 \cdot [1 - v\,(t_1, t_2)] = C_2 \cdot d(t_1, t_2)$$

- El **descuento diferido o pospagable** mide el incremento que experimenta la cuantía de capital disponible de t_1 a t_2.

$$D^* = C_2 - C_1 = C_1 \cdot v^*(t_1, t_2) - C_1 = C_1 \cdot [v^*(t_1, t_2) - 1] = C_1 \cdot d^*(t_1, t_2)$$

Por tanto, la relación entre ambos descuentos es:

$$D = D^* \cdot v\,(t_1, t_2)$$

$$D^* = D \cdot v^*(t_1, t_2)$$

1.4.3. Tanto

Otra magnitud derivada que trataremos es el **tanto** que mide la variación experimentada por unidad de cuantía y por unidad de tiempo al pasar de un extremo a otro del intervalo (t_1, t_2). El tanto es el resultado de dividir el rédito entre la amplitud del intervalo.

- Si operamos con la *ley financiera de capitalización*:
  - Al **tanto de capitalización**, $\rho(t_1, t_2)$ se le suele denominar **tipo de interés**, y vendrá dado por la siguiente fórmula:

$$\rho(t_1, t_2) = \frac{i(t_1, t_2)}{t_2 - t_1}$$

  - Y el **tanto de contracapitalización**, $\rho^*(t_1, t_2)$ vendrá dado por:

$$\rho^*(t_1, t_2) = \frac{i^*(t_1, t_2)}{t_2 - t_1}$$

- Si operamos con la ley financiera de descuento:
  - Al **tanto de descuento** se le denomina por **tipo de descuento**, y vendrá dado por:

$$\sigma(t_1, t_2) = \frac{d(t_1, t_2)}{t_2 - t_1}$$

  - Y el **tanto de contradescuento**, por:

$$\sigma^*(t_1, t_2) = \frac{d^*(t_1, t_2)}{t_2 - t_1}$$

Ejemplo 1.5.

Depositamos en una entidad financiera 1.000 € en el año 7 y al cabo de dos años nos entregan 1.200 €.

Calcular el factor, el rédito y el tanto de capitalización y de contracapitalización, así como el interés que genera el primer capital.

Solución

Cálculo del factor

- Factor de capitalización:

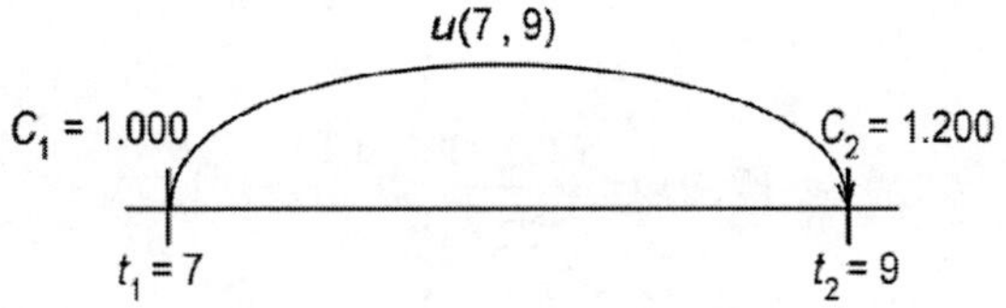

$$u(7,9) = \frac{C_2}{C_1} = \frac{1.200}{1.000} = 1{,}2$$

El resultado obtenido indica que 1 u.m. en el año 7 equivale a 1,2 u.m. en el año 9.

- Factor de contracapitalización:

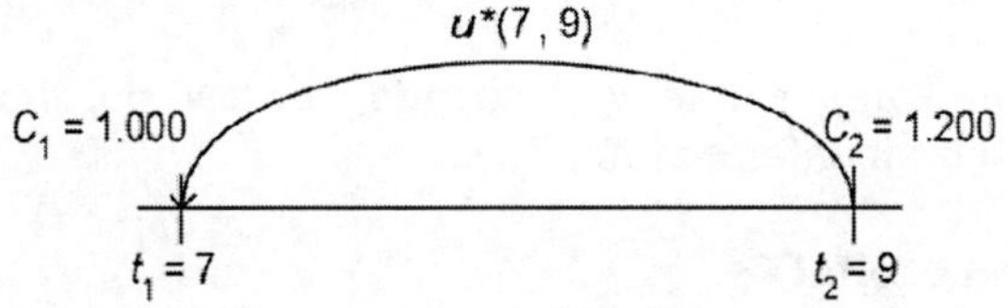

$$u^*(7,9) = \frac{C_1}{C_2} = \frac{1.000}{1.200} = 0{,}8333$$

El factor de contracapitalización nos indica que 1 u.m. en el año 9 equivale a 0,8333 en el año 7, es decir, si se quiere disponer de 1 u.m. en el año 9, en el año 7 se deberá ingresar 0,8333.

Cálculo del rédito

- Rédito de capitalización:

$$i\,(7,9) = u\,(7,9) - 1 = 1{,}2 - 1 = 0{,}2$$

El rédito nos indica que la rentabilidad de la operación para el cliente en el periodo (7,9) fue de 0,2, es decir, un 20%. En consecuencia, cada 1 u.m. del año 7 experimenta un incremento de 0,2 al diferir su disponibilidad hasta 9.

- Rédito de contracapitalización:

$$i^*(7,9) = 1 - u^*(7,9) = 1 - 0{,}8333 = 0{,}1667$$

Cada u.m. del año 9 experimenta una disminución de 0,1667 u.m. al adelantar su disponibilidad al año 7.

Cálculo del tanto

- Tanto de capitalización:

$$\rho\,(7,9) = \frac{i\,(7,9)}{9-7} = \frac{0{,}2}{2} = 0{,}1$$

La rentabilidad anual es del 0,1, es decir, del 10% (tipo de interés anual), es decir, mide el aumento experimentado, por unidad de cuantía y por unidad tiempo al pasar de un extremo a otro del intervalo (7 a 9).

- Tanto de contracapitalización:

$$\rho^*(7,9) = \frac{i^*(7,9)}{9-7} = \frac{0{,}1667}{2} = 0{,}08335$$

Mide la disminución por unidad de cuantía y de tiempo, al pasar del extremo superior (año 9) al intervalo inferior (año 7).

Interés generado por el capital C_1:

$$I = 1.200 - 1.000 = 200\ €$$

Ejemplo 1.6.

Descontamos hoy en un determinado banco una letra que vence dentro de 2 años. La letra tiene un nominal de 1.000 € y un valor efectivo de 900 €.

Calcular el factor, el rédito y el tanto de descuento y de contradescuento, así como el descuento que genera el primer capital.

Solución

Calculo del factor

- Factor de descuento:

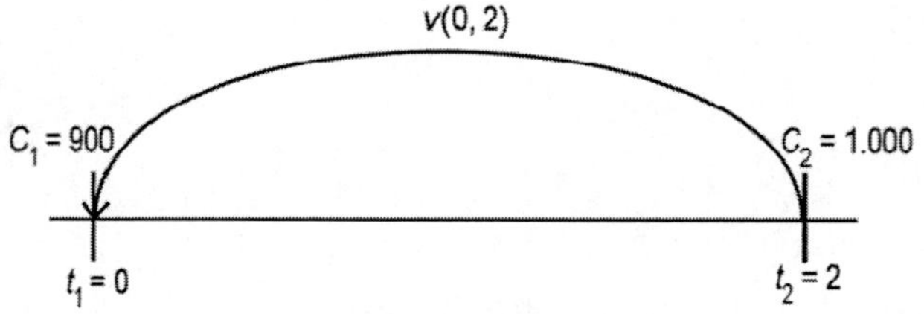

$$v\,(0{,}2) = \frac{C_1}{C_2} = \frac{900}{1.000} = 0{,}9$$

El factor de descuento nos indica que una letra de nominal 1 u.m. que vence dentro de dos años equivale hoy a 0,9 u.m., es decir, si descontamos hoy una letra de nominal 1 u.m. que vence dentro de dos años el banco nos ingresa 0,9 u.m..

- Factor de contradescuento:

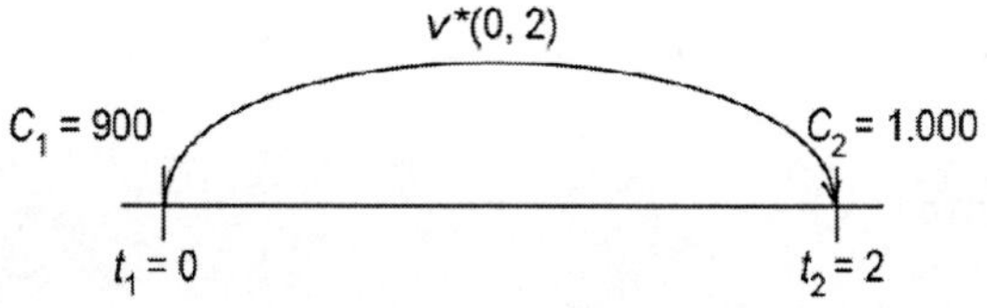

$$v^*(0{,}2) = \frac{C_2}{C_1} = \frac{1.000}{900} = 1{,}11$$

La interpretación del factor de contradescuento es que 1 u.m. que recibimos hoy equivale a 1,11 u.m. dentro de dos años. Si queremos recibir hoy 1 u.m. el nominal tendrá que ser 1,11 u.m. dos años después.

Cálculo del rédito

- Rédito de descuento:

$$d(0{,}2) = 1 - v(0{,}2) = 1 - 0{,}9 = 0{,}1$$

En este caso la rentabilidad que obtiene el banco (coste para el cliente) en 2 años es del 0,1, es decir, el 10%.

- Rédito de contradescuento:

$$d^*(0,2) = v^*(0,2) - 1 = 1{,}11 - 1 = 0{,}11$$

Cada 1 u.m. en el año 0 se incrementa en 0,11 (11%) en el año 2, es decir, si un banco entrega hoy 1 u.m., dos años después el nominal tendrá que ser un 11% superior, es decir, 1,11 u.m.

Cálculo del tanto

- Tanto de descuento:

$$\sigma(0,2) = \frac{d(0,2)}{2-0} = \frac{0{,}1}{2} = 0{,}05$$

La rentabilidad (coste) es de un 5% anual (tipo de descuento anual), es decir, mide el aumento experimentado, por unidad de cuantía y por unidad tiempo, al pasar de un extremo a otro del intervalo (0 a 2).

- Tanto de contradescuento:

$$\sigma^*(0,2) = \frac{d^*(0,2)}{2-0} = \frac{0{,}11}{2} = 0{,}055$$

Mide la disminución, por unidad de cuantía y tiempo, al pasar del año 0 al año 2.

Cálculo del descuento

$$D = 1.000 - 900 = 100$$

Ejemplo 1.7.

Si un capital inicial de 100 € se transforma al cabo de 3,5 años en 120 €, según una determinada ley financiera. Calcular:

- Interés del periodo.
- Rédito del periodo.
- Tipo o tanto de interés anual.

Solución

- Interés del periodo:

$$I = 120 - 100 = 20\ €$$

- Rédito del periodo:

$$i(0,3{,}5) = u(0,3{,}5) - 1 = \frac{C_{3,5}}{C_0} - 1 = \frac{120}{100} - 1 = 0{,}2$$

Lo que producen los 100 € en 3,5 años, es decir, la rentabilidad en tres año y medio.

- Tipo de interés anual:

$$\rho(0,3{,}5) = \frac{i(0,3{,}5)}{3{,}5 - 0} = \frac{0{,}2}{3{,}5} = 0{,}0571$$

Cada 100 € invertidos producen el 5,71% cada año.

1.5. OPERACIÓN FINANCIERA: CONCEPTO Y CLASIFICACIÓN

Se entiende por **operación financiera** todo intercambio de capitales financieros disponibles en diferentes momentos de tiempo.

Para que exista una operación financiera se deben cumplir una serie de características:

- Que el intercambio de capitales no sea simultáneo.
- Que exista un acuerdo entre los sujetos implicados en la operación.
- Que exista una ley financiera de valoración.

Algunos ejemplos de operaciones financieras son: los préstamos, los pagarés, las letras de cambio, etc.

En toda operación financiera se distingue:

- Origen: momento del tiempo en que se entrega el primer capital.
- Final: momento en que se entrega el último capital.
- Duración: tiempo que transcurre entre el origen y el final de la operación.
- Acreedor: sujeto que entrega el primer capital. Al conjunto de esas entregas de capitales se le denomina **prestación.**
- Deudor: sujeto que recibe los capitales y se compromete a devolverlos en un plazo estipulado. Al conjunto de estos capitales se le denomina **contraprestación.**

La clasificación de las operaciones financieras puede efectuarse desde distintas perspectivas:

- Por su duración:
  - Operaciones a corto plazo: duración inferior o igual a un año.
  - Operaciones a largo plazo: duración mayor a un año.
- Por la ley financiera que se utilice:
  - Operaciones de capitalización: cuando se aplica una ley financiera de capitalización.
  - Operaciones de descuento: cuando se aplica una ley financiera de descuento.
  - Operaciones mixtas cuando una parte de la operación se valora en capitalización y otra en descuento.
- Según la distribución de los capitales:
  - Operaciones simples: la prestación y contraprestación están formadas por un solo capital. Algunos ejemplos de estas operaciones son: las Letras del Tesoro, los descuentos bancarios, las imposiciones a plazo fijo, los préstamos simples, etc.
  - Operaciones compuestas: la prestación y/o contraprestación están formadas por varios capitales. Algunos ejemplos de estas operaciones son: los préstamos a devolver en 5 años mediante pagos mensuales, las aportaciones a un plan de pensiones, etc.
- Según la certeza de los capitales que intervienen en la operación, tenemos:
  - Ciertos: La cuantía y el vencimiento son ciertos. Por ejemplo: el préstamo a un tipo de interés fijo.
  - Aleatorios: La cuantía y/o el vencimiento están sujetos a un fenómeno aleatorio. Por ejemplo: un préstamo con tipo de interés variable en función del Euribor, es una operación aleatoria en cuantía, pero cierta en su vencimiento.
- Según la situación de la operación:
  - Operaciones de crédito unilateral: la prestación mantiene su posición acreedora a lo largo de toda la operación. Por ejemplo: un préstamo.
  - Operaciones de crédito recíproco: cuando cambia el sentido crediticio a lo largo de la operación. Por ejemplo: los créditos de disposición gradual (póliza de crédito).
- Por el sujeto que interviene en la operación:
  - Operaciones bancarias: cuando uno de los sujetos es una entidad bancaria. Algunos ejemplos son: los préstamos, las imposiciones a plazo fijo, el descuento de efectos, etc.
  - Operaciones no bancarias: ninguna de las partes que interviene es una entidad bancaria. Algunos ejemplos son: las Letras del Tesoro, las ventas a plazos, los préstamos entre dos personas físicas, etc.

1.6. RESERVA O SALDO FINANCIERO

En la práctica diaria es frecuente cancelar anticipadamente una operación financiera, bien para finalizar una operación o para renegociar unas nuevas condiciones.

Conocer el saldo de la operación en un momento *r*, situado entre el origen y el final de la operación, es lo que se denomina **reserva matemática** o **saldo financiero de la operación**.

Existen tres métodos para calcular el saldo de una operación financiera:

- Método prospectivo: se basa en el estudio de los compromisos futuros o posteriores al momento "*r*".
- Método retrospectivo: se basa en el estudio de los compromisos pasados o anteriores al momento "*r*".
- Método recurrente: conocido el saldo en un momento anterior a $r(t' < r)$ deseamos calcularlo en el momento "*r*".

Supongamos una operación financiera, representada gráficamente como:

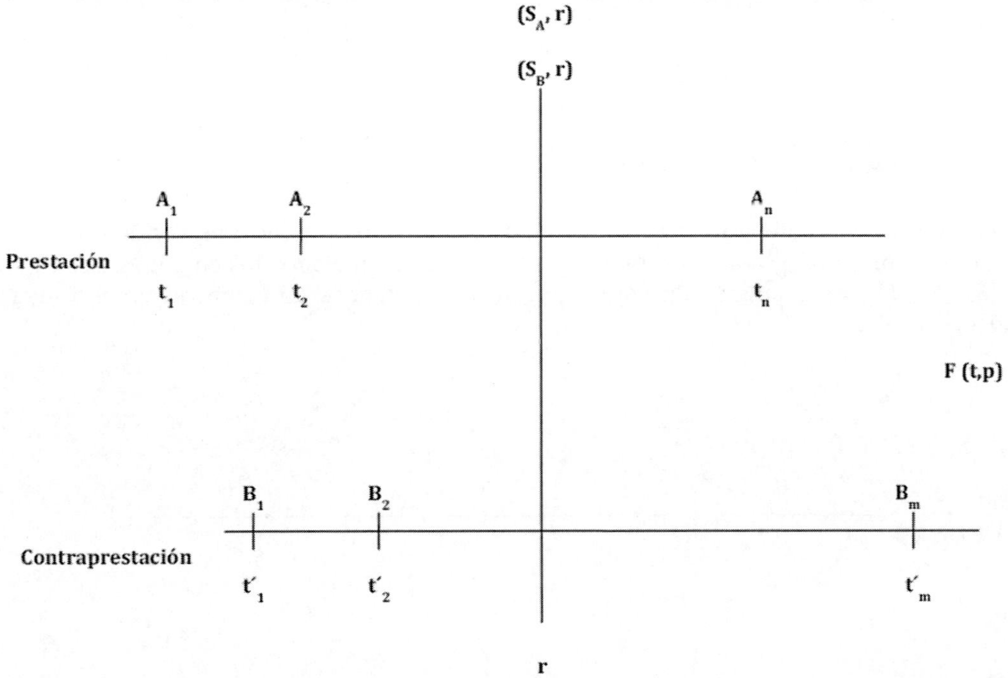

siendo:

$(A_1, t_1) \dots (A_n, t_n)$, los capitales de la prestación,

$(B_1, t'_1) \dots (B_m, t'_m)$, los capitales de la contraprestación,

(S_A, r), el saldo o suma financiera en el momento r de la prestación,

(S_B, r), el saldo o suma financiera en el momento r de la contraprestación,

r, el punto intermedio entre el origen y el final de la operación,

t_1, el origen de la operación,

t'_m, el final de la operación,

$F\ (t,p)$, la ley financiera.

Si tenemos en cuenta el concepto de equivalencia financiera, podemos decir que la suma financiera de los capitales de la prestación en r, (S_A, r) es igual a la suma financiera de los capitales de la contraprestación en r, (S_B, r):

$$(S_A, r) = (S_B, r)$$

siendo:

$$S_A = \sum A_i \frac{F(t_i\ ,p)}{F(r,p)}$$

$$t_i \in [t_1\ , t_n\ ]$$

y

$$S_B = \sum B_j \frac{F(t_j'\ ,p)}{F(r,p)}$$

$$t_j' \in [t_1'\ , t_m'\ ]$$

Y si consideramos el punto r, vencimiento de dichas sumas financieras, divide al intervalo de la operación (t_1, t'_m) en dos subintervalos de tiempo sin elementos comunes. Los capitales (S_A, r) y (S_B, r) se pueden descomponer en dos sumandos tal como refleja el siguiente gráfico:

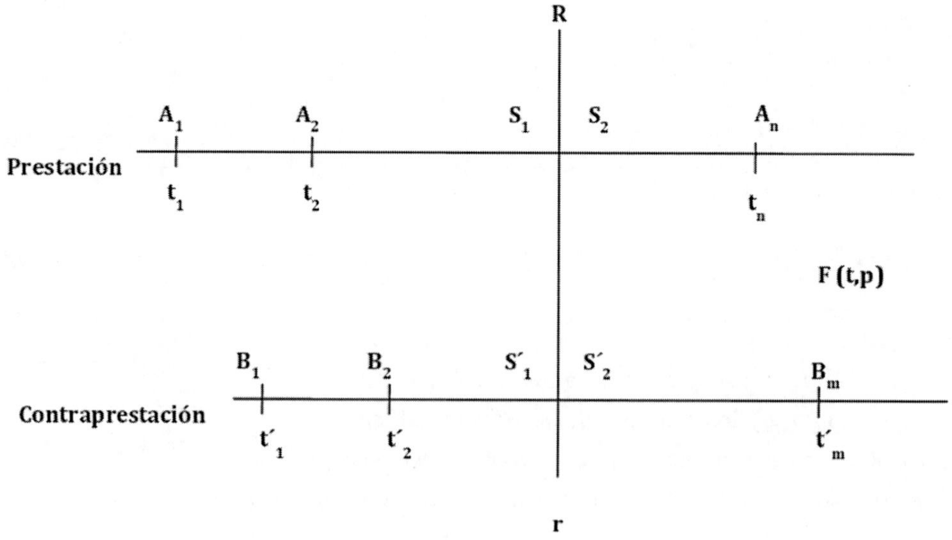

- La primera parte de la igualdad, es decir, (S_1, r) $-(S'_1, r)$, es la diferencia entre los compromisos de la prestación y de la contraprestación con vencimientos anteriores o iguales a r, por tanto la Reserva matemática (R, r) por el *método retrospectivo*.

  La expresión para su cálculo será:

$$(R,r) = \sum_{t_i \in [t_1, r]} A_i \cdot \frac{F(t_i, p)}{F(r,p)} - \sum_{t'_j \in [t'_1, r]} B_j \cdot \frac{F(t'_j, p)}{F(r,p)}$$

- La segunda parte de la igualdad, es decir, $(S'_2, r) - (S_2, r)$, es la diferencia entre los compromisos de la contraprestación y de la prestación con vencimientos posteriores a r, por tanto la Reserva matemática (R, r) por el *método prospectivo*.

  La expresión para su cálculo será:

$$(R,r) = \sum_{t'_j \in (r, t'_m]} B_j \cdot \frac{F(t'_j, p)}{F(r,p)} - \sum_{t_i \in (r, t_n]} A_i \cdot \frac{F(t_i, p)}{F(r,p)}$$

Es importante destacar que R debe ser positiva, por tanto las diferencias entre $(S_1 - S'_1)$ y $(S'_2 - S_2)$, que pueden ser positivas o negativas, deben ser tomadas en valor absoluto, es decir, su signo indicará únicamente, si la reserva matemática es a favor o en contra de la prestación o contraprestación:

- Si $S_1 > S'_1$ y $S_2 < S'_2$ → existe un saldo favorable a la prestación. Por tanto, el acreedor podrá exigir al deudor la cuantía de la reserva en el momento r para saldar la operación.

- Si $S_1 < S'_1$ y $S_2 > S'_2$ → el saldo será favorable a la contraprestación. Por tanto, el acreedor deberá entregar al deudor la cuantía de la reserva (tomada en valor absoluto) en el momento r para saldar la operación.

- El *método recurrente* es una ampliación del método retrospectivo, pues para calcular la reserva matemática en r utilizaremos un saldo financiero obtenido en un momento anterior a r, que llamaremos r_1.

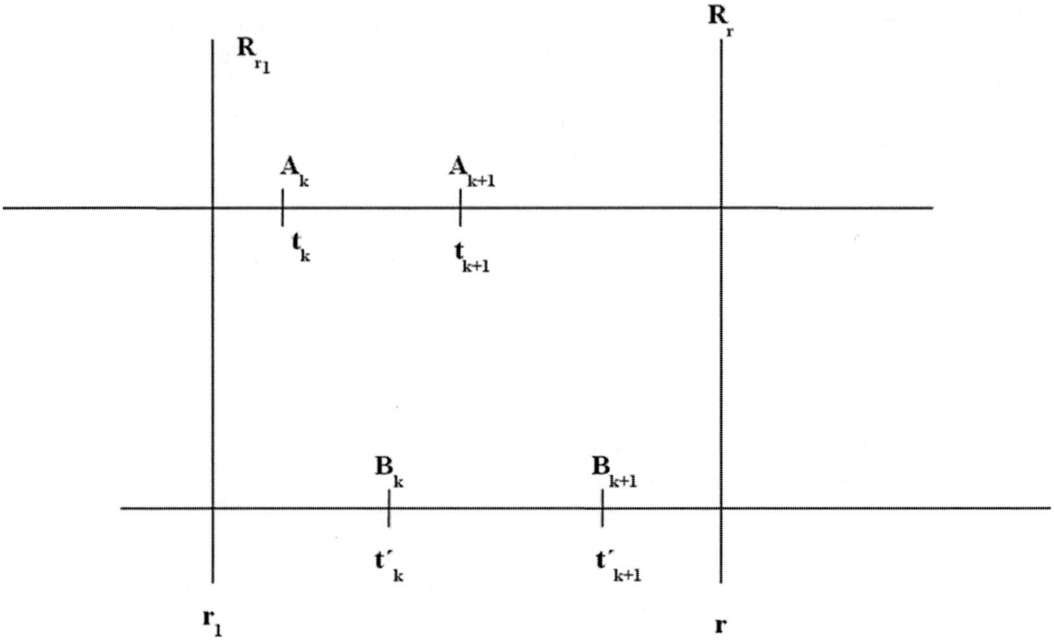

La expresión para su cálculo será:

$$(R,r) = \pm R_1 \cdot \frac{F(r_1,p)}{F(r,p)} + \sum_{t_i \in (r_1,r]} A_i \cdot \frac{F(t_i,p)}{F(r,p)} - \sum_{t'_j \in (r_1,r]} B_j \cdot \frac{F(t'_j,p)}{F(r,p)}$$

El signo de R_1 puede ser positivo (la entrega corresponderá al deudor) o negativo (la entrega corresponderá al acreedor).

En capítulos posteriores profundizaremos en el estudio de la reserva o saldo financiero de una operación bajo la ley financiera de capitalización compuesta y en el análisis de préstamos.

Ejemplo 1.8.

Un empresario se compromete a entregar los siguientes capitales en los siguientes momentos de tiempo:

$$(100, 10), (200, 13) \text{ y } (400, 18)$$

para, a cambio recibir en concepto de contraprestación de una entidad financiera los siguientes capitales, en los siguientes momentos de tiempo.

$$(150, 13), (200, 14) \text{ y } (X, 16)$$

Aplicando una ley de capitalización $L(t,p)=1+0,06(p-t)$, con punto de aplicación $p=20$, se pide:

a) La cuantía de la reserva matemática en 15 por los métodos prospectivo y retrospectivo.

b) La cuantía de la reserva matemática en 17, por el método recurrente.

c) La cuantía de la reserva matemática en 20, por el método recurrente.

Solución

En primer lugar debemos obtener la cuantía del tercer capital de la contraprestación, teniendo en cuenta que en "p" la suma de los capitales sustitutos de la prestación son financieramente equivalentes a la suma de los capitales sustitutos de la contraprestación:

$$A_1 \times L(t_1, p) + A_2 \times L(t_2, p) + A_3 \times L(t_3, p) = B_1 \times L(t'_1, p) + B_2 \times L(t'_2, p) + B_3 \times L(t'_3, p)$$

$$100 \times [1 + 0{,}06\,(20 - 10)] + 200 \times [1 + 0{,}06\,(20 - 13)] + 400 \times [1 + 0{,}06\,(20 - 18)] =$$

$$= 150 \times [1 + 0{,}06\,(20 - 13)] + 200 \times [1 + 0{,}06\,(20 - 14)] + B_3 \times [1 + 0{,}06\,(20 - 16)]$$

$$B_3 = 328{,}23$$

a) **Método retrospectivo:**

Suma financiera de los capitales de la prestación menos la suma financiera de los capitales de la contraprestación en un momento anterior a 15.

$$R_{15} = (S_1, r) - (S'_1, r)$$

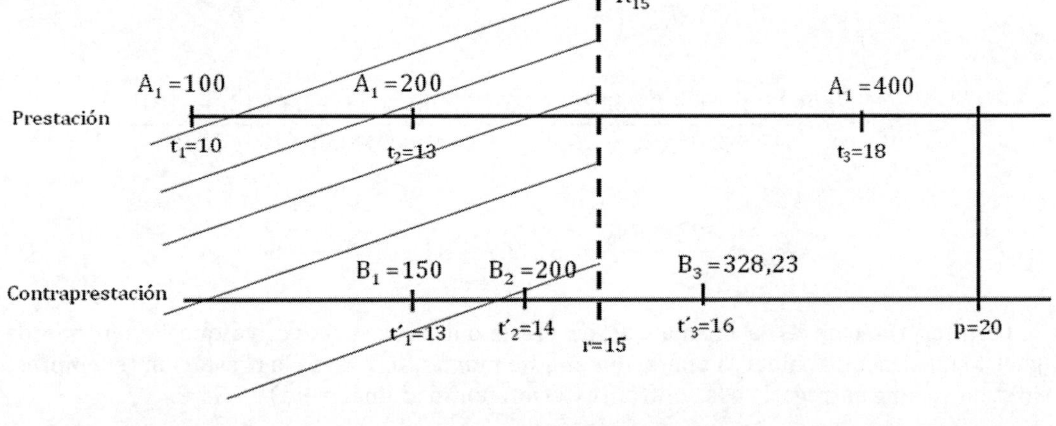

$$R_{15} = \frac{100 \times [1+0{,}06\,(20-10)] + 200 \times [1+0{,}06\,(20-13)]}{[1+0{,}06(20-15)]} -$$

$$- \frac{150 \times [1+0{,}06\,(20-13)] + 200 \times [1+0{,}06(20-14)]}{[1+0{,}06\,(20-15)]}$$

$$R_{15} = \frac{444}{1{,}3} - \frac{485}{1{,}3} = 341{,}54 - 373{,}08 = -31{,}54$$

Si quisiésemos saldar la operación en este momento (r = 15) la prestación (el empresario) tendría que entregarle a la contraprestación (entidad financiera) 31,54 €.

Método prospectivo: Suma financiera de los capitales de la contraprestación menos la suma financiera de los capitales de la prestación en un momento posterior a 15.

$$R_{15} = (S'_2, r) - (S_2, r)$$

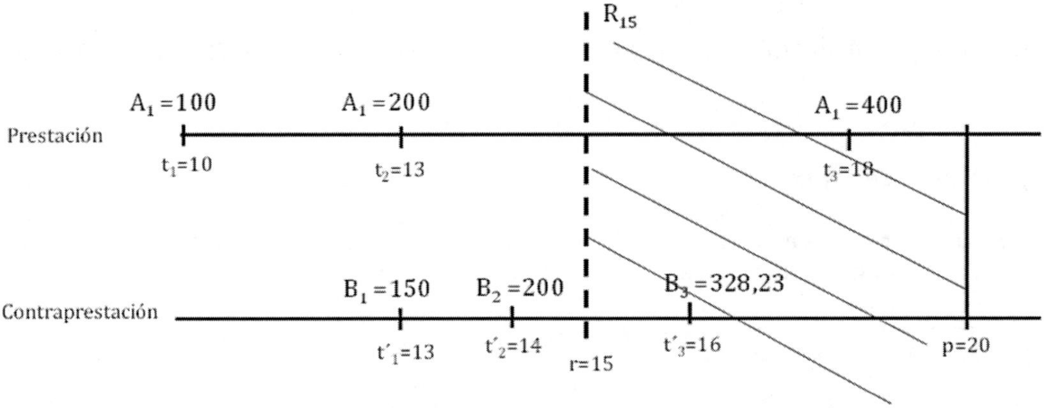

$$R_{15} = \frac{328{,}23 \times [1+0{,}06\,(20-16)]}{[1+0{,}06\,(20-15)]} - \frac{400 \times [1+0{,}06\,(20-18)]}{[1+0{,}06\,(20-15)]}$$

$$R_{15} = \frac{407}{1{,}3} - \frac{448}{1{,}3} = 313{,}07 - 344{,}62 = -31{,}54$$

La interpretación es la misma que en el método retrospectivo, ya que tienen que dar igual. Si quisiésemos saldar la operación en este momento (r = 15) la prestación (el empresario) tendría que entregarle a la contraprestación (entidad financiera) 31,54 €.

b) La cuantía de la reserva matemática en 17, por el método recurrente.

Partimos de la reserva y conocida en 15, y le sumamos los capitales de la prestación y le descontamos los de la contraprestación.

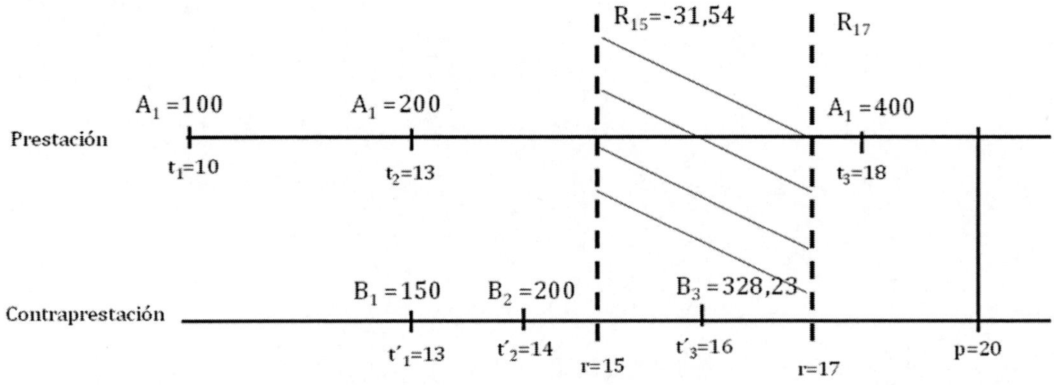

$$R_{17} = \frac{-31{,}54 \times [1 + 0{,}06(20 - 15)]}{[1 + 0{,}06(20 - 17)]} - \frac{328{,}23 \times [1 + 0{,}06(20 - 16)]}{[1 + 0{,}06(20 - 17)]} = \frac{-41}{1{,}18} - \frac{407}{1{,}18} =$$

$$-34{,}75 - 344{,}92 = -379{,}67$$

c) La cuantía de la reserva matemática en 20, por el método recurrente.

Partimos de la reserva y conocida en 17, y le sumamos los capitales de la prestación y le descontamos los de la contraprestación.

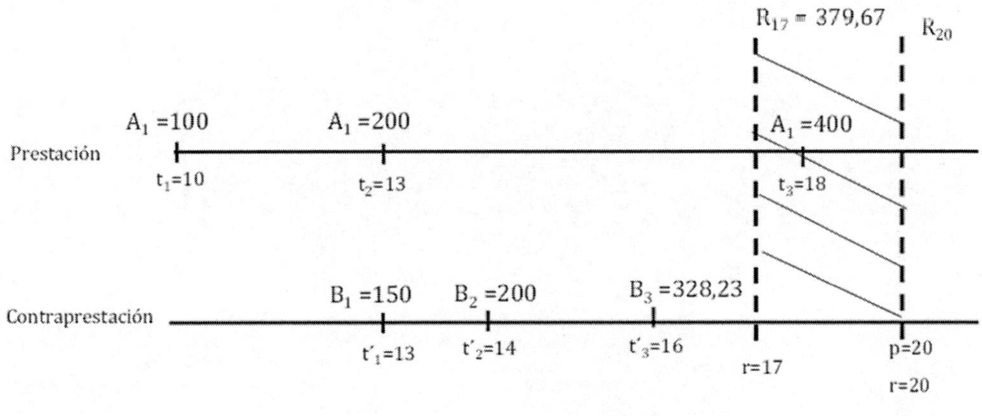

$$R_{20} = \frac{-379{,}67 \times [1 + 0{,}06\,(20 - 17)]}{[1 + 0{,}06\,(20 - 20)]} + \frac{400 \times [1 + 0{,}06\,(20 - 18)]}{[1 + 0{,}06\,(20 - 20)]} = 0$$

CAPÍTULO **2**

LEY DE CAPITALIZACIÓN SIMPLE

Contenido

2.1. CAPITALIZACIÓN SIMPLE

La ley financiera de **capitalización simple** se utiliza en operaciones financieras a corto plazo (duración inferior al año), como por ejemplo en las cuentas de crédito, las cuentas corrientes a la vista, etc.

La característica fundamental de la capitalización simple es que los intereses no son productivos, es decir, no se acumulan al capital para generar nuevos intereses.

La expresión matemática de la ley financiera de capitalización simple es la siguiente:

$$L(t,p) = 1 + i \cdot (p - t)$$

siendo $i > 0$ y $p > t$

En el caso de que $t = 0$ y $p = n$, tenemos:

$$L(0,n) = 1 + i \cdot (n - 0) = 1 + i \cdot n$$

$$L(n) = 1 + n \cdot i$$

La expresión anterior nos indica que 1 u. m. se transforma, en el tiempo n, en $(1 + n \cdot i)$.

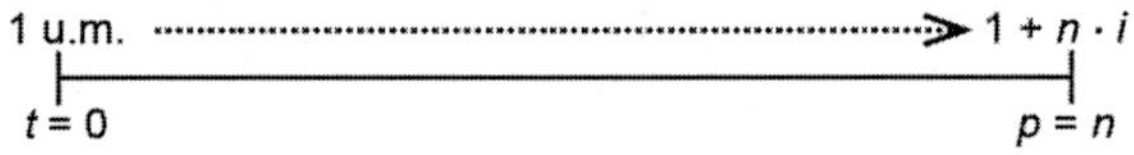

El parámetro i tiene el significado financiero de **tanto** o **tipo de interés anual** y mide el incremento que experimenta 1 u.m. al cabo de un año. La variable n mide el tiempo durante el cual se está capitalizando.

Es importante reseñar que el tiempo y el tanto deben estar expresados en la misma unidad de medida; lo más usual es que i sea el tanto anual y el tiempo se exprese en años.

2.1.1. Cálculo del montante

Si en lugar de operar con 1 u.m. en el origen lo hacemos con C_0, ¿cómo obtendremos el capital final o montante al cabo n años?

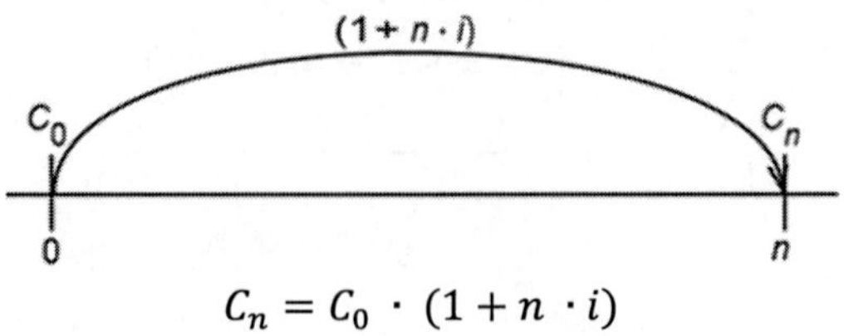

$$C_n = C_0 \cdot (1 + n \cdot i)$$

En consecuencia, el montante (C_n) es el capital equivalente en n al capital inicial (C_0).

Ejemplo 2.1.

Calcular el montante que produce un capital inicial de 1.000 € al 5% anual durante 2 años.

Solución

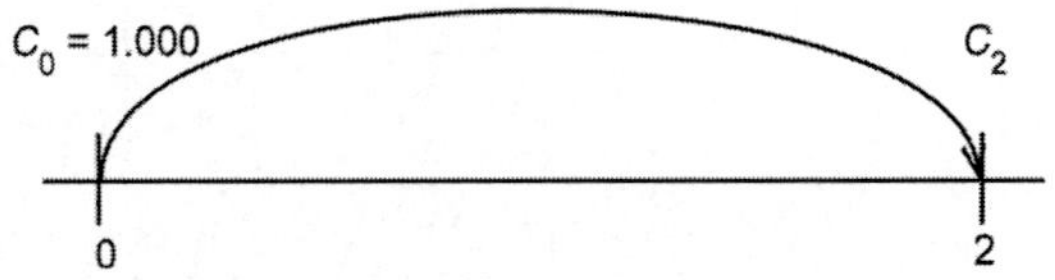

$$C_2 = 1.000 \times (1 + 2 \times 0{,}05) = 1.100\ €.$$

año *tanto anual*

Generalmente, el tanto (i) y el tiempo (n) vienen expresados en la misma unidad de medida que normalmente es años, pero si el tiempo viene expresado en fracciones de año y el tanto es anual, la fórmula del montante será la siguiente:

$$C_n = C_0 \cdot \left(1 + \frac{n}{m} \cdot i\right)$$

siendo:

$\frac{n}{m}$ → las fracciones de año correspondientes.

siendo los valores más frecuentes:

- Si n viene expresado en días, $m = 365$ o 360 (según sea el año natural o comercial).
- Si n viene expresado en meses, $m = 12$.
- Si n viene expresado en trimestres, $m = 4$.
- Si n viene expresado en cuatrimestres, $m = 3$.
- Si n viene expresado en semestres, $m = 2$.
- Si n viene expresado en años, $m = 1$.

Ejemplo 2.2

Calcular el montante que produce un capital de 1.000 € al 5% anual durante 4 meses.

Solución

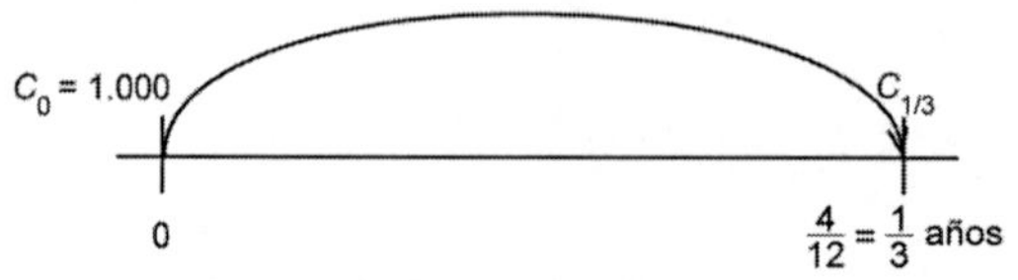

$$C_{1/3} = 1.000 \times \left(1 + \frac{1}{3} \times 0{,}05\right) = 1.016{,}66\ €.$$

fracción de año   *tanto anual*

Ejemplo 2.3

Calcular el montante que genera un capital de 1.000 € a un interés del 5% anual durante 20 días considerando: a) el año comercial y b) el año natural.

Solución

a) Año comercial

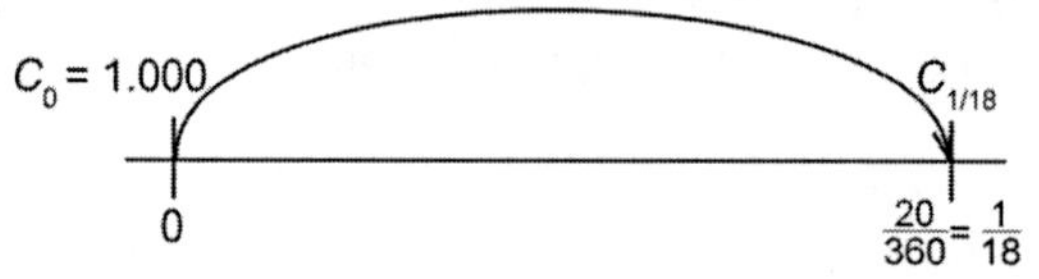

$$C_{1/18} = 1.000 \times \left(1 + \frac{1}{18} \times 0{,}05\right) = 1.002{,}77\ €.$$

fracción de año   *tanto anual*

b) Año natural

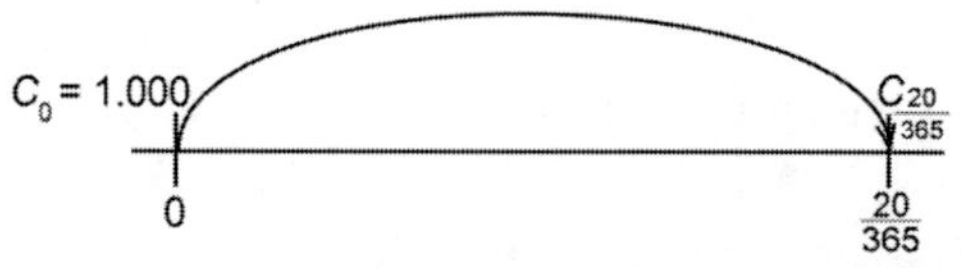

$$C_{20/365} = 1.000 \times \left(1 + \frac{20}{365} \times 0{,}05\right) = 1.002{,}74\ €.$$

fracción de año   *tanto anual*

En la práctica se suele utilizar el año comercial (360 días) en lugar del año natural (365 días).

2.1.2. Cálculo del interés

Se denomina interés a la ganancia que se obtiene al prestar un capital durante un tiempo determinado y a un tipo de interés que figura estipulado en el contrato.

$$I = C_n - C_0 = C_0 \cdot (1 + n \cdot i) - C_0 = C_0 + C_0 \cdot n \cdot i - C_0$$

$$I = C_0 \cdot n \cdot i$$

Como ya hemos comentado, en ocasiones el tiempo viene expresado en fracciones de año y el tanto es anual, la fórmula del interés, por tanto, será la siguiente:

$$I = C_0 \cdot \frac{n}{m} \cdot i$$

Siendo:

$\frac{n}{m}$ → las fracciones de año.

Ejemplo 2.4.

Calcular los intereses que genera un capital de 1.000 € a un interés del 5% anual durante 1 año.

Solución

$$I = C_0 \cdot n \cdot i = 1.000 \times 1 \times 0{,}05 = 50\ €.$$

Ejemplo 2.5.

Calcular los intereses que genera un capital de 1.000 € a un interés del 5% anual durante 1 mes.

Solución

$$I = C_0 \cdot \frac{n}{m} \cdot i = 1.000 \times \frac{1}{12} \times 0{,}05 = 4{,}167\ €.$$

fracción de año ($\frac{1}{12}$) *tanto anual* ($0{,}05$)

2.1.3. Tipos de interés

2.1.3.1. Tanto de interés efectivo anual

El parámetro i que figura en la ley financiera de capitalización simple, y que se refiere a un periodo unitario de amplitud anual, recibe el nombre de **tanto** o **tipo de interés efectivo anual**. Desde el punto de vista financiero puede interpretarse como lo que produce una unidad monetaria invertida en capitalización simple durante un año.

2.1.3.2. Tantos de interés equivalentes

Dos tantos son **equivalentes** cuando, aplicados sobre el mismo capital inicial durante el mismo tiempo, dan lugar al mismo capital final. En virtud del principio de equivalencia financiera debe cumplirse la siguiente igualdad:

$$C_0 \cdot (1 + n \cdot i) = C_0 \cdot (1 + n \cdot m \cdot i_m)$$

Operando y simplificando:

$$n \cdot i = n \cdot m \cdot i_m \quad \begin{cases} i = m \cdot i_m \\ i_m = \dfrac{i}{m} \end{cases}$$

Siendo:

$m \rightarrow$ número de subperiodos que contiene el año (meses, semestres, trimestres, etc.).

$i \rightarrow$ tanto del periodo.

$i_m \rightarrow$ tanto del subperiodo (tanto equivalente).

$n \rightarrow$ número de años.

Ejemplo 2.6.

Siendo el tipo de interés anual del 8%, calcular el tanto trimestral equivalente.

Solución

$$i_4 = \frac{0{,}08}{4} = 0{,}02 \text{ trimestral.}$$

Ejemplo 2.7.

Siendo el tipo de interés anual del 12%, calcular el tanto mensual equivalente.

Solución

$$i_{12} = \frac{0{,}12}{12} = 0{,}01 \text{ mensual.}$$

2.1.4. Intereses anticipados

Existen algunas operaciones financieras, por ejemplo algún tipo de préstamos, en las cuales el prestamista cobra por anticipado los intereses al prestatario y éste, en lugar de recibir C_0 (importe del préstamo), recibirá $(C_0 - C_0 \cdot i^*)$. En consecuencia, el importe que recibe será el siguiente:

$$C_0 - I^* = C_0 - C_0 \cdot i^* = C_0 \cdot (1 - i^*),$$

siendo:

$I^* \rightarrow$ El interés cobrado por anticipado.

Cuando pase 1 año el prestamista recibirá del prestatario C_0. El esquema de la operación será, por tanto:

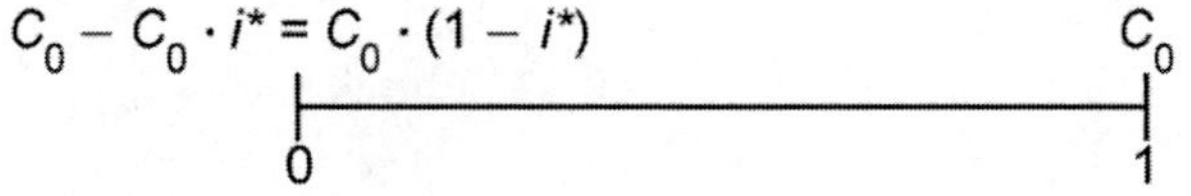

En cuanto a la relación existente entre i^* (tipo de interés anual por anticipado) y el tanto de interés pospagable vencido (i), se deducirá a partir de la siguiente igualdad:

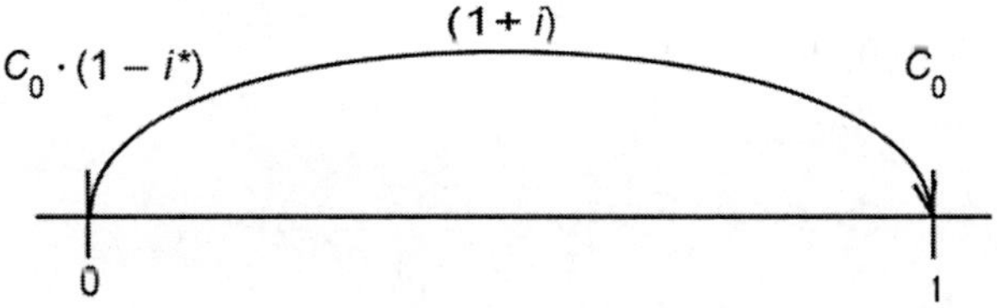

$$C_0 \cdot (1 - i^*) \cdot (1 + i) = C_0$$

Simplificando y operando nos queda:

$$i^* = \frac{i}{1 + i} \rightarrow \qquad i = i^* \cdot (1 + i)$$

Esta igualdad nos indica que capitalizando el tipo de interés por anticipado se obtiene el tipo de interés por vencido.

Si en lugar de operar con 1 año de duración lo hacemos con n, obtendremos:

$$i^* = \frac{i}{1 + n \cdot i}$$

$$i = i^* \cdot (1 + n \cdot i)$$

Ejemplo 2.8.

Determinada entidad financiera entrega, en el momento de realizar una imposición de 3.000 euros durante un año, un juego de vajillas valorado en 300 euros. ¿Cuál es la rentabilidad para el cliente?

Solución

El tipo de interés anticipado es del 10% anual.

$$i = \frac{0{,}10}{1 - 0{,}10} = 0{,}111 \text{ anual.}$$

Otra forma de calcularlo, sería:

$$2.700 \times (1 + i) = 3.000$$

$$i = 0{,}111 \text{ anual.}$$

Ejemplo 2.9.

Calcular el tipo de interés anual anticipado (i^*) equivalente al 0,05 anual por vencido en los siguientes casos:

Caso a) Duración de la operación 1 año.

Caso b) Duración de la operación 2 años.

Caso c) Duración de la operación 9 meses.

Solución

Caso a)

$$i^* = \frac{i}{1 + n \cdot i} = \frac{0{,}05}{1 + 1 \times 0{,}05} \cong 0{,}0476 \text{ anual; } \quad 4{,}76\% \text{ anual.}$$

Caso b)

$$i^* = \frac{i}{1 + n \cdot i} = \frac{0{,}05}{1 + 2 \times 0{,}05} \cong 0{,}045 \text{ anual; } \quad 4{,}5\% \text{ anual.}$$

Caso c)

$$i^* = \frac{i}{1 + \frac{n}{m} \cdot i} = \frac{0{,}05}{1 + \frac{9}{12} \times 0{,}05} = \frac{0{,}05}{1{,}0375} \cong 0{,}048 \text{ anual; } \quad 4{,}8\% \text{ anual.}$$

2.2. INTERESES LEGALES

Con carácter general los tipos de interés aplicables tienen un carácter convencional o contractual, obedeciendo a acuerdos entre las partes y presentando un margen de variación y/o negociación en función de variables tales como las partes intervinientes, importe de la operación, posición global, fluctuaciones de mercado, etc.

Así, por ejemplo:

- Concertación de préstamo hipotecario con interés fijo. Existirán variaciones en función de la entidad con la que se concierte la hipoteca y dentro de una misma entidad en función de la capacidad negociadora de las partes (solvencia del prestatario, situación global, garantías, etc.).
- Concertación de un préstamo hipotecario con interés variable (Euribor + diferencial). El tipo de interés de la operación, vendrá determinado por dos componentes, Euribor innegociable y fijado por el Banco de España y un porcentaje o diferencial variable según la entidad y capacidad negociadora de las partes.
- Depósito a plazo fijo. El tipo de interés variará en función de la entidad, importe, volumen de negocio del prestatario, permanencia, etc.

Existen, no obstante, otros tipos de interés que se califican como **legales** en cuanto que son fijados y regulados en su cuantía y aplicación por normas con rango legal. Este es el caso del *interés legal del dinero*, el *interés de demora* o el *interés de demora comercial.*

2.2.1. Interés legal del dinero

De acuerdo con lo establecido en el Código Civil el tipo de **interés legal del dinero** es el que se aplica como indemnización cuando un deudor incurre en mora y no se ha pactado un tipo de interés determinado. En el ámbito del sector público, son múltiples las normas administrativas que establecen la aplicación preceptiva de este tipo de interés, por ejemplo la demora en la fijación y pago del justiprecio en expedientes expropiatorios, el aplazamiento/fraccionamiento de deudas tributarias garantizadas con aval bancario, el pago en cumplimiento de sentencias condenatorias a entidades públicas, entre otros.

Desde el año 1987 el tipo de interés legal del dinero es fijado anualmente en Ley de Presupuestos del Estado. Para el año 2017 el tipo de interés legal es el 3% anual.

2.2.2. Interés de demora

El interés de demora es una prestación accesoria que se exigirá a los *obligados tributarios y a los sujetos infractores* como consecuencia de la realización de un pago fuera de plazo o de la presentación de una autoliquidación o declaración de la que resulte una cantidad a ingresar una vez finalizado el plazo establecido al efecto en la normativa tributaria, del cobro de una devolución improcedente o en el resto de casos previstos en la normativa tributaria (artículo 26 Ley 58/2003, de 17 de diciembre, General Tributaria).

El interés de demora se exigirá, entre otros, en los siguientes supuestos:

a. Cuando finalice el plazo establecido para el pago en período voluntario de una deuda resultante de una liquidación practicada por la Administración o del importe de una sanción, sin que el ingreso se hubiera efectuado.

b. Cuando finalice el plazo establecido para la presentación de una autoliquidación o declaración sin que hubiera sido presentada o hubiera sido presentada incorrectamente, salvo lo dispuesto en el apartado 2 del artículo 27 de la Ley 58/2003, relativo a la presentación de declaraciones extemporáneas sin requerimiento previo.

c. Cuando se suspenda la ejecución del acto, salvo en el supuesto de recursos y reclamaciones contra sanciones durante el tiempo que transcurra hasta la finalización del plazo de pago en período voluntario abierto por la notificación de la resolución que ponga fin a la vía administrativa.

d. Cuando se inicie el período ejecutivo, salvo lo dispuesto en el apartado 5 del artículo 28 de la Ley General Tributaria (LGT), respecto a los intereses de demora cuando sea exigible el recargo ejecutivo o el recargo de apremio reducido.

e. Cuando se reciba una petición de cobro de deudas de titularidad de otros Estados o de entidades internacionales o supranacionales conforme a la normativa sobre asistencia mutua, salvo que dicha normativa establezca otra cosa.

f. Cuando el obligado tributario haya obtenido una devolución improcedente.

El interés de demora se calculará sobre el importe no ingresado en plazo o sobre la cuantía de la devolución cobrada improcedentemente, y resultará exigible durante el tiempo al que se extienda el retraso del obligado.

Pero además, el interés de demora no es una prestación exigible únicamente al obligado tributario o sujeto infractor, ya que, en ocasiones, también la *administración tributaria* resulta obligada al pago del mismo. Así, de acuerdo con lo dispuesto en el artículo 32 de la LGT la Administración tributaria devolverá a los obligados tributarios, a los sujetos infractores o a los sucesores de unos y otros, los ingresos que indebidamente se hubieran realizado en el Tesoro Público con ocasión del cumplimiento de sus obligaciones tributarias o del pago de sanciones.

Con la devolución de los ingresos indebidos, la Administración tributaria abonará el interés de demora sin necesidad de que el obligado tributario lo solicite. A estos efectos, el interés de demora se devengará desde la fecha en que se hubiese realizado el ingreso indebido hasta la fecha en que se ordene el pago de la devolución.

Existe normativa de derecho público, *fuera del ámbito tributario*, que prevé, para determinados supuestos, la aplicación y exigencia del interés de demora coincidente en su cuantía con el regulado por la LGT. Así por ejemplo, el artículo 38 de la Ley 38/2003, de 17 de noviembre, General de Subvenciones, prevé la exigencia del interés de demora para supuestos de reintegro de subvenciones nacionales.

Cálculo del interés de demora

Para el cálculo del interés de demora hay que tener en cuenta que:

> El interés de demora será el interés legal del dinero vigente a lo largo del período en el que aquél resulte exigible, incrementado en un 25 %, salvo que la Ley de Presupuestos Generales del Estado establezca otro diferente.

Dado que el interés legal para el año 2017 es del 3% anual, el interés de demora tributario será: $3\% + 0,25 \times 3\% = 3,375\%$.

No obstante, en los supuestos de aplazamiento, fraccionamiento o suspensión las de deudas, garantizadas en su totalidad mediante aval solidario de entidad de crédito o sociedad de garantía recíproca o mediante certificado de seguro de caución, el interés de demora exigible será el interés legal.

2.2.3. Interés de demora aplicable a las operaciones comerciales

Un supuesto especial de interés de demora es el regulado por la Ley 3/2004, de 29 de diciembre, de aplicación como mecanismo compensatorio por el retraso en el pago en las operaciones comerciales realizadas entre empresas, o entre empresas y la Administración, de conformidad con lo dispuesto en la normativa de contratos, así como las realizadas entre los contratistas principales y sus proveedores y subcontratistas.

En las operaciones del *sector privado*, el plazo de pago que debe cumplir el deudor será el siguiente:

1. Si no hubiera fijado fecha o plazo de pago en el contrato, el mismo será de treinta días naturales después de la fecha de recepción de las mercancías o prestación de los servicios, incluso cuando hubiera recibido la factura o solicitud de pago equivalente con anterioridad.

   Los proveedores deberán hacer llegar la factura o solicitud de pago equivalente a sus clientes antes de que se cumplan treinta días, a contar desde la fecha de recepción efectiva de las mercancías o de la prestación de los servicios. Cuando en el contrato se hubiera fijado un plazo de pago, la recepción de la factura por medios electrónicos producirá los efectos de inicio del cómputo de plazo de pago, siempre que se encuentre garantizada la identidad y autenticidad del firmante, la integridad de la factura, y la recepción por el interesado.

2. Si legalmente o en el contrato se ha dispuesto un procedimiento de aceptación o de comprobación mediante el cual deba verificarse la conformidad de los bienes o los servicios con lo dispuesto en el contrato, su duración no podrá exceder de treinta días naturales, a contar desde la fecha de recepción de los bienes o de la prestación de los servicios. En este caso, el plazo de pago será de treinta días después de la fecha

en que tiene lugar la aceptación o verificación de los bienes o servicios, incluso aunque la factura o solicitud de pago se hubiera recibido con anterioridad a la aceptación o verificación.

Los plazos de pago antes indicados podrán ser ampliados mediante pacto de las partes sin que, en ningún caso, se pueda acordar un plazo superior a 60 días naturales.

Podrán agruparse facturas a lo largo de un período determinado no superior a quince días, mediante una factura comprensiva de todas las entregas realizadas en dicho período, una factura resumen periódica, o agrupándolas en un único documento a efectos de facilitar la gestión de su pago, o por agrupación periódica de facturas, y siempre que se tome como fecha de inicio del cómputo del plazo la fecha correspondiente a la mitad del período de la factura resumen periódica o de la agrupación periódica de facturas de que se trate, según el caso, y el plazo de pago no supere los sesenta días naturales desde esa fecha.

El obligado al pago incurrirá en mora y deberá pagar el interés de demora, automáticamente por el mero incumplimiento del pago en el plazo pactado o legalmente establecido. El interés de demora que deberá pagar será el que resulte del contrato y, en defecto de pacto, el tipo legal calculado como la suma del tipo de interés aplicado por el Banco Central Europeo a su más reciente operación principal de financiación efectuada antes del primer día del semestre natural de que se trate, más ocho puntos porcentuales.

El Ministerio de Economía y Hacienda publicará semestralmente en el *Boletín Oficial del Estado* el tipo de interés aplicable.

Todo ello, sin prejuicio del derecho que asiste al acreedor de reclamación al deudor de una indemnización de los costes de cobro que resulten debidamente acreditados.

Por lo que respecta las *obligaciones asumidas por las Administraciones públicas en el ámbito contractual*, la administración deberá efectuar el pago dentro de los treinta días siguientes a la fecha de la expedición de las certificaciones de obras o de los correspondientes documentos que acrediten la realización total o parcial del contrato. No obstante, se estableció una reducción progresiva de plazos (cincuenta días hasta 2011, cuarenta en 2012 y treinta a partir de 2013). En caso de retraso en el pago, la Administración deberá abonar al contratista los intereses de demora y la indemnización por los costes de cobro en los términos previstos en la Ley 3/2004.

La Resolución de 27 de junio de 2017, de la Secretaría General del Tesoro y Política Financiera, establece que el tipo legal de interés de demora aplicable a las operaciones comerciales durante el año 2017 es el 8% anual.

En resumen, tenemos un tipo de interés legal, vigente a lo largo de todo el año 2017, del 3%, otro tipo de interés de demora de aplicación en las operaciones comerciales, el cual ha sido, para el año 2017 del 8% anual, y un tipo de interés de demora tributario del 3,375% anual.

La fórmula para el cálculo de los intereses será:

$$I = C_0 \times \frac{n}{365} \times i$$

Los días se calculan partiendo del día siguientes e incluyendo el día de la finalización.

Ejemplo 2.10.

Deuda de 1.000 € aplazada desde el 20 de marzo de 2011 (fin del periodo voluntario), hasta el 20 de junio de 2013.

Se pide: calcular el interés de demora asociado al plazo sabiendo que:

a) El interés de demora se ha mantenido constante en los ejercicios 2011, 2012 y 2013 en el tipo del 5 %.

b) Los intereses de demora de los tres ejercicios considerados han sido los siguientes:

- Año 2011: 5% anual.
- Año 2012: 5% anual.
- Año 2013: 4% anual.

Solución

a) El interés de demora:

$$I = 1.000 \times \frac{822}{365} \times 0{,}05 = 112{,}60 \text{ €}.$$

Comentarios:

- Desde el 21/03/2011 hasta el 20/06/2013 transcurren 822 días.
- La cantidad a ingresar el día 20 de junio de 2013 será de 1.112,60 €.

b) Al producirse el cambio en los tipos de interés de demora en los años comprendidos en el aplazamiento hay que proceder a calcular de forma separada los correspondientes a cada ejercicio. La liquidación de intereses se realizará desde el día siguiente al de vencimiento del plazo de ingreso en periodo voluntario hasta la fecha de ingreso concedida para cada plazo.

$$I_{2011} = 1.000 \times \frac{285}{365} \times 0{,}05 = 39{,}04 \text{ €}.$$

$$I_{2012} = 1.000 \times \frac{365}{365} \times 0{,}05 = 50{,}00 \text{ €}.$$

$$I_{2013} = 1.000 \times \frac{170}{365} \times 0{,}04 = 18{,}63 \text{ €}.$$

Comentarios:

- Desde el 21/03/2011 hasta el 31/12/2011 transcurren 285 días.
- Desde el 1/01/2012 hasta el 31/12/2012 transcurren 365 días.
- Desde el 1/01/2013 hasta el 20/06/2013 transcurren 170 días.
- La cantidad a ingresar el día 20 de junio de 2012 será de 1.107,67 €.

Ejemplo 2.11.

Se presenta solicitud de aplazamiento en periodo voluntario de una deuda de 1.000 €. En el acuerdo se concede un fraccionamiento en 4 plazos de igual cuantía. El fin del periodo voluntario de ingreso es el 20 de marzo del 2010 y las fechas de ingreso de los cuatro plazos son, respectivamente:

- 20/09/2010.
- 20/12/2010.
- 20/03/2011.
- 20/06/2011.

Se pide:

a) Cuáles son los intereses de demora asociados a cada plazo, si el tipo de interés de demora del año 2010 y 2011 es del 5%.

b) Cuáles son los intereses de demora asociados a cada plazo, si los tipos interés de demora de los años 2010 y 2011, son del 5% y del 4%, respectivamente.

Solución

a) El interés de demora del año 2010 y 2011 es del 5%. El cálculo de los intereses de demora se realiza por cada fracción de deuda. El periodo a computar en cada fracción es el existente desde el día siguiente al del vencimiento del plazo de ingreso del periodo voluntario original hasta el vencimiento de la fracción correspondiente.

- Intereses asociados al plazo 1:

$$I_1 = 250 \times \frac{184}{365} \times 0{,}05 = 6{,}30 \text{ €}.$$

Desde el 21/03/2010 hasta el 20/09/2010 transcurren 184 días.

- Intereses asociados al plazo 2:

$$I_2 = 250 \times \frac{275}{365} \times 0{,}05 = 9{,}42 \text{ €}.$$

Desde el 21/03/2010 hasta el 20/12/2010 transcurren 275 días.

- Intereses asociados al plazo 3:

$$I_3 = 250 \times \frac{365}{365} \times 0{,}05 = 12{,}50\ €.$$

Desde el 21/03/2010 hasta el 20/03/2011 transcurren 365 días.

- Intereses asociados al plazo 4:

$$I_4 = 250 \times \frac{457}{365} \times 0{,}05 = 15{,}65\ €.$$

Desde el 21/03/2010 hasta el 20/06/2011 transcurren 457 días.

Las cantidades a pagar en cada plazo serían:

- Plazo del 20/09/2010: 256,30 €.
- Plazo del 20/12/2010: 259,42 €.
- Plazo del 20/03/2011: 262,50 €.
- Plazo del 20/06/2011: 265,65 €.

b) Si el interés de demora del año 2010 es del 5% y el del 2011 es del 4%, hay que calcular de forma separada los intereses de demora correspondientes a cada periodo. El cálculo sería el siguiente:

$$I_1 = 250 \times \frac{184}{365} \times 0{,}05 = 6{,}30\ €.$$

$$I_2 = 250 \times \frac{275}{365} \times 0{,}05 = 9{,}42\ €.$$

$$I_3 = 250 \times \frac{286}{365} \times 0{,}05 + 250 \times \frac{79}{365} \times 0{,}04 = 9{,}79 + 2{,}16 = 11{,}95\ €.$$

$$I_4 = 250 \times \frac{286}{365} \times 0{,}05 + 250 \times \frac{171}{365} \times 0{,}04 = 9{,}79 + 4{,}68 = 14{,}47\ €.$$

Desde el 21/03/2010 hasta el 31/12/2010 transcurren 286 días.

Desde el 1/01/2011 hasta el 20/06/2011 transcurren 171 días.

Las cantidades a pagar en cada plazo serían:

- Plazo del 20/09/2010: 256,30 €.
- Plazo del 20/12/2010: 259,42 €.
- Plazo del 20/03/2011: 261,95 €.
- Plazo del 20/06/2011: 264,47 €.

Ejemplo 2.12[1]

El Señor Rodríguez adquirió el 30 de septiembre de XX12 una vivienda, por la que se le ha practicado en cada ejercicio las correspondientes deducciones en la cuota del impuesto por inversión en vivienda habitual, con arreglo al siguiente detalle:

Año	Cantidades invertidas (€)	Deducciones practicadas (€)
XX12	9.000	1.350 (15%)
XX13	6.000	900 (15%)
XX14	6.000	900 (15%)

Por motivos económicos, el 1 de febrero de XX15 alquiló su vivienda habitual, incumpliendo el plazo de 3 años de ocupación continuada exigido para que dicha vivienda tuviera carácter habitual y, en consecuencia, perdiendo el derecho a las deducciones practicadas.

¿En qué cantidad deberá incrementar la cuota líquida estatal y autonómica de la declaración de XX15, si dicha declaración se presenta el día 30 de junio de XX16 y, en relación a las dos declaraciones en las que practicó la deducción, la del ejercicio XX12 resultó a devolver y dicha devolución se produjo el día 30 de noviembre de XX13, mientras que las de los ejercicios XX13 y XX14 fueron positivas?

Solución

1. Importe de las deducciones indebidas

Al haber incumplido el plazo de 3 años de ocupación continuad para considerar la vivienda adquirida como habitual se produce una pérdida del derecho a las deducciones practicadas. Por consiguiente, el importe de las deducciones que procede reintegrar es:

- Deducción practicada en la declaración de XX12.............1.350
- Deducción practicada en la declaración de XX12................900
- Deducción practicada en la declaración de XX12................900

Total..3.150

[1] Ejemplo propuesto en el Manuel práctico Renta 2015 publicado por la Agencia Tributaria española (pp: 739-741).

Del total de las deducciones indebidas:

- La suma de los importes de las deducciones practicadas en las declaraciones de XX12, XX13 y XX14 correspondientes al tramo estatal (50% s/3.150=1.575) incrementará la cuota líquida estatal.
- La suma de los importes de las deducciones practicadas en las declaraciones de XX12, XX13 y XX14 correspondientes al tramo autonómico (50% s/3.150=1.575) incrementará la cuota líquida autonómica.

A estas cantidades habrá que añadir los correspondientes intereses de demora, calculados por separado para las cantidades deducidas en cada uno de los ejercicios.

2. Importe de los intereses de demora

2.1. Intereses de demora correspondientes a la deducción indebida de XX12 (1.350 euros)

- Periodo inicial: del 30-11-XX13 al 31-12-XX13 (32 días)

  Considerando que la fecha en la que se produjo la devolución fue el día 30-11-XX13 y que el tipo de interés de demora vigente en dicha fecha era del 5%, resulta:

  Intereses de demora:

$$1.350 \times 0{,}05 \times \frac{32}{365} = 5{,}92\ €$$

- Periodo intermedio: del 01-01-XX14 al 31-12-XX15 (730 días)

  Siendo el tipo de interés de demora vigente en el año XX14 del 5% y en el XX15 del 4,375%, resulta:

  - Intereses de demora año XX14:

$$1.350 \times 0{,}05 = 67{,}50\ €$$

  - Intereses de demora año XX15:

$$1.350 \times 0{,}04375 = 59{,}06\ €$$

- Periodo final: del 01-01-XX16 al 30-06-XX16 (182 días)

  Siendo el tipo de interés de demora vigente en este periodo del 3,75%, resulta:

- Intereses de demora:

$$1.350 \times 0{,}0375 \times \frac{182}{366} = 25{,}17\ €$$

- Intereses de demora totales correspondientes a la deducción del año XX12:

$$5{,}92 + 67{,}50 + 59{,}06 + 25{,}17 = 157{,}65\ €$$

2.2. Intereses de demora correspondientes a la deducción indebida de XX13 (900 euros)

- Periodo inicial: del 01-07-XX14 al 31-12-XX14 (184 días)

  Es el periodo comprendido entre la fecha de vencimiento del plazo de declaración del ejercicio XX13, que fue el 30-06-XX14 y el último día de dicho año. El tipo de interés de demora vigente en este periodo era del 5%, resulta:

  - Intereses de demora:

$$900 \times 0{,}05 \times \frac{184}{365} = 22{,}68\ €$$

- Periodo intermedio: del 01-01-XX15 al 31-12-XX15 (365 días)

  Siendo el tipo de interés de demora vigente en este periodo del 4,375%, resulta:

  - Intereses de demora:

$$900 \times 0{,}04375 = 39{,}37\ €$$

- Periodo final: del 01-01-XX16 al 30-06-XX16 (182 días)

  Siendo el tipo de interés de demora vigente en este periodo del 3,75%, resulta:

  - Intereses de demora:

$$900 \times 0{,}0375 \times \frac{182}{366} = 16{,}78\ €$$

  - Intereses de demora totales correspondientes a la deducción del año XX12:

$$22{,}68 + 39{,}37 + 16{,}78 = 78{,}83\ €$$

2.3. Intereses de demora correspondientes a la deducción indebida de XX13 (900 euros)

- Periodo inicial: del 01-07-XX15 al 31-12-XX15 (184 días)

  Es el periodo comprendido entre la fecha de vencimiento del plazo de declaración del ejercicio XX14, que fue el 30-06-XX15 y el último día de dicho año.

  El tipo de interés de demora vigente en este periodo era del 4,375%, resulta:

  - Intereses de demora:

$$900 \times 0{,}04375 \times \frac{184}{365} = 19{,}85\ €$$

- Periodo final: del 01-01-XX16 al 30-06-XX16 (182 días)

  Siendo el tipo de interés de demora vigente en este periodo del 3,75%, resulta:

  - Intereses de demora:

$$900 \times 0{,}0375 \times \frac{182}{366} = 16{,}78\ €$$

  - Intereses de demora totales correspondientes a la deducción del año XX14:

$$19{,}85 + 16{,}78 = 36{,}63\ €$$

2.4. Intereses de demora a computar por la declaración del ejercicio XX14

- Correspondientes a la deducción indebida del XX12.........157,65
- Correspondientes a la deducción indebida del XX12...........78,83
- Correspondientes a la deducción indebida del XX12...........36,63

Total intereses..273,11

El 50% de los intereses de demora correspondientes a los ejercicios XX12, XX13 y XX14 incrementará la cuota líquida estatal (136,55 euros) y el 50% restante (136,55 euros) la cuota líquida autonómica.

2.3. SUPUESTOS DE APLICACIÓN

En este aparatado desarrollaremos diversos supuestos practicos de aplicación sobre la ley financiera de capitalizacion simple.

Ejemplo 2.13.

Calcular el montante que genera un capital de 1.000 € durante 1 año al 2% de interés mensual.

Solución

$$C_1 = 1.000 \times \left(1 + \underbrace{12}_{meses} \times \underbrace{0{,}02}_{tanto\ mensual}\right) = 1.240\ €$$

Otra forma de resolverlo:

$$C_1 = 1.000 \times \left(1 + \underbrace{1}_{año} \times \underbrace{0{,}02 \cdot 12}_{tanto\ anual}\right) = 1.240\ €$$

Ejemplo 2.14.

Calcular el montante que genera un capital de 1.000 € al 12% anual durante 2 meses.

Solución

$$C_{2/12} = 1.000 \times \left(1 + \frac{2}{\underbrace{12}_{fracción\ año}} \times \underbrace{0{,}12}_{tanto\ anual}\right) = 1.020\ €$$

Ejemplo 2.15.

Depositamos en una entidad financiera 100 € y al cabo de 1 mes, 200 €. ¿Cuánto tendremos al finalizar 4 meses si los tipos de interés son los siguientes?:

- 1% mensual para el primer mes.
- 2% mensual para el segundo.
- 3% mensual para el tercer mes.
- 4% mensual para el cuarto mes.

Solución

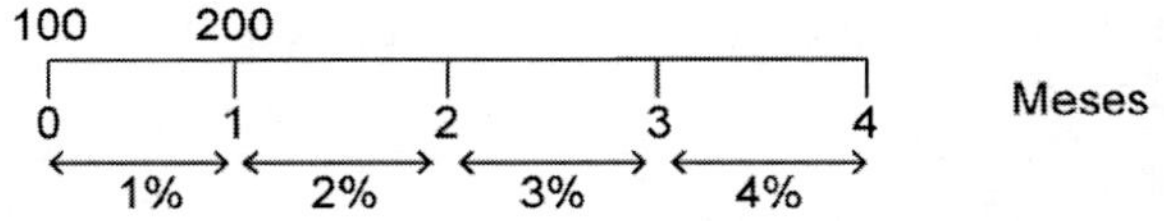

$$C_{4\,meses} = 100 \times (1 + 1 \times 0{,}01 + 1 \times 0{,}02 + 1 \times 0{,}03 + 1 \times 0{,}04) +$$

$$200 \times (1 + 1 \times 0{,}02 + 1 \times 0{,}03 + 1 \times 0{,}04) = 328\ €$$

Ejemplo 2.16.

Un capital de 1.000 € ha generado durante 146 días (año natural) unos interés de 50 €. Obténgase el tipo de interés aplicado.

Solución

$$I = C_0 \cdot \frac{n}{365} \cdot i$$

$$i = \frac{365.I}{C_0 \cdot n} = \frac{365 \times 50}{1000 \times 146} = 12{,}5\% \text{ anual}$$

Ejemplo 2.17.

¿Cuántos meses deberá tenerse prestado un capital al 9,60% anual para que llegue a triplicarse?

Solución

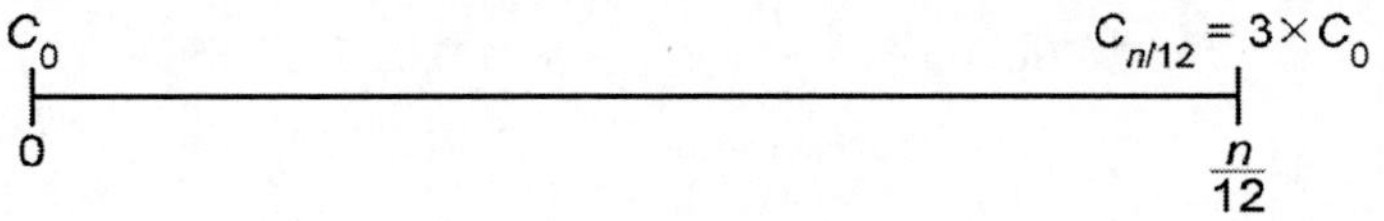

$$C_n = C_0 \cdot \left(1 + \frac{n}{m} \cdot i\right)$$

$$3 \times C_0 = C_0 \times \left(1 + \frac{n}{12} \times 0{,}096\right)$$

$$n = 250 \text{ meses}$$

Ejemplo 2.18.

Un capital prestado durante 126 días (año comercial) al 12% anual produce un montante de 265.189 €. ¿Cuál es el capital?

Solución

$$C_n = C_0 \cdot \left(1 + \frac{n}{m} \cdot i\right)$$

$$265.189 = C_0 \times \left(1 + \frac{126}{360} \times 0{,}12\right)$$

$$C_0 = 254.500 \text{ €}$$

Ejemplo 2.19.

Se colocan 1.000 € a un interés del 2,5% trimestral durante 9 meses. Calcular los intereses que produce en los siguientes casos:

a) Utilizando como unidad de tiempo el trimestre y

b) Obteniendo el tanto equivalente y operando en años.

Solución

a) Unidad de tiempo el trimestre

$$I = 1.000 \times \underbrace{\frac{9}{3}}_{3\ trimestres} \times \underbrace{0{,}025}_{tanto\ trimestral} = 75 \text{ €}$$

b) Operando en años

$$I = 1.000 \times \underbrace{\frac{9}{12}}_{fracción\ de\ año} \times \underbrace{4 \times 0{,}025}_{tanto\ anual} = 75 \text{ €}$$

Ejemplo 2.20.

Una determinada persona necesita 90.000 € y le ofrecen disponer de ésta cantidad en un préstamo a un año, con reembolso único y pago de intereses anticipados a un tanto prepagable del 10% anual. Calcular el importe del préstamo que debe solicitar para disponer hoy de los 90.000 €.

Solución

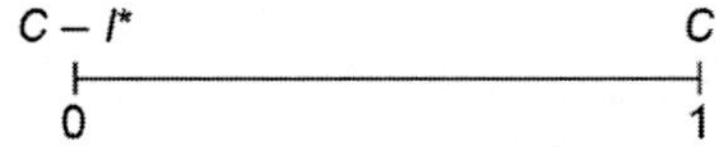

$$C - I^* = 90.000$$

$$C - C \cdot i^* = 90.000$$

$$C \times (1 - i^*) = 90.000$$

$$C \times (1 - 0{,}10) = 90.000$$

$$C = \frac{90.000}{0{,}9} = 100.000 \text{ €}$$

Otra forma de resolverlo:

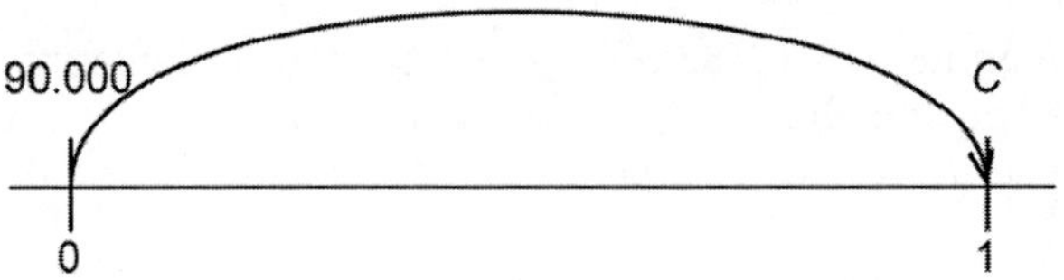

$$90.000 \times (1 + i) = C$$

$$i = \frac{i^*}{1 - i^*} = \frac{0{,}10}{1 - 0{,}10} = 0{,}1111 \text{ anual}$$

$$90.000 \times (1 + 0{,}1111) = 100.000 \text{ €}$$

Ejemplo 2.21.

Una deuda de 620 € se liquidó al finalizar 3 meses con una cantidad adicional de 12,4 € en concepto de intereses. ¿Cuál fue el tipo de interés aplicado en esta operación?

Solución

$$I = C_0 \cdot \frac{n}{12} \cdot i$$

Siendo n el número de meses.

$$i = \frac{12 \cdot I}{C_0 \cdot n} = \frac{12 \times 12{,}4}{620 \times 3} = 8\% \text{ anual}$$

Ejemplo 2.22.

Una deuda de 20.975 € se liquidó con un cheque por el importe de 22.023,75 €. Si el tipo de interés fue del 7,5%, ¿cuánto tiempo se tuvo prestado el dinero?

Solución

$$C_n = C_0 \cdot \left(1 + \frac{n}{12} \cdot i\right)$$

$$22.023{,}75 = 20.975 \times \left(1 + \frac{n}{12} \times 0{,}075\right)$$

$$n = 8 \text{ meses}$$

Ejemplo 2.23.

Una persona depositó en un banco 13.000 € y al cabo de 2 años retiró una cantidad igual al 150% de los intereses producidos hasta ese momento. Si el tipo de interés que devengó su depósito fue del 10% semestral, calcule el monto acumulado al cabo de 5 años de haber iniciado la operación.

Solución

Sea $I_{[1,2]}$ el total de intereses producidos entre los años 1 y 2, ambos inclusive.

$$I_{[1,2]} = 13.000 \times (0{,}10 \times 2) \times 2 = 5.200 \text{ €}$$

El siguiente gráfico resume la operación, siendo M el monto acumulado al cabo de 5 años.

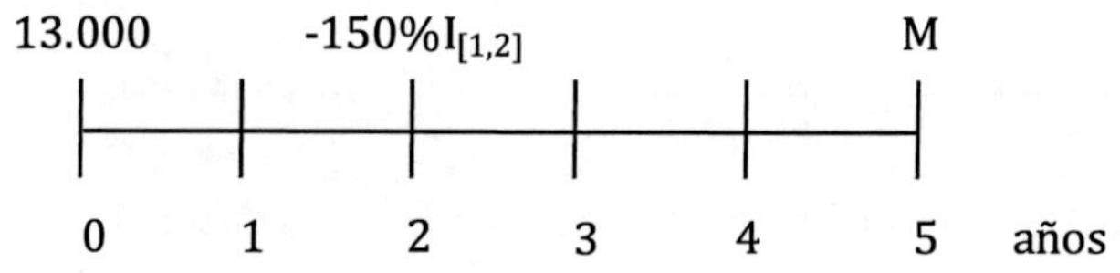

El importe retirado al final del 2º año sería:

$$150\% \; I_{[1,2]} = 1{,}5 \times 5.200 = 7.800 \text{ €}$$

Como retiró más del 100% de los intereses producidos hasta la fecha, el 50% adicional corresponde a capital. Es decir, retiró todos los intereses devengados hasta la fecha más una parte del capital.

La cuantía en la que disminuyó el capital es:

$$50\%\ I_{[1,2]} = 2.600\ €$$

De tal forma que durante los años 3º al 5º el capital fue de:

$$13.000 - 2.600 = 10.400\ €$$

El monto al final del 5º año está conformado por el capital disponible en ese momento más los intereses generados entre los años 3º y 5º.

$$M = C + I = 10.400 + 10.400 \times 0{,}10 \times 2 \times 3 = 10.400 + 6.240$$

$$M = 16.640\ €$$

Otra forma de calcular M es hallando el monto acumulado como si no hubiera hecho el retiro y restar la cantidad retirada junto con los intereses que se dejaron de devengar por la disminución de capital.

$$M = 13.000(1 + 0{,}10 \times 2 \times 5) - 150\%\ I_{[1,2]} - 50\%\ I_{[1,2]} \times 0{,}10 \times 2 \times 3$$

$$= 26.000 - 7.800 - 2.600 \times 0{,}10 \times 2 \times 3 = 16.640\ €$$

CAPÍTULO 3

LEY DE CAPITALIZACIÓN COMPUESTA

Contenido

3.1. CAPITALIZACIÓN COMPUESTA

Las operaciones financieras en régimen de capitalización compuesta se utilizan para determinadas operaciones con vencimiento superior al año.

La característica fundamental de la **capitalización compuesta** es que, en este caso, los intereses sí son productivos, es decir, se acumulan al capital para producir nuevos intereses.

La expresión matemática de la ley financiera de capitalización compuesta es la siguiente:

$$L(t,p) = (1+i)^{p-t} \qquad \text{con } i > 0 \;\; y \;\; p > t$$

Si hacemos coincidir *t con el origen (t* = 0*)* y *p* con el final de la operación (*p* = *n*)), entonces la expresión anterior se transforma en la siguiente:

$$L(0,n) = (1+i)^{n-0}$$

$$L(n) = (1+i)^{n}$$

La expresión obtenida, nos indica que 1 $u.m.$ se transforma al cabo de n años en $(1+i)^n$.

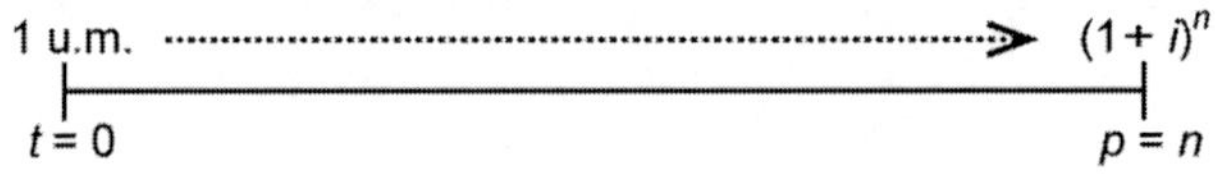

Al igual que hicimos constar en capitalización simple, el tanto i y el número de años, n deben estar expresados en la misma unidad de medida, que normalmente acostumbra ser años.

3.1.1. Cálculo del montante

Si operamos en el origen con C_0 en lugar de 1 u.m., el capital final o montante que obtendremos cuando transcurran *n* años y suponiendo un tipo de interés efectivo anual *i*, vendrá dado por la expresión siguiente:

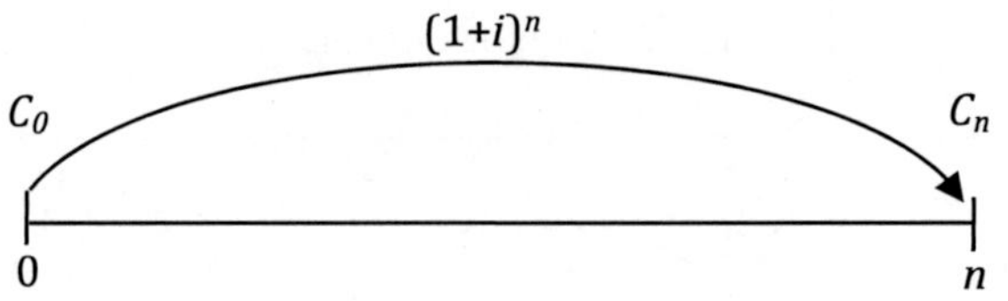

$$C_n = C_0 \cdot (1+i)^n$$

3.1.2. Cálculo del valor actual

El **cálculo del valor actual**, también conocido como **actualización**, constituye la operación inversa a la capitalización o cálculo del montante. Consiste en valorar una cantidad a una fecha anterior, tal como se observa en el siguiente gráfico.

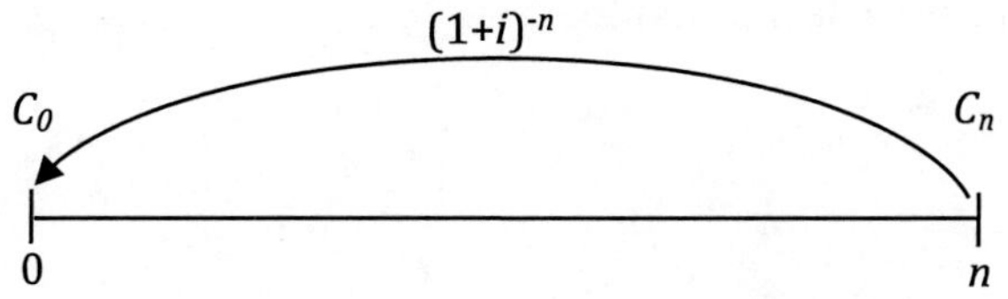

$$C_0 = \frac{C_n}{(1+i)^n} = C_n \cdot (1+i)^{-n}$$

Ejemplo 3.1.

Una persona debe pagar al banco 3.630 € por un préstamo que contrajo hace exactamente 2 años. Si el tipo de interés aplicado es el 10% efectivo anual, calcular la cantidad prestada al inicio de la operación.

Solución

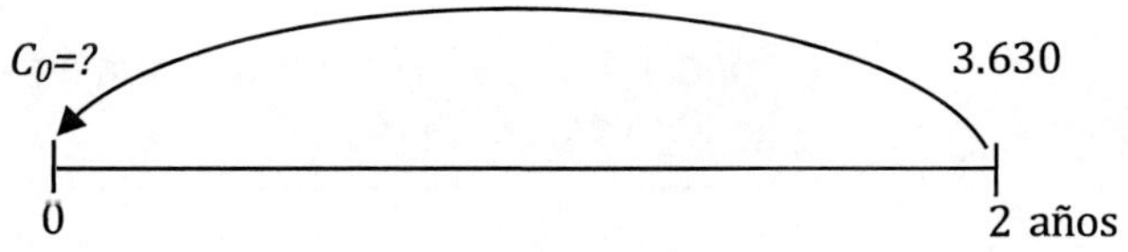

$$C_0 = C_3 \cdot (1+i)^{-2}$$

$$C_0 = 3.630 \times (1+0,1)^{-2} = 3.000 \text{ €}$$

3.1.3. Cálculo del interés

El interés que genera una operación lo calcularemos por diferencia entre el capital final y el capital inicial:

$$I = C_n - C_0 = C_0 \cdot (1+i)^n - C_0$$

$$I = C_0 \cdot [(1+i)^n - 1]$$

Ejemplo 3.2.

Calcular el montante que genera un capital de 1.000 € al 5% efectivo anual durante 2 años en los casos siguientes:

a) Aplicando la fórmula correspondiente.

b) Sin aplicar la fórmula del montante.

Solución

a)

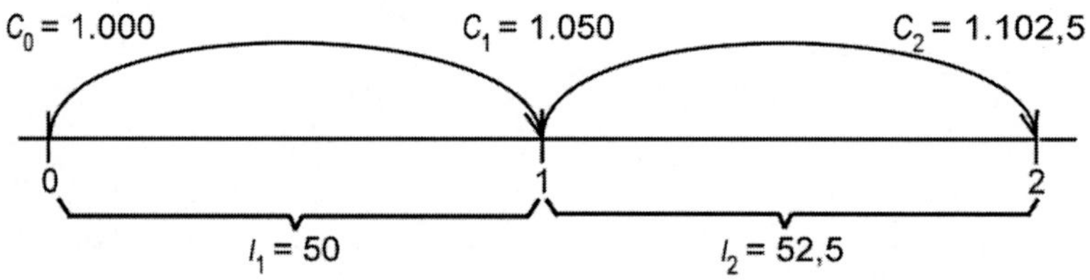

$$C_2 = 1.000 \times (1 + 0{,}05)^2 = 1.102{,}5 \text{ €}.$$

b)

$$C_2 = 1.000 + I_1 + I_2 = 1.000 + C_0 \cdot i + C_1 \cdot i =$$

$$= 1.000 + 1.000 \times 0{,}05 + 1.050 \times 0{,}05 = 1.102{,}5 \text{ €}$$

3.1.4. Tipos de interés

3.1.4.1. Tanto de interés efectivo anual

Es el parámetro i que figura en la ley financiera de capitalización compuesta, y se refiere a un periodo unitario de amplitud anual, recibe el nombre de **tanto** o tipo **de interés efectivo anual.** Desde el punto de vista financiero puede interpretarse como lo que produce una unidad monetaria invertida en capitalización compuesta durante un año.

3.1.4.2. Tantos de interés equivalentes

Dos tantos son **equivalentes** cuando, aplicados sobre el mismo capital inicial durante el mismo tiempo, dan lugar al mismo capital final.

Capitalizamos de dos formas distintas el mismo capital inicial de 1 u.m. durante un periodo de tiempo, o lo que es igual, durante m subperiodos. En el primer caso, el montante obtenido será $(1 + i)$, siendo i el tanto del periodo; mientras que en el segundo caso, el montante será, de $(1 + i_m)^m$, siendo i_m el tanto relativo al subperiodo.

Lo anteriormente expuesto queda reflejado en los gráficos siguientes:

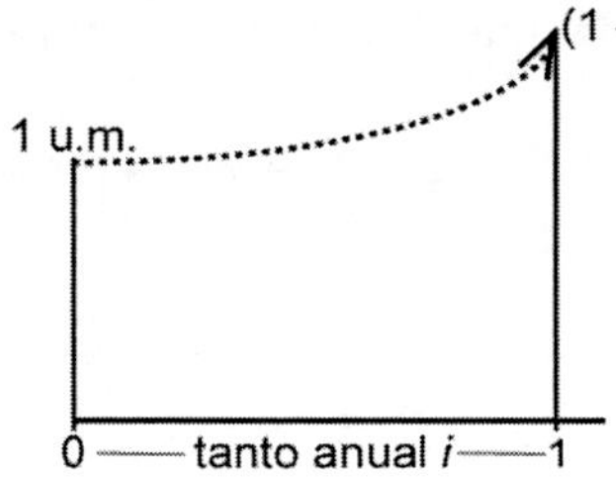

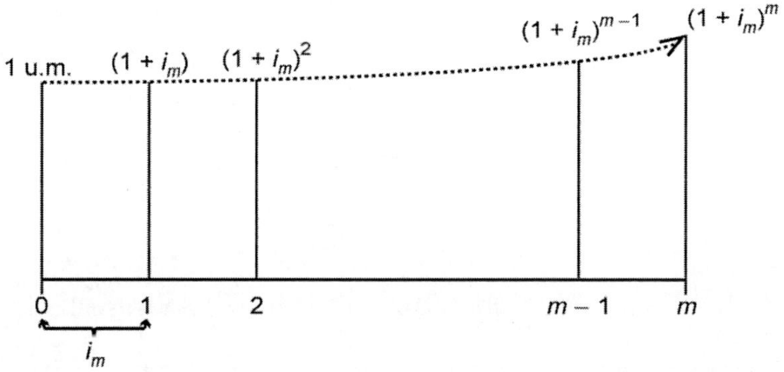

El tanto i y el tanto i_m serán equivalentes, si aplicados sobre la misma cuantía (1 u. m.) y durante el mismo periodo, dan lugar al mismo capital final.

$$(1 + i) = (1 + i_m)^m$$

siendo:

$i \rightarrow$ Tanto del periodo.

$i_m \rightarrow$ Tanto del subperiodo (tanto equivalente).

$m \rightarrow$ Número de subperiodos contenidos en el periodo.

Si el periodo es el año y los subperiodos son meses, entonces i será el tanto anual, m = 12 meses y el tanto equivalente será i_{12}.

Operando con la expresión anterior nos permite calcular:

- El tanto efectivo anual i equivalente al tanto i_m:

$$i = (1 + i_m)^m - 1$$

- El tanto de frecuencia m-ésimal $\mathrm{i_m}$ equivalente al tanto i:

$$i_m = (1 + i)^{\frac{1}{m}} - 1$$

Ejemplo 3.3.

Calcular: a) El tanto efectivo anual i equivalente al 1% mensual, b) El tanto mensual i_{12} equivalente al 12,68% anual.

Solución

a)

$$i = (1 + i_{12})^{12} - 1 = 0{,}1268 = 12{,}68\%$$

1% mensual → 12,68% anual

b)

$$i_{12} = (1 + 0{,}1268)^{\frac{1}{12}} - 1 = 0{,}01 = 1\%\ \text{mensual}$$

3.1.4.3. Tanto de interés nominal anual

Además de los tantos i e i_m existe en capitalización compuesta otro tanto que se denomina **tanto nominal de frecuencia *m***, o **tanto nominal convertible.** Este tanto lo vamos a designar como J_m y se verifica que:

$$J_m = m \cdot i_m = m \cdot \left[(1 + i)^{1/m} - 1\right]$$

El tanto nominal por sí solo no tiene otra utilidad que hacer referencia al periodo en que se va a capitalizar y a partir de él se obtiene i_m y el tanto efectivo anual (i).

El Banco de España exige a las entidades financieras que en todas las operaciones que éstas realicen se debe indicar el tanto nominal que se aplica a cada operación.

Ejemplo 3.4.

Siendo el tanto nominal de una operación de préstamo $J_{12} = 0{,}12$, calcular el tipo de interés mensual y la TAE de la operación.

Solución

$$i_m = \frac{J_m}{m} \rightarrow i_{12} = \frac{0{,}12}{12} = 0{,}01$$

$$i\ (TAE) = (1 + i_{12})^{12} - 1 = (1 + 0{,}01)^{12} - 1 = 0{,}12682503 = 12{,}68\%\ \text{anual}$$

3.1.4.4. Interés nominal e interés real

El tipo de interés que ofrecen las entidades financieras para cualquier producto financiero es el tipo de interés nominal. Si tenemos en cuenta la inflación medida a través del Índice de Precios al Consumo (IPC), que publica mensualmente el Instituto de Nacional de Estadística (INE) surge otro tipo de interés denominado interés real, que refleja la pérdida de poder adquisitivo que se produce por el mero transcurso del tiempo.

Ejemplo 3.5.

Supongamos que hoy realizamos una imposición a plazo fijo de 1.000 € por un año al tipo de interés nominal anual del 1,5%. Al finalizar los 12 meses recibiremos 1.015 € ¿podemos dentro de 1 año comprar los mismos productos que hoy compramos con 1.000 €?

Solución
Debemos tener en cuenta la inflación se fija a través del IPC. Supongamos que es de un 2% anual.

Obtendremos la equivalencia hoy de los 1.015 €:

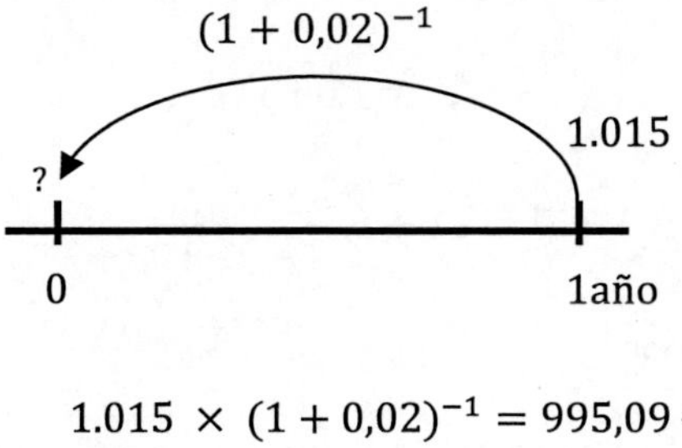

$$1.015 \times (1 + 0{,}02)^{-1} = 995{,}09\ €$$

Los 1.000 € de hoy han perdido poder adquisitivo ya que 1.015 € de dentro de 1 año son equivalentes hoy a 995,09 €.

La rentabilidad real de la imposición a plazo fijo será:

$$\frac{995{,}09 - 1.000}{1.000} = -0{,}491\%$$

Cuando los valores no son elevados se cumple la siguiente igualdad:

Tipo de interés real = Tipo de interés nominal – Inflación

Tipo de interés real = 1,5% - 2%=-0,5%

3.1.5. Intereses anticipados

Suponiendo un capital prestado C_0, un tanto de interés anticipado i^* y una duración de n años, el capital recibido en el origen será:

$$C_0 \cdot (1 - i^*)^n$$

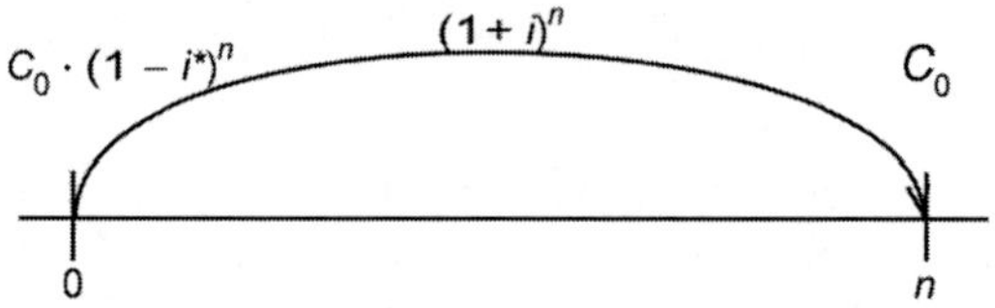

El tanto de interés anticipado i^* y por vencido i, serán equivalentes si se cumple la igualdad:

$$C_0 \cdot (1 - i^*)^n \cdot (1 + i)^n = C_0$$

Simplificando y operando nos queda:

$$(1 - i^*)^n \cdot (1 + i)^n = 1$$

$$(1 - i^*)^n = (1 + i)^{-n}$$

$$1 - i^* = (1 + i)^{-1} = \frac{1}{1 + i}$$

Despejando i^* e i obtendremos:

$$i = \frac{i^*}{1 - i^*}$$

$$i^* = \frac{i}{1 + i}$$

Ejemplo 3.6.

Calcular el tipo de interés anticipado i^* equivalente al 0,05 anual por vencido i si la duración de la operación es de 2 años.

Solución

$$i^* = \frac{1}{1+i} = \frac{0,05}{1+0,05} = \frac{0,05}{1,05} \cong 0,0476 = 4,76\% \text{ anual}$$

Obsérvese que el tipo de interés anticipado no depende de la duración de la operación.

3.2. COMPARACIÓN DE LOS MONTANTES EN CAPITALIZACIÓN SIMPLE Y CAPITALIZACIÓN COMPUESTA

Las fórmulas que hemos demostrado para el cálculo de los montantes en capitalización simple y capitalización compuesta, han sido las siguientes:

Capitalización simple:

$$C_n = C_0 \cdot (1 + n \cdot i)$$

Capitalización compuesta:

$$C_n' = C_0 \cdot (1 + i)^n$$

Gráficamente:

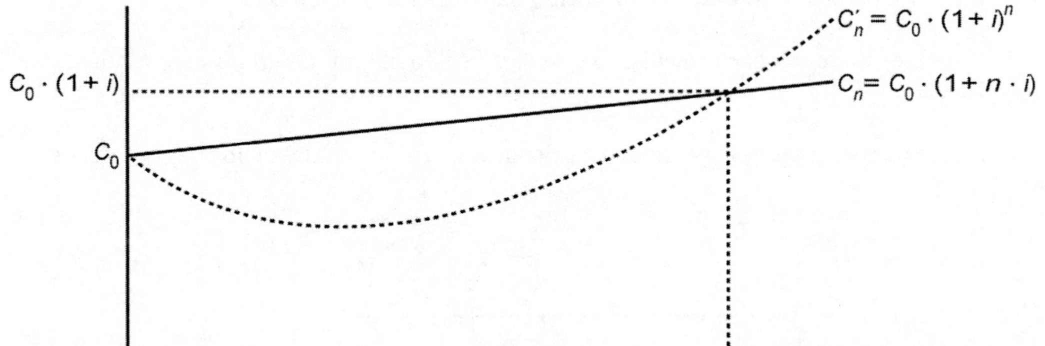

En donde:

- Si $n = 1 \rightarrow (1 + n \cdot i) = (1 + i)^n$, los montantes obtenidos en capitalización simple y compuesta son iguales, es decir, $C_n = C_n'$
- Si $n < 1 \rightarrow (1 + n \cdot i) > (1+i)^n$, el montante obtenido en capitalización simple es mayor que el montante obtenido en capitalización compuesta, es decir, $C_n > C_n'$.
- Si $n > 1 \rightarrow (1 + n \cdot i) < (1 + i)^n$, el montante obtenido en capitalización simple es menor que el montante obtenido en capitalización compuesta, es decir, $C_n < C_n'$.

Ejemplo 3.7.

Si una determinada operación financiera se capitaliza por semestres, ¿en qué instante coinciden los intereses obtenidos en capitalización simple y compuesta?

Solución

En el primer semestre coinciden los intereses en capitalización simple y compuesta. A partir de este instante, los intereses generados en capitalización compuesta son superiores a los de capitalización simple debido a la productividad de los intereses (en capitalización, los intereses se mantienen constantes a lo largo de toda la operación).

3.3. CÁLCULO DE LA RESERVA O SALDO FINANCIERO

La reserva o saldo de una operación financiera constituye la cantidad que permite finalizar de forma anticipada o renegociar la operación bajo otras condiciones.

Existen tres métodos para calcular la reserva o saldo al final de un periodo t, que denotaremos por S_t.

- **Método prospectivo**: el saldo se calcula con el valor actual de los pagos futuros.

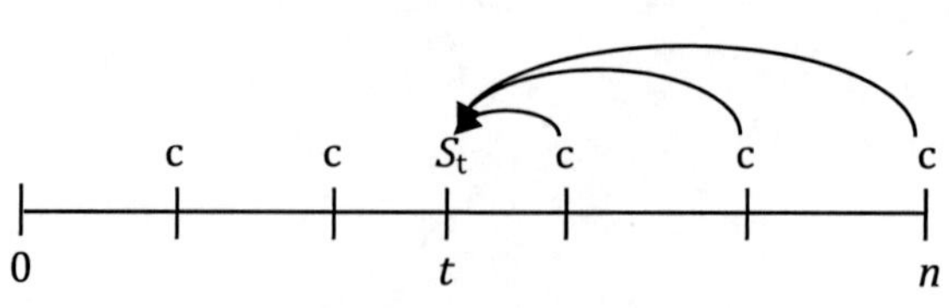

- **Método retrospectivo**: calculado en función de la deuda o saldo inicial menos los pagos realizados hasta el momento *t*, valoradas todas las cantidades en *t*.

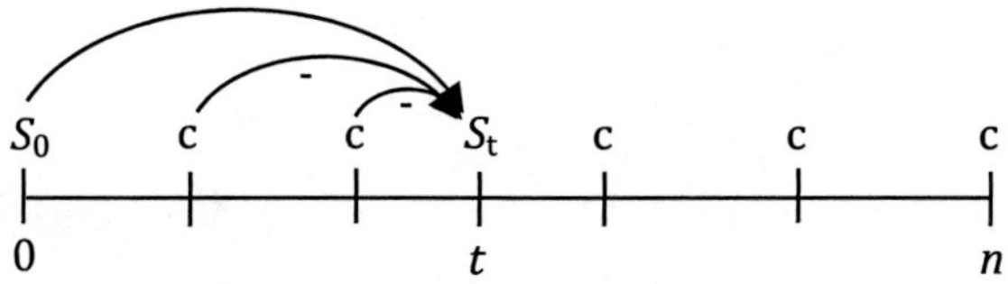

- **Método recurrente**: el saldo se calcula a partir del saldo en el periodo anterior menos las cantidades satisfechas entre *t – 1* y *t*.

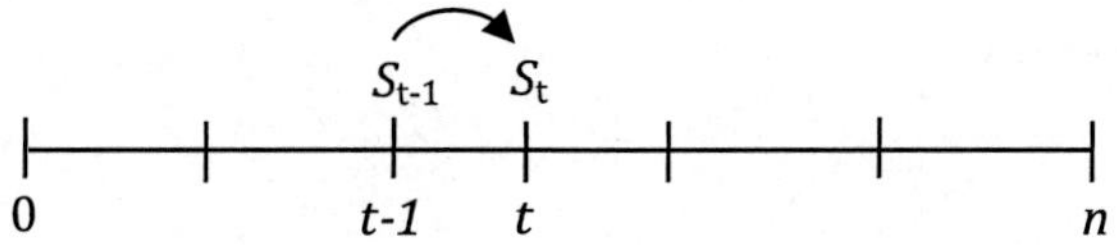

Al calcular el saldo en *t* se considera realizado el pago que pueda haber a ese momento. Por tanto, el pago en el punto *t* no se incluye en el cálculo del saldo por el método prospectivo, pero sí debe restarse en la valoración retrospectiva y recurrente.

Ejemplo 3.8.

Una persona adquiere una deuda cuyo importe debe devolver mediante 3 pagos anuales de 2.000 € cada uno. Al cabo de 2 años decide cancelar la deuda. Calcular la cantidad a pagar si el tipo de interés de la operación es el 10% efectivo anual.

Solución

Sean i = 10% y S_2 el saldo de la deuda al final del segundo año. El gráfico de esta operación es como sigue:

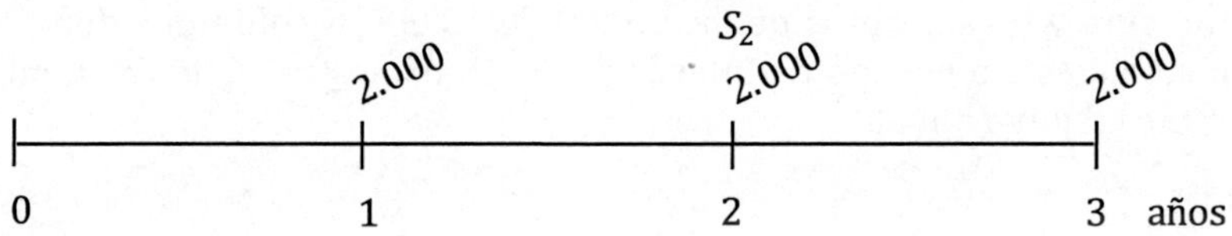

- Método prospectivo:

$$S_2 = 2.000\ (1 + i)^{-1} = 2.000 \times 1{,}1^{-1} = 1.818{,}18\ €$$

- Método retrospectivo:

$$S_2 = S_0(1+i)^2 - 2.000\,(1+i) - 2.000$$

siendo,

$$S_0 = 2.000\,(1+i)^{-1} + 2.000\,(1+i)^{-2} + 2.000\,(1+i)^{-3}$$

$$S_0 = 2.000 \times 1{,}1^{-1} + 2.000 \times 1{,}1^{-2} + 2.000 \times 1{,}1^{-3}$$

$$S_0 = 4.973{,}7\ €.$$

$$S_2 = S_0 \times 1{,}1^2 - 2.000 \times 1{,}1 - 2.000 = 1.818{,}18\ €.$$

- Método recurrente:

$$S_2 = S_1(1+i) - 2.000$$

siendo

$$S_1 = S_0(1+i) - 2.000 = 4.973{,}7 \times 1{,}1 - 2.000 = 3.471{,}07€$$

$$S_2 = S_1 \times 1{,}1 - 2.000 = 1.818{,}18\ €$$

3.4. SUPUESTOS DE APLICACIÓN

En este apartado desarrollaremos diversos supuestos practicos de aplicación sobre la ley financiera de capitalizacion compuesta.

Ejemplo 3.9.

Obtener el montante y los intereses de un capital de 10.000 € colocados durante 5 años en capitalización compuesta a un tipo de interés del 2,5% trimestral. Calcular también el tanto nominal y el tanto efectivo anual.

Solución

$$C_n = C_0 \cdot (1+i)^n$$

$$C_5 = 10.000 \times (1 + 0{,}025)^{4\times 5} \simeq 16.386\ €$$

El montante también se podría obtener de la siguiente forma:

$$C_5 = 10.000 \times \left(1 + \underbrace{0{,}1038}_{i=(1+0{,}025)^4-1}\right)^5 \cong 16.386 \text{ €}$$

$$I = 16.386 - 10.000 = 6.386 \text{ €}$$

Cálculo del tanto efectivo anual:

$$i = (1 + i_4)^4 - 1 = (1 + 0{,}025)^4 - 1 = 0{,}1038 = 10{,}38\% \text{ anual}$$

Cálculo del tanto nominal:

$$j_4 = 4 \times i_4 = 4 \times 0{,}025 = 0{,}10 = 10\% \text{ nominal anual}$$

Ejemplo 3.10.

Determinada entidad bancaria ofrece a un cliente tres alternativas para una imposición a plazo fijo de 1.000 € a 1 año.

- 5% semestral.
- 10,25% efectivo anual.
- 10% nominal de frecuencia semestral.

Se pide:

a) ¿Cuál de las tres alternativas es la más ventajosa para el cliente? Razone la respuesta.

b) ¿Cuánto obtendrá el cliente una vez finalizado el año?

Solución

a) Para saber cuál es la alternativa más ventajosa pasamos, por ejemplo, los tantos semestral (5%) y nominal (10%), a tantos efectivos anuales:

$$i_2 = 0{,}05 \rightarrow i = (1 + 0{,}05)^2 - 1 = 0{,}1025 = 10{,}25\%$$

$$j_2 = 0{,}10 \rightarrow i_2 = 0{,}05 \rightarrow i = (1 + 0{,}05)^2 - 1 = 0{,}1025 = 10{,}25\%$$

En consecuencia, las tres alternativas son iguales por lo que serían todas válidas.

b) Cantidad de que dispondrá el cliente al finalizar el año.

$$C_1 = C_0 \,.\, (1 + i)^1 = 1.000 \times (1 + \underbrace{0{,}1025}_{tanto\ anual})^1 = 1.102{,}5 \text{ €}$$

También se podría haber calculado de la siguiente forma:

$$C_1 = 1.000 \times (1 + \underbrace{0{,}05}_{tanto\ semestral})^2 = 1.102{,}5\ €$$

Ejemplo 3.11.

Una determinada institución de crédito ofrece a sus clientes una retribución por sus ahorros de un 6% nominal anual de frecuencia mensual (j_{12}=0,06 anual).

Se pide:

a) Calcular la TAE.

b) Si un cliente deposita 1.000 €, ¿Cuánto tendrá al finalizar los 12 primeros meses?

Solución

a) $i\ (TAE) = (1 + i_{12})^{12} - 1 = \left(1 + \frac{j_{12}}{12}\right)^{12} - 1 = \left(1 + \frac{0{,}06}{12}\right)^{12} - 1 \cong 0{,}06167$

$= 6{,}167\%$ anual $\rightarrow$ rentabilidad anual para el cliente.

$$C_1 = 1.000 \times (1 + 0{,}06167)^1 = 1.061{,}67\ €$$

Ejemplo 3.12.

Un capital inicial de 10.000 € se coloca a capitalización compuesta a plazo por 2 años. Durante el primer año se abonan intereses al 4% semestral y durante el segundo, se abonan trimestralmente a un tanto nominal del 10% anual. Obtener el montante al finalizar los dos años.

Solución

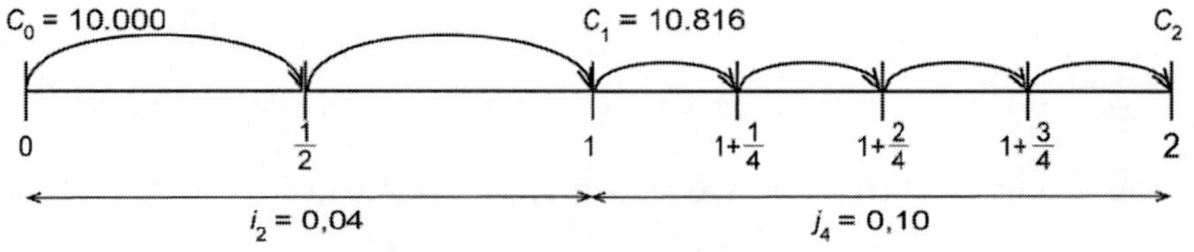

Al finalizar el primer año, el montante acumulado será:

$$C_1 = 10.000 \times (1 + 0{,}04)^2 = 10.816\ €$$

Dicho montante se coloca durante otro año más, con retribución trimestral de intereses, al 10% nominal anual:

$$C_2 = C_1 \cdot (1 + i_4)^4 = C_1 \cdot \left(1 + \frac{j_4}{4}\right)^4 = 10.816 \times \left(1 + \frac{0,10}{4}\right)^4 = 11.938,84 \text{ €}$$

Ejemplo 3.13.

La sociedad PACUM, SA adquirió a principios del año 2009 una maquinaria a la que se le estima una vida útil de 10 años.

Si los gastos de desmantelamiento de la máquina, al final de su vida útil, se estima en 3.000 €, ¿por qué importe deberá dotar la provisión correspondiente el asesor contable de la sociedad, si el tipo de interés del mercado es un 4% anual?

Solución

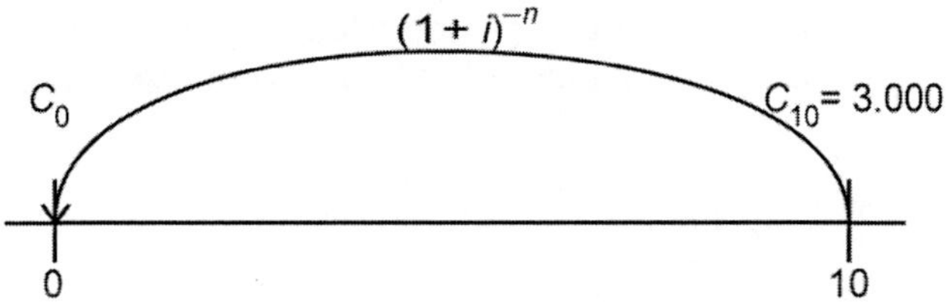

$$C_n = C_0 \ . \ (1 + i)^n \rightarrow C_0 = \frac{C_n}{(1 + i)^n} = C_n \ . \ (1 + i)^{-n}$$

$$C_0 = Valor\ actual = 3.000 \times (1 + i)^{-10} = 2.026,69 \text{ €}$$

El asesor contable debe dotar una provisión por un importe de 2.026,69 €, que es el valor actual de los gastos estimados de desmantelación.

Ejemplo 3.14.

La sociedad Cadesa compra el 31 de diciembre de un determinado año un equipo informático valorado en 500.000 €. Las condiciones de financiación son las siguientes:

- 100.000 € al contado.
- 3 pagos iguales con vencimientos 12, 24 y 36, respectivamente.
- Tipo de interés 8% anual.

Se pide: calcular el importe de cada pago.

Solución

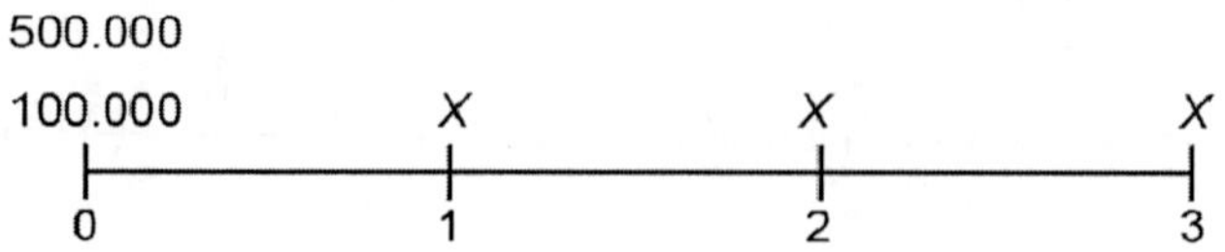

$$Lo\ que\ recibo = Lo\ que\ entrego$$

$$500.000 = 100.000 + X \cdot (1 + 0{,}08)^{-1} + X \cdot (1 + 0{,}08)^{-2} + X \cdot (1 + 0{,}08)^{-3}$$

$$X = 155.213{,}40\ €$$

Ejemplo 3.15.

Una determinada sociedad solicita, y con posterioridad le conceden, un préstamo por un importe de 12.000 €. Las características que figuran en el contrato son las siguientes:

- Duración: 2 años.
- Devolución del principal junto con los intereses al finalizar los dos años.
- Tipo de interés: 6% nominal anual de frecuencia mensual.

Se pide: calcular la cantidad a devolver finalizado el año 2.

Solución

$$i_m = \frac{J_m}{m}$$

$$i_{12} = \frac{J_{12}}{12} = \frac{0{,}06}{12} = 0{,}005 = 0{,}5\%\ \text{mensual}$$

$$C_n = C_0 \cdot (1 + i_m)^{m \times n}$$

$$C_2 = 12.000 \times (1 + 0{,}005)^{12 \times 2} = 13.525{,}91\ €$$

Ejemplo 3.16.

Se impuso un capital de 5.000.000 € colocado al interés compuesto del 10% anual, retirando al cabo de un determinado número de años, 12.968.710 €. Dígase el tiempo que duró la operación.

Solución

$$C_n = C_0 \cdot (1+i)^n$$

$$12.968.710 = 5.000.000 \times (1+0{,}10)^n$$

$$12.968.710 = 5.000.000 \times 1{,}10^n$$

tomando logaritmos, tenemos:

$$\log 12.968.710 = \log 5.000.000 + n \cdot \log 1{,}10$$

$$n = \frac{7{,}1128968 - 6{,}69897}{0{,}041392685} = 10 \text{ años}$$

Ejemplo 3.17.

Habiendo prestado 2.500 €, se retiran al cabo de 8 años 5.129 €. Determinar el tipo de interés aplicado a la operación.

Solución

$$C_n = C_0 \cdot (1+i)^n$$

$$5.129 = 2.500 \cdot (1+i)^8$$

$$(1+i)^8 = \frac{5.129}{2.500} = 2{,}05$$

$$(1+i) = \sqrt[8]{2{,}05} = 1{,}0938$$

$$i = 0{,}0938 = 9{,}38\% \text{ anual}$$

Ejemplo 3.18.

¿Durante cuánto tiempo deberá tomarse prestado un capital al 9,6% anual para que llegue a triplicarse?

Solución

$$C_n = C_0 \cdot (1+i)^n$$

$$3 \times C_0 = C_0 \cdot (1+0{,}096)^n$$

Simplificando:

$$3 = 1{,}096^n$$

Tomando logaritmos, tenemos:

$$\log 3 = n \cdot \log 1{,}096$$

$$n = \frac{\log 3}{\log 1{,}096} = 11{,}98 \text{ años } = 11 \text{ años}, 11 \text{ meses y } 23 \text{ días.}$$

Ejemplo 3.19.

Se han depositado 1.200 € en un banco que paga el 3% anual capitalizando mensualmente. ¿Cuánto tiempo tardará dicho depósito para convertirse en 1.500 €?

Solución

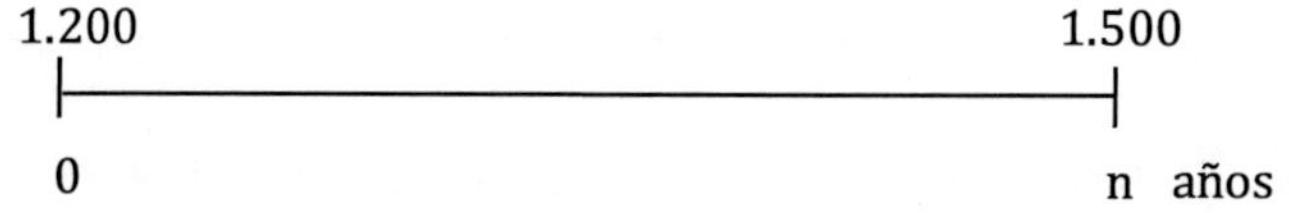

Sean n el número de años y $J_{12} = 3\%$. Se debe cumplir la siguiente igualdad planteada para el final del periodo a determinar.

$$1.200 \left(1 + \frac{J_{12}}{12}\right)^{12n} = 1.500$$

$$\left(1 + \frac{0{,}03}{12}\right)^{12n} = 1{,}25 \Rightarrow 12n \,.\, \log\left(1 + \frac{0{,}03}{12}\right) = \log(1{,}25)$$

$$n = \frac{\log(1{,}25)}{12 \times \log\left(1 + \frac{0{,}03}{12}\right)} = 7{,}447412156 \text{ años}$$

n = 7 años + 0,4474 × 12 meses = 7 años + 5 meses + 11 días

Ejemplo 3.20.

Se invierte un capital de 10.000 € durante 20 años en una entidad bancaria que abona el 15% de interés nominal anual con capitalización mensual durante el primer quinquenio, el 8% nominal anual capitalizable trimestralmente durante el 2º quinquenio, y el 2% efectivo bimestral durante los últimos 10 años.

a) Calcule el importe final acumulado.

b) Determine los intereses producidos entre los años 9º y 12º, ambos inclusive.

Solución

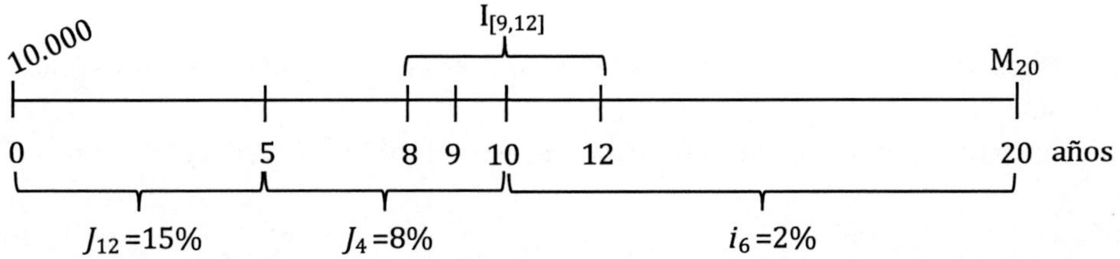

a) Sea M_{20} el monto acumulado al final de los 20 años.

$$M_{20} = 10.000\left(1+\frac{J_{12}}{12}\right)^{12\times 5}\cdot\left(1+\frac{J_4}{4}\right)^{4\times 5}\cdot(1+i_6)^{6\times 10}$$

$$= 10.000\left(1+\frac{0{,}15}{12}\right)^{60}\cdot\left(1+\frac{0{,}08}{4}\right)^{20}\cdot(1+0{,}02)^{60}$$

$$M_{20} = 102.734{,}34\ €$$

b) Sea $I_{[9,12]}$ el total de intereses producidos entre los años 9 y 12, ambos inclusive.

$$I_{[9,12]} = M_{12} - M_8$$

$$M_{12} = 10.000\left(1+\frac{J_{12}}{12}\right)^{12\times 5}\cdot\left(1+\frac{J_4}{4}\right)^{4\times 5}\cdot(1+i_6)^{6\times 2}$$

$$= 10.000\left(1+\frac{0{,}15}{12}\right)^{60}\cdot\left(1+\frac{0{,}08}{4}\right)^{20}\cdot(1+0{,}02)^{12}$$

$$M_{12} = 39.710{,}69\ €$$

$$M_8 = 10.000\left(1+\frac{J_{12}}{12}\right)^{12\times 5}\cdot\left(1+\frac{J_4}{4}\right)^{4\times 3}$$

$$= 10.000\left(1+\frac{0{,}15}{12}\right)^{60}\cdot\left(1+\frac{0{,}08}{4}\right)^{12}$$

$$M_8 = 26.724{,}15\ €$$

$$I_{[9,12]} = 12.986{,}54\ €$$

Ejemplo 3.21.

¿Cuál de las siguientes alternativas de inversión es más conveniente?

a) Depositar en una cuenta bancaria que ofrece el 4,5% anual con capitalización mensual.

b) Invertir en acciones que garantizan duplicar el capital al final de 10 años.

Solución

Una forma de determinar la mejor alternativa de inversión es comparando los tipos de interés equivalentes. Por ejemplo, calculando la tasa efectiva anual equivalente *i* de cada opción.

a) $(1+i) = \left(1+\frac{J_{12}}{12}\right)^{12} \Rightarrow i = \left(1+\frac{0{,}045}{12}\right)^{12} - 1 \Rightarrow i = 4{,}59\%$

b) $X(1+i)^{10} = 2X \Rightarrow i = 2^{1/10} - 1 \Rightarrow i = 7{,}18\%$

Por tanto, la mejor alternativa es la b).

Otra forma de determinarlo sería comparando los montos que se obtendrían al final de los 10 años.

a) $M_{10} = X\left(1+\frac{J_{12}}{12}\right)^{12\times 10} \Rightarrow M_{10} = 1{,}567X$

b) $M'_{10} = 2X$

Dado que $M'_{10} > M_{10}$, la alternativa a elegir sería la b).

Ejemplo 3.22.

El Tesorero de una empresa tiene un exceso de caja que piensa colocar en el mercado financiero. La información que ha podido recopilar es la siguiente:

Entidad financiera	Tipo de interés ofrecido
Banco 1	4% efectivo anual
Banco 2	3,6% anual capitalizable mensualmente
Inversora A	0,5% efectivo mensual
Inversora B	4% anual capitalizable semestralmente

¿En qué entidad debería invertir el tesorero?

Solución

Se determina para cada alternativa el tipo de interés efectivo anual equivalente:

- Banco 1: i = 4%

- Banco 2: J_{12} = 3,6%

$$(1+i) = \left(1+\frac{J_{12}}{12}\right)^{12} \Rightarrow i = \left(1+\frac{0{,}036}{12}\right)^{12} - 1 \Rightarrow i = 3{,}66\%$$

- Inversora A: i_{12} = 0,5%

$$(1+i) = (1+i_{12})^{12} \Rightarrow i = (1+0{,}005)^{12} - 1 \Rightarrow i = 6{,}17\%$$

- Inversora B: $J_{(2)}$ = 4%

$$(1+i) = \left(1+\frac{J_2}{2}\right)^{2} \Rightarrow i = \left(1+\frac{0{,}04}{2}\right)^{2} - 1 \Rightarrow i = 4{,}04\%$$

El tesorero debería invertir en la Inversora A, por cuanto ofrece el mayor tipo de interés.

Ejemplo 3.23.

El Sr. Morales tenía la obligación de pagar 5.000 € hace un año. Además, tiene que pagar 7.000 € dentro de 2 años y 15.000 € al cabo de 3 años más. Si el tipo de interés es del 9% nominal anual capitalizable bimestralmente, determine cuánto tiene que pagar hoy el Sr. Morales para pagar su deuda.

Solución

Sea S la cantidad a pagar hoy y J_6 = 9%. El gráfico de la operación es el siguiente:

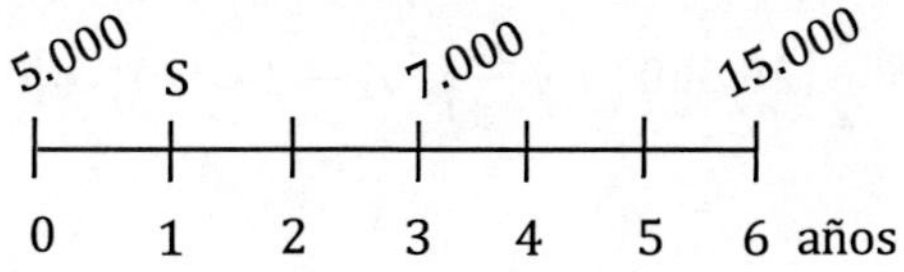

$$S = 5.000\left(1+\frac{J_6}{6}\right)^{6} + \frac{7.000}{\left(1+\frac{J_6}{6}\right)^{6\times 2}} + \frac{15.000}{\left(1+\frac{J_6}{6}\right)^{6\times 5}}$$

$$S = 5.467{,}21632 + 5.854{,}711953 + 9.596{,}436449$$

$$S = 20.918{,}36\ €$$

Ejemplo 3.24.

Un inversionista coloca 20.000 € en una cuenta que ofrece un tipo de interés del 6% nominal anual capitalizable semestralmente.

Al final del mes 20, el inversionista decide retirar la mitad de los intereses que ha ganado.

Dieciséis meses después, el inversionista comprueba que el saldo de su cuenta está equivocado. El banco le informa que el error se debe a que, desde el inicio del mes 21, se habían calculado mensualmente los intereses a una tasa del 6% anual de interés simple. ¿Cuánto debería reintegrar el banco al inversionista para corregir el error cometido?

Solución

Sean $J_2 = 6\%$ y $I_{[1,20]}$ los intereses producidos entre los meses 1 y 20, ambos inclusive. El gráfico de la operación es el siguiente:

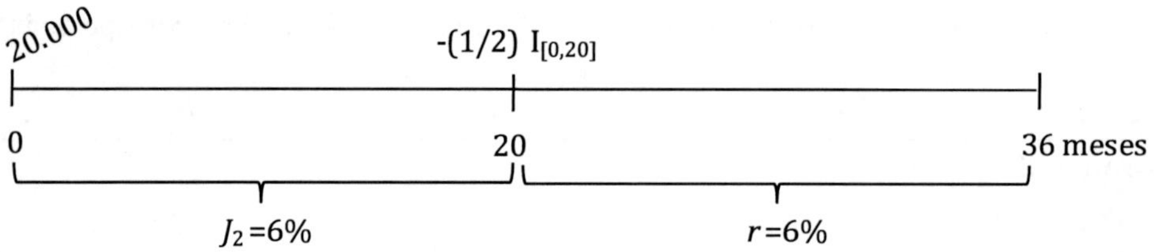

Sean M_{36} el monto que debería haber en la cuenta al cabo de los 36 meses, y M'_{36} el saldo erróneo. La cantidad a reintegrar será: $M_{36} - M'_{36}$.

$$M_{36} = 20.000\left(1+\frac{J_2}{2}\right)^{36/6} - \frac{1}{2} I_{[1,20]}\left(1+\frac{J_2}{2}\right)^{16/6}$$

siendo,

$$\frac{1}{2} I_{[1,20]} = \frac{1}{2}\left[20.000\left(1+\frac{J_2}{2}\right)^{20/6} - 20.000\right] = 1.035{,}47\ €$$

$$M_{36} = 20.000\left(1+\frac{0{,}06}{2}\right)^{6} - 1.035{,}47\left(1+\frac{0{,}06}{2}\right)^{16/6}$$

$$= 23.881{,}04594 - 1.120{,}392312 = 22.760{,}65\ €$$

La cuenta presenta el siguiente saldo:

$$M'_{36} = M_{20}\left(1 + 0{,}06 \times \frac{16}{12}\right)$$

siendo M_{20} el importe acumulado al final del mes 20.

$$M_{20} = 20.000\left(1+\frac{0{,}06}{2}\right)^{20/6} - \frac{1}{2}I_{[1,20]}$$

$$= 22.070{,}94 - 1.035{,}47 = 21.035{,}47\ €$$

$$M'_{36} = 21.035{,}47\left(1 + 0{,}06 \times \frac{16}{12}\right)$$

$$M'_{36} = 22.718{,}3\ €$$

El importe a reintegrar es: $M_{36} - M'_{36} = 42{,}35$ €

Ejemplo 3.25.

Una empresa tiene obligaciones financieras con los siguientes importes y vencimientos:

1. 40.000 € que vence dentro de 20 meses.
2. 50.000 € que vence dentro de 36 meses.
3. 10.000 € que venció hace 12 meses.

El día de hoy le abona a su acreedor 10.000 € más el 25% del valor actual de la deuda, y ambas partes acuerdan que la cancelación del resto de la deuda se hará mediante dos cuotas de igual cuantía, una que vencerá al cabo de 14 meses, y otra dentro de 20 meses a partir de hoy.

Si la tasa de interés de la operación es del 10% nominal anual con capitalización trimestral, se pide:

a) Calcular el importe de las nuevas cuotas.

b) Obtener una fórmula para el saldo de la deuda al final de cualquier mes genérico a partir de hoy.

Solución

a) Sean J_4 = 10%, C el importe de las nuevas cuotas y S_{12} el valor actual de la deuda en la fecha actual. El siguiente gráfico es representativo de la operación.

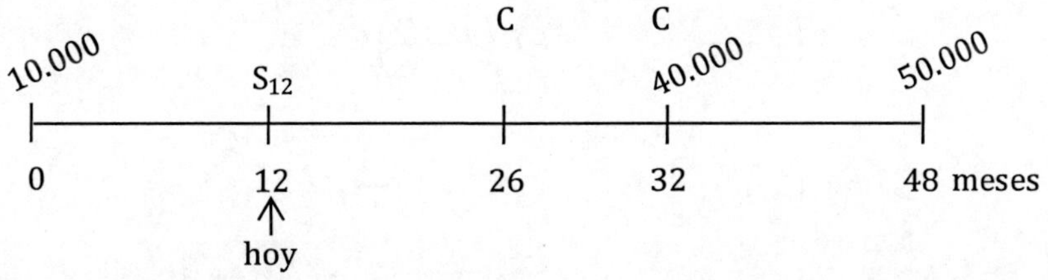

$$S_{12} = 10.000\left(1+\frac{J_4}{4}\right)^{12/3} + 40.000\left(1+\frac{J_4}{4}\right)^{-(32-12)/3} + 50.000\left(1+\frac{J_4}{4}\right)^{-(48-12)/3}$$

$$= 10.000\left(1+\frac{0{,}1}{4}\right)^{4} + 40.000\left(1+\frac{0{,}1}{4}\right)^{-20/3} + 50.000\left(1+\frac{0{,}1}{4}\right)^{-36/3}$$

$$= 11.038{,}12891 + 33.928{,}72622 + 37.177{,}79425$$

$$= 82.144{,}65\ €$$

La refinanciación de la deuda en la fecha actual se representa en la siguiente igualdad:

$$S_{12} - 10.000 - 25\%\, S_{12} = C\left(1+\frac{J_4}{4}\right)^{-14/3} + C\left(1+\frac{J_4}{4}\right)^{-20/3}$$

$$51.608{,}4875 = C\left(1+\frac{0{,}1}{4}\right)^{-14/3} + C\left(1+\frac{0{,}1}{4}\right)^{-20/3}$$

$$\Rightarrow C = 29.323{,}88\ €$$

b) Sea S_t el saldo de la deuda al final de mes t. El gráfico de la deuda actual es como sigue:

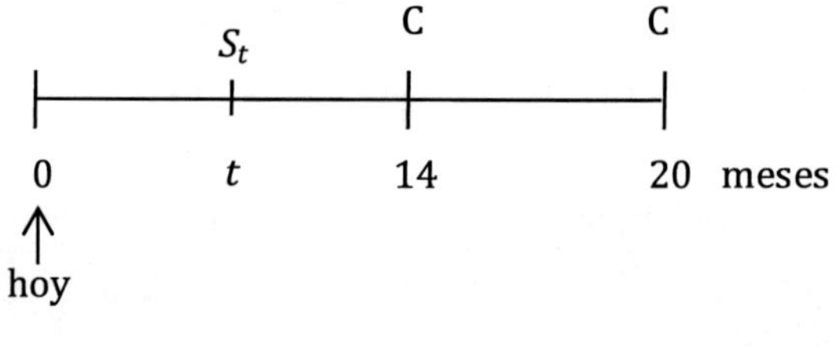

- Método prospectivo
  - Si $t \in \{0,1,\dots 13\}$,

$$S_t^p = C\left(1+\frac{J_4}{4}\right)^{-(14-t)/3} + C\left(1+\frac{J_4}{4}\right)^{-(20-t)/3}$$

$$= C\left(1+\frac{0{,}1}{4}\right)^{-(14-t)/3} + C\left(1+\frac{0{,}1}{4}\right)^{-(20-t)/3}$$

$$= 29.323{,}88 \times \left[1{,}025^{-(14-t)/3} + 1{,}025^{-(20-t)/3}\right]$$

— Si $t \in \{14,15, \dots 19\}$

$$S_t^p = C\left(1+\frac{J_4}{4}\right)^{-(20-t)/3} = C\left(1+\frac{0,1}{4}\right)^{-(20-t)/3}$$

$$= 29.323,88 \times 1,025^{-(20-t)/3}$$

Cabe destacar que al calcular S_t se considera pagada la cuota correspondiente al final de ese año t. En definitiva, la fórmula para el saldo es:

$$S_t = \begin{cases} 29.323,88 \times \left[1,025^{-(14-t)/3} + 1,025^{-(20-t)/3}\right], & t \in \{0,1, \dots 13\} \\ 29.323,88 \times 1,025^{-(20-t)/3}, & t \in \{14,15, \dots 19\} \end{cases}$$

- Método retrospectivo

— Si $t \in \{0,1, \dots 13\}$

$$S_t^r = S_0\left(1+\frac{J_4}{4}\right)^{t/3}$$

donde,

$$S_0 = C\left(1+\frac{J_4}{4}\right)^{-14/3} + C\left(1+\frac{J_4}{4}\right)^{-20/3} = 29.323,88 \times \left[1,025^{-14/3} + 1,025^{-20/3}\right]$$

$$S_t^r = 29.323,88 \times \left[1,025^{-14/3} + 1,025^{-20/3}\right] \times 1,025^{t/3}$$

$$= 29.323,88 \times \left[1,025^{-(14-t)/3} + 1,025^{-(20-t)/3}\right]$$

— Si $t \in \{14,15, \dots 19\}$,

$$S_t^r = S_0\left(1+\frac{J_4}{4}\right)^{t/3} - C\left(1+\frac{J_4}{4}\right)^{(t-14)/3}$$

$$= \left[C\left(1+\frac{J_4}{4}\right)^{-14/3} + C\left(1+\frac{J_4}{4}\right)^{-20/3}\right]\left(1+\frac{J_4}{4}\right)^{t/3} - C\left(1+\frac{J_4}{4}\right)^{(t-14)/3}$$

$$= C\left(1+\frac{J_4}{4}\right)^{(t-14)/3} + C\left(1+\frac{J_4}{4}\right)^{-(20-t)/3} - C\left(1+\frac{J_4}{4}\right)^{(t-14)/3}$$

$$= 29.323,88 \times 1,025^{-(20-t)/3}$$

Se demuestra así la igualdad de saldos por los métodos prospectivo y retrospectivo.

Ejemplo 3.26.

Un depósito de 100.000 € que devenga intereses anuales de 150 € el primer año y de 500 € el segundo.

Se pide:

a) Calcular el TAE.

b) Calcular el Rendimiento Efectivo Remanente (RER) en el año uno.

Solución

a) Calcular el TAE.

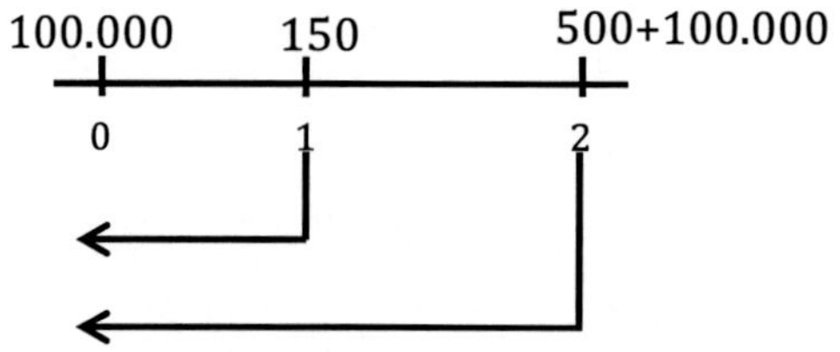

$$100.000 = 150\ (1+i)^{-1} + 100.500\ (1+i)^{-2}$$

$$i\ (TAE) = 0{,}32\%$$

b) Calcular el Rendimiento Efectivo Remanente (RER) en el año uno.

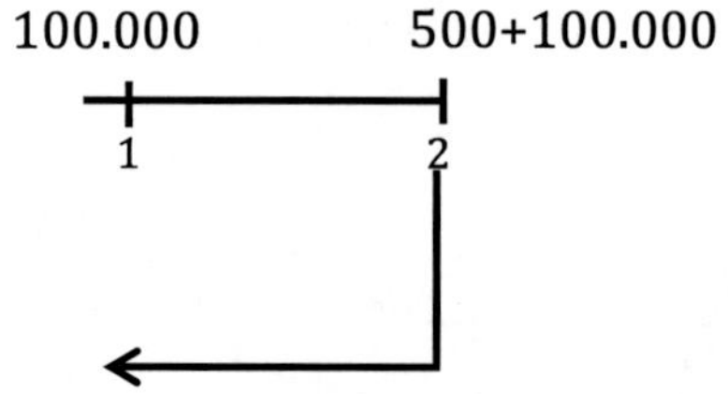

$$100.000 = 100.500\ (1+i)^{-1}$$

$$i\ (RER) = 0{,}50\%.$$

Solo se tienen en cuenta los pagos hasta el vencimiento si la operación sigue su curso normal.

CAPÍTULO 4

LEYES DE DESCUENTO

Contenido

4.1. LEYES FINANCIERAS DE DESCUENTO

En general, **descuento** es el precio que se cobra por anticipar los fondos correspondientes a un capital que estará disponible dentro de un determinado tiempo. Como ejemplo típico de una operación de descuento señalaremos el descuento de una letra de cambio.

La ley financiera clásica de descuento, se aplica para desplazar capitales hacia la izquierda, permitiendo obtener su valor equivalente en un momento de tiempo anterior a su vencimiento.

En este apartado estudiaremos las tres leyes de descuento que se utilizan en la práctica:

- Descuento simple comercial.
- Descuento simple racional.
- Descuento compuesto comercial.

4.2. DESCUENTO SIMPLE COMERCIAL

La **ley de descuento simple comercial** aplicada de forma sucesiva en el tiempo produce efectos (descuentos) que se acumulan aditivamente.

La expresión matemática de la ley de descuento simple comercial es la siguiente:

$$A(t,p) = 1 - d \cdot (t - p)$$

Donde $d > 0 \ y \ t > p$, siendo d el tanto de descuento anual.

En el caso de que, $p = 0$ y $t = n$:

$$A(n,0) = 1 - d \cdot (n - 0) = 1 - n \cdot d$$

$$A_1(n) = 1 - n \cdot d$$

La expresión anterior nos indica que 1 u.m. en el momento n equivale en el origen a $(1 - n \cdot d)$, unidades monetarias.

El esquema gráfico de esta ley es:

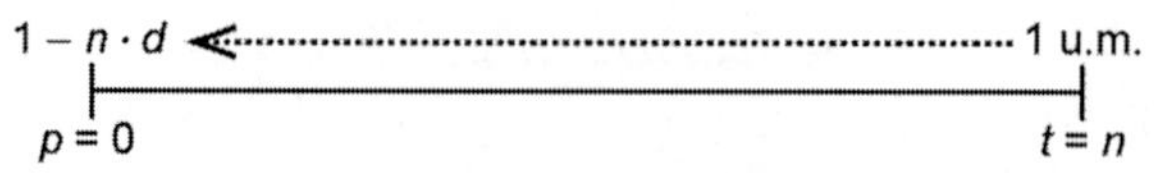

El parámetro d tiene el significado financiero de tanto o tipo de descuento anual y puede interpretarse como el precio pagado por descontar 1 u.m. en un año.

Como ya comentamos en capítulos anteriores, es importante señalar que el tiempo y el tanto de descuento deben estar expresados en la misma unidad de medida; lo más usual es que d sea el tanto anual y el tiempo n, se exprese en años.

4.2.1. Cálculo del valor descontado

Es una operación financiera en donde se intercambian entre un acreedor o prestamista y un deudor o prestatario, dos capitales financieros con distinto vencimiento. Por un lado, un capital presente, llamado valor efectivo o valor descontado (prestación), por otro, un capital futuro llamado valor nominal (contraprestación), y vamos a utilizar para su valoración una ley financiera de descuento simple comercial.

La equivalencia financiera planteada en el origen de la operación se establece como sigue:

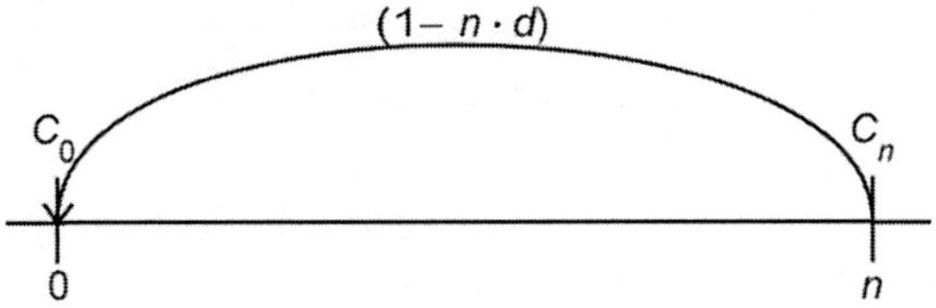

$$C_0 = C_n \cdot (1 - n \cdot d)$$

Cuando el tiempo viene expresado en periodos inferiores al año, la equivalencia financiera se obtiene:

$$C_0 = C_n \cdot (1 - \frac{n}{m} \cdot d)$$

siendo:

$\frac{n}{m}$ → Las fracciones de año correspondientes

Ejemplo 4.1.

Calcular el valor descontado o efectivo que se obtiene al descontar una letra de cambio de 5.000 € con vencimiento dentro de 3 años y a un tipo de descuento del 8% anual.

Solución

$$C_0 = C_n \cdot (1 - n \cdot d) = 5.000 \times (1 - 3 \times 0{,}08) = 3.800\ €$$

Ejemplo 4.2.

Obtener el valor descontado de un efecto de 10.000 € con vencimiento dentro de 18 meses aplicando una tarifa de descuento del 10% anual.

Solución

$$C_0 = C_n \cdot \left(1 - \frac{n}{m} \cdot d\right) = 10.000 \times \left(1 - \frac{18}{12} \times 0{,}10\right) = 8.500\text{ €}$$

Ejemplo 4.3.

Un efecto de 100.000 € se descuenta al 12% de interés simple comercial. Calcule el valor descontado si el vencimiento es 30 días.

Solución

$$C_0 = C_n \cdot \left(1 - \frac{n}{m} \cdot d\right) = 100.000 \times \left(1 - \frac{30}{360} \times 0{,}12\right) = 99.000\text{ €}$$

Ejemplo 4.4.

Calcular el tiempo por el que se descontó una letra de 5.000 € al 7% de descuento simple comercial si el líquido obtenido fue de 4.912,50 €.

Solución

$$C_0 = C_n \cdot (1 - n \cdot d);$$

$$4.912{,}50 = 5.000 \times (1 - n \times 0{,}07);$$

$$n = 0{,}25 \text{ años} = 3 \text{ meses}$$

Ejemplo 4.5.

Se descuenta un efecto al 9% simple anual durante 40 días obteniéndose un valor descontado de 32.175 €. Determinar el nominal.

Solución

$$C_0 = C_n \cdot \left(1 - \frac{n}{m} \cdot d\right);$$

$$32.175 = C_n \times \left(1 - \frac{40}{360} \times 0{,}09\right);$$

$$C_n = 32.500\text{ €}$$

4.2.2. Descuento simple

El concepto de rentabilidad aplicado a la ley financiera de descuento simple comercial se denomina **descuento simple comercial** y,es el capital D_c cuyo importe se obtiene por diferencia entre las cuantías de dos capitales equivalentes, el valor nominal (C_n) y el valor efectivo (C_0)

$$D_c = C_n - C_0 = C_n - C_n \cdot (1 - n \,.\, d) = C_n - C_n + C_n \cdot n \cdot d$$

$$D_c = C_n \cdot n \cdot d$$

Cuando el tiempo venga expresado en fracción de año, la fórmula del descuento simple comercial será:

$$D_c = C_n \cdot \frac{n}{m} \cdot d$$

Ejemplo 4.6.

Determinar el día del vencimiento de una letra de 4.500 € sabiendo que se negoció el día 7/12/05 y, su valor descontado fue de 4.470 € y el tanto de descuento comercial es del 8% simple anual.

Solución

$$D_c = C_n - C_0 = 4.500 - 4.470 = 30\text{ €}$$

$$D_c = C_n \cdot \frac{n}{m} \cdot d;$$

$$30 = 4.500 \times \frac{n}{360} \times 0{,}08;$$

$$n = 30 \text{ días}$$

El vencimiento es el 6 de enero de 06 (7/12/05 + 30 días).

4.2.3. Tipos de descuento

4.2.3.1. Tanto de descuento anual

El parámetro d que figura en la ley de descuento simple comercial se refiere al periodo unitario de amplitud anual y recibe el nombre de **tanto** o **tipo de descuento comercial anual.** Desde el punto de vista financiero, puede interpretarse como el precio que se paga por descontar una unidad monetaria, en descuento simple comercial, en un año.

4.2.3.2. Tantos de descuento equivalentes

Dos tantos de descuento son equivalentes cuando aplicados sobre el mismo valor nominal (C_n), durante el mismo tiempo n, dan lugar al mismo valor efectivo (C_0).

En virtud del principio de equivalencia financiera debe cumplirse la siguiente igualdad:

$$C_0 = C_n \cdot (1 - n \cdot d)$$

$$C_0 = C_n \cdot (1 - n \cdot m \cdot d_m)$$

Simplificando queda:

$$C_n \cdot n \cdot d = C_n \cdot n \cdot m \cdot d_m$$

de donde,

$$d = m \cdot d_m$$

$$d_m = \frac{d}{m}$$

siendo:

$d \rightarrow$ Tanto de descuento anual.

$d_m \rightarrow$ Tanto equivalente.

$m \rightarrow$ Número de subperiodos que contiene el año (meses, trimestres, semestres, etc.).

$n \rightarrow$ Número de años.

Ejemplo 4.7.

Calcular el tipo de descuento semestral equivalente al 8% anual.

Solución

$$d_2 = \frac{d}{2} = \frac{0{,}08}{2}$$

$$d_2 = 4\%$$

4.3. DESCUENTO SIMPLE RACIONAL O MATEMÁTICO

4.3.1. Concepto y expresión matemática

La ley de descuento simple racional es la inversa de la ley de capitalización simple.

La expresión matemática de la ley de descuento racional es:

$$A_2(n) = \frac{1}{1 + i \cdot n}; \quad \text{con } i > 0$$

siendo:

i → El tanto de capitalización.

4.3.2. Cálculo del valor descontado

Para un capital nominal (C_n), el capital efectivo o descontado será el siguiente:

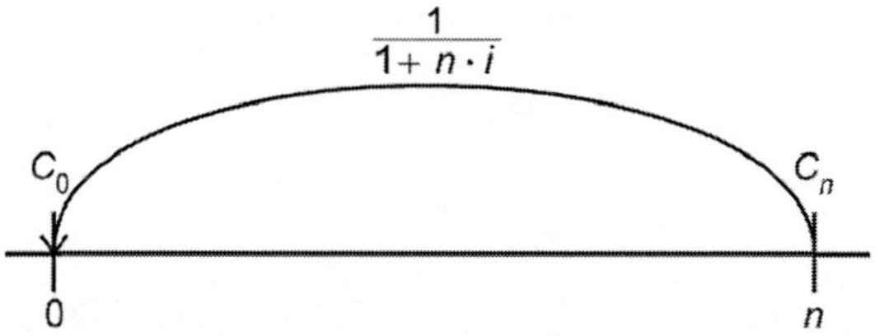

$$C_0 = C_n \cdot \frac{1}{1 + n \cdot i}$$

La cuantía del descuento racional simple (D_r) vendrá dada por la expresión:

$$D_r = C_n - C_0 = C_n - C_0 \cdot \frac{1}{1 + n \cdot i} = C_n \cdot \frac{i \cdot n}{1 + n \cdot i}$$

$$D_r = C_n \cdot \frac{i \cdot n}{1 + n \cdot i}$$

Ejemplo 4.8.

Calcular el descuento racional simple que se obtiene al descontar un capital de 10.000 € durante dos años, si el tipo de interés es del 8% anual.

Solución

$$D_r = C_n \cdot \frac{i \cdot n}{1 + n \cdot i} = 10.000 \times \frac{0{,}08 \times 2}{1 + 0{,}08 \times 2} = 1.379{,}31 \text{ €}.$$

4.4. COMPARACIÓN ENTRE EL DESCUENTO SIMPLE COMERCIAL Y RACIONAL

Si en la ley de descuento simple comercial hacemos que el tanto de descuento d coincida con el tanto de capitalización i de la ley de descuento simple racional, es decir, $d = i$, la diferencia entre el descuento racional y el descuento comercial será la siguiente:

$$A_2(n) - A_1(n) = \frac{1}{1 + i \cdot n} - (1 - n \cdot i) = \frac{i^2 \,.\, n^2}{1 + n \cdot i} > 0$$

Lo que implica que:

$$A_2(n) > A_1(n); \quad \text{para } i = d$$

O lo que es lo mismo, la cuantía del descuento comercial D_c es superior a la del descuento racional D_r.

$$\left.\begin{aligned} D_c &= C_n \cdot n \cdot i \\ D_r &= \frac{C_n \cdot n \cdot i}{1 + n \cdot i} \end{aligned}\right\} \quad D_c > D_r$$

4.5. RELACIÓN EXISTENTE ENTRE EL TIPO DE INTERÉS (i) Y EL TIPO DE DESCUENTO (d)

Para que las expresiones que nos permiten calcular el descuento simple comercial y el descuento racional coincidan, es decir, $D_c = D_r$, debe cumplirse la siguiente igualdad:

$$C_n \cdot n \cdot d = C_n \cdot \frac{n \cdot i}{1 + n \cdot i}$$

Simplificando:

$$d = \frac{i}{1 + n \cdot i}$$

de donde,

$$i = d \cdot (1 + n \cdot i)$$

Esta expresión nos indica que capitalizando el tipo de descuento simple comercial d se obtiene el tanto de interés i.

Ejemplo 4.9.

Calcular el tipo de descuento anual equivalente al 8% de interés durante 6 meses.

Solución

$$d = \frac{i}{1 + n \cdot i} = \frac{0{,}08}{1 + \frac{1}{2} \times 0{,}08} = 0{,}07692 \text{ anual}$$

4.6. DESCUENTO DE EFECTOS COMERCIALES

Un efecto comercial es un documento mercantil que generalmente emite el vendedor (librador) mediante el cual el comprador (librado) se compromete hacer efectivo el importe de la venta (nominal) dentro de un plazo determinado, acordado entre ambos.

Cuando el librador necesita liquidez para su gestión empresarial, entonces suele acudir al mercado financiero para descontar el efecto, pagando por dicho servicio un coste financiero que no solo debe incluir el precio que el librador debe de pagar por anticipado (descuento comercial), sino que además se pueden incluir comisiones y otros gastos que encarecen el coste total de la operación.

El negocio para la entidad financiera es cobrar el nominal del efecto llegado su vencimiento y, en el supuesto de que el librado no haga frente al pago de la letra a su vencimiento, la entidad financiera se lo cobrará al cliente (librador); en consecuencia, éste sigue asumiendo el riesgo de impago por parte del comprador (librado).

Las operaciones de descuento de efectos son operaciones financieras simples a corto plazo que utilizan la ley de descuento simple comercial para su valoración.

La expresión analítica que utilizan las entidades financieras para calcular el valor efectivo que recibe el librador o cantidad descontada, es la siguiente:

$$si\ N.g > g_{mín} \rightarrow E = N - \frac{N \cdot d \cdot n}{360} - N \cdot g = N \cdot \left(1 - \frac{d \cdot n}{360} - g\right)$$

$$si\ N.g < g_{mín} \rightarrow E = N - \frac{N \cdot d \cdot n}{360} - g_{mín}$$

siendo:

D_c → Descuento comercial.

N → Nominal.

d → Tipo de descuento unitario anual.

n → Número de días hasta el vencimiento.

g → Comsisión de gestión de cobro (puede existir un mínimo).

g_m → Comsisión mínima.

En caso de existir otros gastos (G) tales como, fax, correo, timbres, etc., la cantidad que recibe el librador (líquido percibido) será la siguiente:

$$L = E - G$$

4.7. COSTE DEL DESCUENTO

El coste del descuento, expresado en tanto porcentual, que soporta el cliente, utilizando una **ley de capitalización simple** vendrá dado por la siguiente expresión:

$$E \cdot \left(1 + \frac{n \cdot i}{365}\right) = N$$

$$i = \left(\frac{N}{E} - 1\right) \cdot \frac{365}{n}$$

Si se utiliza para calcularlo una **ley financiera de capitalización compuesta**, el coste vendrá dado por la siguiente expresión:

$$i = \left(\frac{N}{E}\right)^{365/n} - 1$$

Caso de existir otros gastos (G), bastaría sustituir en las expresiones anteriores el efectivo (E) por el líquido (L) para obtener el coste efectivo real para el cliente.

Ejemplo 4.10.

Se realiza un descuento de papel con las siguientes letras:

- 100 € con vencimiento a 90 días.
- 50 € con vencimiento a 30 días.
- 150 € con vencimiento a 60 días.

La entidad financiera ofrece las siguientes condiciones:

1. El tanto de descuento será:
   - Hasta 30 días el 12% anual.
   - Hasta 60 días el 13% anual.
   - Hasta 90 días el 14% anual.

   Con un importe mínimo de 0,75 € por letra.
2. La comisión por la gestión del cobro es del 0,15% sobre el nominal, con un mínimo por efecto de 0,20 € y los gastos de correo son de 0,27 €/efecto.

Calcule el líquido que percibirá el cliente.

Solución

Para cada efecto:

$$L = N - N \cdot \frac{n}{360} \cdot d - N \cdot g - G$$

$$L_1 = 100 - 100 \times \frac{90}{360} \times 0{,}14 - 100 \times 0{,}0015 - 0{,}27 =$$

$$= 100 - 3{,}5 - 0{,}20 \text{ (comisión mínima)} - 0{,}27 = 96{,}03 \text{ €}$$

$$L_2 = 50 - 50 \times \frac{30}{360} \times 0{,}12 - 50 \times 0{,}0015 - 0{,}27 =$$

$$= 50 - 0{,}75 \text{ (importe mínimo)} - 0{,}20 \text{ (comisión mínima)} - 0{,}27 = 48{,}78 \text{ €}$$

$$L_3 = 150 - 150 \times \frac{150}{360} \times 0{,}13 - 150 \times 0{,}0015 - 0{,}27 = 150 - 8{,}13 - 0{,}23 - 0{,}27 =$$

$$= 146{,}25 \text{ €}$$

$$L_T = L_1 + L_2 + L_3 = 96{,}03 + 48{,}78 + 146{,}25 = 291{,}06 \text{ €}$$

Ejemplo 4.11.

Una sociedad procede al descuento de un efecto de 20.000 € nominales con las siguientes características:

1. Vencimiento: 90 días.
2. Comisión: 0,4% sobre el nominal.
3. Tipo de descuento: 7,25%.
4. Timbres: 67,31 euros.

Calcular el efectivo entregado por el banco a su cliente, el líquido y el coste efectivo de la operación para el cliente utilizando la ley financiera de capitalización simple.

Solución

Efectivo entregado por el banco:

$$E = 20.000 \times \left(1 - \frac{90}{360} \times 0{,}0725 - 0{,}004\right) = 19.557{,}50 \text{ €}$$

$$L = 19.557{,}50 - 67{,}31 = 19.490{,}19 \text{ €}$$

$$Coste\ efectivo\ (i) = \left[\frac{20.000}{19.490{,}19} - 1\right] \times \frac{365}{90} = 10{,}61\%$$

4.8. CÁLCULO DE LA TASA ANUAL EQUIVALENTE (TAE)

La **tasa anual equivalente (TAE)** es un indicador que, en forma de tanto por ciento anual, revela el coste o rendimiento efectivo de un producto financiero ya que incluye el interés, los gastos y comisiones bancarias

Para calcular la TAE, que no refleja el coste de la operación para el cliente, por no incluir todos los gastos que intervienen en la operación, el Banco de España aplica la siguiente fórmula:

$$TAE = \left[\frac{N}{E}\right]^{\frac{365}{n}} - 1$$

La Circular 5/2012 del Banco de España, hace constar que en el cálculo del coste efectivo se incluirán las comisiones y demás gastos que el cliente esté obligado a pagar a la entidad como contraprestación por el crédito recibido o los servicios inherentes al mismo.

No se considerarán a estos efectos las comisiones o gastos que se indican a continuación, aun cuando debe quedar expresa y claramente indicado que la tasa anual equivalente no los incluye:

- Los gastos que el cliente pueda evitar en uso de las facultades que le concede el contrato, en particular, y, en su caso, los gastos por transferencia de los fondos debidos por el cliente.
- Los gastos a abonar a terceros, en particular los corretajes, gastos notariales e impuestos.
- Los gastos por seguros o garantías. No obstante, se incluirán las primas de los seguros que tengan por en caso de fallecimiento, invalidez, o desempleo de la persona física que haya recibido el crédito, siempre que la entidad imponga dicho seguro como condición para conceder el crédito.

En aquellos casos en que la entidad reciba ayudas, subsidios o subvenciones de carácter público, solo se tendrán en cuenta para el cálculo de la tasa anual equivalente los importes efectivamente reintegrados por el beneficiario, de forma que aquellas subvenciones resulten excluidas de sus costes.

Ejemplo 4.12.

Una determinada entidad financiera nos aporta los siguientes datos:

- Nominal: 6.000 €.
- Tipo de descuento: 7% anual.
- Comisión: 0,60%.
- Días: 89.
- Descuento comercial: 103,83 €.
- Comisión cobranza: 36 €, con un mínimo de 3 €.
- Coste efectivo (en capitalización simple): 9,79%.
- TAE: 10,15%.

Teniendo en cuenta los datos suministrados por esta determinada entidad financiera. ¿Son correctos los cálculos suministrados por la entidad sobre los intereses, comisión, coste efectivo y TAE?

Solución

$$D_c = \frac{6.000 \times 0{,}07 \times 89}{360} = 103{,}83\ € \quad \surd$$

$$Comisión = 0{,}60\% \times 6.000 = 36\ € \quad \surd$$

$$E = 6.000 - 103{,}83 - 36 = 5.860{,}17\ €$$

Al no existir otros gastos, (G), $L = E$

$$Coste\ efectivo\ (i) = \left(\frac{N}{L} - 1\right) \cdot \frac{365}{n} = \left(\frac{6.000}{5.860{,}17} - 1\right) \times \frac{365}{89} = 0{,}09786 = 9{,}79\% \quad \surd$$

$$TAE = \left[\frac{N}{E}\right]^{\frac{365}{n}} - 1 = \left[\frac{6.000}{5.860{,}17}\right]^{\frac{365}{89}} - 1 = 0{,}1015 = 10{,}15\% \quad \surd$$

Por tanto, la información suministrada por la entidad es cierta.

Ejemplo 4.13.

Se efectúa una venta por importe de 10.000 € a pagar dentro de 90 días, documentada mediante una letra de cambio que se lleva a descontar a un banco.

Este aplica un tanto de descuento del 16% y una comisión de cobranza del 6 ‰, con una cuantía mínima de 3 €. Obtener:

a) El efectivo que entrega el banco al cliente.

b) El líquido que le queda al cliente teniendo en cuenta que la letra estaba correctamente timbrada y el timbre asciende a 33,66 €.

c) La TAE bancaria y el coste efectivo para el cliente utilizando una ley de capitalización compuesta.

Solución

a)

$$E = 10.000 \times \left(1 - \frac{90}{360} \times 0{,}16 - 0{,}006\right) = 9.540\text{ €}$$

b)

$$L = 9.540 - 33{,}66 = 9.506{,}34\text{ €}$$

c)

$$TAE = \left[\frac{N}{E}\right]^{365/n} - 1 = \left[\frac{10.000}{9.540}\right]^{365/90} - 1 = 21{,}04\%$$

$$Coste\ efectivo = \left[\frac{N}{L}\right]^{365/n} - 1 = \left[\frac{10.000}{9.506{,}34}\right]^{365/90} - 1 = 22{,}79\%$$

4.9. DESCUENTO COMPUESTO COMERCIAL

La ley de descuento compuesto comercial produce efectos (descuentos) que se acumulan con resultado multiplicativo cuando es aplicada de forma sucesiva. Apenas se utiliza en la práctica financiera y cuando se aplica es para operaciones con vencimientos superiores al año.

Esta ley queda definida matemáticamente con la siguiente función:

$$A(t,p) = (1 - d)^{t-p}$$

Con $d > 0$ y $p < t$

siendo d el tanto de descuento anual.

En el caso de que $p = 0$ y $t = n$, tenemos:

$$A(0, n) = (1 - d)^{n-0}$$

$$A(n) = (1 - d)^n$$

La expresión anterior nos indica que 1 u. m. en n equivale en el origen a $(1 - d)^n$.

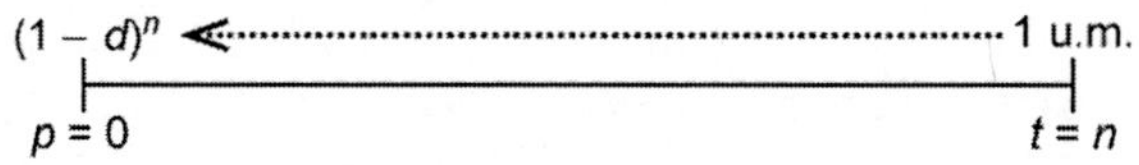

4.9.1. Cálculo del valor descontado

Como ya comentamos al estudiar el descuento simple, es una operación financiera en donde se intercambian entre un acreedor o prestamista y un deudor o prestatario, dos capitales financieros con distinto vencimiento; un capital presente llamado valor efectivo o valor descontado (la prestación) por otro capital futuro llamado valor nominal (la contraprestación), y vamos a utilizar para su valoración una ley financiera de descuento compuesto comercial.

La equivalencia financiera planteada en el origen de la operación se establece como sigue:

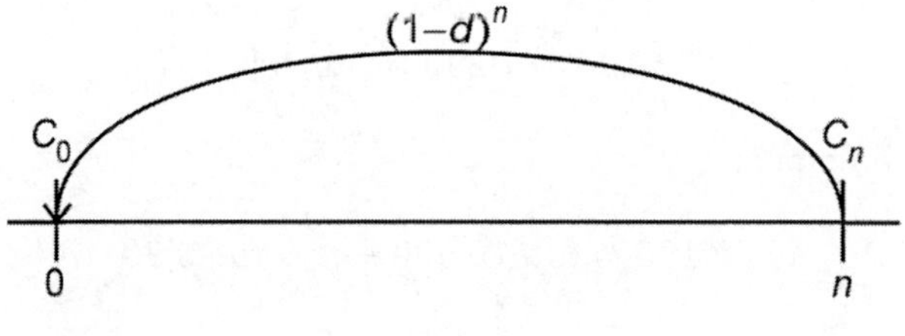

$$C_0 = C_n \cdot (1 - d)^n$$

Cuando el tiempo viene expresado en periodos inferiores al año, la equivalencia financiera se obtiene de la siguiente manera:

$$C_0 = C_n \cdot (1 - d)^{n/m}$$

siendo:

$\frac{n}{m}$ → Las fracciones de año correspondientes.

Ejemplo 4.14.

La sociedad Tracsa desea descontar una letra de 12.000 € cuyo vencimiento es dentro de 1 año. ¿Cuál será el valor efectivo de la citada letra si se aplica un tanto de descuento del 4%?

Solución

$$C_0 = 12.000 \times (1 - 0{,}04)^1 = 11.520\ €$$

Ejemplo 4.15.

Obtener el valor descontado de un efecto de 8.000 € cuyo vencimiento es dentro de 240 días, aplicando un tanto de descuento anual del 5%.

Solución

$$C_0 = 8.000 \times (1 - 0{,}05)^{240/360} = 7.731{,}06\ €$$

Ejemplo 4.16.

Calcular el tiempo por el que se descontó una letra de 10.000 € al 10% de descuento compuesto comercial si el líquido obtenido fue de 8.100 €.

Solución

$$8.100 = 10.000 \times (1 - 0{,}10)^n$$

$$8.100 = 10.000 \times 0{,}90^n$$

tomando logaritmos, tenemos:

$$log\, 8.100 = log\, 10.000 + n \cdot log\, 0{,}90$$

$$n = 2 \text{ años}$$

4.9.2. Descuento compuesto

El concepto de rentabilidad aplicado a la ley financiera de descuento compuesto comercial se denomina **descuento compuesto comercial** y, es el capital D_c, cuya cuantía se obtiene por diferencia entre las cuantías de dos capitales equivalentes, el valor nominal (C_n) y el valor efectivo (C_0).

$$D_{cc} = C_n - C_0 = C_n - C_n \cdot (1-d)^n = C_n \cdot [1-(1-d)^n]$$

$$D_{cc} = C_n \cdot [1-(1-d)^n]$$

Cuando el tiempo venga expresado en fracciones de año, la fórmula del descuento compuesto comercial será:

$$D_{cc} = C_n \cdot [1-(1-d)^{n/m}]$$

Ejemplo 4.17.

La sociedad Carosa desea descontar una letra de nominal 5.000 € con vencimiento a 18 meses.

¿Cuál será el descuento que le practicará una determinada entidad financiera si le comunica que el tanto aplicado será del 8% anual de interés compuesto?

Solución

$$D_{cc} = 5.000 \times \left[1-(1-0{,}08)^{\frac{18}{12}} = \right] = 587{,}83\ €$$

Ejemplo 4.18.

La sociedad Carosa ha contraído una deuda de 12.000 € que deberá devolver dentro de 2 años. Si decide adelantar el pago de esta deuda a fecha de hoy, ¿Qué cantidad tendrá que pagar si el tanto de descuento compuesto es del 8% anual?

Solución

$$D_{cc} = 12.000 \times [1-(1-0{,}08)^2] = 1.843{,}20\ €$$

4.9.3. Tipos de descuento

4.9.3.1. Tanto de descuento anual

El parámetro d que figura en la ley de descuento compuesto comercial se refiere al periodo unitario de amplitud anual y recibe el nombre de **tanto** o **tipo de descuento comercial anual**. Desde el punto de vista financiero, puede interpretarse como el precio que se paga por descontar una unidad monetaria, en descuento compuesto comercial, en un año.

4.9.3.2. Tantos de descuento equivalentes

Son aquellos tantos (d_m) referidos a periodos distintos de descuento compuesto, aplicados al mismo valor nominal (C_n), que obtienen el mismo valor efectivo (C_0) en el mismo intervalo de tiempo. Es decir, a la hora de llevar a cabo el descuento de un efecto, si el periodo de descuento es una fracción de año, podemos obtener, o nos pueden dar como dato el tanto equivalente.

$$C_0 = C_n \cdot (1 - d)^n$$

$$C_0 = C_n \cdot (1 - d_m)^{n \times m}$$

Sustituyendo y operando:

$$C_n \cdot (1 - d)^n = C_n \cdot (1 - d_m)^{n \times m}$$

de donde:

$$(1 - d)^n = (1 - d_m)^{n \times m}$$

$$(1 - d) = (1 - d_m)^m$$

Operando con la expresión [1] anterior nos permite calcular:

- El tanto de descuento anual d equivalente al tanto d_m:

$$d = 1 - (1 - d_m)^m$$

- El tanto de descuento de frecuencia m-ésimal d_m es equivalente al tanto d:

$$d_m = 1 - (1 - d)^{1/m}$$

siendo:

d→ Tanto de descuento anual.

d_m→ Tanto equivalente.

m→ Número de subperiodos que contiene el año (meses, trimestres, semestres, etc.).

n→ Número de años.

4.9.3.3. Tanto de descuento nominal anual

Además de los tantos d y d_m existe en descuento compuesto otro tanto, que se denomina tanto nominal de frecuencia m. Este tanto lo vamos a designar como D_m y se verifica que:

$$D_m = m \cdot d_m = m \cdot \left[1 - (1 - d)^{1/m}\right]$$

Ejemplo 4.19.

¿Cuál será el valor efectivo de una letra de 4.000 € cuyo vencimiento es dentro de 18 meses, si el tanto compuesto semestral aplicado es del 4,60608%?

Solución

$$C_0 = 4.000 \times (1 - 0{,}0460608)^3 = 3.472{,}34\ €.$$

O también:

$$d = 1 - (1 - d_2)^2 = 1 - (1 - 0{,}0460608)^2 = 0{,}09$$

$$C_0 = 4.000 \times (1 - 0{,}09)^{1{,}5} = 3.472{,}34\ €$$

4.10. SUPUESTOS DE APLICACIÓN

A continuación desarrollaremos algunos supuestos sobre operaciones de descuento racional simple y descuento comercial simple y compuesto.

Ejemplo 4.20.

La sociedad Carosa descontó en su día un efecto de importe nominal 5.000 € al 3% de descuento simple comercial. Si el efectivo ingresado por la entidad financiera a la sociedad Carosa fue de 4.980,83 €. Calcular el tiempo por el que se descontó este efecto.

Solución

$$4.980{,}83 = 5.000\left(1 - \frac{n}{360}\,0{,}03\right)$$

$$n = 46 \text{ días}$$

Ejemplo 4.21.

Se descuenta un efecto a un tanto simple comercial anual del 3,25% durante 60 días obteniéndose un valor efectivo de 39.783,33 €. Determinar el nominal.

Solución

$$39.783{,}33 = N\left(1 - \frac{60}{360}\,0{,}0325\right)$$

$$N = 40.000\ €$$

Ejemplo 4.22.

La sociedad Pegasa quiere anticipar el vencimiento de un determinado capital de 2.000 € cuyo vencimiento es dentro de 45 días, siendo el tanto anual utilizado en descuento simple racional el 4%. Obtenga:

a) El capital que percibirá a día de hoy Pegasa.

b) El importe del descuento.

Solución

a) El capital que percibirá a día de hoy Pegasa.

$$C_0 = 2.000 \frac{1}{1 + \frac{45}{360} 0{,}04} = 1.990{,}05 \text{ €}$$

b) El importe del descuento.

$$D_r = 2.000 - 1.990{,}05 = 9{,}95 \text{ €}$$

Ejemplo 4.23.

La sociedad Chedisa desea descontar un efecto de importe nominal 1.000 euros que vence dentro de 90 días. La entidad bancaria con la que trabaja habitualmente le aplicará un tanto anual en descuento simple comercial del 3%, y una comisión por gestión de cobro del 0,50% sobre el nominal. Obtenga:

a) El efectivo entregado por la entidad financiera a Chedisa.

b) El coste de la operación para Chedisa, en capitalización simple y compuesta.

Solución

a) El efectivo entregado por la entidad financiera a Chedisa.

$$E = 1.000 \left(1 - \frac{90}{360} \times 0{,}03\right) - 0{,}005 \times 1.000 = 997{,}50 \text{ €}$$

b) El coste de la operación para Chedisa, en capitalización simple y compuesta.

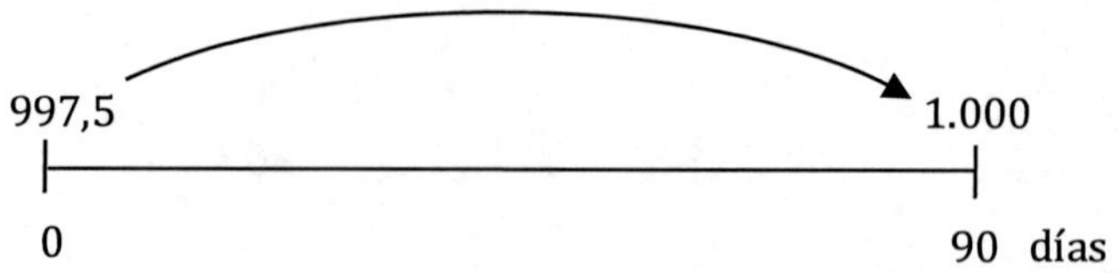

- En capitalización simple:

$$997{,}50 \times \left(1 + \frac{90}{365}\, i\right) = 1.000$$

$$i = \left(\frac{1.000}{997{,}5} - 1\right) \times \frac{365}{90}$$

$$i = 0{,}010164 = 1{,}016\% \text{ anual}$$

- En capitalización compuesta:

$$997{,}50\,(1 + i)^{90/365} = 1.000$$

$$i = \left(\frac{1.000}{997{,}50}\right)^{365/90} - 1 = 0{,}010203 = 1{,}02\% \text{ anual}$$

Ejemplo 4.24.

La sociedad Cocosa lleva a descontar a la entidad financiera BBB un efecto de importe nominal 1.500 euros, cuyo vencimiento es dentro de 90 días.

Esta sociedad tiene firmada una línea de descuento comercial con las siguientes condiciones:

- Euribor a 90 días + un diferencial de 2 puntos porcentuales.
- Comisión de gestión de cobro: 0,40% sobre el nominal con un mínimo de 10 euros.

Teniendo en cuenta que el Euribor a 90 días es del 0,2% nominal anual, obtenga el efectivo entregado por la entidad financiera BBB a Cocosa.

Solución

$$E = 1.500\left(1 - \frac{90}{360} \times 0{,}022\right) - 10 = 1.481{,}75\ €$$

Ejemplo 4.25.

La sociedad Paquisa lleva a descontar un efecto de importe nominal 2.500 euros con vencimiento a 90 días. La entidad financiera, con la que en su día firmó una línea de descuento comercial le aplicará un tanto de descuento simple comercial del 2,7% anual. Obtenga:

a) El efectivo que percibirá Paquisa.

b) El tanto equivalente en descuento simple racional.

Solución

a) El efectivo que percibirá Paquisa.

$$E = 2.500\left(1 - \frac{90}{360}\,0{,}027\right) = 2.483{,}13\text{ €}$$

b) El tanto equivalente en descuento simple racional.

$$2.483{,}13 = 2.500\,\frac{1}{1 + \frac{90}{360}\,i}$$

$$i = 0{,}027175 = 2{,}72\%\text{ anual}$$

Otra forma de calcularlo sería:

$$d = \frac{i}{1 + n \cdot i} \Rightarrow i = \frac{d}{1 - n \cdot d}$$

$$i = \frac{0{,}027}{1 - \frac{90}{360} \times 0{,}027} = 2{,}72\%\text{ anual}$$

Ejemplo 4.26.

La sociedad Negrosa quiere descontar un efecto de importe nominal 6.000 euros que vence dentro de 45 días, para lo cual se pone en contacto con dos de sus entidades financieras habituales ofreciéndoles éstas las siguientes condiciones:

- Entidad AAA: 4% en descuento simple comercial, y una comisión de gestión de cobro del 0,20% sobre el nominal.
- Entidad BBB: 4,25% en descuento simple racional.

¿Cuál de estas dos opciones es más ventajosa para Negrosa?

Solución

- Entidad AAA:

$$E = 6.000\left(1 - \frac{45}{360}\,0{,}04\right) - 0{,}002 \times 6.000 = 5.958\text{ €}$$

- Entidad BBB:

$$E = 6.000 \frac{1}{1 + \frac{45}{360} 0{,}0425} = 5.968{,}29 \text{ €}$$

Es más ventajosa la oferta de la entidad BBB, pues el efectivo que percibirá Negrosa es superior.

Ejemplo 4.27.

Una empresa tiene la obligación de pagar 5.000 € al cabo de 3 meses, 7.500 € dentro de 5 meses y 10.000 € dentro de 8 meses.

Determine cuánto tendría que pagar al cabo de un mes a partir de hoy para saldar la deuda si el tipo de interés es del 15% (descuento racional).

Solución

Sea X la cantidad necesaria para pagar la deuda al cabo de un mes.

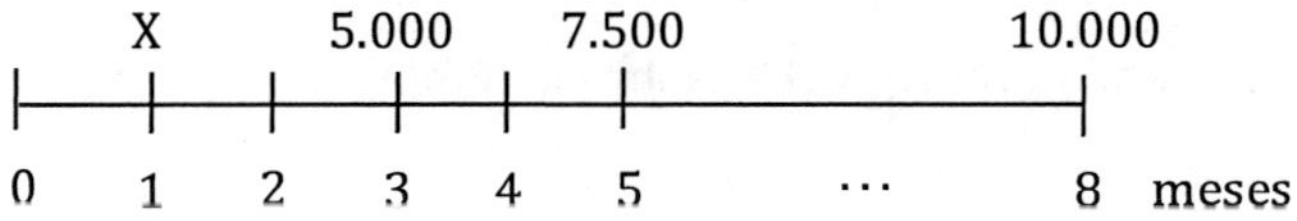

$$X = \frac{5.000}{1 + \frac{0{,}35}{12} \times 2} + \frac{7.500}{1 + \frac{0{,}35}{12} \times 4} + \frac{10.000}{1 + \frac{0{,}35}{12} \times 7}$$

$$X = 4.724{,}41 + 6.716{,}42 + 8.304{,}50$$

$$X = 19.745{,}33 \text{ €}$$

Ejemplo 4.28.

Calcular el tanto de descuento anual compuesto equivalente al 3% trimestral.

Solución

$$1 - d = (1 - d_4)^4$$

$$\Rightarrow \; d = 1 - (1 - 0{,}03)^4 = 11{,}47\% \text{ anual}$$

Ejemplo 4.29.

La sociedad Chedisa procede al descuento de una remesa de efectos con las siguientes condiciones:

Nominal	Vencimiento
1.000 euros	45 días
2.500 euros	30 días
3.200 euros	78 días

Las condiciones pactadas en su día para la línea de descuento comercial que poseemos en la entidad financiera BBK son las siguientes:

- El tanto de descuento será:
  - Efectos con vencimiento igual o inferior a 45 días el 2,75%.
  - Efectos con vencimiento superior a 45 días el 3%.
- Comisión de gestión de cobro 0,40% sobre el nominal, con un mínimo por efecto de 5 euros.
- Gastos de correo por remesa enviada 0,50 euros.

Calcular:

a) El efectivo total de la remesa percibido por Chedisa.

b) El coste de la operación para Chedisa en capitalización compuesta, utilizando para la obtención del mismo, el vencimiento medio o promedio de giro.

Solución

a) El efectivo total de la remesa percibido por Chedisa.

$$E_1 = 1.000 - 1.000 \times \frac{45}{360} \times 0{,}0275 - 5\ (comisión\ mínima) = 991{,}56\ €$$

$$E_2 = 2.500 - 2.500 \times \frac{30}{360} \times 0{,}0275 - 2.500 \times 0{,}004 = 2.484{,}27\ €$$

$$E_3 = 3.200 - 3.200\ \frac{78}{360} \times 0{,}03 - 3.200 \times 0{,}004 = 3.166{,}40\ €$$

$$E_T = 6.642{,}23\ €$$

b) El coste de la operación para Chedisa en capitalización compuesta, utilizando para la obtención del mismo, el vencimiento medio o promedio de giro.

$$Promedio\ de\ giro(pg) = \frac{1.000 \times 45 + 2.500 \times 30 + 3.200 \times 78}{1.000 + 2.500 + 3.200} = 55{,}16 \text{ días}$$

$$Coste\ de\ la\ operación = \left(\frac{N}{E}\right)^{365/pg} - 1 = \left(\frac{6.700}{6.642{,}23}\right)^{365/55{,}16} - 1 = 0{,}0595 = 5{,}90\%$$

Ejemplo 4.30.

El día de hoy, 16 de julio de 2013, se acuerda sustituir dos efectos; el primero de 1.000 € que vence dentro de 30 días y el segundo de 2.000 € que vence dentro de 60 días, por un único efecto que venga dentro de 90 días. ¿Cuál debe ser su cuantía si el tipo de descuento es el 5% anual?

Solución

Sea N el importe del nuevo efecto. El gráfico de la operación es el siguiente:

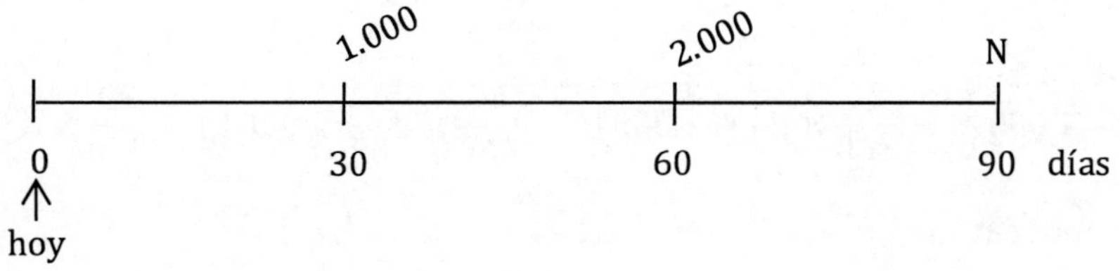

Se debe cumplir la siguiente equivalencia financiera en el origen (punto 0):

$$N\left(1 - \frac{90}{360} \times 0{,}05\right) = 1.000\left(1 - \frac{30}{360} \times 0{,}05\right) + 2.000\left(1 - \frac{60}{360} \times 0{,}05\right)$$

$$N = 3.016{,}87\ €$$

Ejemplo 4.31.

Se tienen tres efectos con los nominales y vencimientos recogidos en el siguiente cuadro:

Nominal	Vencimiento
1.000 euros	30 días
2.000 euros	60 días
3.000 euros	90 días

Se pretende sustituir los efectos anteriores por un mismo efecto igual a la suma de los tres. ¿Cuál es el vencimiento medio?

Solución

Sea n el vencimiento medio del nuevo efecto.

Gráficamente la operación se representará como sigue:

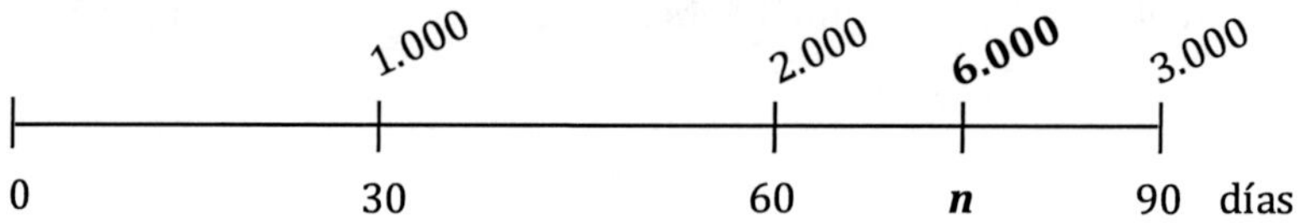

La equivalencia financiera en el origen de la operación será la siguiente:

$$6.000\left(1-\frac{n}{360}\times d\right)=$$

$$=1.000\left(1-\frac{30}{360}\times d\right)+2.000\left(1-\frac{60}{360}\times d\right)+3.000\left(1-\frac{90}{360}\times d\right)$$

de donde se obtiene:

$$n=\frac{1.000\times 30+2.000\times 60+3.000\times 90}{1.000+2.000+3.000}$$

$$n = 70 \text{ días}$$

En el cálculo del vencimiento medio, el nominal sustituido debe coincidir con la suma de los nominales. Como se observa en el planteamiento de este ejercicio, el vencimiento medio no depende del tipo de descuento, y viene siendo la media aritmética ponderada, siendo los coeficientes de ponderación los nominales de los efectos.

PARTE II

RENTAS FINANCIERAS

CAPÍTULO 5

GENERALIDADES DE LAS RENTAS

Contenido

5.1. CONCEPTO DE RENTA

En matemáticas financieras se define el concepto de **renta** como un conjunto de capitales financieros asociados a un intervalo de tiempo.

La representación gráfica de una renta podría ser la siguiente:

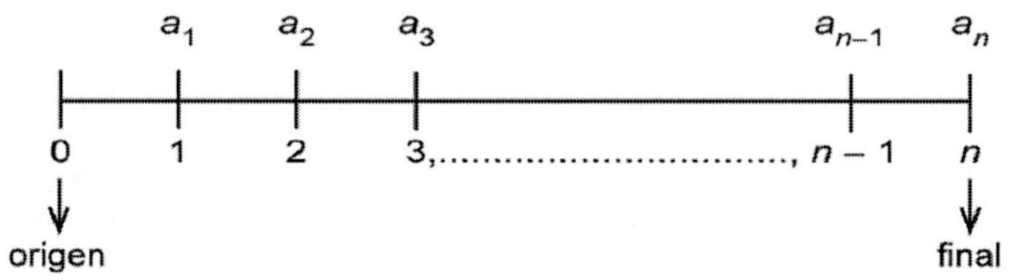

En toda renta podemos distinguir:

- El conjunto de capitales financieros o términos de la renta a_i, (i = 1, 2, 3,...n).
- El período de maduración: el tiempo que transcurre entre dos términos consecutivos [0,1], [1,2]... [$n-1$, n].
- El origen de la renta: es el extremo inferior del primer periodo de maduración.
- El final de la renta: es el extremo superior del último periodo de maduración.
- La duración: el tiempo que transcurre entre el origen y el final de la renta.

Ejemplo 5.1

Alquiler de un local por importe de 1.000 € mensuales que se cobran al final de cada mes, durante 5 años.

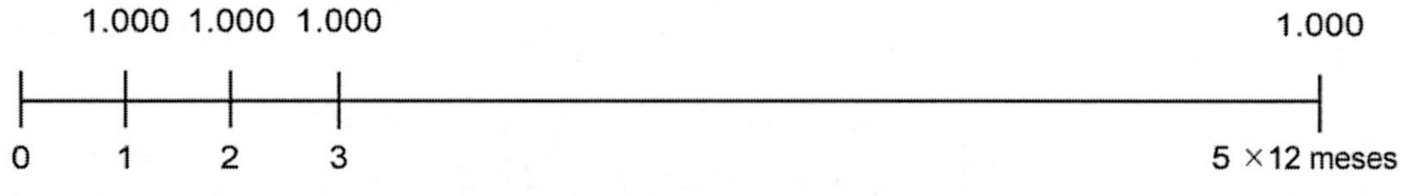

De este ejemplo se deduce que los términos de la renta son de periodicidad mensual por un importe de 1.000 €, el periodo de maduración es de 1 mes y la duración es de 5 años. (5 × 12 meses).

Otro ejemplo podrían ser las distintas anualidades que amortizan un préstamo, las aportaciones a un plan de pensiones, etc.

5.2. VALOR CAPITAL O FINANCIERO DE UNA RENTA

Se denomina **valor financiero** o **capital** de la renta en un momento determinado a la suma del valor de todos sus capitales proyectados a ese instante de tiempo. Si la suma del valor de todos los capitales se refiere al momento inicial (origen de la renta) se denomina **valor actual**, y si la valoración se produce al final de la renta, se denomina **valor final**.

Valor actual de una renta

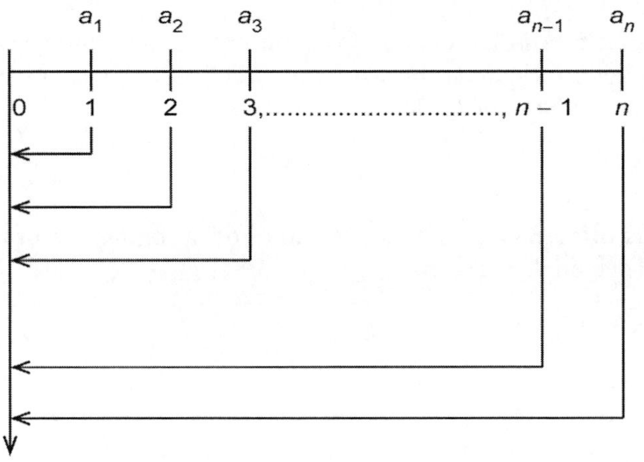

$$Valor\ actual = a_1 \cdot (1+i)^{-1} + a_2 \cdot (1+i)^{-2} + \cdots + a_n \cdot (1+i)^{-n} =$$

$$= \sum_{k=1}^{n} a_k \,.\, (1+i)^{-k}$$

Valor final de una renta

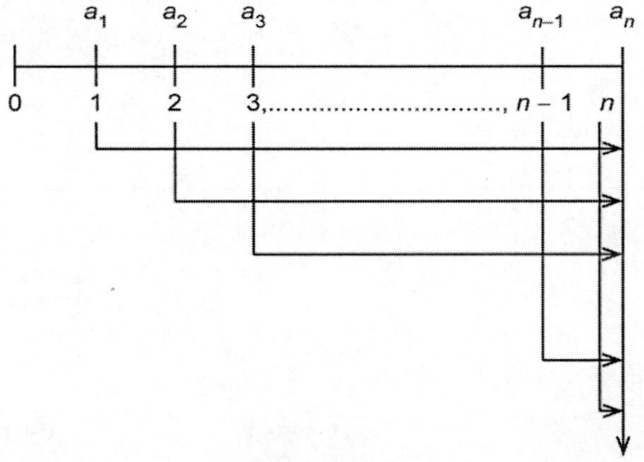

$$Valor\ final = a_1 \,.\, (1+i)^{n-1} + a_2 \,.\, (1+i)^{n-2} + \cdots + a_{n-1} \,.\, (1+i)^1 + a_n =$$

$$= \sum_{k=1}^{n} a_k \,.\, (1+i)^{n-k}$$

El momento elegido para valorar una renta nos permite diferenciar entre:

- **Rentas inmediatas**: cuando los términos de las renta se valoran en cualquier punto del intervalo de duración de la renta $(0, n)$. Las gráficas anteriores reflejan sendos ejemplos de rentas inmediatas.

- **Rentas diferidas**: cuando los términos de la renta se valoran en un punto anterior al origen de la renta.

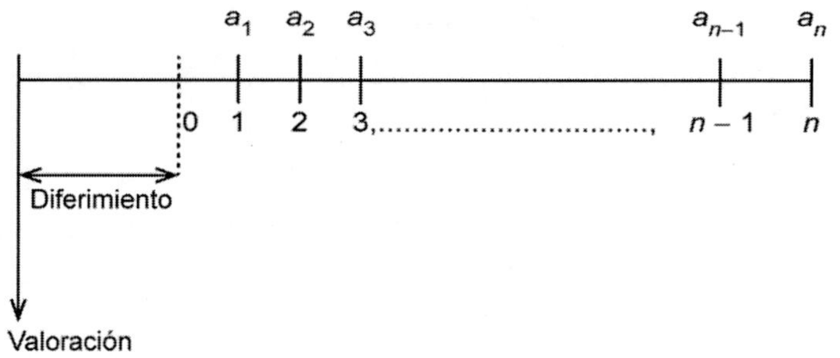

- **Rentas anticipadas**: cuando el punto de valoración es posterior al final de la renta.

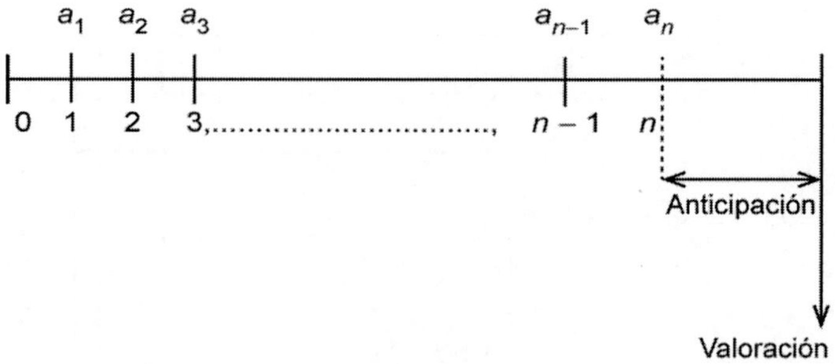

5.3. CLASIFICACIÓN DE LAS RENTAS

Las rentas se pueden clasificar atendiendo a distintos criterios, no excluyentes entre sí, según las características de los elementos que le definimos:

1. Según la cuantía de los términos que forman la renta:

   - **Rentas constantes**: cuando los términos que componen la renta son iguales; es decir,

     $$a_1 = a_2 = a_3 = \cdots = a_n = a$$

     Si a = 1 u.m., se obtiene una renta unitaria.

   - **Rentas variables:** cuando los términos que componen la renta no son iguales. Se distingue entre:

     – **Rentas variables de progresión aritmética**: cuando los términos varían en progresión aritmética, es decir,

     $$a_k = a_{k-1} + d,$$

     siendo d la razón de la progresión.

     – **Rentas variables de progresión geométrica**: cuando los términos varían formando una progresión geométrica, es decir,

     $$a_k = a_{k-1} \cdot q,$$

     siendo q la razón de la progresión.

2. Dependiendo de la duración de los intervalos o periodos de maduración de la renta:

   - **Rentas discretas**: cuando la amplitud de los intervalos es finita (anual, mensual, trimestral, etc.).

   - **Rentas continuas**: cuando la amplitud de los intervalos tiende a 0.

3. Según los elementos que definen la renta:

   - **Rentas ciertas**: cuando los elementos que definen la renta son conocidos con certeza.

   - **Rentas aleatorias**: cuando algunos de los elementos que definen la renta, cuantía y/o vencimiento, dependen de un fenómeno aleatorio. Por ejemplo los seguros de vida.

4. Según los vencimientos de los términos:

- **Rentas pospagables**: aquellas en las que los términos vencen al final de cada intervalo.

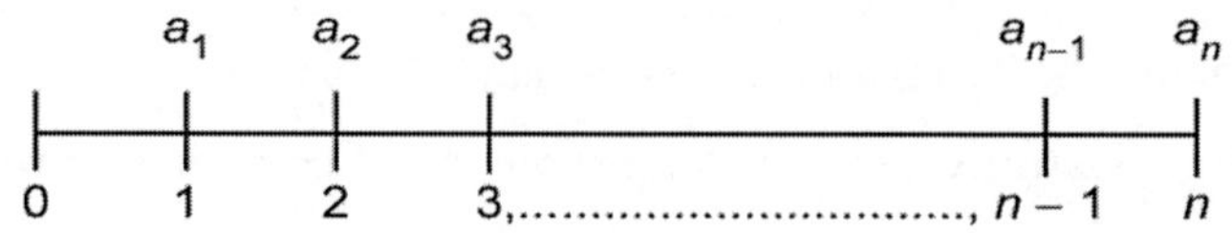

- **Rentas prepagables**: aquellas en las que los términos vencen al principio de cada intervalo.

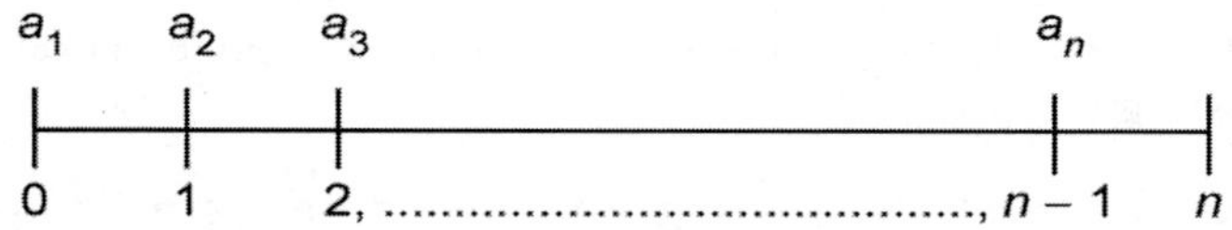

5. En función de la duración:

- **Rentas temporales**: constan de un número finito de términos.
- **Rentas perpetuas**: constan de un número infinito de términos.

6. Según la periodicidad del vencimiento:

- **Rentas fraccionadas**: si las cuantías de los términos vencen con periodicidad distinta al del tipo de interés. Por ejemplo, renta trimestral (periodo de la renta: trimestre) a la que se aplica un tipo de interés efectivo semestral (periodo del tipo de interés: semestre).
- **Rentas no fraccionadas**: si las cuantías de los términos vencen con periodicidad igual al del tipo de interés. Por ejemplo, renta mensual bajo tasa efectiva mensual.

CAPÍTULO 6

VALORACIÓN DE RENTAS CONSTANTES

Contenido

6.1. VALORACIÓN DE RENTAS CONSTANTES Y TEMPORALES

Las rentas que estudiamos en este apartado tienen todos sus términos constantes y su duración está formada por un número finito de términos.

6.1.1. Renta pospagable e inmediata

Además de las características citadas anteriormente, sus términos vencen al final de cada periodo (pospagable) y su valoración coincide con el origen o el final de la renta (inmediata).

Calcular el **valor actual** de este tipo de rentas significa valorar en el origen todos los términos constantes que la componen.

El esquema gráfico de una renta con las características citadas será el que se muestra a continuación:

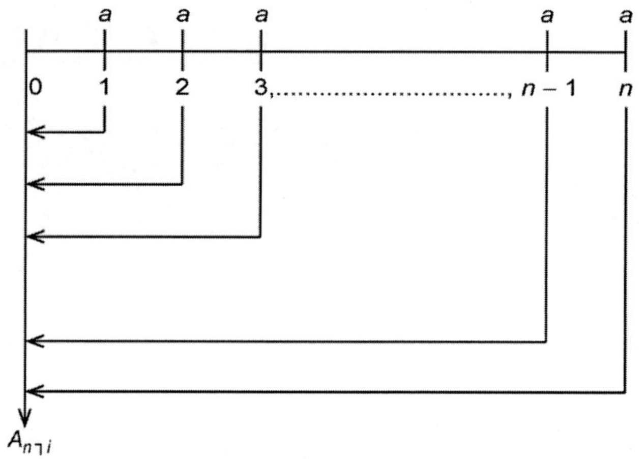

$$A_{n\urcorner i} = a \cdot (1+i)^{-1} + a \cdot (1+i)^{-2} + \cdots + a \cdot (1+i)^{-(n-1)} + a \cdot (1+i)^{-n} =$$

$$= a \cdot \left[(1+i)^{-1} + (1+i)^{-2} + \cdots + (1+i)^{-(n-1)} + (1+i)^{-n}\right] \qquad [1]$$

La expresión que figura entre corchetes es la suma de n términos de una progresión geométrica de razón $r = (1+i)^{-1}$, cuya suma se obtiene aplicando la fórmula:

$$S = \frac{a_1 - a_n \cdot r}{1-r}$$

dónde:

a_1 → Primer término de la sucesión, $a_1 = (1+i)^{-1}$

a_n → Último término de la sucesión, $a_n = (1+i)^{-n}$

r → Razón de la progresión, $r = (1+i)^{-1}$

Si aplicamos la fórmula de la suma a la expresión [1], obtenemos:

$$A_{n\urcorner i} = a \cdot \frac{(1+i)^{-1} - (1+i)^{-n} \cdot (1+i)^{-1}}{1-(1+i)^{-1}} = a \cdot (1+i)^{-1} \cdot \frac{1-(1+i)^{-n}}{1-(1+i)^{-1}} =$$

$$= a \cdot (1+i)^{-1} \cdot \frac{1-(1+i)^{-n}}{\underbrace{1-\frac{1}{1+i}}_{\frac{1+i-1}{1+i}=\frac{i}{1+i}}} = a \cdot (1+i)^{-1} \cdot \frac{1-(1+i)^{-n}}{\frac{i}{1+i}} = a \cdot \underbrace{\frac{1-(1+i)^{-n}}{i}}_{a_{n\urcorner i}}$$

$$A_{n\urcorner i} = a \cdot a_{n\urcorner i}$$

$$a_{n\urcorner i} = \frac{1-(1+i)^{-n}}{i}$$

Ejemplo 6.1.

Calcular el valor actual de una renta pospagable de 15.000 € anuales a percibir durante 10 años, siendo el tanto de valoración al 7% efectivo anual.

Solución

$$A_{10\urcorner 0,07} = 15.000 \times \frac{1-(1+0{,}07)^{-10}}{0{,}07} = 105.353{,}72 \text{ €}$$

En cuanto al cálculo del **valor final** de una renta, significa capitalizar cada uno de los términos desde su vencimiento al momento n (final de la renta).

Gráficamente se representa de la siguiente forma:

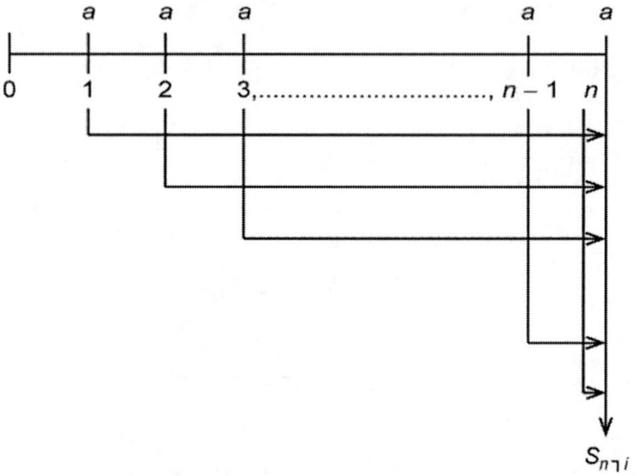

$$S_{n\rceil i} = a \cdot (1+i)^{n-1} + a \cdot (1+i)^{n-2} + \cdots + a \cdot (1+i) + a =$$

$$= a \cdot \left[(1+i)^{n-1} + (1+i)^{n-2} + \cdots + (1+i) + 1\right]$$

Lo que figura entre corchetes es la suma de n términos de una progresión geométrica de razón, $r = (1+i)^{-1}$:

$$S_{n\rceil i} = a \cdot \left[\frac{(1+i)^{n-1} - 1 \cdot (1+i)^{-1}}{1-(1+i)^{-1}}\right] = a \cdot (1+i)^{-1} \cdot \frac{(1+i)^n - 1}{\frac{i}{1+i}} =$$

$$= a \cdot \underbrace{\frac{(1+i)^n - 1}{i}}_{s_{n\rceil i} = renta\ unitaria: a=1}$$

$$S_{n\rceil i} = a \cdot s_{n\rceil i}$$

$$s_{n\rceil i} = \frac{(1+i)^n - 1}{i}$$

Ejemplo 6.2.

Calcular el valor final de un depósito anual pospagable de 25.000 € durante 20 años. El tipo de interés es el 6,5% efectivo anual.

Solución

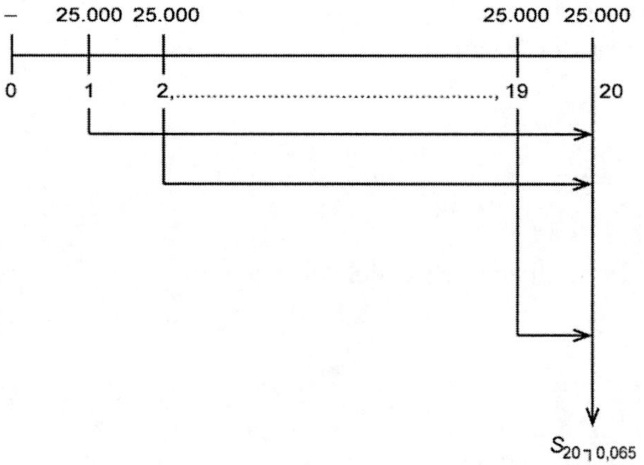

$$S_{20\urcorner 0,065} = 25.000 \times \frac{(1+,0{,}065)^{20}-1}{0{,}065} = 970.632{,}71\ €$$

Relación entre valor actual y valor final:
Demostradas las formulas del valor actual y del valor final de una renta constante, temporal, pospagable e inmediata, en este apartado analizaremos la relación que existe entre ambos valores.

$$S_{n\urcorner i} = a \cdot \frac{(1+i)^n - 1}{i} = a \cdot \frac{1-(1+i)^{-n}}{i} \cdot (1+i)^n = a \cdot a_{n\urcorner i} \cdot (1+i)^n$$

$$S_{n\urcorner i} = A_{n\urcorner i} \cdot (1+i)^n$$

Gráficamente, se representa de la siguiente forma:

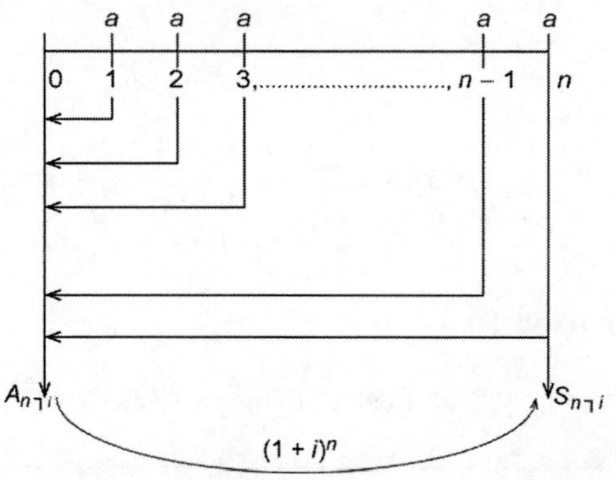

Ejemplo 6.3.

Una determinada persona física realiza imposiciones pospagables de 100 € anuales durante 10 años al tipo de interés del 5% anual.

Se pide, calcular:

a) Valor actual.

b) Valor final.

c) Obtener el valor final en función del valor actual.

Solución

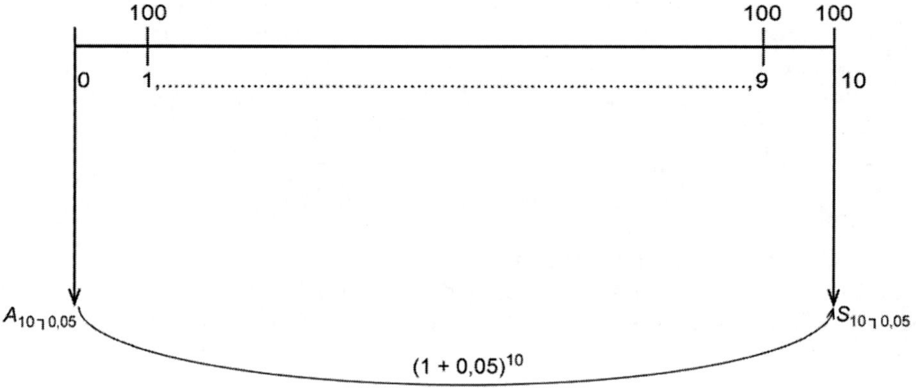

a) Valor actual:

$$A_{10\urcorner\, 0,05} = 100 \times \frac{1-(1+0,05)^{-10}}{0,05} = 772,17\ €$$

b) Valor final:

$$S_{10\urcorner\, 0,05} = 100 \times \frac{(1+,0,05)^{10}-1}{0,05} = 1.257,79\ €$$

c) Valor final en función del valor actual:

$$S_{10\urcorner\, 0,05} = A_{10\urcorner\, 0,05} \times (1+0,05)^{10} = 772,17 \times 1,05^{10} = 1.257,79\ €$$

6.1.2. Renta prepagable e inmediata

Estas rentas, además de presentar las características ya definidas en el Apartado 5.1 (constante y temporal), los términos vencen al principio de cada uno de los periodos (prepagable) y su valoración coincide con el origen o el final de la renta. El esquema para este tipo de rentas será el siguiente:

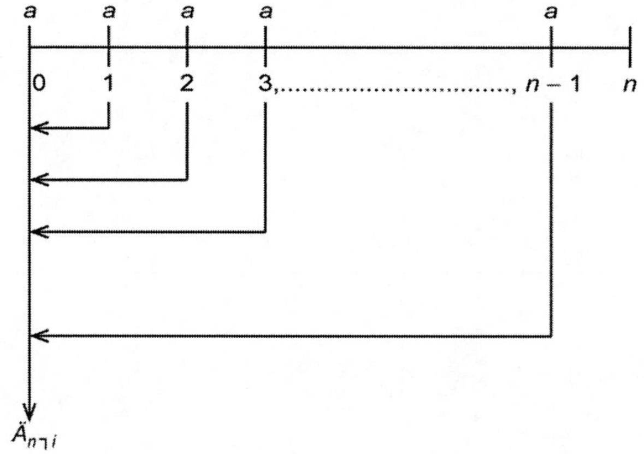

El **valor actual**, de la renta que designaremos por $\ddot{A}_{n\rceil i}$, vendrá dado por la siguiente expresión:

$$\ddot{A}_{n\rceil i} = a + a \cdot (1+i)^{-1} + a \cdot (1+i)^{-2} + \cdots + a \cdot (1+i)^{-(n-1)} =$$

$$= a \cdot \left[1 + (1+i)^{-1} + (1+i)^{-2} + \cdots + (1+i)^{-(n-1)}\right]$$

Lo que figura entre corchetes es la suma de los términos de una progresión geométrica de razón, $r = (1+i)^{-1}$:

$$\ddot{A}_{n\rceil i} = a \cdot \frac{1-(1+i)^{-(n-1)} \cdot (1+i)^{-1}}{1-(1+i)^{-1}} = a \cdot \frac{1-(1+i)^{-n}}{\underbrace{1-\frac{1}{1+i}}_{\frac{1+i-1}{1+i}}} = a \cdot \frac{1-(1+i)^{-n}}{\frac{i}{1+i}} =$$

$$= a \cdot (1+i) \cdot \frac{1-(1+i)^{-n}}{i} = a \cdot (1+i) \cdot a_{n\rceil i}$$

$$\ddot{A}_{n\rceil i} = A_{n\rceil i} \cdot (1+i)$$

Ejemplo 6.4.

Calcular el valor actual de un depósito anual prepagable de 1.000 € durante 10 años. El tipo de interés es del 5% anual.

Solución

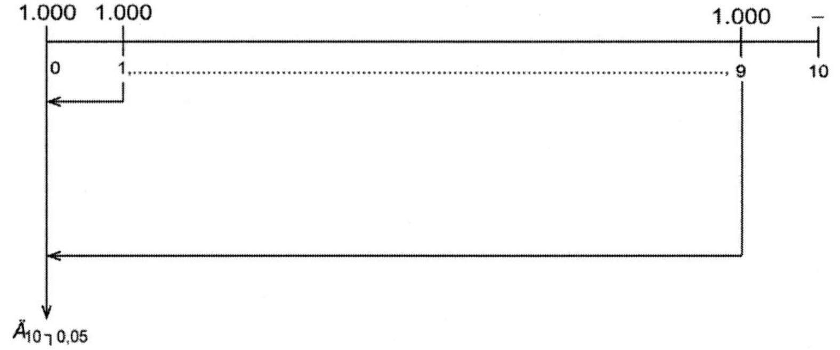

$$\ddot{A}_{10\urcorner 0,05} = A_{10\urcorner 0,05} \times (1 + 0{,}05) = 8.107{,}8 \text{ €}$$

El **valor final** de una renta prepagable se calculará partiendo del siguiente gráfico:

$$\ddot{S}_{n\urcorner i} = a \cdot (1+i)^n + a \cdot (1+i)^{n-1} + \cdots + a \cdot (1+i) =$$

$$= a \cdot \left[(1+i)^n + (1+i)^{n-1} + \cdots + (1+i)\right]$$

Lo que figura entre corchetes es la suma de los términos de una progresión geométrica de razón, $r = (1+i)^{-1}$:

$$\ddot{S}_{n\rceil i} = a \cdot \frac{(1+i)^n - (1+i) \cdot (1+i)^{-1}}{1 - \frac{1}{1+i}} = a \cdot \frac{(1+i)^n - 1}{\frac{i}{1+i}} =$$

$$= a \cdot (1+i) \cdot \frac{(1+i)^n - 1}{i} = a \cdot (1+i) \cdot \ddot{s}_{n\rceil i}$$

$$\ddot{S}_{n\rceil i} = S_{n\rceil i} \cdot (1+i)$$

En este tipo de rentas también se cumple la siguiente relación:

$$\ddot{S}_{n\rceil i} = \ddot{A}_{n\rceil i} \cdot (1+i)^n$$

Ejemplo 6.5.

Calcular el valor final de un depósito anual prepagable de 1.000 € durante 10 años. Tipo de interés 5% anual.

Solución

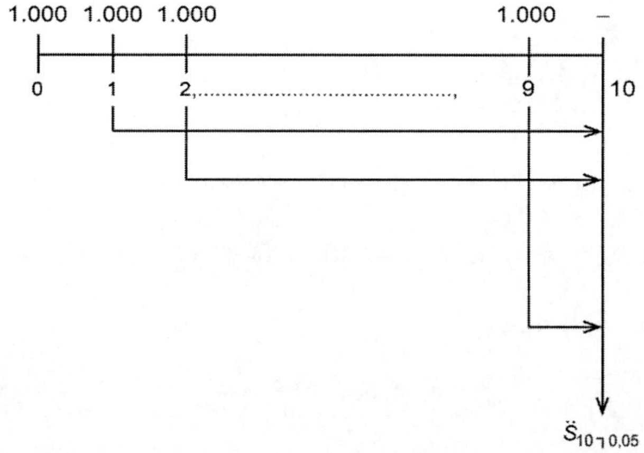

$$\ddot{S}_{10\rceil 0,05} = S_{10\rceil 0,05} \times (1+0,05) = 1.000 \times \frac{(1+0,05)^{10} - 1}{0,05} \times 1,05 = 13.206,8 \text{ €}$$

También se podría resolver de la siguiente forma:

$$\ddot{S}_{10\rceil 0,05} = \ddot{A}_{10\rceil 0,05} \times (1+0,05)^{10} = 8.107,8 \times 1,05^{10} = 13.206,8 \text{ €}$$

6.1.3. Renta pospagable y diferida

En las rentas diferidas la valoración se hace en un momento anterior al origen de la renta, en consecuencia, el diferimiento sólo existe a efectos del cálculo del valor actual.

Gráficamente, este tipo de rentas se representan de la siguiente forma:

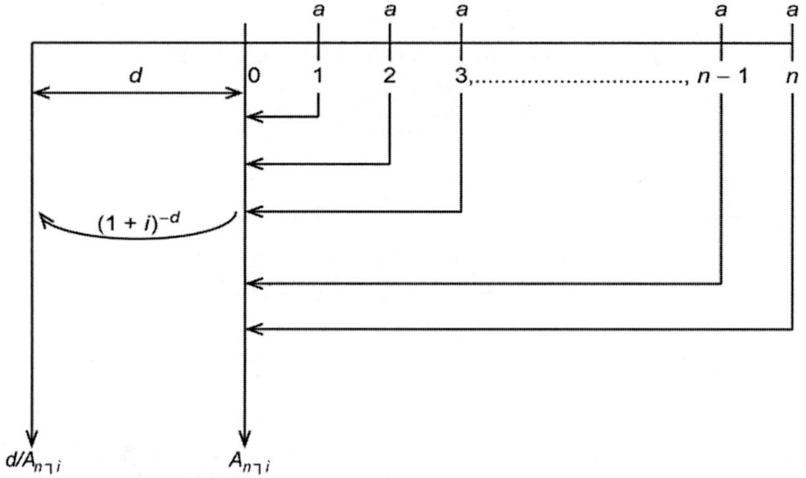

$$d/A_{n\rceil i} = a \cdot (1+i)^{-(d+1)} + a \cdot (1+i)^{-(d+2)} + \cdots + a \cdot (1+i)^{-(d+n)} =$$

$$= (1+i)^{-d} \cdot [a \cdot (1+i)^{-1} + a \cdot (1+i)^{-2} + \cdots + a \cdot (1+i)^{-n}] = (1+i)^{-d} \cdot A_{n\rceil i}$$

$$d/A_{n\rceil i} = A_{n\rceil i} \cdot (1+i)^{-d}$$

Lógicamente, se cumple que:

$$d/S_{n\rceil i} = S_{n\rceil i}$$

Ejemplo 6.6.

Para la compra de un coche nos ofrecen las siguientes condiciones:

- Durante los dos primeros años no se entregará cantidad alguna.
- A partir del segundo año (final del tercer año) se entregarán 10 cuotas anuales de 1.000 €.
- Tipo de interés: 5% anual.

Se pide: calcular el valor actual y final de la renta descrita.

Solución

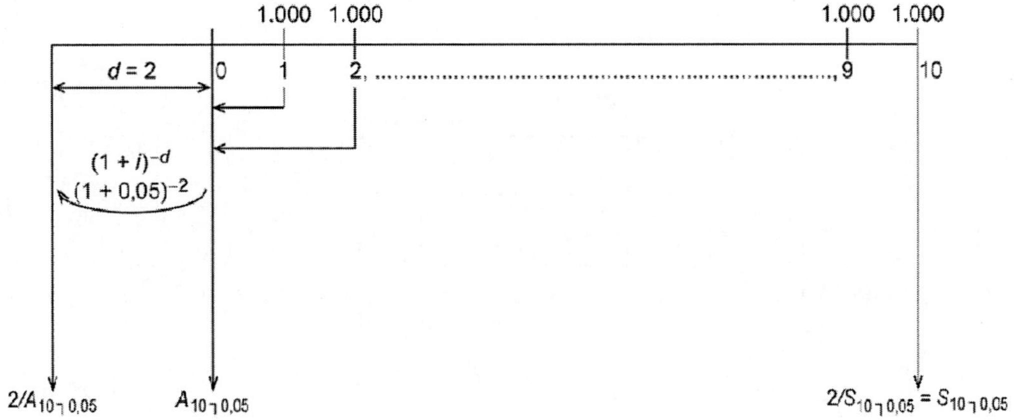

- Valor actual diferido:

$$d/\ A_{n\rceil i} = 2/\ A_{10\rceil 0,05} = A_{10\rceil 0,05} \times (1+0{,}05)^{-2} =$$

$$= 1.000 \times \frac{1-(1+0{,}05)^{-10}}{0{,}05} \times 1{,}05^{-2} = 7.003{,}84\ €$$

- Valor final diferido:

$$d/S_{n\rceil i} = S_{n\rceil i}$$

$$d/S_{n\rceil i} = 2/S_{10\rceil 0,05} = S_{10\rceil 0,05} = 1.000 \times \frac{(1+0{,}05)^{10}-1}{0{,}05} = 12.577{,}89\ €$$

6.1.4. Renta prepagable y diferida

Estas rentas presentan las características ya definidas en el Apartado 6.1 (constante y temporal) y sus términos vencen al principio de cada uno de los periodos (prepagable) y su valoración será en un momento anterior al origen de la renta (diferida). El esquema para este tipo de rentas será el siguiente:

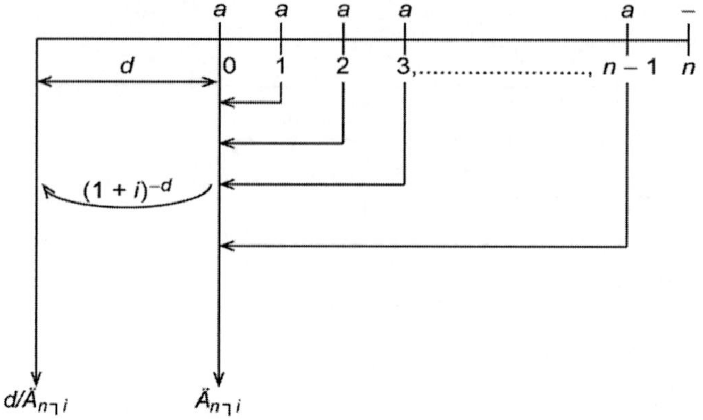

$$d/\ddot{A}_{n\rceil i} = a \cdot (1+i)^{-d} + a \cdot (1+i)^{-(d+1)} + \cdots + a \cdot (1+i)^{-d+(n-1)} =$$

$$= (1+i)^{-d} \cdot \left[a + a \cdot (1+i)^{-1} + a \cdot (1+i)^{-2} + \cdots + a \cdot (1+i)^{-(n-1)}\right] =$$

$$= (1+i)^{-d} \cdot \ddot{A}_{n\rceil i}$$

$$d/\ddot{A}_{n\rceil i} = \ddot{A}_{n\rceil i} \cdot (1+i)^{-d}$$

En lo que se refiere al valor final, se cumple la siguiente igualdad:

$$d/\ddot{S}_{n\rceil i} = \ddot{S}_{n\rceil i}$$

Ejemplo 6.7.

Para la compra de una vivienda nos ofrecen las siguientes condiciones:

- Durante los dos primeros años no se entregará cantidad alguna.
- 20 cuotas anuales de 6.000 € cada una, empezando a realizar los pagos al final del segundo año.
- Tipo de interés: 5% anual.

Se pide: calcular el valor actual y final de la renta descrita.

Solución

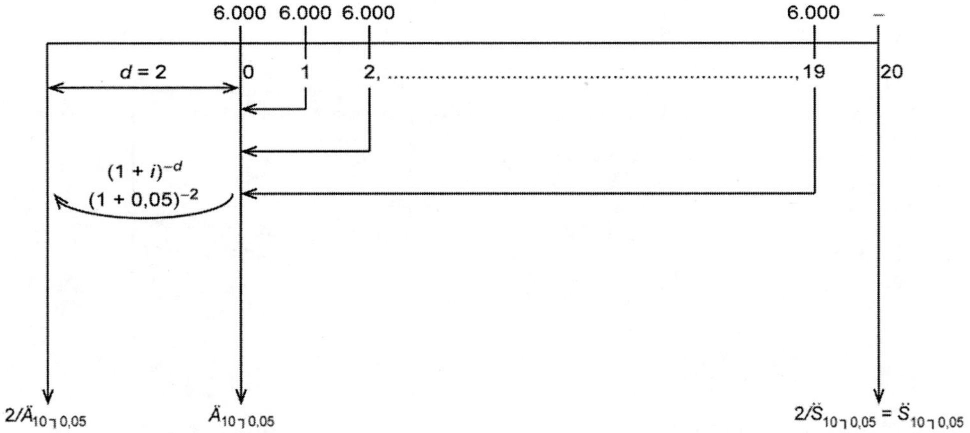

- Valor actual diferido:

$$d/\ddot{A}_{n\rceil i} = 2/\ddot{A}_{20\rceil 0{,}05} = \ddot{A}_{20\rceil 0{,}05} \times (1+0{,}05)^{-2} =$$

$$= A_{20\rceil 0{,}05} \times (1+0{,}05) \times (1+0{,}0{,}05)^{-2} =$$

$$= 6.000 \times \frac{1-(1+0{,}05)^{-20}}{0{,}05} \times 1{,}05^{-1} = 71.212{,}63\ €$$

- Valor final diferido:

$$d/\ddot{S}_{n\rceil i} = 2/\ddot{S}_{20\rceil 0{,}05} = \ddot{S}_{20\rceil 0{,}05} = S_{20\rceil 0{,}05} \times (1+0{,}05) =$$

$$= 6.000 \times \frac{(1+0{,}05)^{20}-1}{0{,}05} \times 1{,}05 = 208.315{,}51\ €$$

6.1.5. Renta pospagable y anticipada

Las rentas anticipadas se valoran h periodos después del final de la renta, por lo que la anticipación sólo afecta al cálculo del valor final.

El esquema para este tipo de rentas será el siguiente:

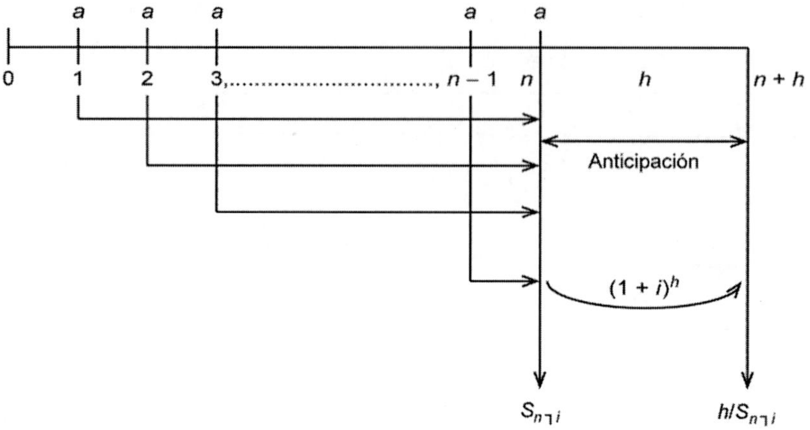

$$h/\,S_{n\urcorner i} = a \cdot (1+i)^{(n-1)+h} + a \cdot (1+i)^{(n-2)+h} + \cdots + a \cdot (1+i)^h =$$

$$= (1+i)^h \cdot \left[a \cdot (1+i)^{(n-1)} + a \cdot (1+i)^{(n-2)} + \cdots + a\right] = (1+i)^h \cdot S_{n\urcorner i}$$

$$h/S_{n\urcorner i} = S_{n\urcorner i} \cdot (1+i)^h$$

Ejemplo 6.8.

La Sociedad Carosa realiza en una determinada entidad bancaria imposiciones pospagables anuales durante 5 años por un importe de 1.000 € ¿Cuál será el montante total que tendrá 3 años después de realizada la última imposición? El tipo de interés aplicado es del 5% anual.

Solución

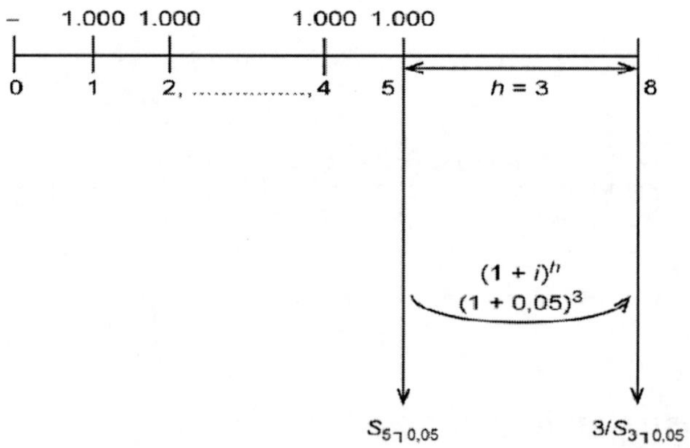

$$3/S_{5\urcorner\,0,05} = S_{5\urcorner\,0,05} \times (1+0,05)^3 = 1.000 \times \frac{(1+0,05)^5 - 1}{0,05} \times 1,05^3 = 6.396,61\ €$$

6.1.6. Renta prepagable y anticipada

Estas rentas presentan las características ya definidas en el Apartado 6.1 (constante y temporal) y sus términos vencen al principio de cada uno de los periodos (prepagable) y su valoración será en un momento posterior al final de la renta (anticipada). El esquema para este tipo de rentas será el siguiente:

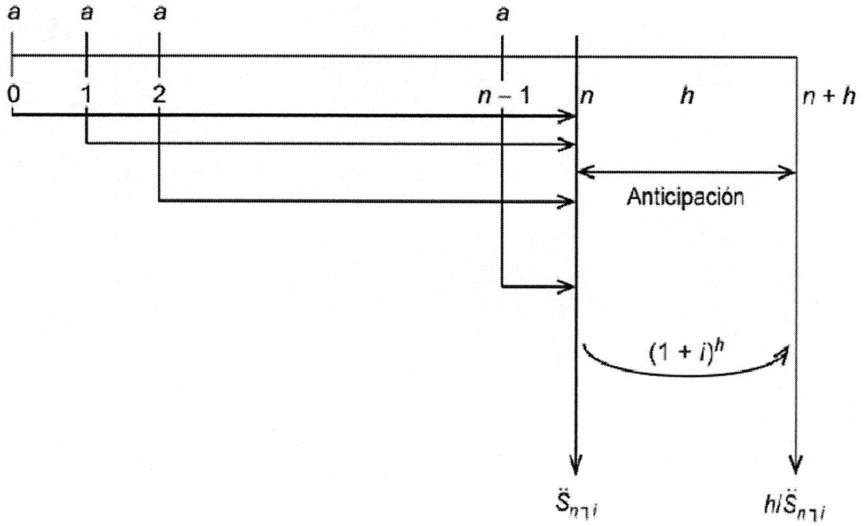

$$h/\ddot{S}_{n\urcorner i} = a \cdot (1+i)^{n+h} + a \cdot (1+i)^{(n-1)+h} + \cdots + a \cdot (1+i)^{1+h} =$$

$$= (1+i)^h \cdot [a \cdot (1+i)^n + a \cdot (1+i)^{n-1} + \cdots + a \cdot (1+i)] = (1+i)^h \cdot \ddot{S}_{n\urcorner i}$$

$$h/\ddot{S}_{n\urcorner i} = \ddot{S}_{n\urcorner i} \cdot (1+i)^h$$

Ejemplo 6.9.

La sociedad Carosa realiza, en una determinada entidad bancaria, imposiciones prepagables anuales durante 5 años por un importe de 1.000 € ¿Cuál será el montante total que tendrá 3 años después de realizada la última imposición? El tipo de interés aplicado es del 5% anual.

Solución

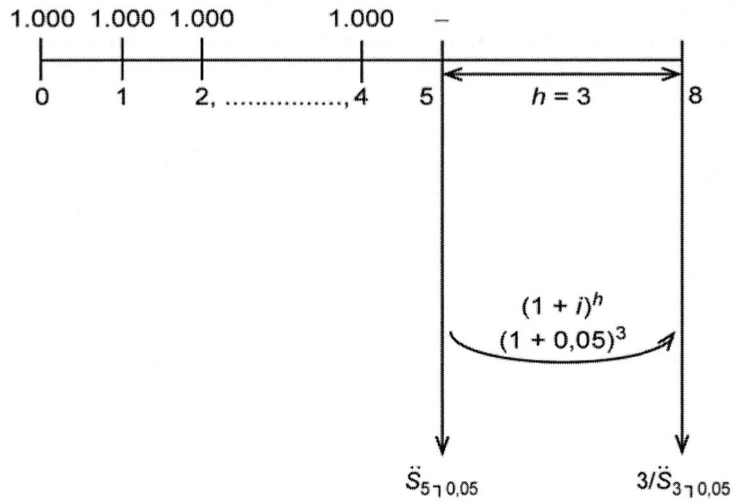

$$3/\ddot{S}_{5\rceil\,0{,}05} = \ddot{S}_{5\rceil\,0{,}05} \times (1+0{,}05)^3 = S_{5\rceil\,0{,}05} \times (1+0{,}05) \times (1+0{,}05)^3 =$$

$$= S_{5\rceil\,0{,}05} \times (1+0{,}05)^4 = 1.000 \times \frac{(1+0{,}05)^5 - 1}{0{,}05} \times 1{,}05^4 = 6.716{,}44\ €$$

6.2. VALORACIÓN DE RENTAS CONSTANTES Y PERPETUAS

Las **rentas perpetuas** son aquellas que tienen un número infinito de términos. Se conoce el momento en el que se inicia la renta, pero no el momento en el que se va a liquidar, de ahí que sólo se puede calcular el valor actual.

6.2.1. Renta pospagable e inmediata

La particularidad de estas rentas es que su duración es ilimitada. Gráficamente este tipo de rentas se representan de la siguiente forma:

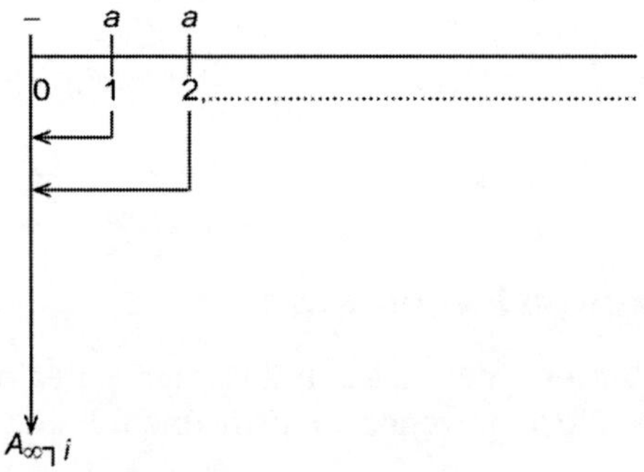

$$A_{\infty\rceil i} = a \cdot (1+i)^{-1} + a \cdot (1+i)^{-2} + \cdots = a \cdot [(1+i)^{-1} + (1+i)^{-2} + \cdots]$$

Lo que figura entre corchetes es la suma de los términos de una progresión geométrica ilimitada de razón, $r = (1+i)^{-1}$, cuya fórmula es:

$$S = \frac{a_1}{1-r}$$

$$A_{\infty\rceil i} = a \cdot \frac{(1+i)^{-1}}{1-(1+i)^{-1}} = a \cdot \frac{\frac{1}{1+i}}{\frac{i}{1+i}} = a \cdot \frac{1}{i} = a \cdot a_{\infty\rceil i}$$

$$A_{\infty\rceil i} = a \cdot a_{\infty\rceil i}$$

$$a_{\infty\rceil i} = \frac{1}{i}$$

Ejemplo 6.10.

Calcular el valor actual de una renta de 1.000 € anuales pospagables, si el tipo de interés es el 6% anual.

Solución

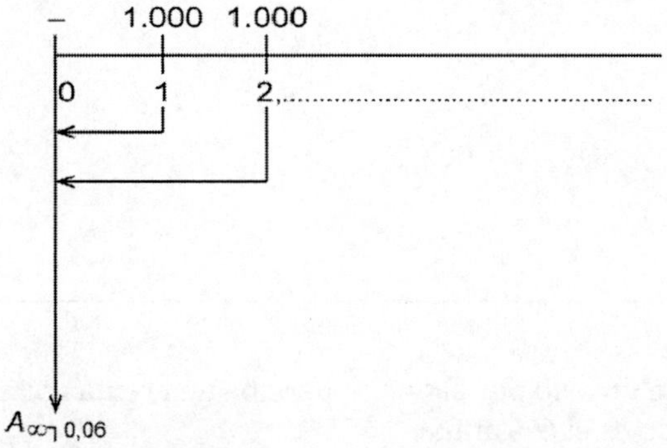

$$A_{\infty\rceil 0,06} = 1.000 \times \frac{1}{0,06} = 16.666,67 \text{ €}.$$

6.2.2. Renta prepagable e inmediata

Además de ser rentas constantes y de duración ilimitada, su valoración será únicamente en el origen y los términos que la forman vencen al principio de cada periodo.

Gráficamente este tipo de rentas se representan de la siguiente forma:

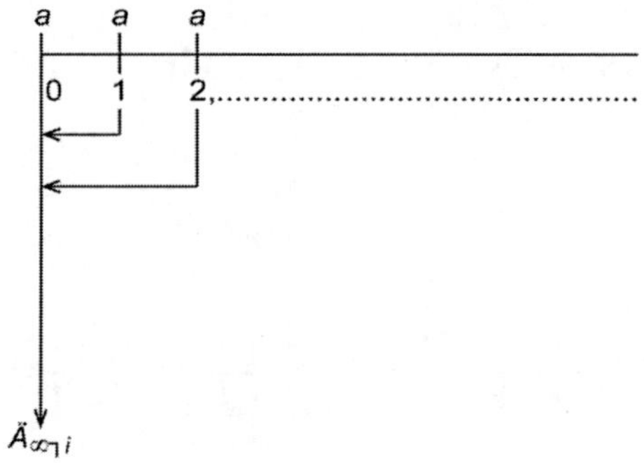

$$\ddot{A}_{\infty\rceil i} = a + a \cdot (1+i)^{-1} + a \cdot (1+i)^{-2} + .. =$$

$$= a \cdot [1 + (1+i)^{-1} + (1+i)^{-2} + \cdots] =$$

$$= a \cdot \frac{1}{1-(1+i)^{-1}} = a \cdot \frac{1}{\frac{i}{1+i}} = a \cdot (1+i) \cdot \frac{1}{i} = A_{\infty\rceil i} \cdot (1+i)$$

$$\ddot{A}_{\infty\rceil i} = A_{\infty\rceil i} \cdot (1+i)$$

Ejemplo 6.11.

Calcular el valor actual de un piso por el que se percibe una renta anual prepagable de 5.000 €. El tipo de interés aplicado es el 6% anual.

Solución

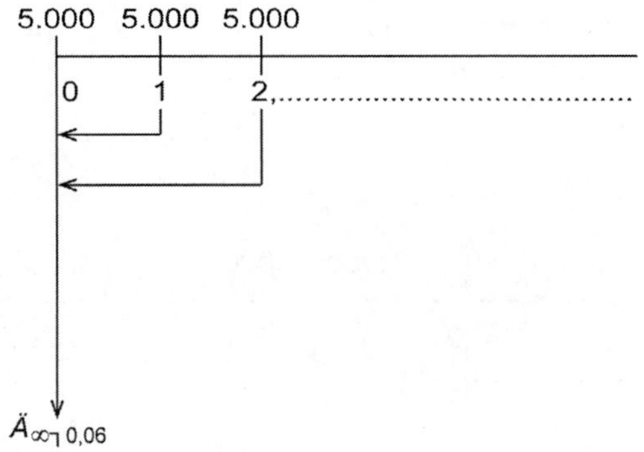

$$\ddot{A}_{\infty\rceil\,0,06} = A_{\infty\rceil\,0,06} \times (1 + 0{,}06) = 5.000 \times \frac{1}{0{,}06} \times 1{,}06 = 88.333{,}33\ €.$$

6.2.3. Renta pospagable y diferida

Estas rentas, además de presentar las características ya definidas en el Apartado 6.2 (constantes y perpetua), sus términos vencen al final de cada periodo (pospagable) y su valoración será en un momento anterior al origen (diferido).

Gráficamente, este tipo de rentas se representan de la siguiente forma:

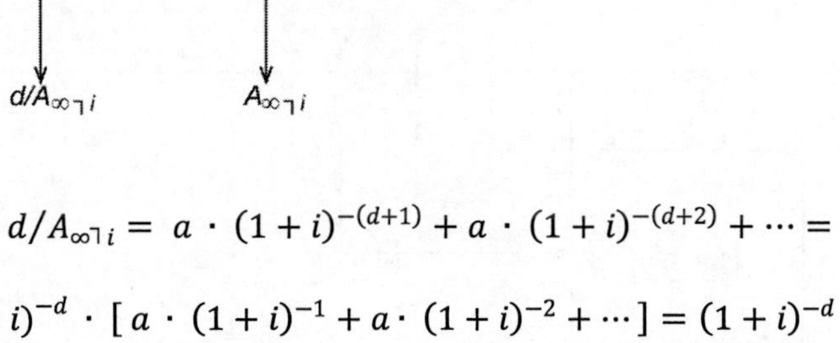

$$d/A_{\infty\rceil\,i} = a \cdot (1+i)^{-(d+1)} + a \cdot (1+i)^{-(d+2)} + \cdots =$$

$$= (1+i)^{-d} \cdot [\, a \cdot (1+i)^{-1} + a \cdot (1+i)^{-2} + \cdots] = (1+i)^{-d} \cdot A_{\infty\rceil\,i}$$

$$d/A_{\infty\rceil\,i} = (1+i)^{-d} \cdot A_{\infty\rceil\,i}$$

Ejemplo 6.12.

Calcular el valor actual de una renta perpetua de término anual pospagable de 1.000 €, diferida 2 años. Tipo de interés: 5% anual.

Solución

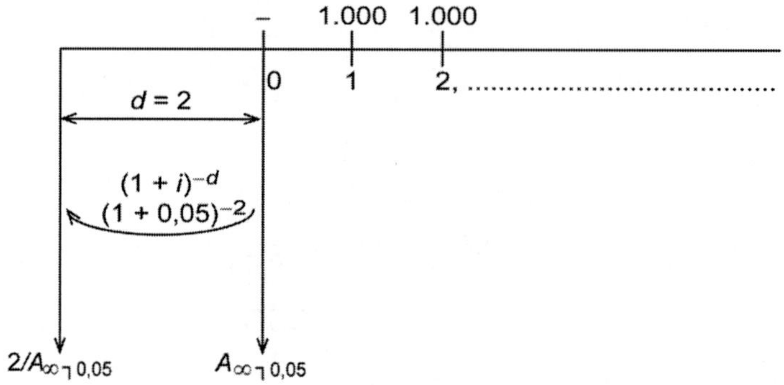

$$2/A_{\infty\rceil 0,05} = (1 + 0{,}05)^{-2} \times A_{\infty\rceil 0,05} = 1{,}05^{-2} \times \frac{1}{0{,}05} \times 1.000 = 18.140{,}59\ €$$

6.2.4. Renta prepagable y diferida

La novedad en relación a lo expuesto en el Apartado 6.2.2, reside en el diferimiento; es decir, su valoración será en el momento anterior del origen de la renta.

Gráficamente, este tipo de rentas se representan de la siguiente forma:

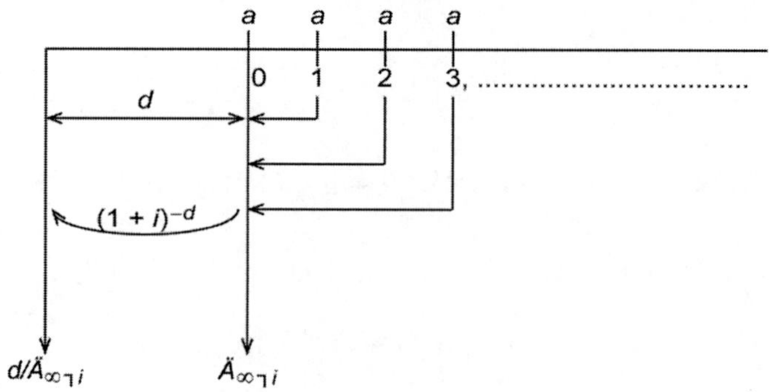

$$d/\ddot{A}_{\infty\rceil i} = a \cdot (1+i)^{-d} + a \cdot (1+i)^{-(d+1)} + a \cdot (1+i)^{-(d+2)} + \cdots =$$

$$= (1+i)^{-d} \cdot [a + a \cdot (1+i)^{-1} + a \cdot (1+i)^{-2} + \cdots] = (1+i)^{-d} \cdot \ddot{A}_{\infty\rceil i}$$

$$d/\ddot{A}_{\infty\rceil i} = (1+i)^{-d} \cdot \ddot{A}_{\infty\rceil i}$$

Ejemplo 6.13.

Calcular el valor actual de una renta perpetua de término anual prepagable de 1.000 €, diferida 2 años. El tipo de interés aplicado es el 5% anual.

Solución

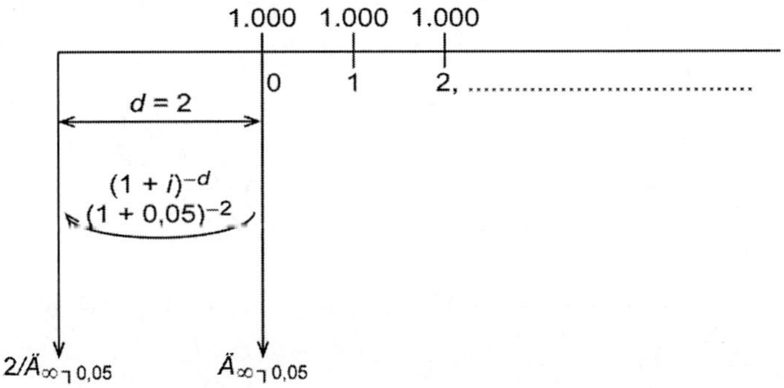

$$2/\ddot{A}_{\infty\rceil\, 0,05} = (1+0{,}05)^{-2} \times \ddot{A}_{\infty\rceil\, 0,05} = A_{\infty\rceil\, 0,05} \times (1+0{,}05) \times (1+0{,}05)^{-2} =$$

$$= 1.000 \times \frac{1}{0{,}05} \times 1{,}05^{-1} = 19.047{,}61 \text{ €}$$

6.3. RESUMEN DE FÓRMULAS BÁSICAS

En la siguiente tabla mostramos un resumen de las fórmulas básicas para el cálculo del valor actual y del valor final de rentas anuales constantes unitarias (a = 1 u.m. al año).

	Rentas pospagables	Rentas prepagables
Temporales	$a_{\neg n i} = \dfrac{1-(1+i)^{-n}}{i}$	$\ddot{a}_{\neg n i} = a_{\neg n i} \cdot (1+i)$
	$s_{\neg n i} = \dfrac{(1+i)^{n}-1}{i} = a_{\neg n i} \cdot (1+i)^{n}$	$\ddot{s}_{\neg n i} = s_{\neg n i} \cdot (1+i) = \ddot{a}_{\neg n i} \cdot (1+i)^{n}$
	$d/a_{\neg n i} = a_{\neg n i} \cdot (1+i)^{-d}$	$d/\ddot{a}_{\neg n i} = \ddot{a}_{\neg n i} \cdot (1+i)^{-d}$
	$d/s_{\neg n i} = s_{\neg n i}$	$d/\ddot{s}_{\neg n i} = \ddot{s}_{\neg n i}$
Perpetuas	$a_{\infty\neg i} = \dfrac{1}{i}$	$\ddot{a}_{\infty\neg i} = a_{\infty\neg i} \cdot (1+i)$
	$d/a_{\infty\neg i} = a_{\infty\neg i} \cdot (1+i)^{-d}$	$d/\ddot{a}_{\infty\neg i} = \ddot{a}_{\infty\neg i} \cdot (1+i)^{-d}$

6.4. SUPUESTOS DE APLICACIÓN

En este apartado desarrollaremos más supuestos prácticos de aplicación sobre rentas.

Ejemplo 6.14.

Un trabajador desea percibir un ingreso de 10.000 € anuales durante 10 años a partir de su fecha estimada de jubilación a los 65 años. Para ello, colocó en un banco cierta cantidad de dinero al cumplir 45 años, invertida al 4% anual.

a) Determinar el importe invertido.

b) Calcular la cantidad que recibirá, si a los 66 años decide cobrar todo el dinero disponible.

Solución

a) Sean i = 4% y C la cantidad invertida a los 45 años de edad.

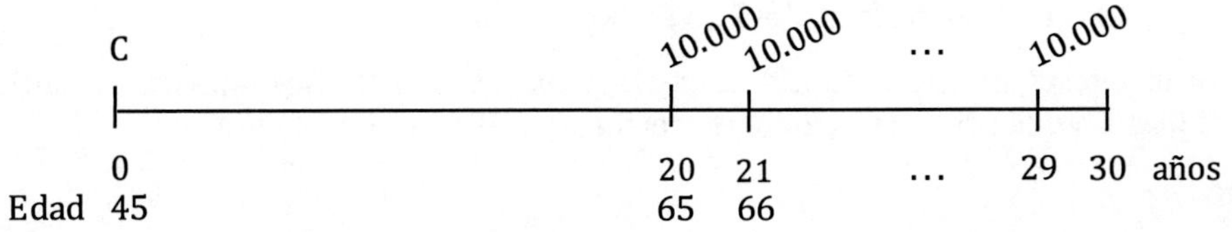

Se debe cumplir la siguiente igualdad (planteada para el punto 20):

$$C(1+i)^{20} = 10.000\ddot{a}_{\overline{10|}i}$$

$$\Rightarrow C = 10.000(1+i)^{-20}\ddot{a}_{\overline{10|}i}$$

$$= 10.000(1+i)^{-20}(1+i)a_{\overline{10|}i}$$

$$= 10.000\,(1+0{,}04)^{-19}\,\frac{1-(1+0{,}04)^{-10}}{0{,}04}$$

$$C = 38.497{,}75\ €$$

b) Sean i = 4% y A la cantidad a recibir a los 66 años.

Se pueden plantear dos ecuaciones equivalentes, según los métodos prospectivo o retrospectivo.

Retrospectivo: $A = C(1+i)^{21} - 10.000(1+i)$

Prospectivo: $A = 10.000\ddot{a}_{\overline{9|}i} = 10.000(1+i)a_{\overline{9|}i}$

Resolviendo por el método prospectivo:

$$A = 10.000(1+0{,}04)\frac{1-(1+0{,}04)^{-9}}{0{,}04}$$

$$A = 77.327{,}45\ €$$

Ejemplo 6.15.

El testamento del Sr. Rodríguez estipula que su hijo comenzará a cobrar dentro de 5 años una renta anual de 12.000 € durante 10 años y de 8.000 € durante los 10 años siguientes. Si el tipo de interés es del 3% anual, se pide:

a) ¿Qué cantidad recibiría hoy el hijo en lugar de la renta?

b) Si el hijo comienza a cobrar la renta y al cabo de 8 años solicita un anticipo de 2.000 €, ¿qué renta anual debería recibir por el tiempo que falta?

Solución

a) Sean i = 3% y A la cantidad a recibir hoy.

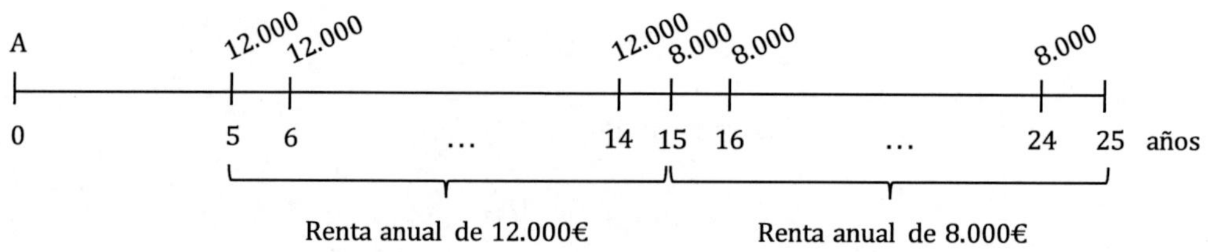

$$A = 12.000\ {}_{5}/\ddot{a}_{\overline{10}|i} + 8.000\ {}_{15}/\ddot{a}_{\overline{10}|i}$$

$$= 12.000\ (1+i)^{-5}\ddot{a}_{\overline{10}|i} + 8.000\ (1+i)^{-15}\ddot{a}_{\overline{10}|i}$$

$$= 12.000\ (1+i)^{-5}\ (1+i)\ a_{\overline{10}|i} + 8.000\ (1+i)^{-15}(1+i)\ a_{\overline{10}|i}$$

$$= a_{\overline{10}|i}[12.000\ (1+i)^{-4} + 8.000(1+i)^{-14}]$$

Aplicando la fórmula y sustituyendo i = 0,03 se obtiene:

$$A = \frac{(1-(1+0{,}03)^{-10})}{0{,}03}\ [12.000\ (1+0{,}03)^{-4} + 8.000\ (1+0{,}03)^{-14}]$$

$$A = 136.063{,}45\ €$$

b) Sean i = 3% y Q la nueva renta anual a recibir a partir del año 14; se debe cumplir la siguiente igualdad planteada para el punto 13 (inicio del año 14, ya cobrada la renta en el 13):

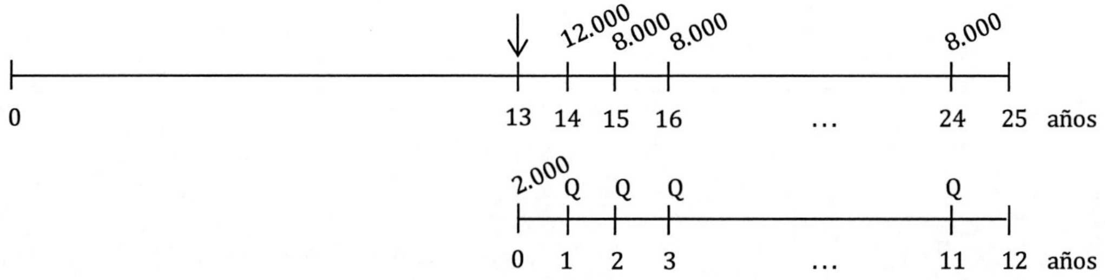

$$12.000(1+i)^{-1} + 8.000\ {}_{2/}\ddot{a}_{\overline{10}|i} = 2.000 + Q\ a_{\overline{11}|i}$$

$$\Rightarrow Q = \frac{12.000(1+i)^{-1} + 8.000\ {}_{2/}\ddot{a}_{\overline{10}|i} - 2.000}{a_{\overline{11}|i}} \qquad (1)$$

donde,

$$a_{\overline{11}|i} = \frac{(1-(1+0{,}03)^{-11})}{0{,}03} = 9{,}252624$$

$${}_{2/}\ddot{a}_{\overline{10}|i} = (1+i)^{-2}\ \ddot{a}_{\overline{10}|i} = (1+i)^{-2}(1+i)a_{\overline{10}|i}$$

$$= (1+0{,}03)^{-1}\ \frac{1-(1+0{,}03)^{-10}}{0{,}03} = 8{,}281750$$

Sustituyendo y operando en (1) se obtiene:

$$Q = 8.203{,}56\ €$$

Ejemplo 6.16.

Un empresario recibe un préstamo por el que se compromete a pagar 10 cuotas anuales pospagables de 3.000 € cada una. El tipo de interés pactado es del 5% anual.

a) Calcule la cantidad recibida por el empresario.

b) Si transcurridos 4 años el empresario decide cancelar la totalidad de la deuda, determinar la cantidad a pagar por los métodos prospectivo y retrospectivo.

Solución

a) Sean i = 5% y A la cantidad que recibió el empresario.

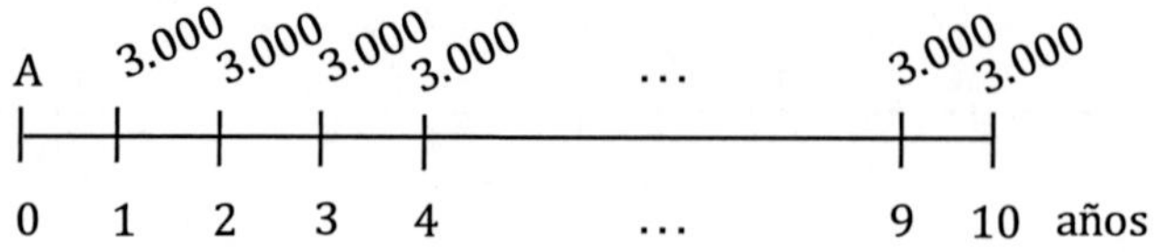

$$A = 3.000\ a_{\overline{10|}i} = 3.000 \frac{1-(1+0{,}05)^{-10}}{0{,}05}$$

$$A = 23.165{,}20\ €$$

b) Sean i = 5% y S_4 el saldo de la deuda al final del 4º año.

- Método prospectivo:

$$S_4^p = 3.000\ a_{\overline{6|}i} = 3.000 \frac{1-(1+0{,}05)^{-6}}{0{,}05}$$

$$S_4 = 15.227{,}08\ €$$

- Método retrospectivo:

$$S_4^r = A\,(1+i)^4 - 3.000\ S_{\overline{4|}i}$$

$$= A\,(1+i)^4 - 3.000\ a_{\overline{4|}i}(1+i)^4$$

$$= (1+i)^4 \left[A - 3.000\ a_{\overline{4|}i}\right]$$

$$= (1+0{,}05)^4 \left[23.165{,}20 - 3.000\ \frac{1-(1+0{,}05)^{-4}}{0{,}05}\right]$$

$$S_4 = 15.227{,}08\ €$$

Ejemplo 6.17.

Una persona empieza hoy a depositar en un banco 5.000 € cada año, con el fin de que su hijo que acaba de nacer, comience a disfrutar cuando cumpla 18 años de una renta constante y prepagable durante 10 años. Si los depósitos se efectúan durante 10 años y el tipo de interés que se aplica es del 2% anual, se pide:

a) Calcular la renta a percibir por el hijo.

b) Si en el 12º cumpleaños del hijo se realiza un depósito de 10.000 €, ¿en cuánto aumentaría la renta anual a percibir?

Solución

a) Sean i = 2% y R la renta anual a percibir por el hijo.

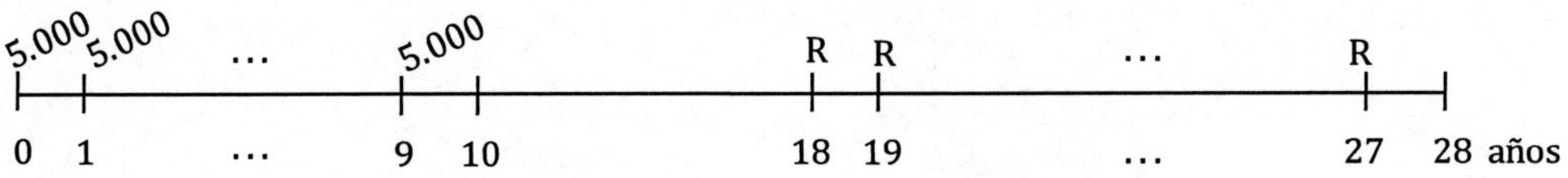

Se debe cumplir la siguiente igualdad, planteada para el punto 0.

$$5.000\ddot{a}_{\overline{10|}i} = R\ {}_{18/}\ddot{a}_{\overline{10|}i}$$

$$5.000\ddot{a}_{\overline{10|}i} = R(1+i)^{-18}\ddot{a}_{\overline{10|}i}$$

$$\Rightarrow R = 5.000(1+i)^{18}$$

$$R = 7.141{,}23\ €$$

b) Sean i = 2% y R' la nueva renta anual a percibir por el hijo.

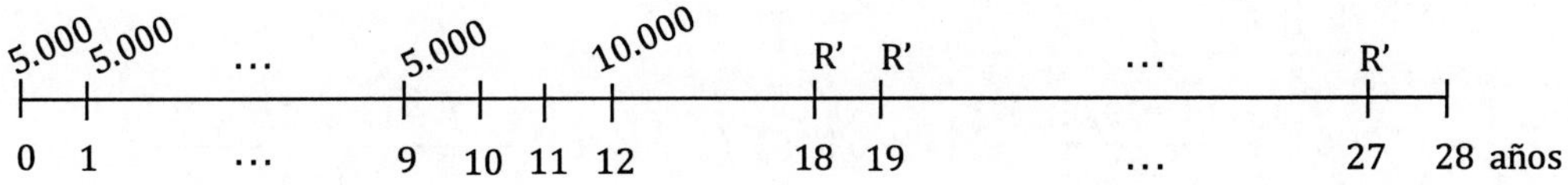

$$5.000\ddot{a}_{\overline{10|}i} + 10.000(1+i)^{-12} = R'\ {}_{18/}\ddot{a}_{\overline{10|}i}$$

$$\Rightarrow R' = \frac{5.000\ddot{a}_{\overline{10|}i} + 10.000(1+i)^{-12}}{(1+i)^{-18}\ddot{a}_{\overline{10|}i}} = 5.000(1+i)^{18} + \frac{10.000(1+i)^{6}}{\ddot{a}_{\overline{10|}i}}$$

$$\Rightarrow R' = R + \frac{10.000(1+i)^{6}}{\ddot{a}_{\overline{10|}i}}$$

donde,

$$\ddot{a}_{\overline{10|}i} = (1+0{,}02)\frac{1-(1+0{,}02)^{-10}}{0{,}02} = 9{,}162236705$$

Sustituyendo y operando se obtiene que la renta anual aumentaría en 1.229,13 €.

Ejemplo 6.18.

Calcular el valor final que se obtendría al invertir 50.000 € al inicio de cada año durante 7 años, si durante los primeros 3 años se abona un interés del 5,5% anual y del 6% anual durante el resto del periodo.

Solución

Sean i = 5,5%, i' = 6% y S el valor final de la inversión.

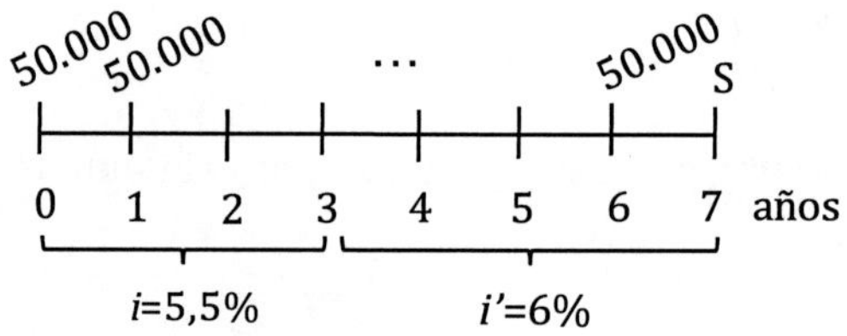

$$
\begin{aligned}
S &= 50.000\left[\ddot{s}_{\overline{3}|i}(1+i')^4 + \ddot{s}_{\overline{4}|i'}\right] \\
&= 50.000\left[\ddot{a}_{\overline{3}|i}(1+i)^3(1+i')^4 + \ddot{a}_{\overline{4}|i'}(1+i')^4\right] \\
&= 50.000\left[a_{\overline{3}|i}(1+i)^4(1+i')^4 + a_{\overline{4}|i'}(1+i')^5\right] \\
&= 50.000\left[\frac{1-(1+0{,}055)^{-3}}{0{,}055}(1+0{,}055)^4(1+0{,}06)^4 + \frac{1-(1+0{,}06)^{-4}}{0{,}06}(1+0{,}06)^5\right]
\end{aligned}
$$

$$S = 442.831{,}36\ €$$

Ejemplo 6.19.

Una persona desea reunir 100.000 € en 6 años, y para lograrlo se propone depositar una cantidad fija de dinero al inicio de cada año en un banco que abona un interés del 10% anual.

a) Determinar la cantidad anual a depositar.

b) Si el banco disminuyera la tasa de interés al 8% anual una vez realizado el cuarto ingreso, calcular en cuánto tendría que incrementar sus depósitos anuales para reunir la cantidad deseada.

Solución

a) Sean i = 10% y R la renta anual a depositar.

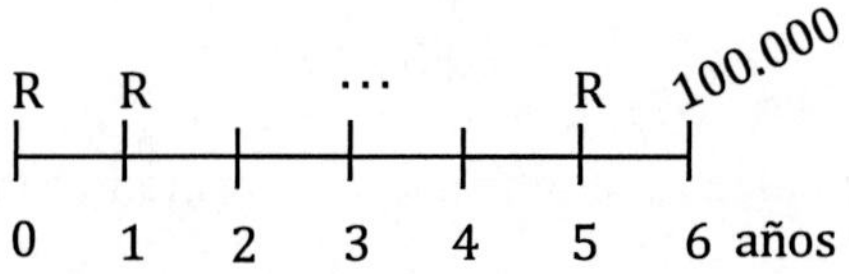

$$R\ddot{S}_{\overline{6}|i} = 100.000 \Rightarrow R(1+i)^6\ddot{a}_{\overline{6}|i} = 100.000$$

$$\Rightarrow R = \frac{100.000}{(1+i)^7 a_{\overline{6}|i}} = \frac{100.000}{(1+0{,}1)^7 . \frac{[1-(1+0{,}1)^{-6}]}{0{,}1}}$$

$$R = 11.782{,}49\ €$$

b) Sean i = 10%, i' = 8% y R' la nueva cantidad a depositar cada año.

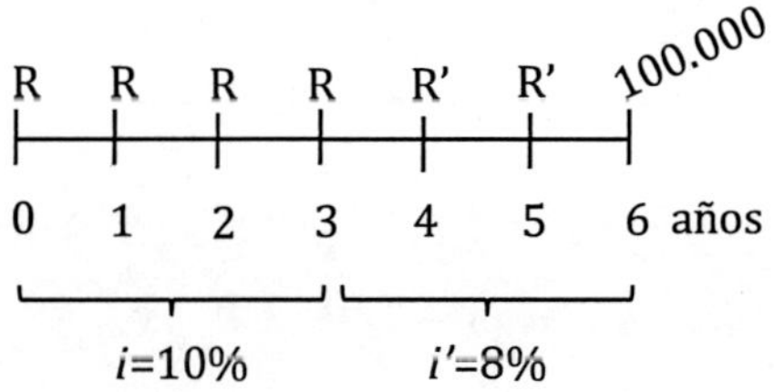

$$R\ddot{S}_{\overline{3}|i}(1+i'')^3 + R(1+i'')^3 + R''\,\ddot{S}_{\overline{2}|i'} = 100.000$$

$$\Rightarrow R(1+i'')^3\left[\ddot{S}_{\overline{3}|i} + 1\right] + R''\,\ddot{S}_{\overline{2}|i'} = 100.000$$

$$\Rightarrow R'' = \frac{100.000 - R(1+i'')^3\left[\ddot{S}_{\overline{3}|i} + 1\right]}{\ddot{S}_{\overline{2}|i'}}$$

donde,

$$\ddot{S}_{\overline{3}|i} = (1+i')^3\ddot{a}_{\overline{3}|i} = (1+i')^4 a_{\overline{3}|i} = (1+0{,}1')^4\frac{1-(1+0{,}1)^{-3}}{0{,}1} = 3{,}641$$

$$\ddot{S}_{\overline{2}|i'} = (1+i'')^2\ddot{a}_{\overline{2}|i'} = (1+i'')^3 a_{\overline{2}|i'} = (1+0{,}08')^3\frac{1-(1+0{,}08)^{-2}}{0{,}08} = 2{,}2464$$

Sustituyendo y operando se obtiene:

$$R'' = \frac{100.000 - 11.782{,}49 \times (1 + 0{,}08')^3 \times [3{,}641 + 1]}{2{,}2464}$$

$$R' = 13.851{,}39\ €$$

Por tanto, los depósitos anuales se tendrían que incrementar en 2.068,9 €.

Ejemplo 6.20.

Demuestre que el valor actual de una renta anual perpetua cuyos pagos son 1 u.m. al final del quinto y sexto año, 2 u.m. al final del séptimo y octavo año, 3 u.m. al final del noveno y décimo año, etc., es:

$$\frac{V^4}{i(1 - V^2)}$$

siendo

$V = (1 + i)^{-1}$.

Solución

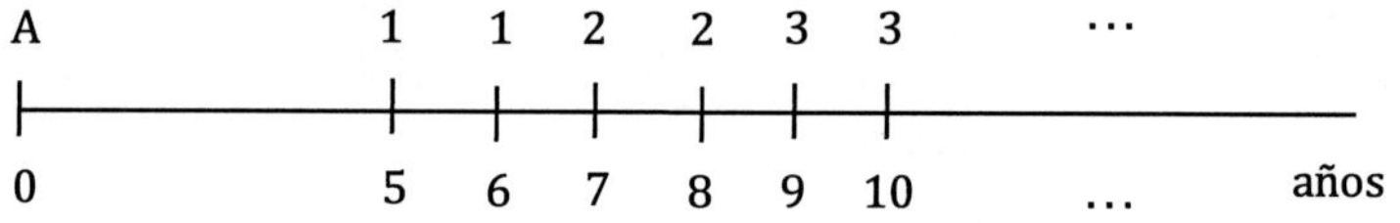

Sean A el valor actual a determinar y $V = (1 + i)^{-1}$.

$$\begin{aligned} A &= V^5 + V^6 + 2V^7 + 2V^8 + 3V^9 + 3V^{10} + \cdots \\ &= (V^5 + V^6 + V^7 + V^8 + V^9 + V^{10} + \cdots) + \\ &\qquad (V^7 + V^8 + V^9 + V^{10} + \cdots) + (V^9 + V^{10} + \cdots) + \cdots \\ &= {}_{5}/\ddot{a}_{\overline{\infty|}i} + {}_{7}/\ddot{a}_{\overline{\infty|}i} + {}_{9}/\ddot{a}_{\overline{\infty|}i} + \cdots \\ &= V^5\ddot{a}_{\overline{\infty|}i} + V^7\ddot{a}_{\overline{\infty|}i} + V^9\ddot{a}_{\overline{\infty|}i} + \cdots \\ &= \ddot{a}_{\overline{\infty|}i}\,(V^5 + V^7 + V^9 + \cdots) \\ &= (1 + i)a_{\overline{\infty|}i}\,(V^5 + V^7 + V^9 + \cdots) \\ &= (1 + i)\frac{1}{i}(V^5 + V^7 + V^9 + \cdots) \end{aligned}$$

La expresión anterior incluye entre paréntesis la suma de una progresión geométrica ilimitada de razón V^2, cuya fórmula es:

$$S = \frac{a_1}{1-r}.$$

$$\Rightarrow A = \left(\frac{1+i}{i}\right)\frac{V^5}{1-V^2} = \frac{V^4}{i(1-V^2)}$$

Ejemplo 6.21.

Una determinada persona física ahorra anualmente 30.000 €, cantidad que invierte al final de cada año en un depósito bancario que genera un 6% efectivo anual. Con el capital constituido al finalizar el 5º año, se le presentan dos opciones de inversión:

a) Adquirir un local para oficinas que le supondrá unos rendimientos netos al final de cada año equivalentes al 10% de su valor de adquisición. Al cabo de los 10 años el inmueble se vende por el 80% del valor de adquisición.

b) Adquirir una embarcación de recreo que le supondrá, vía alquiler a terceros, unos rendimientos netos anuales pospagables durante 10 años de 20.000 €. Al finalizar el periodo de alquiler, se vende la embarcación por el 40% de su precio de adquisición.

Se pide: determinar la opción más ventajosa para esta persona, si el tipo de interés efectivo anual es 5%.

Solución

Sean i = 6%, i'= 5% y S el capital constituido al final del 5º año.

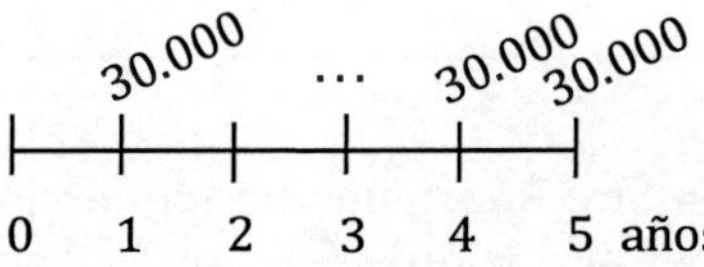

$$S = 30.000\, S_{\overline{5|}i} = 30.000\left(\frac{(1+0{,}06)^5 - 1}{0{,}06}\right) = 169.112{,}79\ €$$

Opción A

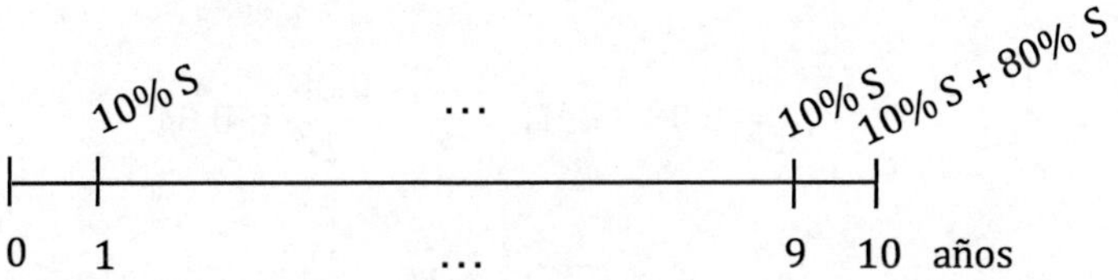

$$V.final_A = (10\%\ S)\ S_{\overline{10|}i} + 80\%\ S$$

$$= 10\% \times 169.112{,}79 \times \left(\frac{(1+0{,}05)^{10}-1}{0{,}05}\right) + 80\% \times 169.112{,}79$$

$$= 347.998{,}48\ €$$

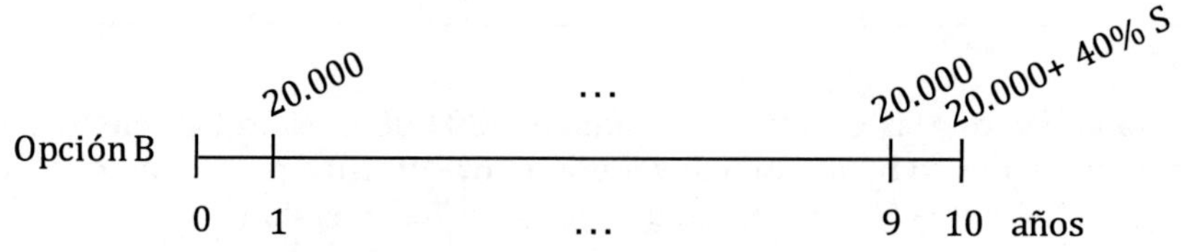

$$V.final_B = 20.000\ S_{\overline{10|}i} + 40\%\ S$$

$$= 20.000 \times \left(\frac{(1+0{,}05)^{10}-1}{0{,}05}\right) + 40\% \times 169.112{,}79$$

$$= 319.202{,}97\ €$$

La opción más ventajosa es la A por ser mayor el valor final de esta inversión.

Ejemplo 6.22.

Durante los próximos ocho años la Sra. Rodríguez desea percibir una renta de 5.000 euros semestrales. Fijando como tantos de valoración el 8% nominal anual para los cuatro primeros años y el 12% nominal para los cuatro últimos. Obtenga el capital que debe colocar hoy la Sra. Rodríguez para percibir esa renta.

Solución

$$J_2 = 0{,}08 \rightarrow i_2 = \frac{J_2}{2} = \frac{0{,}08}{2} = 0{,}04$$

$$J'_2 = 0{,}12 \rightarrow i'_2 = \frac{J_2}{2} = \frac{0{,}12}{2} = 0{,}06$$

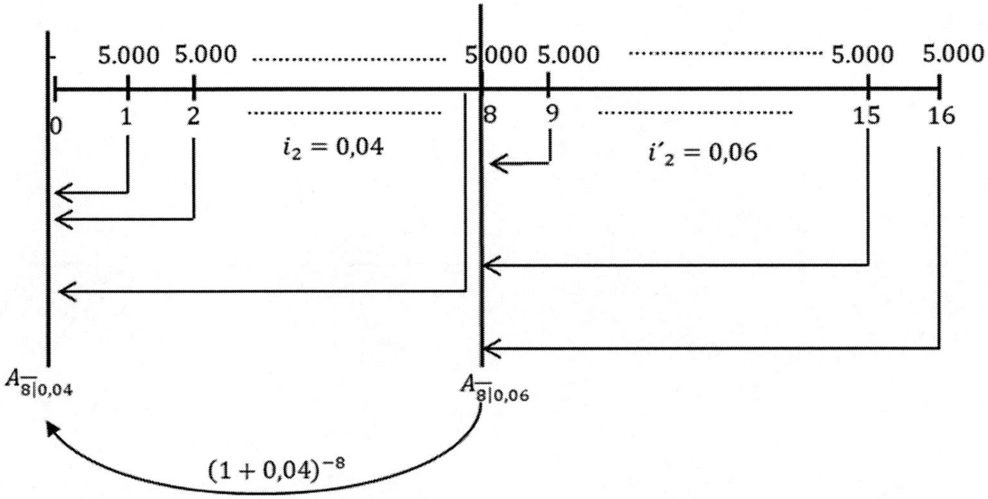

$$Capital = A_{\overline{8}|0{,}04} + (1+0{,}04)^{-8} \times A_{\overline{8}|0{,}06} =$$

$$= 5.000 \times \frac{1-(1+0{,}04)^{-8}}{0{,}04} + (1+0{,}04)^{-8} \times 5.000 \times \frac{1-(1+0{,}06)^{-8}}{0{,}06} = 56.350{,}90\ €$$

Ejemplo 6.23.

El Sr. Regueiro quiere vender su piso y ha recibido tres ofertas.

- El Sr. A le ofrece 50.000 euros al contado.
- El Sr. B le ofrece 10.000 euros en el momento de la firma del contrato y 4.000 euros anuales durante 25 años.
- El Sr. C le ofrece 3.500 euros anuales durante 35 años, siendo el primer pago el día de la firma del contrato.

Suponiendo que el tipo de interés fuese del 5% ¿Cuál de estas 3 ofertas le sería más ventajosa al Sr. Regueiro?

Solución

Sr. A= 50.000 €

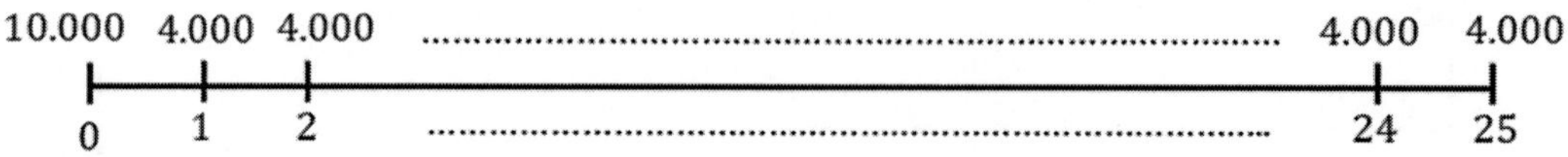

$A_{\overline{25|}0,05}$

$$Sr. B = 10.000 + A_{\overline{25|}0,05} = 10.000 + 4.000 \times \frac{1-(1+0,05)^{-25}}{0,05} = 66.375,78 \text{ €}$$

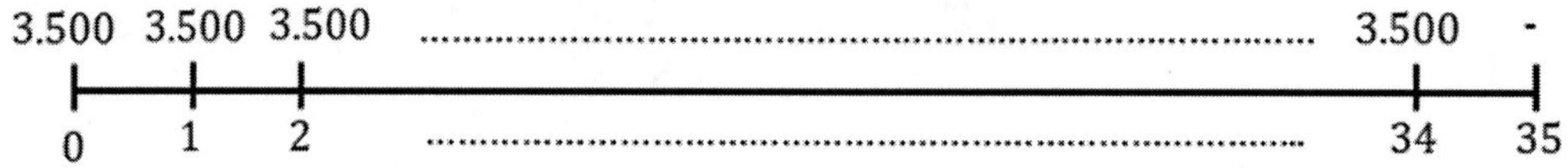

$\dot{A}_{\overline{35|}0,05}$

$$Sr. C = \ddot{A}_{\overline{35|}0,05} = (1+0,05) \times A_{\overline{35|}0,05} = (1+0,05) \times 3.500 \times \frac{1-(1+0,05)^{-35}}{0,05} =$$

$$= 60.175,16 \text{ €}$$

Ejemplo 6.24.

El Sr. Regueiro compra un piso por importe de 500.000 euros, acordando un pago inicial al contado del 15% y el resto mediante un préstamo hipotecario a 20 años de pagos anuales iguales. Calcular el importe de cada anualidad, sabiendo que la entidad hipotecaria aplica un tipo de interés del 9% los 4 primeros años, un 10% los 5 años siguientes y un 11% los 11 últimos.

Solución

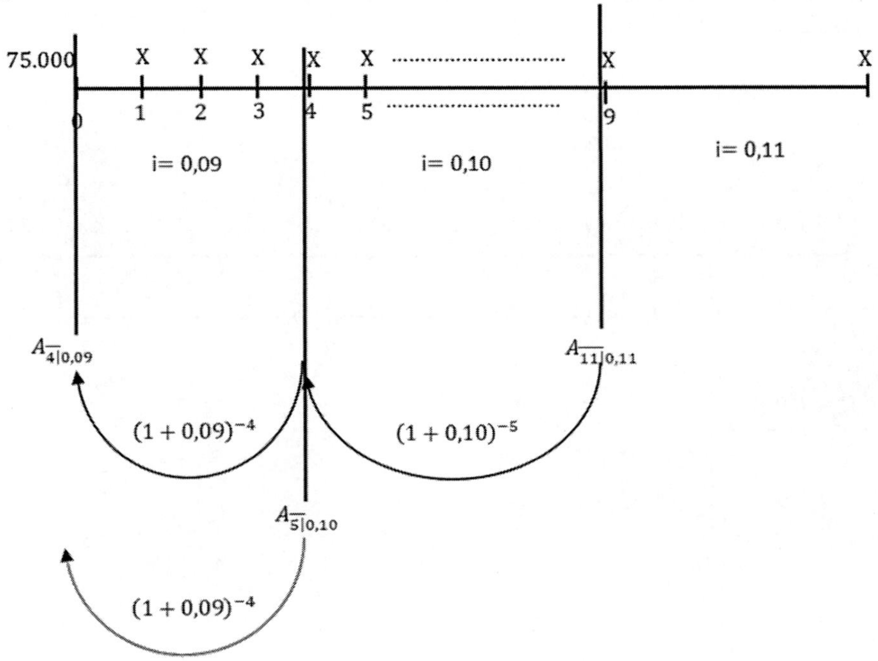

$$500.000 = 75.000 + A_{\overline{4}|0,09} + (1+0,09)^{-4} \times A_{\overline{5}|0,10}$$

$$+(1+0,09)^{-4} \times (1+0,10)^{-5} \times A_{\overline{11}|0,11}$$

$$425.000 = X \times \frac{1-(1+0,09)^{-4}}{0,09} + (1+0,09)^{-4} \times X \times \frac{1-(1+0,10)^{-5}}{0,10} +$$

$$+(1+0,09)^{-4} \times (1+0,10)^{-5} \times X \times \frac{1-(1+0,11)^{-11}}{0,11} =$$

$$X = \frac{425.000}{8,66} = 49.102,82\ €$$

Ejemplo 6.25.

Se compra un piso con las siguientes condiciones de pago:

a. En el momento de la compra, 15.000 euros.

b. Al cabo de un año, 18.000 euros.

c. Al cabo de dos años, 25.000 euros.

d. Desde el año 3 hasta el 10, ambos inclusive, 8.000 euros anuales.

Suponiendo que la financiación se ha realizado a un interés anual del 6%, determinar el valor del piso al contado.

Solución

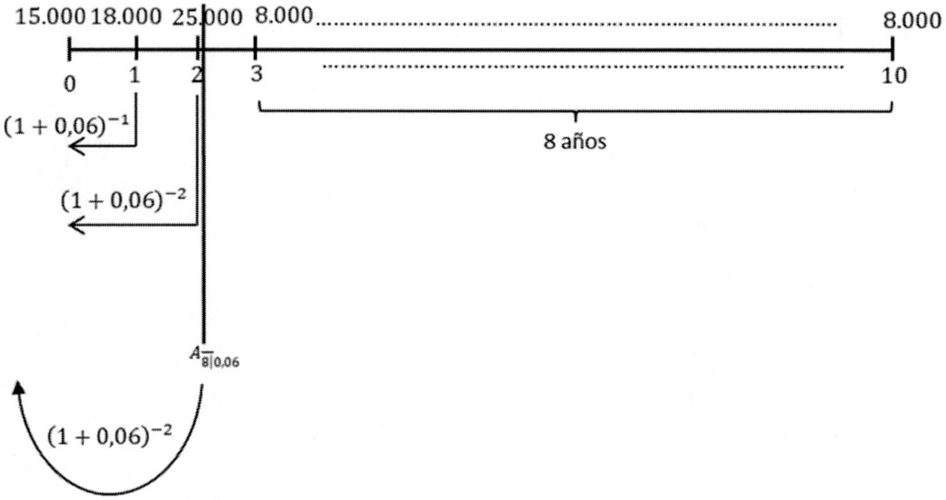

$$Valor = 15.000 + 18.000 \times (1+0{,}06)^{-1} + 25.000 \times (1+0{,}06)^{-2} +$$

$$+(1+0{,}06)^{-2} \times A_{\overline{8}|0{,}06}$$

$$Valor = 15.000 + 18.000 \times (1+0{,}06)^{-1} + 25.000 \times (1+0{,}06)^{-2} +$$

$$+ (1+0{,}06)^{-2} \times 8.000 \times \frac{10(1+0{,}06)^{-2}}{0{,}06} = 105.646{,}10 \text{ €}$$

Ejemplo 6.26.

El Sr. Regueiro quiere vender su piso habiendo acordado con el Sr. Martínez la posibilidad de dos formas de pago equivalentes:

Opción A: pago al contado de 500.000 euros.

Opción B: Pagos mensuales prepagables constantes durante los próximos 8 años.

Teniendo en cuanta que el tipo de interés efectivo anual sería del 6%, obtenga la cuantía del pago mensual que debería entregar el Sr. Martínez al Sr. Regueiro.

Solución

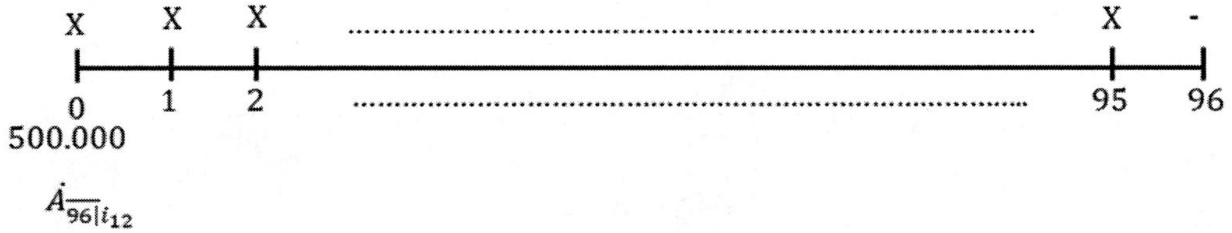

$$i_{12} = (1 + 0{,}06)^{1/12} - 1 = 0{,}004867550565$$

$$500.000 = \ddot{A}_{\overline{96}|0{,}00486755}$$

$$500.000 = (1 + 0{,}00486755) \times A_{\overline{96}|0{,}00486755}$$

$$500.000 = (1 + 0{,}00486755) \times X \times \frac{1 - (0{,}00486755)^{-96}}{0{,}00486755}$$

$$X = 6.500{,}45\ €$$

Ejemplo 6.27.

La sociedad Ingenio, S.A. ha registrado una patente, estando la sociedad Corporación Ourensana interesada en su explotación, para lo cual han negociado su uso de la siguiente manera:

1. El primer año le entregaría 5.000 euros y, durante los 8 años siguientes le entregaría una cantidad que se incrementaría en 500 euros en relación a la satisfecha en el año anterior.
2. Durante los 6 años siguientes (del año 10 al 15) la renta anual se mantendría constante en relación a la del año 9.
3. En los últimos 5 años la renta disminuiría en 200 euros cada año.

Calcular el valor actual de la renta siendo el tipo de interés del 6% anual.

Solución

Punto 1

$$\div A_{\overline{9}|0{,}06} = \left(5.000 + \frac{500}{0{,}06} + 9 \times 500\right) \times a_{\overline{9}|0{,}06} - \frac{9 \times 500}{0{,}06} = 46.296{,}84\ €$$

Punto 2

$$d = 9/\ A_{6\ 0{,}06} = (1 + 0{,}06)^{-9} \times 9.500 \times a_{\overline{6}|0{,}06} =$$

$$= 1{,}06^{-9} \times 9.500 \times \frac{1 - (1 + 0{,}06)^{-6}}{0{,}06} = 27.650{,}29\ €$$

Punto 3

$$d = 15/\div A_{5\rceil 0,06} =$$

$$= (1 + 0{,}06)^{-15}\left[\left(9.300 + \frac{-200}{0{,}06} + 5 \times -200\right) \times \text{a}_{5\ 0,06} - \frac{5 \times -200}{0{,}06}\right] =$$

$$= 15.684{,}19\ €$$

Ejemplo 6.28.[1]

Una persona va a recibir una renta constante pospagable de duración 8 años y cuantía bimestral de 600 €, y se le presentan las siguientes alternativas:

1. Colocarla en la entidad financiera *X* que valorará dicha renta a un tanto efectivo anual del 5% los tres primeros años, del 6% los cinco siguientes y al 8% a partir del octavo.

2. Colocarla en una entidad financiera Y que valorará a un rédito semestral constante del 3%.

Solución

Opción 1

Tanto bimestral para el primer año:

$$i_6 = (1 + 0{,}05)^{1/6} - 1 = 0{,}00816484$$

Tanto bimestral para el segundo año:

$$i_6 = (1 + 0{,}06)^{\frac{1}{6}} - 1 = 0{,}009758794$$

Tanto bimestral para el primer año:

$$i_6 = (1 + 0{,}05)^{1/6} - 1 = 0{,}0129094$$

$$Valor\ final = 600 \times S_{\overline{3\times 6}|0,00816484} \times (1 + 0{,}0097587894)^{30} \times (1 + 0{,}00129094)^{12}$$

$$+600 \times S_{\overline{5\times 6}|0,009758794} \times (1 + 0{,}00129094)^{12} =$$

[1] Ejercicio propuesto en las oposiciones de Interventores-Tesoreros de la Administración Local.

$$= 600 \times \frac{(1 + 0{,}00816484)^{18} - 1}{0{,}00816484} \times (1 + 0{,}0097587894)^{30} \times (1 + 0{,}00129094)^{12}$$

$$+600 \times \frac{(1 + 0{,}009758794)^{30} - 1}{0{,}009758794} \times (1 + 0{,}00129094)^{12} = 42.335{,}69\text{ €}$$

Opción 2

Cálculo tanto bimestral:

Primero calculo el anual y después lo pasamos a bimestral:

$$i = (1 + 0{,}03)^2 - 1 = 0{,}0609$$

$$i_6 = (1 + 0{,}0609)^{1/6} - 1 = 0{,}009901634$$

$$Valor\ final = 600 \times S_{\overline{8 \times 6}|0{,}009901634} \times (1 + 0{,}009901634)^{12} = 41.241{,}82\text{ €}$$

Por tanto, es mejor la primera opción.

CAPÍTULO 7

VALORACIÓN DE RENTAS VARIABLES

Contenido

7.1. VALORACIÓN DE RENTAS VARIABLES EN PROGRESIÓN GEOMÉTRICA

Los términos de estas rentas varían en progresión geométrica, donde cada término se obtiene multiplicando el anterior por una cuantía constante (q), denominada razón de la progresión.

$$a_2 = a_1 \cdot q$$

$$a_3 = a_2 \cdot q = a_1 \cdot q^2$$

$$\vdots \qquad \vdots$$

$$a_n = a_{n-1} \cdot q = a_1 \cdot q^{n-1}$$

7.1.1. Renta temporal, pospagable e inmediata

Además de la característica citada anteriormente, en este tipo de rentas los términos vencen al final de cada uno de los periodos, su valoración coincide con el origen o el final de la renta y su duración es finita.

El esquema gráfico de este tipo de rentas es el siguiente:

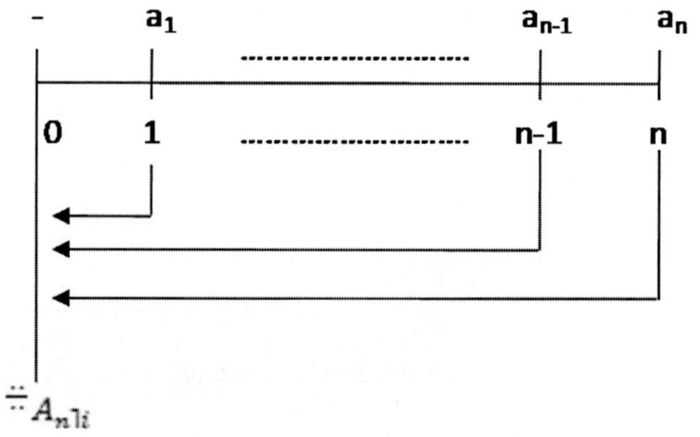

$$\div A_{n\rceil i} = a_1 \cdot (1+i)^{-1} + a_2 \cdot (1+i)^{-2} + \cdots + a_n \cdot (1+i)^{-n} =$$

$$= a_1 \cdot (1+i)^{-1} + a_1 \cdot q \cdot (1+i)^{-2} + \cdots + a_1 \cdot q^{n-1} \cdot (1+i)^{-n} =$$

$$= a_1 \cdot (1+i)^{-1} \cdot [1 + q \cdot (1+i)^{-1} + \cdots + q^{n-1} \cdot (1+i)^{-(n-1)}]$$

Lo que figura entre corchetes es la suma de los términos de una progresión geométrica de razón $q \, . \, (1+i)^{-1}$.

$$\ddot{\div} A_{n\rceil i} = a_1 \cdot (1+i)^{-1} \cdot \frac{1 - q^{n-1} \cdot (1+i)^{-(n-1)} \cdot q \,.\, (1+i)^{-1}}{1 - q \cdot (1+i)^{-1}} =$$

$$= a_1 \,.\, (1+i)^{-1} \cdot \frac{1 - q^{n} \cdot (1+i)^{-n}}{1 - \frac{q}{1+i}} = a_1 \cdot (1+i)^{-1} \cdot \frac{1 - q^{n} \,.\, (1+i)^{-n}}{\frac{1+i-q}{1+i}} =$$

$$= a_1 \cdot \frac{1 - q^{n} \cdot (1+i)^{-n}}{1+i-q}$$

$$\ddot{\div} A_{n\rceil i} = a_1 \cdot \frac{1 - q^{n} \cdot (1+i)^{-n}}{1+i-q}$$

El valor final se obtiene multiplicando el valor actual por $(1+i)^n$:

$$\ddot{\div} S_{n\rceil i} = \ddot{\div} A_{n\rceil i} \cdot (1+i)^n$$

Ejemplo 7.1.

Cierta persona física ingresa anualmente 1.000 € pospagables, que se incrementarán cada año en un 10% acumulativo. Si el tipo de interés es el 6% anual y la duración de la operación 10 años. Calcular el valor actual y final de dicha renta.

Solución

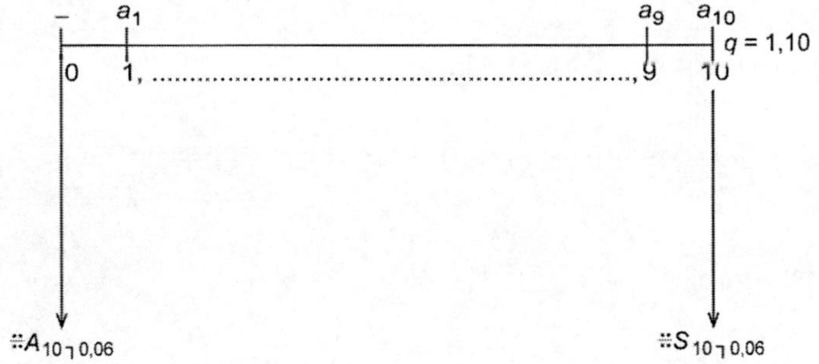

$$a_1 = 1.000.$$

$$a_2 = a_1 \cdot q = 1.000 \times 1{,}10.$$

$$a_3 = a_2 \cdot q = a_1 \cdot q^2 = 1.000 \times 1{,}10^2$$

$$\vdots$$

$$a_{10} = a_9 \cdot q = a_1 \cdot q^9 = 1.000 \times 1{,}10^9$$

- Valor actual:

$$\ddot{\div} A_{10\urcorner 0,06} = 1.000 \times \frac{1 - 1,10^{10} \times (1 + 0,06)^{-10}}{1 + 0,06 - 1,10} = 11.208,31 \text{ €}$$

- Valor final:

$$\ddot{\div} S_{10\urcorner 0,06} = \ddot{\div} A_{10\urcorner 0,06} \times (1 + 0,06)^{10} = 20.072,37 \text{ €}$$

Casos particulares

Un caso particular sería cuando $q = 1 + i$. En este caso, el valor actual será: $\frac{0}{0}$

$$\ddot{\div} A_{n\urcorner i} = a_1 \cdot \frac{1 - \left(\frac{q}{1+i}\right)^n}{1 + i - q} = \frac{0}{0}$$

Para resolver esta indeterminación, se parte de la expresión inicial del valor actual:

$$\ddot{\div} A_{n\urcorner i} = a_1 \cdot (1 + i)^{-1} + a_2 \cdot (1 + i)^{-2} + \cdots + a_n \cdot (1 + i)^{-n} =$$

$$= a_1 \cdot (1 + i)^{-1} + a_1 \cdot q \cdot (1 + i)^{-2} + \cdots + a_1 \cdot q^{n-1} \cdot (1 + i)^{-n}$$

En donde $q = 1 + i$, entonces nos queda:

$$\ddot{\div} A_{n\urcorner i} = a_1 \cdot (1 + i)^{-1} + a_1 \cdot (1 + i)^{-1} + \cdots + a_1 \cdot (1 + i)^{-1} = n \cdot a_1 \cdot (1 + i)^{-1}$$

El valor final será:

$$\ddot{\div} S_{n\urcorner i} = \ddot{\div} A_{n\urcorner i} \cdot (1 + i)^n = \frac{n \cdot a_1}{1 + i} \cdot (1 + i)^n = n \cdot a_1 \cdot (1 + i)^{n-1}$$

Ejemplo 7.2.

Calcular el valor actual y el valor final de una renta de ocho términos anuales pospagables en progresión geométrica, con un primer término 1.000 € y una razón del 6% anual acumulativo, valorada a un tipo de interés efectivo del 6% anual.

Solución

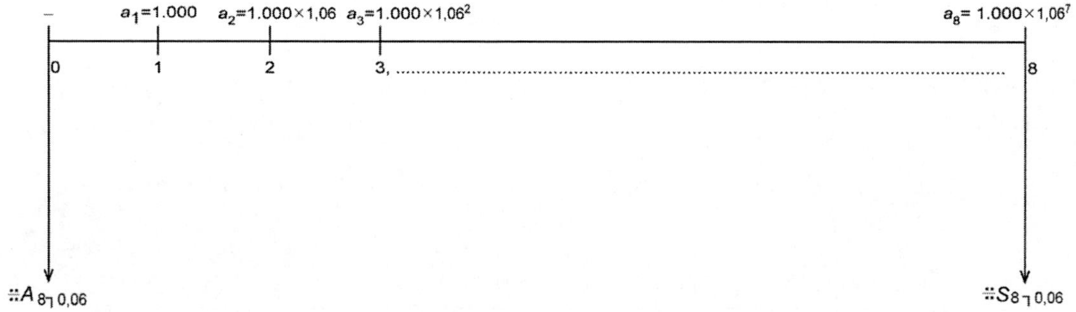

En este caso particular, $q = 1 + i$.

- Valor actual:

$$\ddot{\ddot{A}}_{8\urcorner 0{,}06} = n \cdot a_1 \cdot (1+i)^{-1} = 8 \times 1.000 \times (1+0{,}06)^{-1} = 7.547{,}17\ €$$

- Valor final:

$$\ddot{\ddot{S}}_{8\urcorner 0{,}06} = \ddot{\ddot{A}}_{8\urcorner 0{,}06} \times (1+0{,}06)^{8} = 12.029{,}04\ €$$

7.1.2. Renta temporal, prepagable e inmediata

Además de las características citadas en el Apartado 7.1 (progresión geométrica de los términos), en este tipo de rentas los términos vencen a principio de cada uno de los periodos, su valoración coincide con el origen o el final de la renta y su duración es finita. La representación gráfica para este tipo de rentas será:

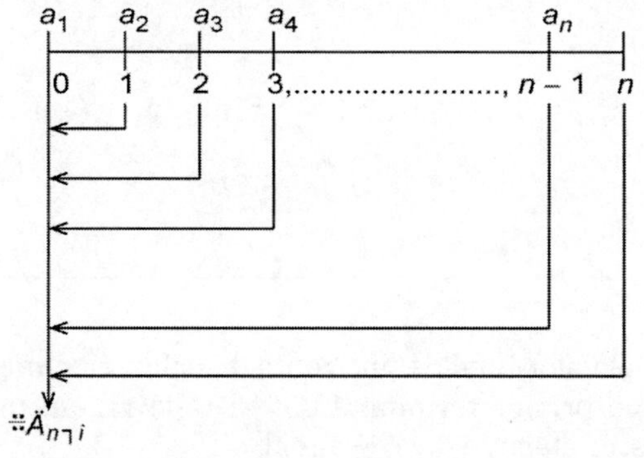

$$\overset{..}{\underset{..}{-}}\ddot{A}_{n\rceil i} = a_1 + a_2 \cdot (1+i)^{-1} + a_3 \cdot (1+i)^{-2} + \cdots + a_n \cdot (1+i)^{-(n-1)} =$$

$$= a_1 + a_1 \cdot q \cdot (1+i)^{-1} + a_1 \cdot q^2 \cdot (1+i)^{-2} + \cdots + a_1 \cdot q^{n-1} \cdot (1+i)^{-(n-1)} =$$

$$= a_1 \cdot \left[1 + q \cdot (1+i)^{-1} + q^2 \cdot (1+i)^{-2} + \cdots + q^{n-1} \cdot (1+i)^{-(n-1)}\right] =$$

$$= a_1 \cdot \frac{1 - q^{n-1} \cdot (1+i)^{-(n-1)} \cdot q \cdot (1+i)^{-1}}{1 - q \cdot (1+i)^{-1}} = a_1 \cdot \frac{1 - q^n \cdot (1+i)^{-n}}{1 - \frac{q}{1+i}} =$$

$$= a_1 \cdot \frac{1 - q^n \cdot (1+i)^{-n}}{\frac{1+i-q}{1+i}} = a_1 \cdot (1+i) \cdot \frac{1 - q^n \cdot (1+i)^{-n}}{1+i-q} = \overset{..}{\underset{..}{-}}A_{n\rceil i} \cdot (1+i)$$

$$\overset{..}{\underset{..}{-}}\ddot{A}_{n\rceil i} = \overset{..}{\underset{..}{-}}A_{n\rceil i} \cdot (1+i)$$

La fórmula del valor final vendrá dada por la expresión:

$$\overset{..}{\underset{..}{-}}\ddot{S}_{n\rceil i} = \overset{..}{\underset{..}{-}}\ddot{A}_{n\rceil i} \cdot (1+i)^n$$

Casos particulares

En el caso particular de que $q = 1 + i$, entonces:

$$\overset{..}{\underset{..}{-}}\ddot{A}_{n\rceil i} = \overset{..}{\underset{..}{-}}A_{n\rceil i} \cdot (1+i) = \frac{n \cdot a_1}{1+i} \cdot (1+i) = n \cdot a_1$$

$$\overset{..}{\underset{..}{-}}\ddot{S}_{n\rceil i} = \overset{..}{\underset{..}{-}}\ddot{A}_{n\rceil i} \cdot (1+i)^n = n \cdot a_1 \cdot (1+i)^n$$

Ejemplo 7·3.

Calcular el valor actual y el valor final de una renta de ocho términos anuales prepagables en progresión geométrica, de primer término 1.000 € y de razón un 6% anual acumulativo, valorada a un tipo de interés efectivo del 6% anual.

Solución

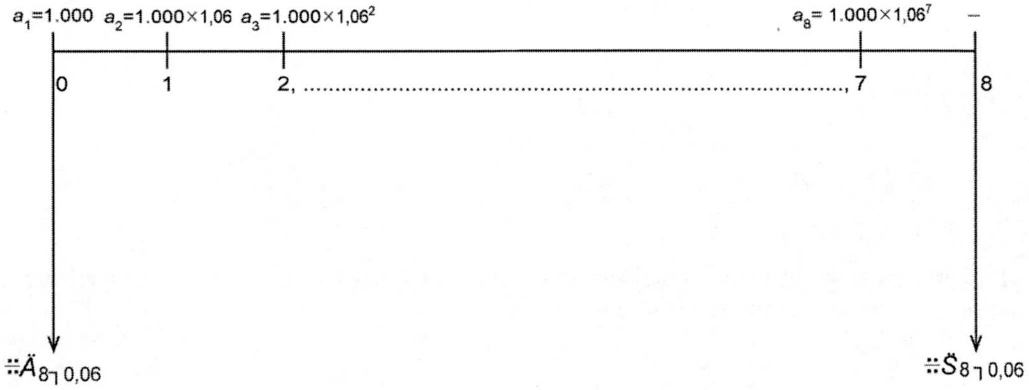

- Valor actual:

$$\ddot{A}_{8\urcorner 0,06} = A_{8\urcorner 0,06} \times (1 + 0{,}06) = 7.547{,}17 \times (1 + 0{,}06) = 8.000\ €$$

- Valor final:

$$\ddot{S}_{8\urcorner 0,06} = S_{8\urcorner 0,06} \times (1 + 0{,}06) = 12.029{,}04 \times 1{,}06 = 12.750{,}78\ €$$

7.1.3. Renta perpetua, inmediata y pospagable

La única diferencia de esta clase de rentas en relación a las analizadas en el Epígrafe 7.1.1, reside en su duración que, por ser una renta perpetua, consta de un número ilimitado de términos. La representación gráfica para este tipo de rentas será:

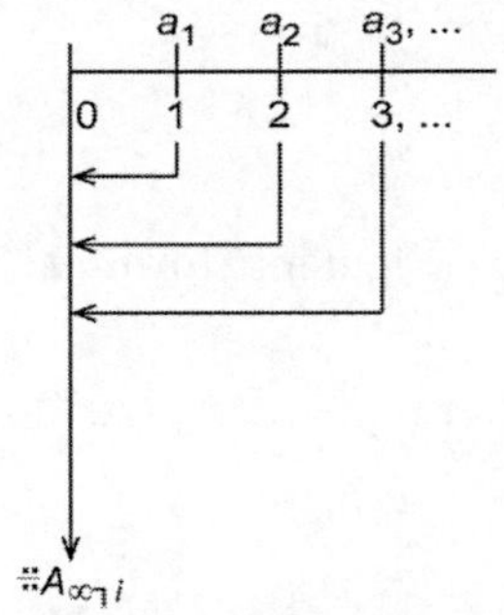

$$A_{\infty\urcorner i} = \lim_{n\to\infty} a_1 \cdot \frac{1 - \left(\frac{q}{1+i}\right)^n}{1 + i - q}$$

Se plantean tres casos particulares:

- $q = 1 + i, \; \ddot{\div} A_{\infty\rceil i} = \infty$
- $q > 1 + i, \; \ddot{\div} A_{\infty\rceil i} = \infty$
- $q < 1 + i, \; \ddot{\div} A_{\infty\rceil i} = a_1 \cdot \frac{1}{1+i-q}$

En consecuencia, el valor actual de una renta perpetua es progresión geométrica sólo tiene sentido financiero cuando $q < 1 + i$.

$$\ddot{\div} A_{\infty\rceil i} = a_1 \cdot \frac{1}{1+i-q}\text{, sólo si } q < 1 + i$$

7.1.4. Renta perpetua, pospagable y diferida

El gráfico que representa esta clase de rentas (duración ilimitada, términos que vencen al final de cada periodo y valoración en un momento anterior al origen), es el siguiente:

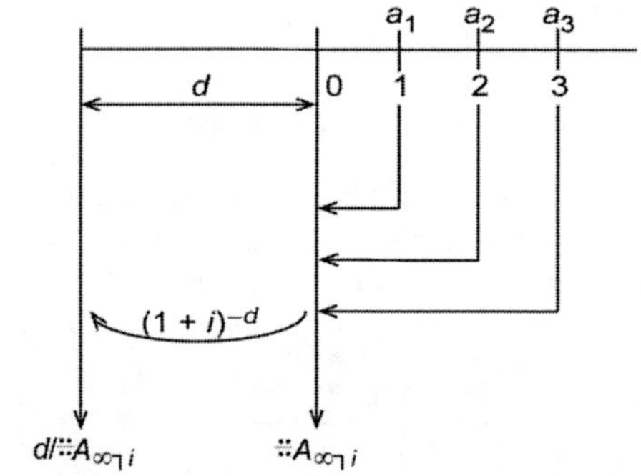

El valor actual vendrá dado por la siguiente fórmula:

$$d/\ddot{\div} A_{\infty\rceil i} = \ddot{\div} A_{\infty\rceil i} \cdot (1 + i)^{-d}$$

7.1.5. Renta perpetua, prepagable y diferida

La diferencia de esta clase de rentas en relación a las analizadas en el apartado anterior, reside en el vencimiento de los términos. En este caso, se produce al inicio de cada periodo. La representación gráfica para este tipo de rentas será:

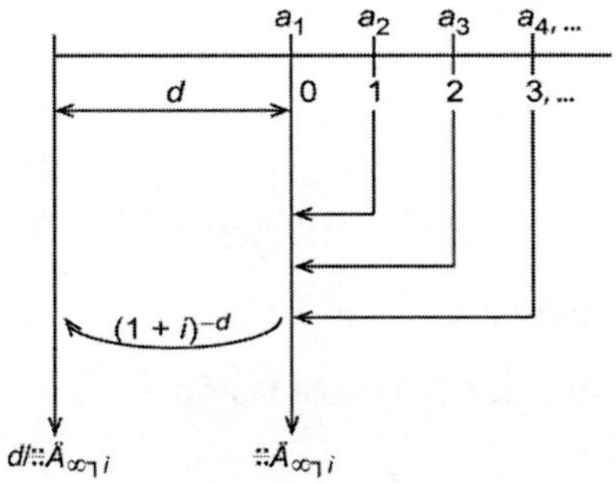

$$d/{\div}\ddot{A}_{\infty\rceil i} = {\div}\ddot{A}_{\infty\rceil i} \cdot (1+i)^{-d}$$

7.1.6. Renta pospagable (prepagable), temporal y diferida

El gráfico, que representa una renta pospagable, temporal, diferida y variable en progresión geométrica, es el que se presenta a continuación:

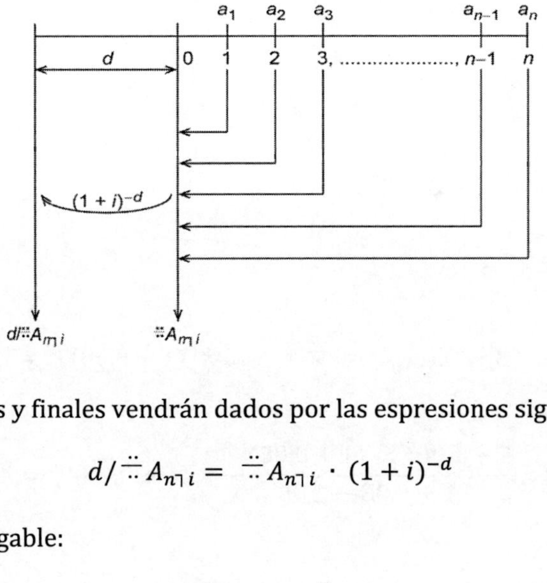

Los valores actuales y finales vendrán dados por las espresiones siguientes:

$$d/{\div}A_{n\rceil i} = {\div}A_{n\rceil i} \cdot (1+i)^{-d}$$

Si la renta es pospagable:

$$d/{\div}S_{n\rceil i} = {\div}S_{n\rceil i}$$

Si la renta es prepagable:

$$d/{\div}\ddot{A}_{n\rceil i} = {\div}\ddot{A}_{n\rceil i} \,.\, (1+i)^{-d} = {\div}A_{n\rceil i} \,.\, (1+i)^{-d+1}$$

$$d/\ {\div}\ddot{S}_{n\rceil i} = {\div}\ddot{S}_{n\rceil i}$$

Ejemplo 7.4.

Calcular el valor actual y el valor final de una renta diferida (d = 3 años) cuyos términos varían en una progresión geométrica de razón 1,06, siendo el primero de los términos de 1.000€; el tanto de interés el 8% anual y el número de imposiciones 7, sabiendo que:

a) Las imposiciones se realizan al final de cada año.

b) Las imposiciones se realizan al principio de cada año.

Solución

Caso a)

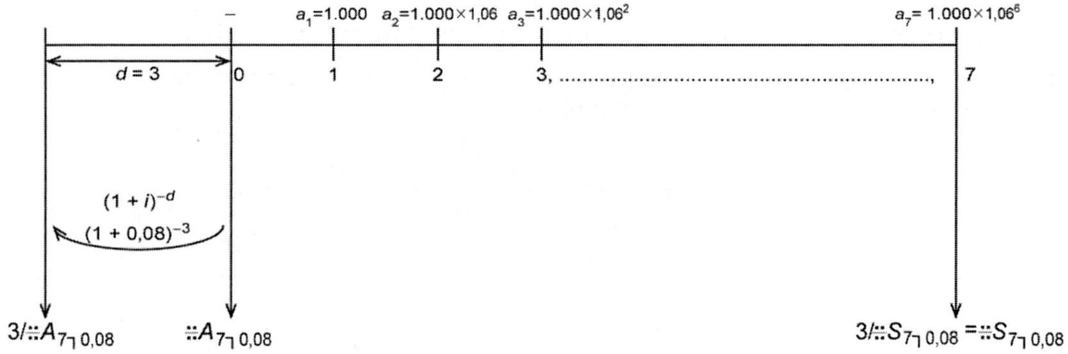

- Valor actual:

$$3/\overset{..}{\underset{..}{-}}A_{\overline{7|}\,0,08} = \overset{..}{\underset{..}{-}}A_{\overline{7|}\,0,08} \times (1+0,08)^{-3} =$$

$$= 1.000 \times \frac{1 - 1,06^7 \times (1+0,08)^{-7}}{1 + 0,08 - 1,06} \times (1+0,08)^{-3} = 4.868,02\ €$$

- Valor final:

$$3/\overset{..}{\underset{..}{-}}S_{\overline{7|}\,0,08} = \overset{..}{\underset{..}{-}}S_{\overline{7|}\,0,08} = \overset{..}{\underset{..}{-}}A_{\overline{7|}\,0,08} \times (1+0,08)^{7}$$

$$= 1.000 \times \frac{1 - 1,06^7 \times (1+0,08)^{-7}}{1 + 0,08 - 1,06} \times (1+0,08)^{7} =$$

$$= 10.509,70\ €$$

Caso b)

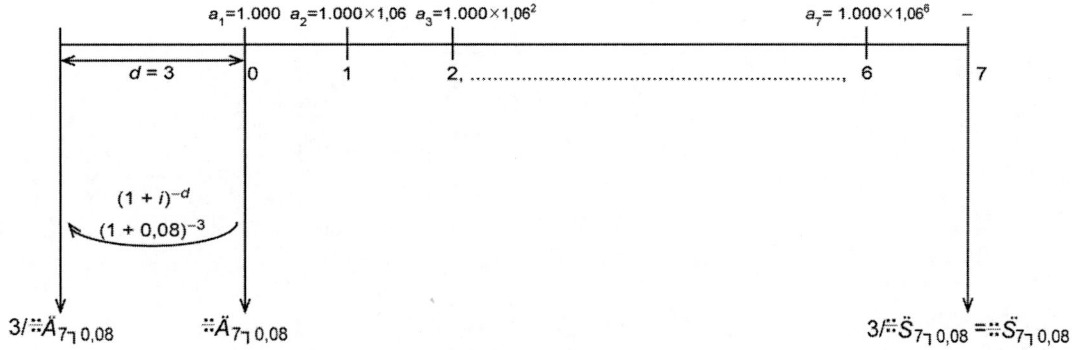

- Valor actual:

$$3/\div\ddot{A}_{7\rceil\,0,08} = \div\ddot{A}_{7\rceil\,0,08} \times (1+0,08)^{-3} = \div A_{7\rceil\,0,08} \times (1+0,08)^{1} x\,(1+0,08)^{-3}$$

$$= \div A_{7\rceil\,0,08} \times (1+0,08)^{-2} = 1.000 \times \frac{1-1,06^{7}\times(1+0,08)^{-7}}{1+0,08-1,06} \times (1+0,08)^{-2} =$$

$$= 5.257,47\ €$$

- Valor final:

$$3/\div\ddot{S}_{7\rceil\,0,08} = \div\ddot{S}_{7\rceil\,0,08} = (1+0,08)\times \div S_{7\rceil\,0,08} =$$

$$= \div A_{7\rceil\,0,08} \times (1+0,08)^{8} = 1.000 \times \frac{1-1,06^{7}\times(1+0,08)^{-7}}{1+0,08-1,06} \times (1+0,08)^{8}$$

$$= 11.350,48\ €$$

7.1.7. Renta pospagable (prepagable), temporal y anticipada

Esta clase de rentas se diferencian de las anteriores (diferidas) en que su valoración es posterior al final de la renta.

El gráfico para este tipo de rentas es el siguiente:

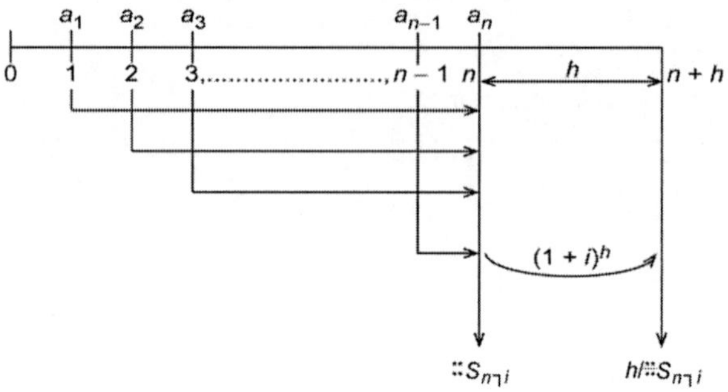

$$h/ \stackrel{..}{\div} S_{n\rceil i} = \stackrel{..}{\div} S_{n\rceil i} \cdot (1+i)^h$$

Si la renta es prepagable:

$$h/ \stackrel{..}{\div} \ddot{S}_{n\rceil i} = \stackrel{..}{\div} \ddot{S}_{n\rceil i} \cdot (1+i)^h = \stackrel{..}{\div} S_{n\rceil i} \cdot (1+i)^{h+1}$$

Ejemplo 7.5.

Depositamos en una entidad financiera 4 cuotas anuales pospagables que varían en un 3% anual acumulativo. Si la primera cuota es de 1.000 € y el tipo de interés es el 6% anual.

¿De qué cantidad dispondremos cuando transcurran 3 años después de realizada la última imposición?

Solución

$$3/ \stackrel{..}{\div} S_{4\rceil 0{,}06} = \stackrel{..}{\div} S_{4\rceil 0{,}06} \times (1+0{,}06)^3 = \stackrel{..}{\div} A_{4\rceil 0{,}06} \times (1+0{,}06)^4 \times (1+0{,}06)^3 =$$

$$= \stackrel{..}{\div} A_{4\rceil 0{,}06} \times (1+0{,}06)^7 = 1.000 \times \frac{1-1{,}03^4 \times (1+0{,}06)^{-4}}{1+0{,}06-1{,}03} \times 1{,}06^7 = 5.437{,}71\ €$$

Si las cuotas se ingresaran al principio de cada año, el resultado anterior habría que multiplicarlo por (1 + 0,06).

7.2. RENTAS VARIABLES EN PROGRESIÓN ARITMÉTICA

Las **rentas variables en progresión aritmética** se caracterizan por el hecho de que los términos se obtienen sumando al anterior una cantidad constante, denominada *razón*, es decir:

$$a_2 = a_1 + d$$

$$a_3 = a_2 + d = a_1 + 2 \cdot d$$
$$\vdots \qquad\qquad \vdots$$
$$a_n = a_{n-1} + d = a_1 + (n-1) \,.\, d$$

7.2.1. Renta temporal, pospagable e inmediata

El esquema gráfico para este tipo de rentas será el siguiente:

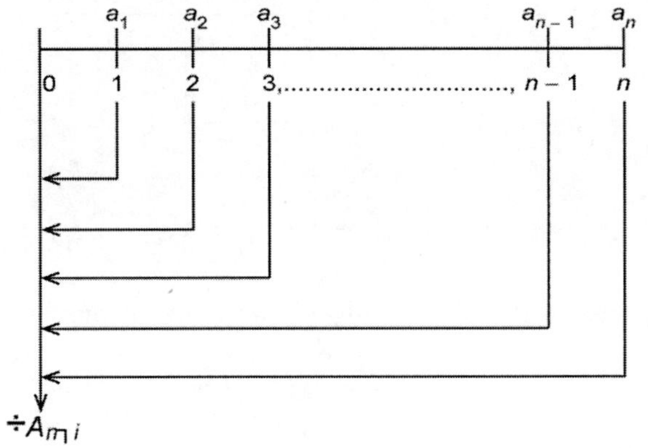

$$\div A_{n\rceil i} = a_1 \cdot (1+i)^{-1} + a_2 \cdot (1+i)^{-2} + a_3 \cdot (1+i)^{-3} + \cdots + a_n \cdot (1+i)^{-n} =$$

$$= a_1 \cdot \ (1+i)^{-1} + (a_1 + d) \ \cdot \ (1+i)^{-2} + (a_1 + 2d) \ \cdot \ (1+i)^{-3} + \cdots +$$

$$+[a_1 + (n-1) \cdot d)] = a_1 \cdot a_{n\rceil i} + \frac{1}{d} \cdot a_{n-1\rceil i} + \frac{2}{d} \cdot a_{n-2\rceil i} + \cdots + \frac{n-1}{d} \cdot a_{1\rceil i} =$$

$$= a_1 \cdot a_{n\rceil i} + d \cdot \frac{1-(1+i)^{-(n-1)}}{i} \cdot (1+i)^{-1} + d \cdot \frac{1-(1+i)^{-(n-2)}}{i} \cdot (1+i)^{-2} +$$

$$+ d \cdot \frac{1-(1+i)^{-1}}{i} \cdot (1+i)^{-(n-1)} =$$

$$= a_1 \cdot a_{n\rceil i} + \frac{d}{i} \cdot \left[(1+i)^{-1} + (1+i)^{-2} + \cdots + (1+i)^{-(n-1)} - (n-1) \cdot (1+i)^{-n}\right] =$$

$$= a_1 \cdot \ a_{n\rceil i} + \frac{d}{i} \ \cdot \ [(1+i)^{-1} + (1+i)^{-2} + \cdots + (1+i)^{-(n-1)} +$$

$$+(1+i)^{-n} \cdot -n(1+i)^{-n}] =$$

$$= a_1 \cdot a_{n\rceil i} + \left[a_{n\rceil i} - n \cdot (1+i)^{-n}\right] = \left(a_1 + \frac{d}{i}\right) \cdot a_{n\rceil i} - \frac{d.n}{i} \cdot (1+i)^{-n}$$

Sumando y restando a esta expresión $\frac{d \cdot n}{i}$, tenemos:

$$\div A_{n\rceil i} = \left(a_1 + \frac{d}{i}\right) \cdot a_{n\rceil i} - \frac{d \cdot n}{i} \cdot (1+i)^{-n} + \frac{d \cdot n}{i} - \frac{d \cdot n}{i} =$$

$$= \left(a_1 + \frac{d}{i}\right) \cdot a_{n\rceil i} + d \cdot n \, \frac{1-(1+i)^{-n}}{i} - \frac{d \cdot n}{i} =$$

$$= \left(a_1 + \frac{d}{i} + d \cdot n\right) \cdot a_{n\rceil i} - \frac{d \cdot n}{i} =$$

$$\div A_{n\rceil i} = \left(a_1 + \frac{d}{i} + d \cdot n\right) \cdot a_{n\rceil i} - \frac{d \cdot n}{i}$$

El valor final se obtendrá multiplicando el valor actual por el factor de capitalización $(1+i)^n$

$$\div S_{n\rceil i} = \div A_{n\rceil i} \cdot (1+i)^n$$

Ejemplo 7.6.

Calcular el valor actual y final de una renta que presenta las siguientes características:

- Tipo de interés: 6% anual.
- Duración: 10 años.
- Las imposiciones se realizan al final de cada año.
- La primera imposición es de 1.000 € y las demás se incrementan en 100 € cada año.

Solución

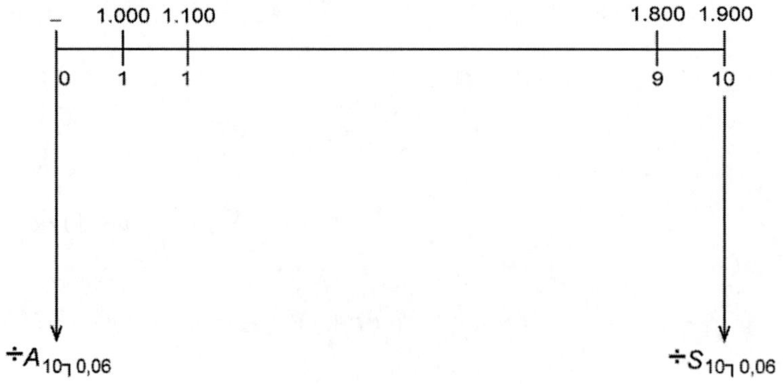

- Valor actual:

$$\div A_{10\rceil 0,06} = \left(1.000 + \frac{100}{0,06} + 100 \times 10\right) \times a_{10\rceil 0,06} - \frac{100 \cdot 10}{0,06} = 10.320,32 \text{ €}$$

- Valor final:

$$\div S_{10\rceil 0,06} = \div A_{10\rceil 0,06} \times (1 + 0,06)^{10} = 10.320,32 \times 1,06^{10} = 18.482,12 \text{ €}$$

7.2.2. Renta temporal, prepagable e inmediata

El esquema gráfico para este tipo de renta será el siguiente:

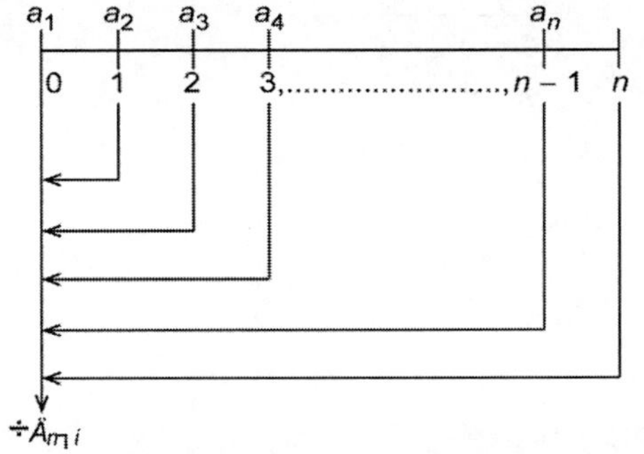

$$\div \ddot{A}_{n\rceil i} = \div A_{n\rceil i} \cdot (1+i) = \left[\left(a_1 + n \cdot d + \frac{d}{i}\right) \cdot a_{n\rceil i} - \frac{n \cdot d}{i}\right] \cdot (1+i)$$

$$\div \ddot{S}_{n\rceil i} = \div \ddot{A}_{n\rceil i} \cdot (1+i)^n = \div A_{n\rceil i} \cdot (1+i)^{n+1}$$

7.2.3. Renta perpetua, pospagable (prepagable) e inmediata

Para obtener el valor actual se calcula el límite del valor actual de una renta variable en progresión aritmética, temporal y pospagable, cuando el número de periodos tiende a infinito.

$$\div A_{\infty\rceil i} = \lim_{n\to\infty} \div A_{n\rceil i} = \lim_{n\to\infty} \left[\left(a_1 + \frac{d}{i}\right) \cdot a_{n\rceil i} - \frac{n.d}{i} \cdot (1+i)^{-n}\right]$$

$$\div A_{\infty\rceil i} = \left(a_1 + \frac{d}{i}\right) \cdot \frac{1}{i}$$

Si la renta es prepagable:

$$\div \ddot{A}_{\infty\rceil i} = \div A_{\infty\rceil i} \cdot (1+i) = \left(a_1 + \frac{d}{i}\right) \cdot \frac{1+i}{i}$$

Ejemplo 7.7.

Una persona desea conocer cuál es el valor actual de un local comercial por el que se percibe de alquiler 1.000 € al finalizar el primer año y los restantes varían en una progresión aritmética de 200 € cada año. El tipo de interés es del 5 % anual.

Solución

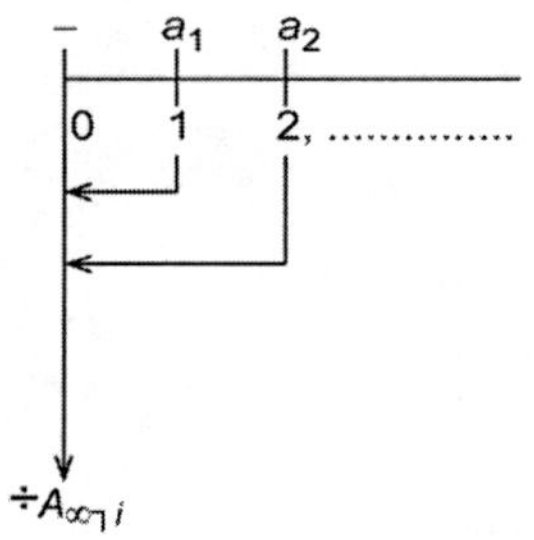

$$\div A_{\infty\rceil 0,05} = \left(1.000 + \frac{200}{0,05}\right) \times \frac{1}{0,05} = 100.000\ €$$

Si el importe del alquiler se percibe al principio de cada año, el valor actual sería:

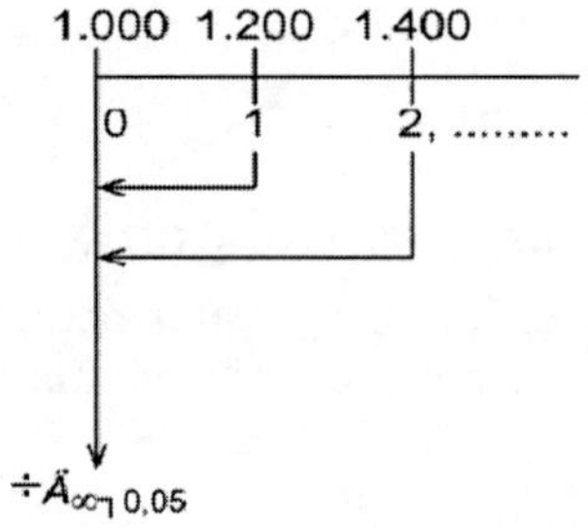

$$\div \ddot{A}_{\infty\rceil 0,05} = \div A_{\infty\rceil 0,05} \times (1+0,05) = 100.000 \times 1,05 = 105.000\ €$$

7.2.4. Renta pospagable (prepagable) temporal y diferida

El gráfico para una renta pospagable será el siguiente:

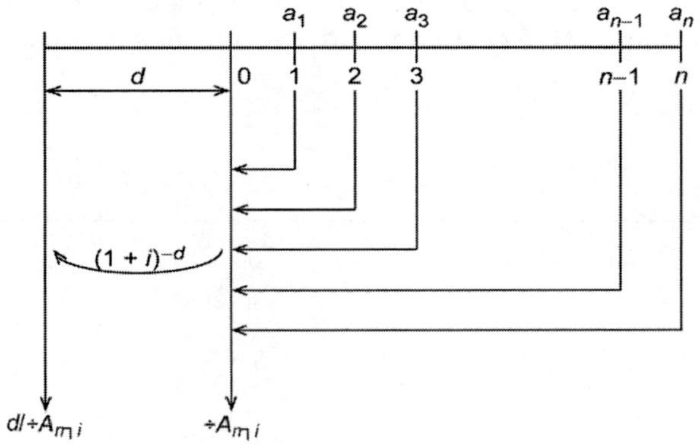

$$d/\div A_{n\rceil i} = \div A_{n\rceil i} \cdot (1+i)^{-d}$$

Si la renta es prepagable:

$$d/\div \ddot{A}_{n\rceil i} = \div \ddot{A}_{n\rceil i} \cdot (1+i)^{-d} = \div A_{n\rceil i} \cdot (1+i)^{1-d}$$

7.2.5. Renta pospagable (prepagable) temporal y anticipada

El gráfico para una renta prepagable será el siguiente:

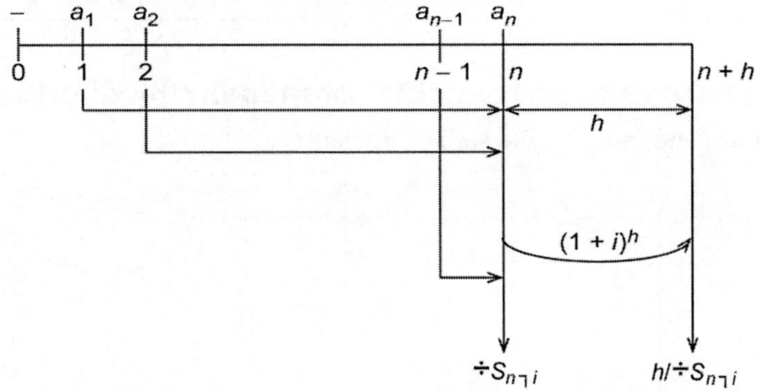

$$h/\div S_{n\rceil i} = \div S_{n\rceil i} \cdot (1+i)^{h} = \div A_{n\rceil i} \cdot (1+i)^{h+n}$$

Si la renta es prepagable:

$$h/\div \ddot{S}_{n\rceil i} = \div \ddot{S}_{n\rceil i} \cdot (1+i)^{h} = \div S_{n\rceil i} \cdot (1+i)^{h+1} = \div\div A_{n\rceil i} \cdot (1+i)^{h+n+1}$$

Ejemplo 7.8.

Ingresamos en una entidad financiera 1.000 € al finalizar el primer año, en los restantes años esta cantidad se incrementará en 200 € cada año. Si el número de imposiciones es de 10 y el tipo de interés el 5% anual, ¿Qué cantidad tendremos 3 años después de realizada la última imposición?

Solución

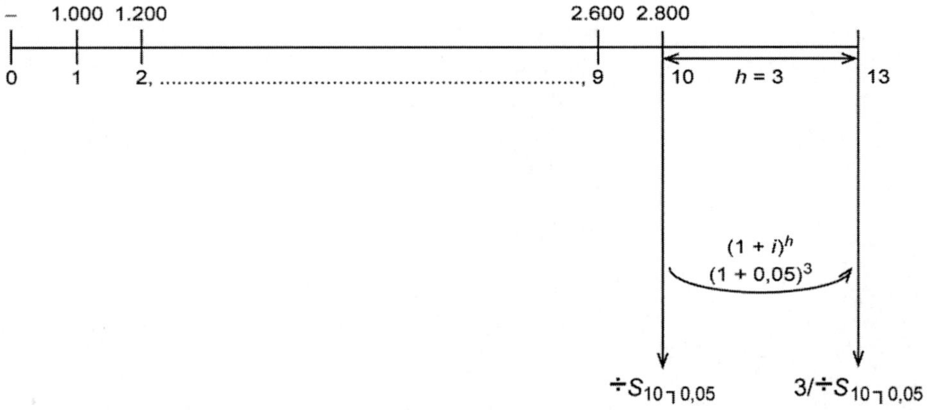

$$3/\div S_{10\urcorner\,0,05} = \div S_{10\urcorner\,0,05} \times (1+0{,}05)^3 = \div A_{10\urcorner\,0,05} \times (1+0{,}05)^{10} \times (1+0{,}05)^3 =$$

$$= \div A_{10\urcorner\,0,05} \times (1+0{,}05)^{13} =$$

$$= \left[\left(1.000 + \frac{200}{0{,}05} + 10\,x\,200\right) \times a_{10\urcorner\,0,05} - \frac{10\,.\,200}{0{,}05}\right] \times 1{,}05^{13} = 26.497{,}41\ €.$$

7.2.6. Renta perpetua, pospagable (prepagable) y diferida

El gráfico para una renta pospagable será el siguiente:

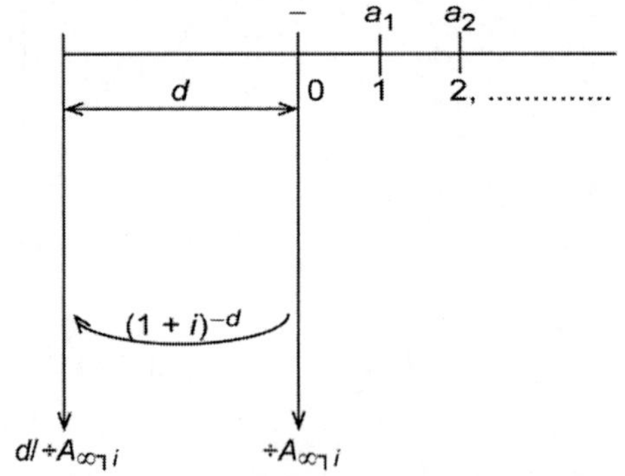

$$d/\div A_{\infty\urcorner\,i} = \div A_{\infty\urcorner\,i} \cdot (1+i)^{-d}$$

El gráfico para una renta prepagable será el siguiente:

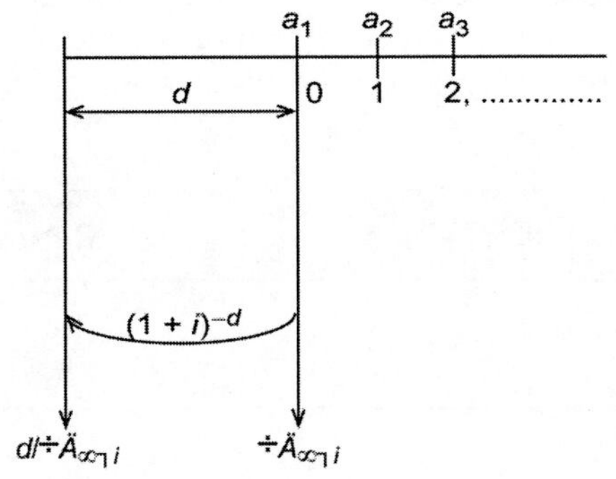

$$d/\div \ddot{A}_{\infty\rceil i} = \div \ddot{A}_{\infty\rceil i} \cdot (1+i)^{-d} = \div A_{\infty\rceil i} \cdot (1+i)^{-d+1}$$

7.3. RESUMEN DE FÓRMULAS BÁSICAS

A continuación mostramos las fórmulas para el cálculo del valor actual de rentas anuales variables pospagables.

	Rentas pospagables
Variables en progresión geométrica Primer término: a_1 Razón: q	$\div A_{n\rceil i} = a_1 \cdot \dfrac{1-q^n \cdot (1+i)^{-n}}{1+i-q}$ Si $1+i=q \rightarrow \div A_{n\rceil i} = n \cdot a_1 \cdot (1+i)^{-1}$
	$\div A_{\infty\rceil i} = a_1 \cdot \dfrac{1}{1+i-q}$, sólo si $q < 1+i$
Variables en progresión aritmética Primer término: a_1 Razón: d	$\div A_{n\rceil i} = \left(a_1 + \dfrac{d}{i} + d \cdot n\right) \cdot a_{n\rceil i} - \dfrac{d \cdot n}{i}$
	$\div A_{\infty\rceil i} = \left(a_1 + \dfrac{d}{i}\right) \cdot \dfrac{1}{i}$

Para las rentas variables, tanto en progresión geométrica como en aritmética, se cumplen las mismas relaciones de los valores actuales entre rentas pospagables y prepagables, entre inmediatas y diferidas, y entre valores finales y valores actuales. En el siguiente cuadro se resumen dichas relaciones, donde A y S se refieren al valor actual y valor final de rentas variables.

	Rentas pospagables	Rentas prepagables
Temporales	$\div A_{n\rceil i}$	$\div \ddot{A}_{n\rceil i} = \div A_{n\rceil i} \cdot (1+i)$
	$\div S_{n\rceil i} = \div A_{n\rceil i} \cdot (1+i)^n$	$\div \ddot{S}_{n\rceil i} = \div S_{n\rceil i} \cdot (1+i)$ $= \div \ddot{A}_{n\rceil i} \cdot (1+i)^n$
	$d/\div A_{n\rceil i} = \div A_{n\rceil i} \cdot (1+i)^{-d}$	$d/\div \ddot{A}_{n\rceil i} = \div \ddot{A}_{n\rceil i} \cdot (1+i)^{-d}$
	$\div d/S_{n\rceil i} = \div S_{n\rceil i}$	$d/\div \ddot{S}_{n\rceil i} = \div \ddot{S}_{n\rceil i}$
Perpetuas	$\div A_{\infty\rceil i}$	$\div \ddot{A}_{\infty\rceil i} = \div A_{\infty\rceil i} \cdot (1+i)$
	$d/\div A_{\infty\rceil i} = \div A_{\infty\rceil i} \cdot (1+i)^{-d}$	$d/\div \ddot{A}_{\infty\rceil i} = \div \ddot{A}_{\infty\rceil i} \cdot (1+i)^{-d}$

7.4. SUPUESTOS DE APLICACIÓN

A continuación desarrollaremos supuestos prácticos sobre las rentas variables estudiadas en este capítulo.

Ejemplo 7.9.

Calcular el valor actual y final de una renta de términos anuales prepagables, de 100 € el primer pago, que se incrementan anualmente en un 5% anual acumulativo. El tipo de interés efectivo anual es el 5% y la duración de la renta es de 5 años.

Solución

Sea i = 5%, A el valor actual de la renta y S el valor final. El gráfico de la operación será el siguiente:

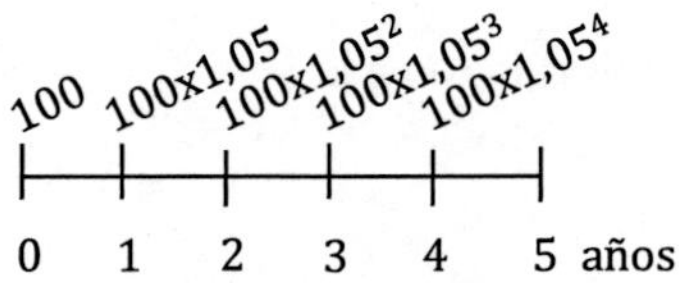

En este caso particular $q = 1 + i$, ya que q = 1,05 e i = 5%. La fórmula a utilizar se ha demostrado que es:

$$\ddot{\div}\ddot{A}_{\overline{n|}i} = n \cdot a_1$$

$$A = \underset{\substack{a_1=100 \\ q=1,05}}{\ddot{\div}\ddot{A}_{\overline{5|}i}} = 5 \times 100 \Rightarrow A = 500\ €$$

$$S = A(1+i)^5 = 500 \times 1{,}05^5 \Rightarrow S = 638{,}14\ €$$

Ejcmplo 7.10.

Un señor conviene en entregarle a su hijo las siguientes cantidades: 6.000 € al cabo de un año, 8.000 € dentro de 2 años, 10.000 € dentro de 3 años, y así sucesivamente hasta el final del año 10. De ahí en adelante, la cantidad permanece constante durante 5 años, y después disminuirá cada año en 1.000 € hasta el final del año 20.

El hijo le pide a su padre que en lugar de entregarle dichas cantidades le entregue una cantidad anual constante durante los 20 años. Determinar dicha cantidad si se aplica un tipo del 3% anual.

Solución

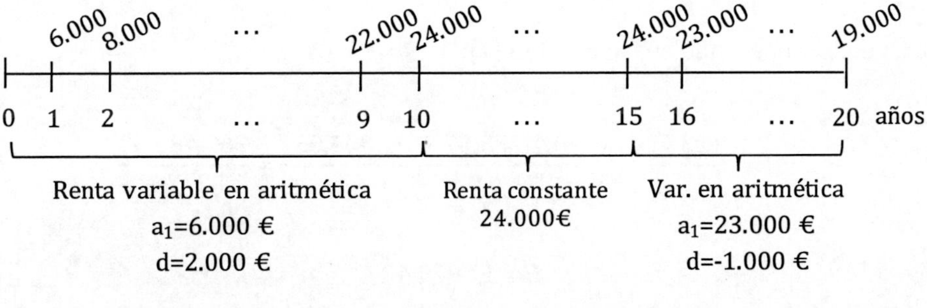

Sea i = 3% y R la renta anual constante a determinar.

$$\underset{\substack{a_1=6.000\\ d=2.000}}{\div A_{\overline{10}|i}} + 24.000\ {}_{10}/a_{\overline{5}|i} + {}_{15}/\underset{\substack{a_1=23.000\\ d=-1.000}}{\div A_{\overline{5}|i}} = R a_{\overline{20}|i} \qquad (1)$$

siendo:

$$\div A_{\overline{n}|i} = \left(a_1 + \frac{d}{i} + d\,n\right) a_{\overline{n}|i} - \frac{d\,n}{i}$$

Resolviendo cada término de la ecuación (1) por separado:

$$\underset{\substack{a_1=6.000\\ d=2.000}}{\div A_{\overline{10}|i}} = \left(6.000 + \frac{2.000}{0{,}03} + 2.000 \times 10\right)\left(\frac{1-(1+0{,}03)^{-10}}{0{,}03}\right) - \frac{2.000 \times 10}{0{,}03}$$

$$= 123.798{,}80\ €$$

$$24.000\ {}_{10}/a_{\overline{5}|i} = 24.000(1+0{,}03)^{-10} a_{\overline{5}|i} = 24.000(1+0{,}03)^{-10}\left(\frac{1-(1+0{,}03)^{-5}}{0{,}03}\right)$$

$$= 81.785{,}57\ €$$

$${}_{15}/\underset{\substack{a_1=23.000\\ d=-1.000}}{\div A_{\overline{5}|i}} = (1+i)^{-15} \underset{\substack{a_1=23.000\\ d=-1.000}}{\div A_{\overline{5}|i}}$$

$$= (1+0{,}03)^{-15}\left[\left(23.000 - \frac{1.000}{0{,}03} - 1.000 \times 5\right)\left(\frac{1-(1+0{,}03)^{-5}}{0{,}03}\right) + \frac{1.000 \times 5}{0{,}03}\right]$$

$$= 61.904{,}05\ €$$

Sustituyendo y operando en la ecuación (1):

$$R = \frac{123.798{,}80 + 81.785{,}57 + 61.904{,}05}{\dfrac{1-(1+0{,}03)^{-20}}{0{,}03}} = \frac{267.488{,}42}{14{,}877475}$$

$$R = 17.979{,}42\ €$$

Ejemplo 7.11.

Un colegio de profesionales fue constituido hace exactamente 10 años con la inscripción de 200 personas, y a partir de ese momento ingresaron al colegio 50 graduados al final de cada año. Se estima que de ahora en adelante el ingreso anual de profesionales será de 100 personas. Los estatutos establecen que cada asociado debe pagar una cuota de inscripción de 100 € y al final de cada año 120 €. Las cantidades pagadas son colocadas en una cuenta de ahorros que genera un interés del 1% anual.

a) ¿Cuál es el saldo actual de la cuenta de ahorros?

b) Estime el saldo dentro de 15 años.

Solución

a) Sean i = 1% y S_{10} el saldo actual de la cuenta de ahorros.

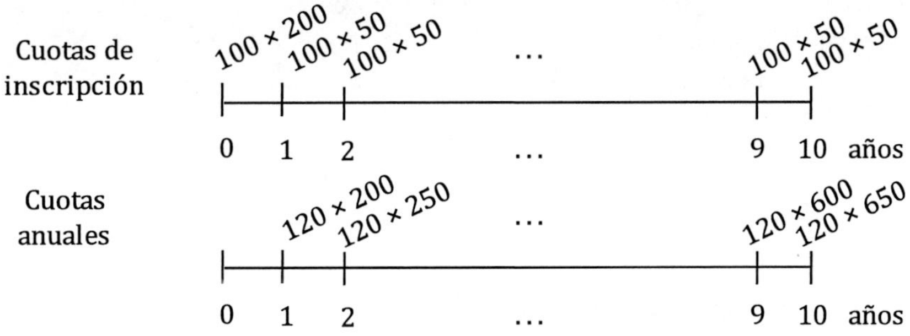

$$S_{10} = 100\left[200(1+i)^{10} + 50S_{\overline{10}|i}\right] + 120\,.\underset{\substack{a_1=200\\ d=50}}{\div S_{\overline{10}|i}}$$

$$= 100\left[200(1+i)^{10} + 50S_{\overline{10}|i}\right] + 120(1+i)^{10}\,.\underset{\substack{a_1=200\\ d=50}}{\div A_{\overline{10}|i}}$$

donde,

$$\underset{\substack{a_1=200\\ d=50}}{\div A_{\overline{10}|i}} = \left(200 + \frac{50}{0{,}01} + 50\times 10\right)a_{\overline{10}|i} - \frac{50\times 10}{0{,}01}$$

$$= \left(200 + \frac{50}{0{,}01} + 50\times 10\right)\left(\frac{1-(1+0{,}01)^{-10}}{0{,}01}\right) - \frac{50\times 10}{0{,}01}$$

$$= 3.986{,}44\ €$$

Sustituyendo,

$$S_{10} = 100\left[200(1+0{,}01)^{10} + 50\left(\frac{(1+0{,}01)^{10}-1}{0{,}01}\right)\right] + 120\,(1+0{,}01)^{10} \times 3.986{,}44$$

$$= 74.403{,}51 + 528.421{,}18$$

$$S_{10} = 602.824{,}69\ €$$

b) Sean $i = 1\%$ y S_{15} el saldo estimado dentro de 15 años.

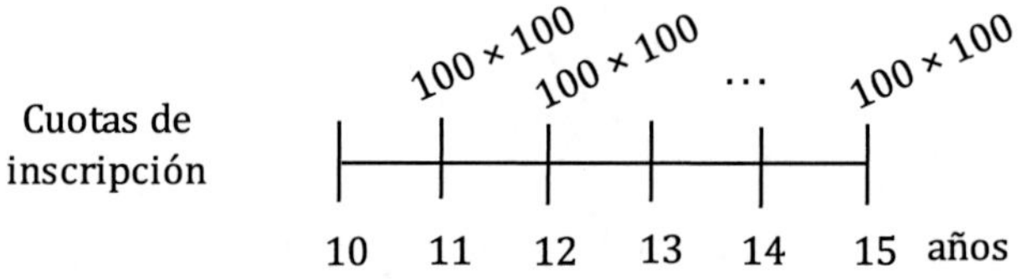

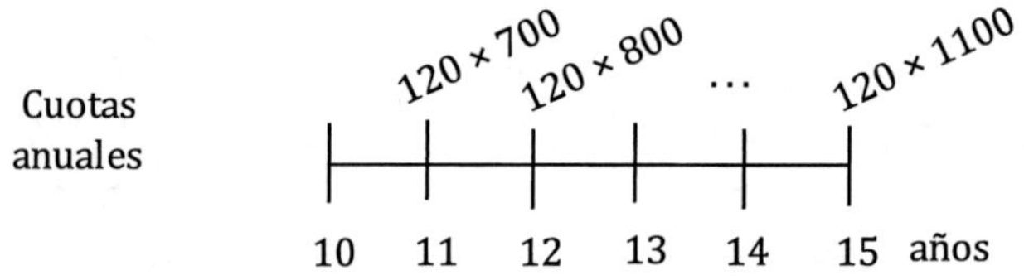

$$S_{15} = S_{10}(1+i)^5 + 100 \times 100 \cdot S_{\overline{5}|i} + 120 \cdot \underset{\substack{a_1=700\\ d=100}}{\div S_{\overline{5}|i}}$$

$$= S_{10}(1+i)^5 + 10.000(1+i)^5\, a_{\overline{5}|i} + 120\,(1+i)^5 \,.\, \underset{\substack{a_1=700\\ d=100}}{\div A_{\overline{5}|i}}$$

donde,

$$\underset{\substack{a_1=700\\ d=100}}{\div A_{\overline{5}|i}} = \left(700 + \frac{100}{0{,}01} + 100 \times 5\right) a_{\overline{5}|i} - \frac{100 \times 5}{0{,}01}$$

$$= \left(700 + \frac{100}{0{,}01} + 100 \times 5\right)\left(\frac{1-(1+0{,}01)^{-5}}{0{,}01}\right) - \frac{100 \times 5}{0{,}01}$$

$$= 4.358{,}43\ €$$

Sustituyendo,

$$S_{15} = 602.824{,}69\,(1+0{,}01)^5 + 10.000\left(\frac{(1+0{,}01)^5-1}{0{,}01}\right) + 120\,(1+0{,}01)^5 \times 4.358{,}43$$

$$S_{15} = 1.234.275{,}3\ €$$

Ejemplo 7.12.

Una empresa adquiere un inmueble a crédito a un plazo de 15 años, comprometiéndose a pagar durante 10 años cuotas anuales pospagables crecientes cada año en 5.000 €, siendo la primera de ellas igual a 20.000 €; durante los siguientes años la cuota anual permanece constante. El tipo de interés de la operación es del 9,57% nominal anual con capitalización mensual.

a) Calcular el valor de contado del inmueble.

b) Exprese en símbolos de rentas el saldo de la deuda al final de cualquier año t genérico por los métodos prospectivo y retrospectivo.

Solución

a) Sean J_{12} = 9,57% y S_0 el valor de contado del inmueble.

El tipo de interés efectivo anual equivalente a J_{12} es:

$$i = \left(1 + \frac{J_{12}}{12}\right)^{12} - 1 \sim 10\%$$

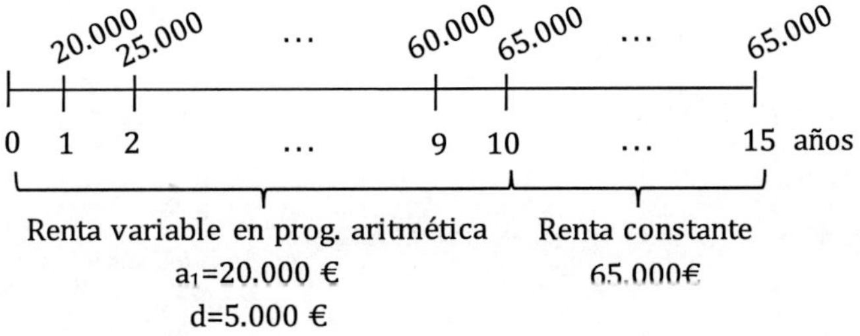

$$S_0 = \underset{\substack{a_1=20.000 \\ d=5.000}}{\div A_{\overline{10|}i}} + 65.000\ {}_{10/}a_{\overline{5|}i}$$

$$= \left(20.000 + \frac{5.000}{0,1} + 5.000 \times 10\right)\left(\frac{1-(1+0,1)^{-10}}{0,1}\right) - \frac{5.000 \times 10}{0,1}$$

$$+65.000(1+0,1)^{-10}\left(\frac{1-(1+0,1)^{-5}}{0,1}\right)$$

$$= 237.348,05 + 94998,31$$

$$S_0 = 332.346,36\ €.$$

b) Sean $i = 10\%$ y S_t el saldo de la deuda al final de cualquier año t genérico.

La fórmula a utilizar para el cálculo dependerá del periodo para el que se calcule, siendo diferente para $t \leq 10$ y para $t > 10$.

- Método prospectivo:

  – Para $t \in [0, 10) \cap Z$:

$$S_t^p = \underset{\substack{a_1=20.000+5.000(t-1)\\ d=5.000}}{\div A_{\overline{10-t}|i}} + 65.000 \; {}_{10-t}/a_{\overline{5}|i}$$

  – Para $t \in [10, 15) \cap Z$:

$$S_t^p = 65.000 \, a_{\overline{15-t}|i}$$

- Método retrospectivo:

  – Para $t \in [0, 10) \cap Z$:

$$S_t^r = S_0(1+i)^t - \underset{\substack{a_1=20.000\\ d=5.000}}{\div S_{\overline{t}|i}}$$

  – Para $t \in [10, 15) \cap Z$:

$$S_t^r = S_0(1+i)^t - \underset{\substack{a_1=20.000\\ d=5.000}}{\div S_{\overline{10}|i}} (1+i)^{t-10} - 65.000 \, S_{\overline{t-10}|i}$$

Ejemplo 7.13.

La sociedad Pepisa compra una máquina por un importe de X euros. Calcular el precio de compra sabiendo que el pago se realiza mediante 10 pagos anuales, siendo el importe de los 6 primeros 25.000 euros cada uno y a partir del séptimo año y hasta el final se incrementan en 100 euros anuales cada año. Tipo de interés de la financiación del 8 % anual.

Solución

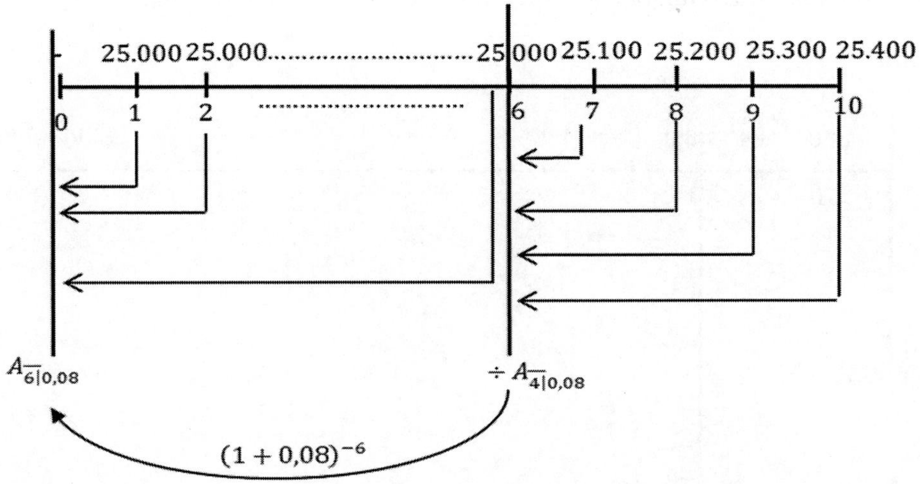

$$X = A_{\overline{6}|0,08} + (1+0,08)^{-6}\, x \div A_{\overline{4}|0,08} =$$

$$= 25.000 \times \frac{1-(1+0,08)^{-6}}{0,08} + (1+0,08)^{-6} \times \left[\left(25.100 + \frac{100}{0,08} + 4 \times 100\right) \times A_{\overline{4}|0,08} - \frac{4 \times 100}{0,08}\right]$$

$$= 25.000 \times \frac{1-(1+0,08)^{-6}}{0,08} + (1+0,08)^{-6} \times \left[\left(25.100 + \frac{100}{0,08} + 4 \times 100\right) \times \frac{1-(1+0,08)^{-4}}{0,08} - \frac{4 \times 100}{0,08}\right]$$

$$= 168.253,79 \text{ €}$$

Ejemplo 7.14.

El Sr. Sánchez quiere conocer el valor actualizado de su nómina para los siguientes 12 años, sabiendo que esta será de importe 1.800 euros pospagables el primer año, manteniéndose constante durante los 3 primeros años y crecerá un 9% acumulativo los ocho años restantes. El tipo de interés para la valoración de la renta es del 6% constante anual.

Solución

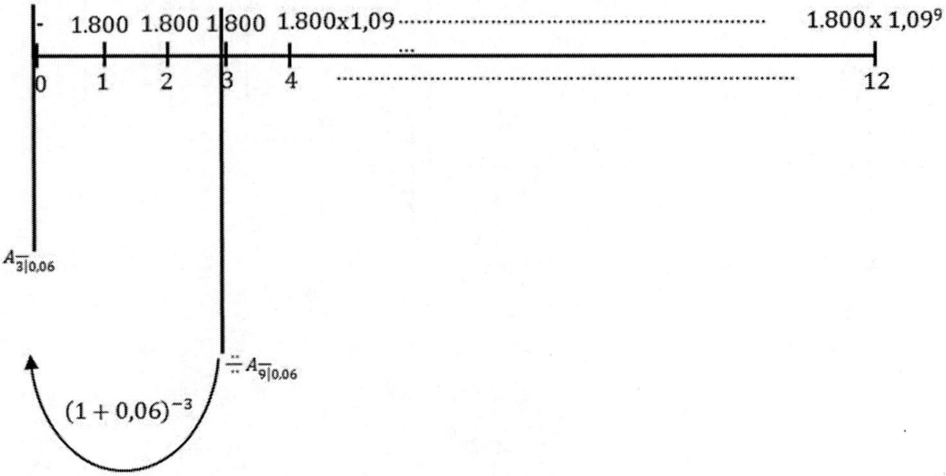

$$Valor = A_{\overline{3}|0,06} + (1+0,06)^{-3}\ x\ \div A_{\overline{9}|0,06} =$$

$$= 1.800\ \frac{1-(1+0,06)^{-3}}{0,06} + (1+0,06)^{-3} \times 1.800\ x\ 1,09 \times \frac{1-1,09^{9}(1+0,06)^{-9}}{1+0,06-1,09} =$$

$$= 20.490,75\ €$$

CAPÍTULO 8

VALORACIÓN DE RENTAS FRACCIONADAS

Contenido

8.1. RENTAS FRACCIONADAS

Las **rentas fraccionadas** se caracterizan por que la frecuencia con que se producen es inferior a la anual. En este tipo de rentas, los términos que la componen y el tanto de interés no están referidos a la misma unidad de tiempo. Por ejemplo, el término puede ser mensual, trimestral, etc., y el tanto de interés puede ser referenciado anualmente.

Las rentas estudiadas se caracterizan porque los periodos de maduración de los términos de la renta y el tanto estaban referidos a la misma unidad de tiempo (años), tal y como se recoge en el siguiente esquema:

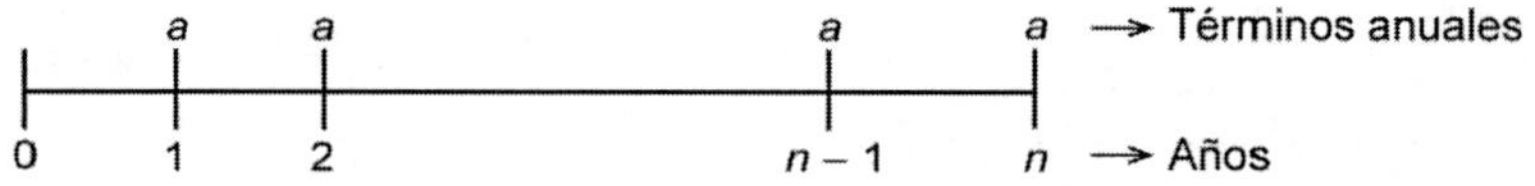

Las rentas fraccionadas con **fraccionamiento uniforme** de frecuencia m, surgen al descomponer cada cuantía anual (a) en m cuantías iguales ($^a/_m$).

El gráfico que se presenta a continuación, corresponde a una renta fraccionada pospagable constante, de cuantía $^a/_m$, además de ser cierta e inmediata:

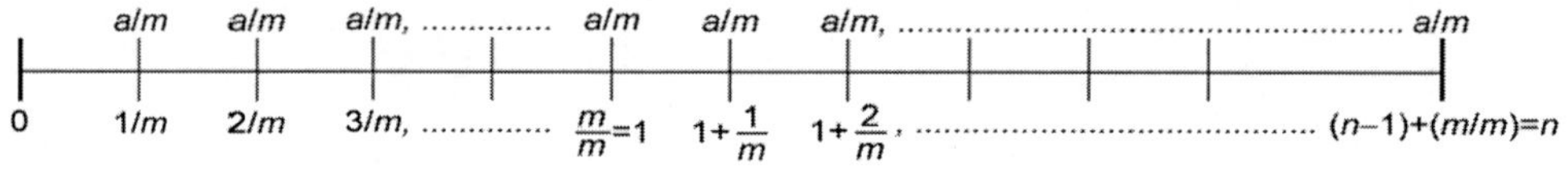

Antes de proceder al cálculo del valor actual de una renta fraccionada, calcularemos la renta equivalente anual (valor final) para un solo periodo (1 año):

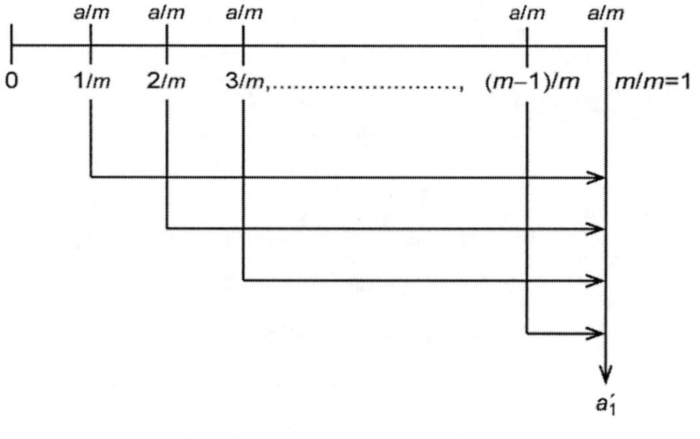

$$a'_1 = \frac{a}{m} \cdot (1+i)^{\frac{m-1}{m}} + \frac{a}{m} \cdot (1+i)^{\frac{m-2}{m}} + \cdots + \frac{a}{m} \cdot (1+i)^{\frac{1}{m}} + \frac{a}{m} =$$

$$= \frac{a}{m} \cdot \left[(1+i)^{\frac{m-1}{m}} + (1+i)^{\frac{m-2}{m}} + \cdots + (1+i)^{\frac{1}{m}} + 1 \right]$$

Lo que figura entre corchetes es la suma de los términos de una progresión geométrica de razón (r) y suma (S):

$$r = (1+i)^{-1/m} \qquad S = \frac{a_1 - a_n \cdot r}{1 - r}$$

$$a'_1 = \frac{a}{m} \cdot \frac{(1+i)^{\frac{m-1}{m}} - (1+i)^{\frac{-1}{m}}}{1-(1+i)^{\frac{-1}{m}}} = \frac{a}{m} \cdot (1+i)^{\frac{-1}{m}} \cdot \frac{(1+i)^{\frac{m}{m}} - 1}{1 - \frac{1}{(1+i)^{\frac{1}{m}}}} =$$

$$= \frac{a}{m} \cdot (1+i)^{\frac{-1}{m}} \cdot \frac{i}{\frac{(1+i)^{\frac{1}{m}} - 1}{(1+i)^{\frac{1}{m}}}} = \frac{a}{m} \cdot \frac{i}{(1+i)^{\frac{1}{m}} - 1} = \frac{a}{m} \cdot \frac{i}{i_m} = \frac{a}{m} \cdot \frac{i}{\frac{J_m}{m}}$$

$$a'_1 = a \cdot \frac{i}{J_m}$$

De modo análogo obtendremos, $a'_1, a'_2, \ldots a'_n$, lo que nos conducirá a una renta equivalente a la inicial, es decir, de término, $a \cdot \frac{i}{J_m}$, cuya expresión gráfica sería:

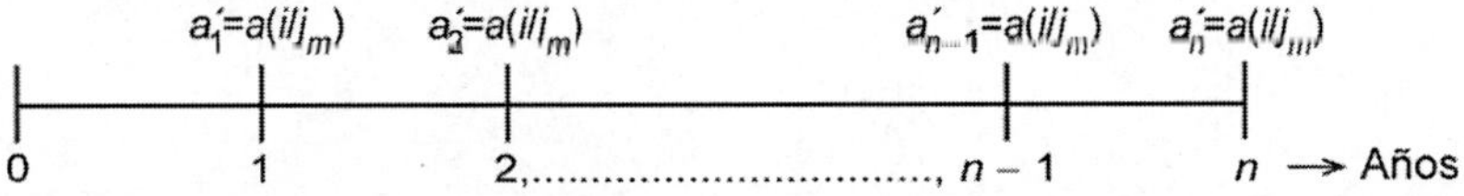

Hemos entonces transformado una renta fraccionada pospagable de *n* años de duración y de cuantía constante $a/_m$ en otra renta equivalente de cuantía anual pospagable de término: $a \cdot \frac{i}{J_m}$.

El valor actual se obtendrá aplicando el siguiente desarrollo:

$$A^{(m)}_{\overline{n}|i} = a \cdot \frac{i}{J_m} \cdot (1+i)^{-1} + a \cdot \frac{i}{J_m} \cdot (1+i)^{-2} + \cdots + a \cdot \frac{i}{J_m} \cdot (1+i)^{-n} =$$

$$= a \cdot \frac{i}{J_m} \cdot \left[\underbrace{(1+i)^{-1} + (1+i)^{-2} + \cdots + (1+i)^{-n}}_{a_{\overline{n}|i}} \right] = a \cdot \frac{i}{J_m} \cdot a_{\overline{n}|i}$$

$$A_{n\rceil i}^{(m)} = a \cdot \frac{i}{J_m} \cdot a_{n\rceil i}$$

A la expresión $\frac{i}{J_m}$ se le denomina **operador de transformación.**

El valor final se obtiene desplazando el valor actual al momento n:

$$S_{n\rceil i}^{(m)} = A_{n\rceil i}^{(m)} \cdot (1+i)^n = a \cdot \frac{i}{J_m} \cdot a_{n\rceil i} \cdot (1+i)^n =$$

$$= a \cdot \frac{i}{J_m} \cdot s_{n\rceil i} = S_{n\rceil i} \cdot \frac{i}{J_m}$$

Casos particulares de rentas con fraccionamiento uniforme

A continuación, se recopilan una serie de fórmulas de rentas fraccionadas que se pueden considerar como casos particulares de los estudiados que ya no requieren demostración:

- **Inmediatas**

$$A_{n\rceil i}^{(m)} = a \cdot \frac{i}{J_m} \cdot a_{n\rceil i}$$

Siendo a la cuantía anual $\left(\frac{a}{m} \cdot m\right)$.

$$S_{n\rceil i}^{(m)} = a \cdot \frac{i}{J_m} \cdot s_{n\rceil i}$$

$$\ddot{A}_{n\rceil i}^{(m)} = a \cdot \frac{i}{J_m} \cdot \ddot{a}_{n\rceil i}$$

$$\ddot{S}_{n\rceil i}^{(m)} = a \cdot \frac{i}{J_m} \cdot \ddot{s}_{n\rceil i}$$

- **Diferidas**

$$d/A_{n\rceil i}^{(m)} = A_{n\rceil i}^{(m)} \cdot (1+i)^{-d}$$

$$d/\ddot{A}_{n\rceil i}^{(m)} = \ddot{A}_{n\rceil i}^{(m)} \cdot (1+i)^{-d}$$

- **Anticipadas**

$$h/S_{n\rceil i}^{(m)} = S_{n\rceil i}^{(m)} \cdot (1+i)^{h}$$

$$h/\ddot{S}_{n\rceil i}^{(m)} = \ddot{S}_{n\rceil i}^{(m)} \cdot (1+i)^{h}$$

- **Rentas perpetuas**

$$A^{(m)}_{\infty\rceil i} = \lim_{n\to\infty} A_{n\rceil i} = \lim_{n\to\infty} a \cdot \frac{i}{J_m} \cdot a_{n\rceil i} = a \cdot \frac{i}{J_m} \cdot \lim_{n\to\infty} a_{n\rceil i} = a \cdot \frac{i}{J_m} \cdot \frac{1}{i} = \frac{a}{J_m}$$

$$\ddot{A}^{(m)}_{\infty\rceil i} = A^{(m)}_{\infty\rceil i} \cdot (1+i)^{1/m} = \frac{a}{J_m} \cdot (1+i)^{1/m} = \frac{a}{J_m} \cdot \left(1 + \frac{J_m}{m}\right)$$

$$d/A^{(m)}_{\infty\rceil i} = A^{(m)}_{\infty\rceil i} \cdot (1+i)^{-d}$$

$$d/\ddot{A}^{(m)}_{\infty\rceil i} = \ddot{A}^{(m)}_{\infty\rceil i} \cdot (1+i)^{-d}$$

- **Rentas variables en progresión geométrica**

$$\ddot{\div} A^{(m)}_{n\rceil i} = \frac{i}{J_m} \cdot \ddot{\div} A_{n\rceil i} = \frac{i}{J_m} \cdot a_1 \cdot \frac{1 - \left(\frac{q}{1+i}\right)^n}{(1+i) - q}$$

siendo a_1 la suma de los términos del primer año $\left(\frac{a_1}{m} \cdot m\right)$.

$$\ddot{\div} S^{(m)}_{n\rceil i} = \frac{i}{J_m} \cdot \ddot{\div} S_{n\rceil i} = \frac{i}{J_m} \cdot \ddot{\div} A_{n\rceil i} \cdot (1+i)^n = \frac{i}{J_m} \cdot a_1 \cdot \frac{1 - \left(\frac{q}{1+i}\right)^n}{(1+i) - q} \cdot (1+i)^n =$$

$$= \frac{i}{J_m} \cdot a_1 \cdot \frac{(1+i)^n - q^n}{1+i-q}$$

$$\ddot{\div} \ddot{A}^{(m)}_{n\rceil i} = \ddot{\div} A^{(m)}_{n\rceil i} \cdot (1+i)^{1/m}$$

$$\ddot{\div} \ddot{S}^{(m)}_{n\rceil i} = \ddot{\div} S^{(m)}_{n\rceil i} \cdot (1+i)^{1/m}$$

$$\ddot{\div} A^{(m)}_{\infty\rceil i} = \frac{i}{J_m} \cdot \frac{a_1}{1+i-q}$$

para $q < 1 + i$

$$\ddot{\div} \ddot{A}^{(m)}_{\infty\rceil i} = \ddot{\div} A^{(m)}_{\infty\rceil i} \cdot (1+i)^{1/m}$$

- **Rentas variables en progresión aritmética**

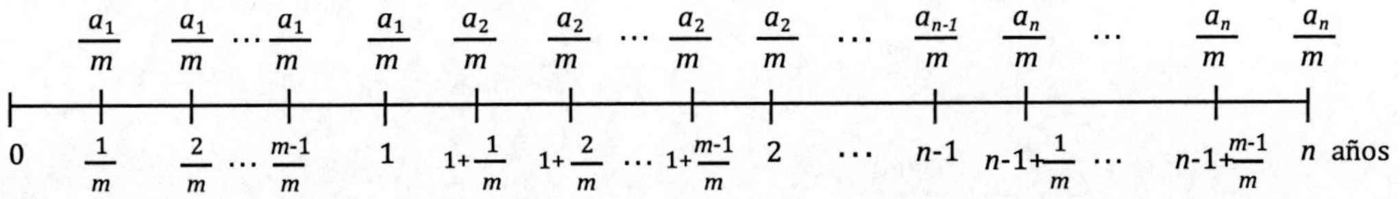

$$\div A_{n\rceil i}^{(m)} = \frac{i}{J_m} \cdot \div A_{n\rceil i} = \frac{i}{J_m} \cdot \left[\left(a_1 + \frac{d}{i} + n \cdot d\right) \cdot a_{n\rceil i} - \frac{n \cdot d}{i}\right]$$

Siendo a_1 la suma de los términos del primer año y d la razón aritmética anualizada. De tal forma que, $a_2 = a_1 + d$, y de forma genérica $a_j = a_{j-1} + d$, para $j = 2,\ldots,n$.

$$\div S_{n\rceil i}^{(m)} = \frac{i}{J_m} \cdot \div S_{n\rceil i}$$

$$\div \ddot{A}_{n\rceil i}^{(m)} = \div A_{n\rceil i}^{(m)} \cdot (1+i)^{1/m}$$

$$\div \ddot{S}_{n\rceil i}^{(m)} = \div S_{n\rceil i}^{(m)} \cdot (1+i)^{1/m}$$

$$\div A_{\infty\rceil i}^{(m)} = \lim_{n\to\infty} \div A_{n\rceil i}^{(m)} = \left(a + \frac{h}{i}\right) \cdot \frac{1}{i}$$

$$\div \ddot{A}_{\infty\rceil i}^{(m)} = \div A_{\infty\rceil i}^{(m)} \cdot (1+i)$$

8.2. VALORACIÓN COMO RENTA NO FRACCIONADA

Una renta fraccionada puede valorarse como renta no fraccionada, tomando como periodo de maduración $1/m$ de tiempo.

Suponemos la siguiente renta, descrita en el gráfico que mostramos a continuación:

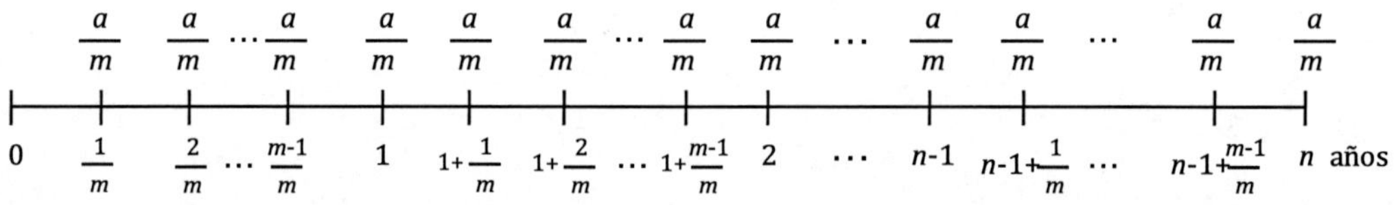

Se trata de una renta constante, de término a/m, pospagable, inmediata y temporal (duración $n \times m$); dicha renta ha de valorarse al tanto correspondiente a cada $1/m$ de tiempo (i_m); es decir, si los términos son mensuales, los valores han de estar expresados en la misma unidad de medida (i_{12}).

El valor actual y final de la renta descrita vendrán dado por las expresiones siguientes:

$$A_{n\rceil i}^{(m)} = A_{\overline{n\times m}|i_m} = \frac{a}{m} \cdot a_{\overline{n\times m}|i_m}$$

$$S_{n\rceil i}^{(m)} = S_{\overline{n\times m}|i_m} = \frac{a}{m} \cdot s_{\overline{n\times m}|i_m}$$

siendo:

$$i_m = (1+i)^{1/m} - 1$$

En resumen, los cambios para transformar una renta fraccionada en otra que no lo sea, son los siguientes:

$$i \rightarrow i_m$$

$$n \rightarrow n \times m$$

$$a' \rightarrow \frac{a}{m}$$

Tanto si la renta se valora como fraccionada, como si se valora como no fraccionada, los resultados han de ser coincidentes.

Ejemplo 8.1.

Calcular el valor actual y final de una renta pospagable, de términos mensuales de 100 €, durante 5 años, si el tipo de interés es el 3% anual.

Se pide:

a) Realizar el cálculo utilizando el factor de transformación (renta fraccionada).

b) Realizar el cálculo valorándola como una renta no fraccionada.

Solución

- Caso a)

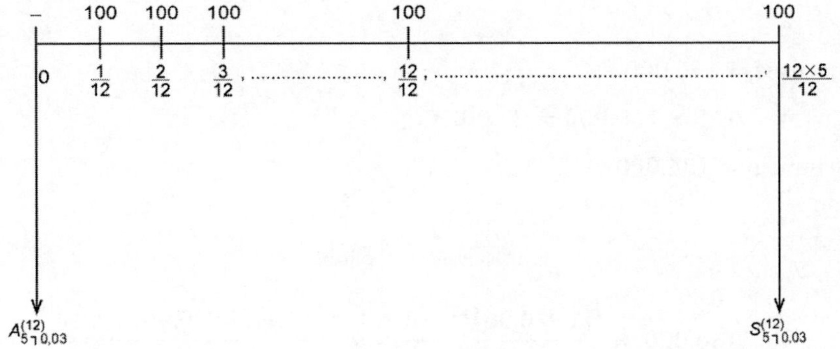

$$A^{(m)}_{n\rceil i} = A^{(12)}_{5\rceil 0,03} = 100 \times 12 \times \frac{0,03}{J_{12}} \times a_{5\rceil 0,03} = 5.570,8\ €$$

Cálculo del J_{12}:

$$J_{12} = 12 \times i_{12} = 12 \times 0{,}00246627 = 0{,}029595237 \text{ anual.}$$

$$i_{12} = (1+i)^{1/12} - 1 = (1+0{,}03)^{1/12} - 1 = 0{,}00246627 \text{ mensual.}$$

$$S_{n\rceil i}^{(m)} = S_{5\rceil 0{,}03}^{(12)} = 100 \times 12 \times \frac{0{,}03}{J_{12}} \times s_{5\rceil 0{,}03} = 6.458{,}10 \text{ €}$$

- Caso b)

$$A_{\overline{n\times m}|i_m} = A_{\overline{5\times 12}|i_{12}} = 100 \times \frac{1-(1+0{,}00246627)^{-5\times 12}}{0{,}00246627} = 5.570{,}8 \text{ €}$$

$$S_{\overline{n\times m}|i_m} = S_{\overline{5\times 12}|i_{12}} = 100 \times \frac{(1+0{,}00246627)^{5\times 12}-1}{0{,}00246627} = 6.458{,}10 \text{ €}$$

Ejemplo 8.2.

Un negocio proporciona unos ingresos anuales de 160.000 €, siendo los gastos necesarios para obtener los ingresos el 15% de éstos. Los beneficios obtenidos cada año los ingresamos en una entidad bancaria durante 10 años.

Calcular la anualidad de renta que podemos percibir durante los 15 años siguientes. El tipo de interés es el 6% anual para toda la operación.

Solución

- Ingresos = 160.000 €.
- Gastos = 0,15 × 160.000 = 24.000 €.
- Beneficio = 136.000 €.

$$S_{\overline{10}|0{,}06} = A_{\overline{15}|0{,}06}$$

$$136.000 \times \frac{(1+0{,}06)^{10}-1}{0{,}06} = a \times \frac{1-(1+0{,}06)^{-15}}{0{,}06}$$

$$\Rightarrow a = 184.569{,}82 \text{ €.}$$

Ejemplo 8.3.

Calcular el valor actual y final de una renta de 500 € trimestrales pospagables que se incrementan anualmente en un 3% acumulativo anual (razón 1,03), si el tanto de interés es el 4% efectivo anual y la duración de 5 años.

Caso a): Utilizando el factor de transformación.

Caso b): Calculando los términos anuales equivalentes.

Solución

Caso a)

El gráfico de la operación será el siguiente:

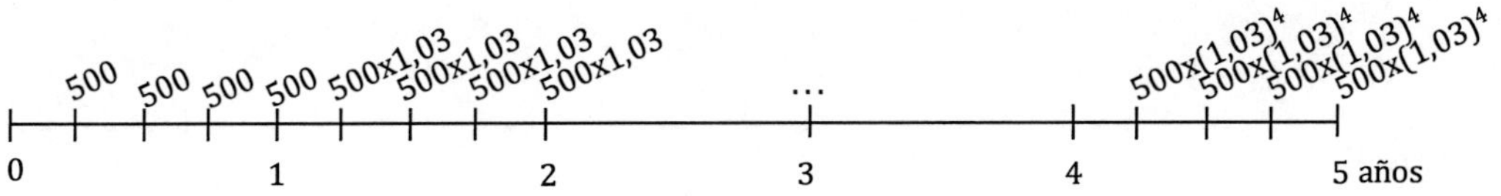

La fórmula a utilizar para el cálculo del valor actual es la siguiente:

$$\div A_{\overline{n}|i}^{(m)} = \frac{i}{J_m} \cdot \div A_{\overline{n}|i} = \frac{i}{J_m} \cdot \; a_1 \cdot \frac{1 - \left(\frac{q}{1+i}\right)^n}{1 + i - q}$$

Aplicación de la fórmula al supuesto:

$$\div A_{\overline{5}|0,04}^{(4)} = \frac{0,04}{J_4} \times \; (500 \times 4) \times \frac{1 - \left(\frac{1,03}{1 + 0,04}\right)^5}{1 + 0,04 - 1,03} = 9.572,57 \text{ €}$$

siendo,

$$J_4 = 4i_4 = 4\left[(1+i)^{1/4} - 1\right] = 3,9413628\%$$

El valor final será el siguiente:

$$\div S_{\overline{5}|0,04}^{(4)} = \div A_{\overline{5}|0,04}^{(4)} (1 + 0,04)^5 = 11.646,5 \text{ €}$$

Caso b)

Los términos anuales equivalentes figuran en el siguiente gráfico:

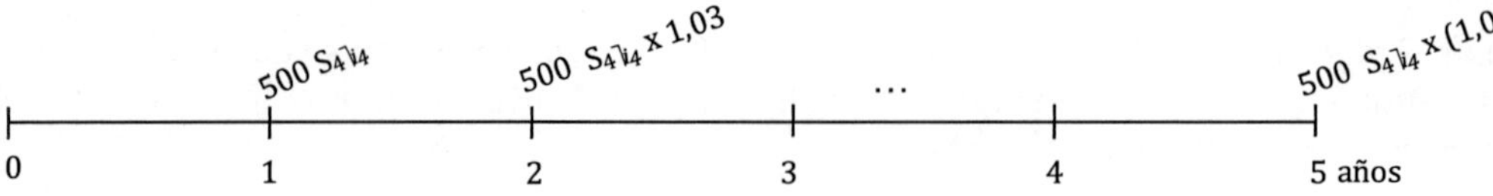

siendo,

$$i_4 = \frac{J_4}{4} = 0{,}9853407\%, \text{ y } S_{\overline{4}|i_4} = \frac{(1+i_4)^4-1}{i_4} = 4{,}059509772$$

$$\div A^{(4)}_{\overline{5}|0,04} = 500\, S_{\overline{4}|i_4} \times \frac{1-\left(\frac{1{,}03}{1+0{,}04}\right)^5}{1+0{,}04-1{,}03} = 9.572{,}57\ €$$

$$\div S^{(4)}_{\overline{5}|0,04} = \div A^{(4)}_{\overline{5}|0,04}(1+0{,}04)^5 = 11.646{,}5\ €$$

Ejemplo 8.4.

Calcular el valor actual y final de una renta de 500 € trimestrales pospagables, que aumenta anualmente 100 €, de duración 5 años y siendo el tanto de valoración al 4% efectivo anual.

Caso a): Utilizando el factor de transformación.

Caso b): Calculando los términos anuales equivalentes.

Solución

Caso a)

Del enunciado deducimos el siguiente gráfico:

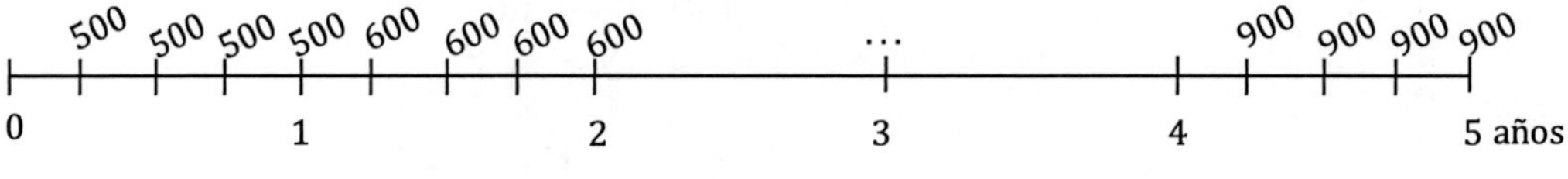

La fórmula a utilizar es la siguiente:

$$\div A^{(m)}_{\overline{n}|i} = \frac{i}{J_m} \cdot \div A_{\overline{n}|i} = \frac{i}{J_m} \cdot \left[\left(a_1 + \frac{d}{i} + n \cdot d\right) \cdot a_{\overline{n}|i} - \frac{n \cdot d}{i}\right]$$

donde

$$J_m = J_4 = 4\left[(1+i)^{1/4} - 1\right] = 3{,}9413628\%, \text{ y } a_{\overline{n}|i} = a_{\overline{5}|i} = \frac{1-(1+i)^{-5}}{i} = 4{,}45182233$$

$$\div A^{(4)}_{\overline{5}|0,04} = \frac{0,04}{J_m}\left[\left(500 \times 4 + \frac{100 \times 4}{0,04} + 5 \times 100 \times 4\right) \times a_{\overline{5}|i} - \frac{5 \times 100 \times 4}{0,04}\right]$$

$$\div A^{(4)}_{\overline{5}|0,04} = 12.508,88\ €$$

El valor final será el siguiente:

$$\div S^{(4)}_{\overline{5}|0,04} = \div A^{(4)}_{\overline{5}|0,04}\ (1 + 0,04)^5 = 15.218,97\ €$$

Caso b)

Los términos anuales equivalentes figuran en el siguiente gráfico:

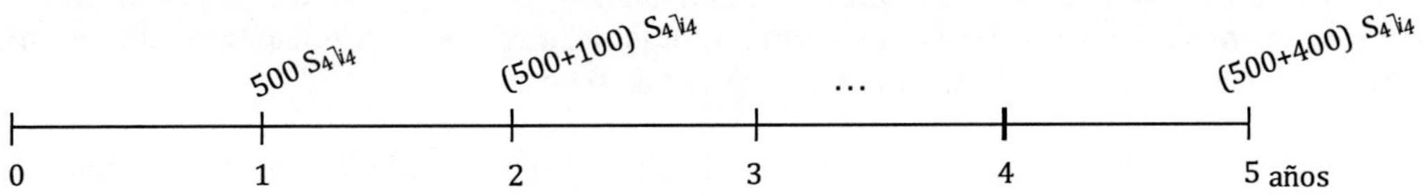

siendo,

$i_4 = \frac{J_4}{4} = 0,9853407\%.$

La razón de la progresión aritmética es:

$$d = 100\, S_{\overline{4}|i_4} = 100\left(\frac{(1 + i_4)^4 - 1}{i_4}\right) = 405,9509772$$

y el primer término es:

$$a_1 = 500\, S_{\overline{4}|i_4} = 2.029,754886$$

$$\div A_{\overline{n}|i} = \left(a_1 + \frac{d}{i} + d\, n\right) a_{\overline{n}|i} - \frac{d\, n}{i}$$

$$\Rightarrow \div A^{(4)}_{\overline{5}|0,04} = \left(a_1 + \frac{d}{0,04} + d\ \times 5\right) a_{\overline{5}|i} - \frac{d\ \times 5}{0,04} = 12.508,88\ €$$

$$\div S^{(4)}_{\overline{5}|0,04} = \div A^{(4)}_{\overline{5}|0,04}\ (1 + 0,04)^5 = 15.218,97\ €$$

8.3. RESUMEN DE FÓRMULAS BÁSICAS

Las fórmulas básicas para el cálculo del valor actual de rentas fraccionadas unitarias (a = 1 u.m. al año) son las siguientes:

Forma de valoración	Rentas pospagables
Utilizando el *factor de transformación*	$a_{n\rceil i}^{(m)} = \frac{i}{J_m} \cdot a_{n\rceil i}$
Como renta no fraccionada	$a_{n\rceil i}^{(m)} = \frac{1}{m} \cdot a_{\overline{n \times m}\rvert i_m}$

Para este tipo de rentas se cumplen relaciones análogas a aquellas de rentas no fraccionadas en cuanto a los valores actuales entre rentas pospagables y prepagables, entre inmediatas y diferidas, y entre valores finales y valores actuales.

A continuación, se muestran algunas de dichas relaciones, donde A y S se refieren al valor actual y valor final de una renta fraccionada, pudiendo ser constante o variable.

Rentas pospagables	Rentas prepagables
$A_{n\rceil i}^{(m)}$	$\ddot{A}_{n\rceil i}^{(m)} = A_{n\rceil i}^{(m)} \cdot (1+i)^{1/m}$
$S_{n\rceil i}^{(m)} = A_{n\rceil i}^{(m)} \cdot (1+i)^n$	$\ddot{S}_{n\rceil i}^{(m)} = S_{n\rceil i}^{(m)} \cdot (1+i)^{1/m}$ $= \ddot{A}_{n\rceil i}^{(m)} \cdot (1+i)^n$
$d/A_{n\rceil i}^{(m)} = A_{n\rceil i}^{(m)} \cdot (1+i)^{-d}$	$d/\ddot{A}_{n\rceil i}^{(m)} = \ddot{A}_{n\rceil i}^{(m)} \cdot (1+i)^{-d}$

8.4. SUPUESTOS DE APLICACIÓN

En este apartado desarrollaremos algunos supuestos prácticos sobre rentas fraccionadas, tanto constantes como variables.

Ejemplo 8.5.

Se depositan 2.000 € semestrales en un banco que abona intereses al 4% nominal anual capitalizable semestralmente. Se pide:

a) Calcular el importe acumulado en el banco al cabo de 5 años desde la primera imposición.

b) Si transcurridos los primeros 2 años el tipo de interés cambia al 1% efectivo anual, calcule la cantidad acumulada en el banco al final del 5º año.

Solución

a) Sean J_2 = 4% y S_{10} el importe acumulado en el banco al final del 5º año. La tasa efectiva semestral es i_2 = 2%.

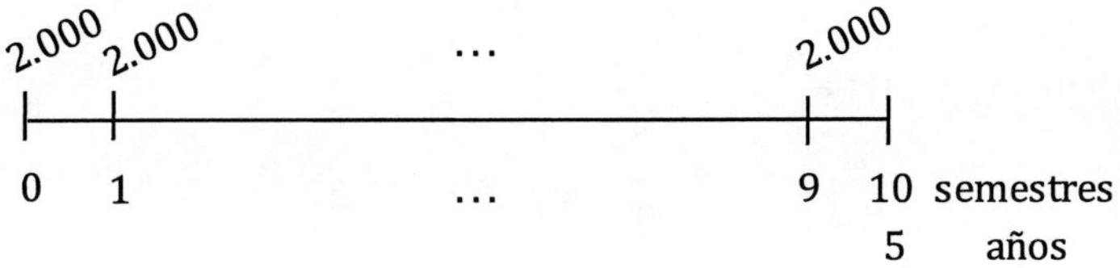

$$S_{10} = 2.000\, \ddot{s}_{\overline{10}|i_2} = 2.000(1+i_2)^{10} \ddot{a}_{\overline{10}|i_2} = 2.000(1+i_2)^{11} a_{\overline{10}|i_2}$$

$$= 2.000(1+0{,}02)^{11} \left[\frac{1-(1+0{,}02)^{-10}}{0{,}02}\right]$$

$$S_{10} = 22.337{,}43\ €$$

b) Sea i = 1% el tipo de interés aplicado durante los últimos 3 años.

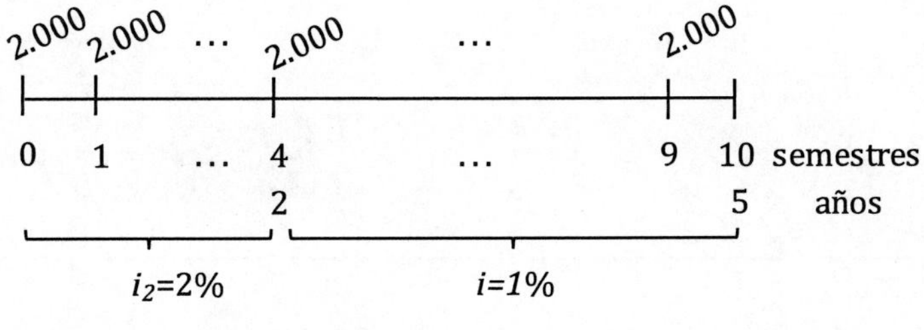

$$S_{10} = 2.000\, \ddot{s}_{\overline{4}|i_2}(1+i)^3 + 2.000 \times 2\, \ddot{s}^{(2)}_{\overline{3}|i}$$

$$= 2.000(1+i_2)^4\, \ddot{a}_{\overline{4}|i_2}(1+i)^3 + 4.000(1+i)^3\, \ddot{a}^{(2)}_{\overline{3}|i}$$

$$= 2.000(1+i_2)^5\, a_{\overline{4}|i_2}(1+i)^3 + 4.000(1+i)^3\, (1+i)^{1/2}\, a^{(2)}_{\overline{3}|i}$$

siendo,

$$a^{(m)}_{\overline{n}|i} = \frac{i}{J_m} a_{\overline{n}|i}.$$

donde la tasa equivalente a i es $J_m = m\left[(1+i)^{1/m} - 1\right]$.

En este caso, J_2 = 0,9975%.

$$a^{(2)}_{\overline{3}|i} = \frac{i}{J_2} a_{\overline{3}|i} = \frac{0{,}01}{0{,}009975}\left(\frac{1-(1+0{,}01)^{-3}}{0{,}01}\right) = 2{,}948356$$

$$S_{10} = 2.000(1+0{,}02)^5\left(\frac{1-(1+0{,}02)^{-4}}{0{,}02}\right)(1+0{,}01)^3 + 4.000(1+0{,}01)^{3+1/2} \times 2{,}948356$$

= 8.662,85+12.211,38

$$S_{10} = 20.874{,}23\ €$$

Ejemplo 8.6.

Con el objeto de reunir una cantidad que le será entregada a su hijo al cumplir 21 años, una persona deposita 1.000 € cada trimestre en un banco que abona el 10% anual con capitalización trimestral, durante los primeros 15 semestres y de ahí en adelante, el 8% anual capitalizable trimestralmente.

Calcular la cantidad que se entregará si el primer depósito se realiza tres meses después de haber nacido el hijo, y el último cuando éste tenga veinte años y medio.

Solución

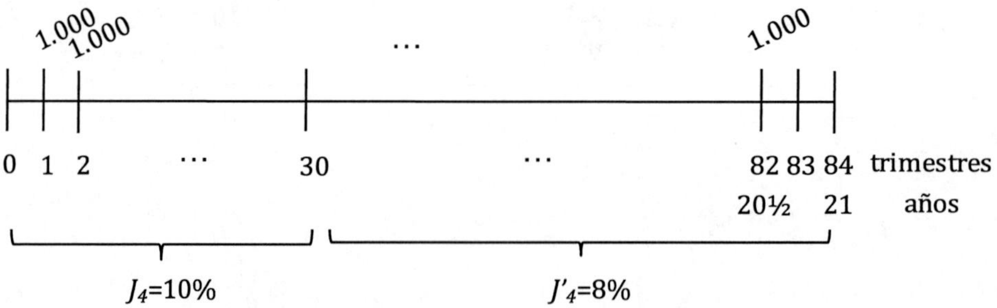

Sea S la cantidad que recibirá el hijo, $i_4 = J_4/4$ = 2,5% y $i'_4 = J'_4/4$ = 2%

$$S = 1.000\, S_{\overline{30|}i_4}(1 + i'_4)^{84-30} + 1.000\, S_{\overline{82-30|}i'_4}(1 + i'_4)^2$$

$$= 1.000\left(\frac{(1 + 0{,}025)^{30} - 1}{0{,}025}\right)(1 + 0{,}02)^{54} + 1.000\left(\frac{(1 + 0{,}02)^{52} - 1}{0{,}02}\right)(1 + 0{,}02)^2$$

$$= 127.908{,}83 + 93.653{,}07$$

$$S = 221.561{,}91\ €$$

Ejemplo 8.7.

Una persona decide ingresar en una entidad bancaria, que opera al 8% de interés efectivo anual, la cantidad necesaria para atender los gastos derivados de los estudios de su hijo. Dicha cantidad se ingresará a la fecha de inicio de los estudios, que tendrán una duración de 5 años. Los gastos que origina son los siguientes:

a) Matrícula, al inicio de cada curso académico anual. El primer año son 600 €, y está previsto un incremento de 60 € cada año.

b) Adquisición de libros de texto, al inicio de cada curso. El primer año ascienden a 400 €, y se estima un incremento del 5% anual acumulativo.

c) Alojamiento y manutención. El primer curso académico suponen 700 € al inicio de cada mes, estimándose también un incremento del 5% anual acumulativo.

Determinar el importe a ingresar en el banco.

Solución

Sean i = 8%, y V_a, V_b y V_c las cantidades necesarias para atender los gastos de matrícula, adquisición de libros, y alojamiento y manutención, respectivamente.

a) Matrícula

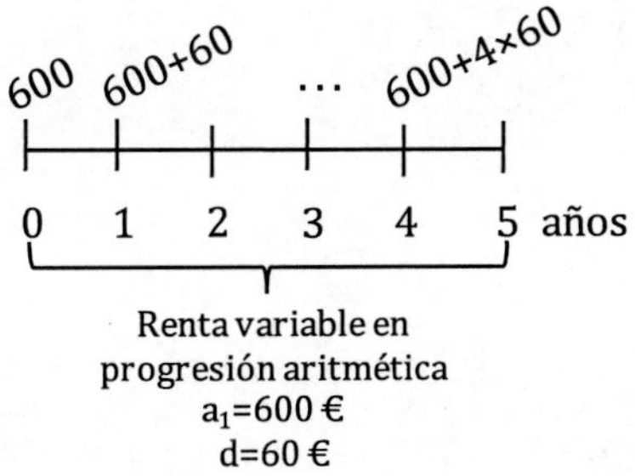

$$V_a = \underset{\substack{a_1=600\\ d=60}}{\div \ddot{A}_{\overline{5|}i}} = \underset{\substack{a_1=600\\ d=60}}{\div A_{\overline{5|}i}}(1+i) = \left[\left(600 + \frac{60}{0{,}08} + 60 \times 5\right)a_{\overline{5|}i} - \frac{60 \times 5}{0{,}08}\right](1 + 0{,}08)$$

$$= \left[1.650\left(\frac{1-(1+0{,}08)^{-5}}{0{,}08}\right) - 3.750\right] \times 1{,}08$$

$$= 3.065{,}01\ €.$$

b) Libros

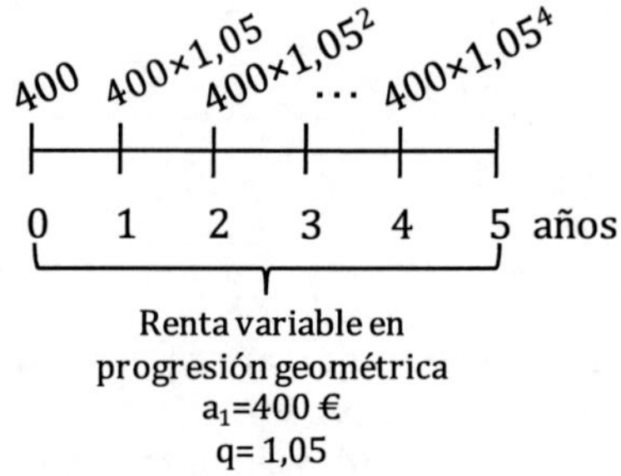

$$V_b = \underset{\substack{a_1=400\\ q=1{,}05}}{\ddot{\div}\ddot{A}_{\overline{5|}i}} = \underset{\substack{a_1=400\\ q=1{,}05}}{\ddot{\div}A_{\overline{5|}i}}(1+i)$$

$$= \left[400 \times \frac{1-\left(\frac{1{,}05}{1+0{,}08}\right)^5}{1+0{,}08-1{,}05}\right] \times (1+0{,}08)$$

$$= 1.891{,}93\ €$$

c) Alojamiento y manutención

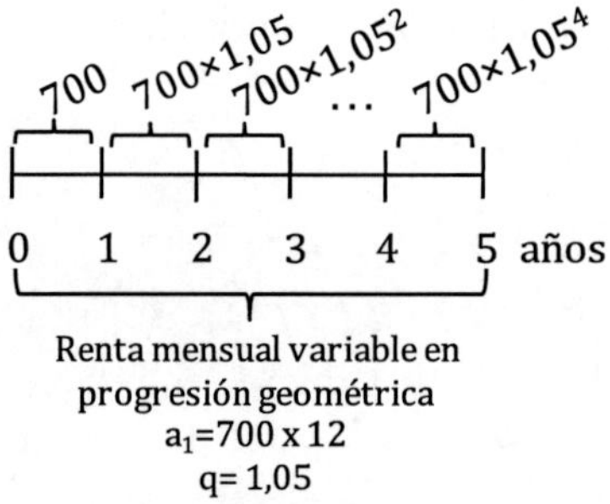

$$V_c = \underset{\substack{a_1=700\\ q=1{,}05}}{\ddot{\div}\ddot{A}^{(12)}_{\overline{5|}i}} = \underset{\substack{a_1=700\\ q=1{,}05}}{\ddot{\div}A^{(12)}_{\overline{5|}i}}(1+i)^{1/12} = \frac{i}{J_{12}}.\ \underset{\substack{a_1=700\times 12\\ q=1{,}05}}{\ddot{\div}A_{\overline{5|}i}}\ (1+i)^{1/12}$$

donde J_{12} es la tasa equivalente a i: $J_{12} = 12\left[(1+i)^{1/12}-1\right] = 7{,}720836\%$

$$V_c = \frac{0{,}08}{0{,}07720836}\left[700 \times 12 \times \frac{1-\left(\frac{1{,}05}{1+0{,}08}\right)^5}{1+0{,}08-1{,}05}\right] \times (1+0{,}08)^{1/12}$$

$$= 38.362{,}97\ €.$$

Por tanto, el importe a ingresar en el banco es:

$$V = V_a + V_b + V_c = 43.319{,}91\ €$$

Ejemplo 8.8.

Una persona deposita 60.000 € al 7% nominal anual con capitalización semestral para poder disfrutar al cabo de 5 años de una renta trimestral durante 7 años. Transcurridos 8 años desde el ingreso, la tasa de interés disminuye al 2% efectivo semestral. ¿Qué cantidad adicional habrá que colocar al final del 8º año para seguir disfrutando de la misma renta?

Solución

Sean R la renta trimestral a percibir y X la cantidad adicional a determinar. Sean i y i' las tasas efectivas anuales equivalentes a $J_2 = 7\%$ y $i_2 = 2\%$, respectivamente:

$$i = \left(1 + \frac{J_2}{2}\right)^2 - 1 = 7{,}1225\%; \quad i' = (1 + i_2)^2 - 1 = 4{,}04\%.$$

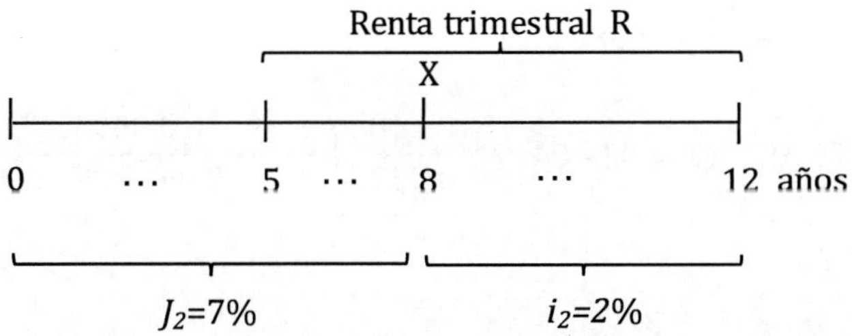

La cantidad X necesaria será aquella que iguale el importe acumulado al final del 8º año (S_8) con el valor actual de la renta trimestral bajo la nueva tasa de interés (S'_8). En primer lugar, se calcula R a partir de la siguiente ecuación planteada para el inicio de la operación.

$$\begin{aligned} 60.000 &= 4R\ {}_{5}/\ddot{a}^{(4)}_{\overline{7}|i} \\ &= 4R\ (1+i)^{-5}\ \ddot{a}^{(4)}_{\overline{7}|i} \\ &= 4R\ (1+i)^{-5}(1+i)^{1/4}\ a^{(4)}_{\overline{7}|i} \\ &= 4R\ (1+i)^{-5+1/4}\ \frac{i}{J_4}\left(\frac{1-(1+i)^{-7}}{i}\right) \end{aligned}$$

donde, $J_4 = 4\left[(1+i)^{1/4} - 1\right] = 6{,}94\%$.

$$60.000 = 4R\,(1+0{,}071225)^{-5+1/4}\,\frac{0{,}071225}{0{,}0694}\left(\frac{1-(1+0{,}071225)^{-7}}{0{,}071225}\right)$$

$$= R \times 15{,}8883$$

$$\Rightarrow R = 3.776{,}36\ €$$

El importe acumulado al final del 8º año es (calculado por el método prospectivo):

$$S_8 = 4R\,\ddot{a}^{(4)}_{\overline{4}|i} = 4R\,(1+i)^{1/4}\,a^{(4)}_{\overline{4}|i} = 4R\,(1+i)^{1/4}\frac{i}{J_4}\left(\frac{1-(1+i)^{-4}}{i}\right)$$

$$= 4 \times 3.776{,}36 \times (1+0{,}071225)^{1/4}\,\frac{0{,}071225}{0{,}0694}\left(\frac{1-(1+0{,}071225)^{-4}}{0{,}071225}\right)$$

$$= 53.274{,}43\ €$$

La cantidad total necesaria para cubrir el valor actual de la renta bajo el nuevo tipo de interés es:

$$S_8' = 4R\,\ddot{a}^{(4)}_{\overline{4}|i'} = 4R\,(1+i')^{1/4}\,a^{(4)}_{\overline{4}|i'} = 4R\,(1+i')^{1/4}\frac{i'}{J'_4}\left(\frac{1-(1+i')^{-4}}{i'}\right)$$

donde, $J'_4 = 4\left[(1+i')^{1/4} - 1\right] = 3{,}9802\%$.

$$S_8' = 4 \times 3.776{,}36 \times (1+0{,}0404)^{1/4}\,\frac{0{,}0404}{0{,}0398}\left(\frac{1-(1+0{,}0404)^{-4}}{0{,}0404}\right)$$

$$= 56.155{,}82\ €$$

La cantidad X a ingresar en el banco es:

$$X = S_8' - S_8 = 2.881{,}39\ €$$

Ejemplo 8.9.

Una empresa debe efectuar 10 pagos de 5.000 € al final de cada bimestre. Si decide cambiar ese plan de pagos por otro en el que realice 15 pagos mensuales pospagables, pactando los intereses al 12% nominal anual capitalizable mensualmente, se pide:

a) Calcular el importe de los pagos mensuales.

b) El saldo de la deuda en símbolos de rentas al final de cualquier mes genérico t, por los métodos prospectivo y retrospectivo, y demuestre su igualdad.

Solución

a) Sean C la cuota mensual y J_{12} = 12%. Las tasas efectivas equivalentes mensual y bimestral son:

$$i_{12} = 1\% \text{ y } i_6 = \left(1 + \frac{J_{12}}{12}\right)^{12/6} - 1 = 2{,}01\%, \text{ respectivamente.}$$

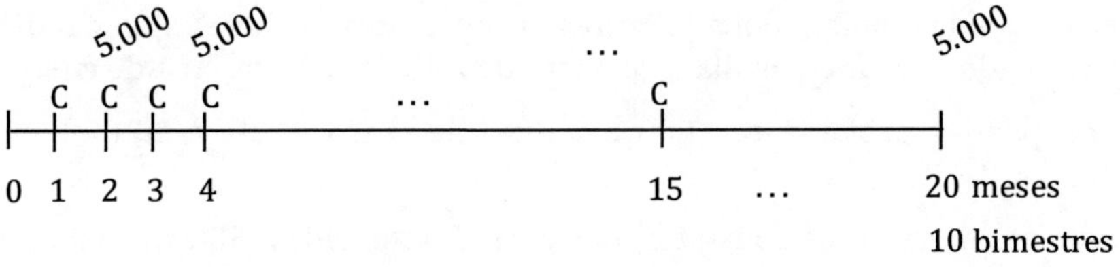

La cuota mensual C es equivalente a la cuota bimestral, por lo que se debe cumplir:

$$5.000\ a_{\overline{10}|i_6} = C\ a_{\overline{15}|i_{12}}$$

$$\Rightarrow C = \frac{5.000\ a_{\overline{10}|i_6}}{a_{\overline{15}|i_{12}}} = \frac{5.000\left(\frac{1-(1+0{,}0201)^{-10}}{0{,}0201}\right)}{\left(\frac{1-(1+0{,}01)^{-15}}{0{,}01}\right)} = \frac{44.889{,}43525}{13{,}865053}$$

$$C = 3.237{,}6\ €.$$

b) Sea S_t el saldo de la deuda al final del mes t, donde $t \in [0, 15) \cap Z$.

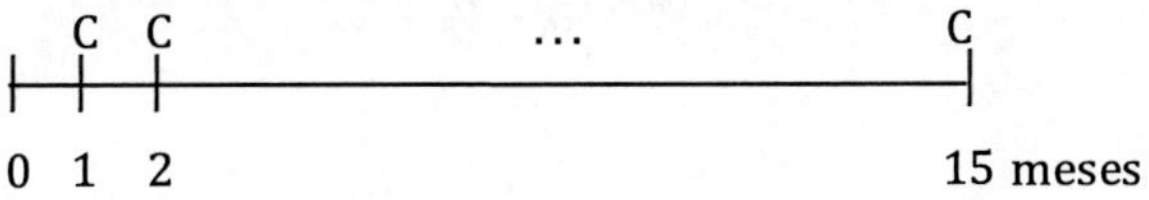

- Método prospectivo:

$$S_t^p = C\ a_{\overline{15-t}|i_{12}}$$

- Método retrospectivo:

$$\begin{aligned} S_t^r &= S_0(1+i_{12})^t - C\ S_{\overline{t}|i_{12}} \\ &= C\ a_{\overline{15}|i_{12}}(1+i_{12})^t - C\ a_{\overline{t}|i_{12}}(1+i_{12})^t \\ &= C\ (1+i_{12})^t\left[a_{\overline{15}|i_{12}} - a_{\overline{t}|i_{12}}\right] = C\ (1+i_{12})^t\ {}_{t/}a_{\overline{15-t}|i_{12}} \\ &= C\ (1+i_{12})^t(1+i_{12})^{-t}a_{\overline{15-t}|i_{12}} \\ &= C\ a_{\overline{15-t}|i_{12}} = S_t^p \end{aligned}$$

Ejemplo 8.10.

El día 1 de octubre de 2010, los socios A y B constituyen una Sociedad Limitada, cuyo capital se conforma aportando cada socio el 50% del total. El día de la constitución el socio A aporta 9.000 € en efectivo. El resto de la aportación de dicho socio es el importe neto que resulta al hacerse cargo la nueva sociedad de unos compromisos que tenía pendientes A como consecuencia de una actividad anterior, y que son los siguientes:

a) Pago de una deuda mediante entregas constantes de 300 € al inicio de cada semestre, siendo la primera el día 1 de enero de 2011 y la última el 1 de enero de 2016.

b) Tres pagos a proveedores: 600 € el día 1 de enero de 2014, 1.200 € el 1 de julio de 2015, y 3.000 € el día 1 de enero de 2018.

c) Ingresos de créditos a clientes, por periodos vencidos: 500 € al año durante el primer bienio, incrementándose posteriormente dichos ingresos a razón del 10% acumulativo anual. El primer cobro tiene lugar el día 1 de octubre de 2011, y el último el día 1 de octubre de 2016.

Si el tipo de interés que se aplica es del 5% anual, determinar el importe de la aportación al capital social del socio A y del socio B.

Solución

Sean i = 5%, $AP_A = AP_B$ las aportaciones de los socios, y V_a, V_b y V_c los valores actuales de la deuda, de los pagos a proveedores y de los ingresos, respectivamente.

La aportación al capital del socio A será:

$$AP_A = 9.000 - V_a - V_b + V_c$$

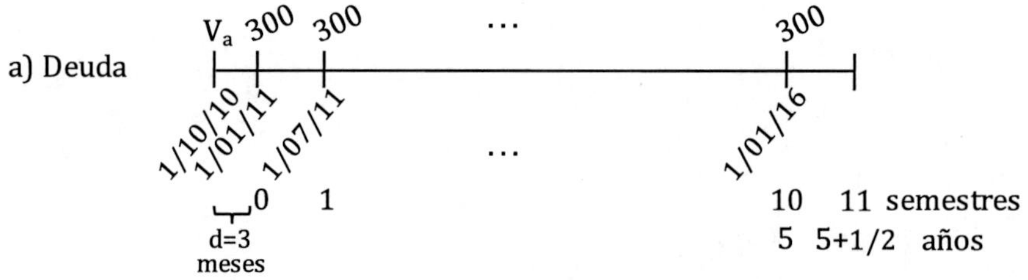

$$V_a = (300 \times 2)\ {}_{\frac{1}{4}/}\ddot{a}^{(2)}_{\overline{5+\frac{1}{2}}|i} = 600\,(1+i)^{-\frac{1}{4}}\,\ddot{a}^{(2)}_{\overline{5+\frac{1}{2}}|i} = 600\,(1+i)^{-\frac{1}{4}}(1+i)^{\frac{1}{2}}a^{(2)}_{\overline{5+\frac{1}{2}}|i}$$

$$= 600\,(1+i)^{\frac{1}{4}}\,\frac{i}{J_2}\,a_{\overline{5+\frac{1}{2}}|i} = 600\,(1+i)^{\frac{1}{4}}\frac{i}{J_2}\left(\frac{1-(1+i)^{-5-\frac{1}{2}}}{i}\right)$$

donde $J_2 = 2\left[(1+i)^{1/2} - 1\right] = 4{,}939\%$

$$V_a \;= 600\,(1+0{,}05)^{\frac{1}{4}}\left(\frac{1-(1+0{,}05)^{-5{,}5}}{0{,}04939}\right) = 2.894{,}25\text{ €}$$

b) Proveedores

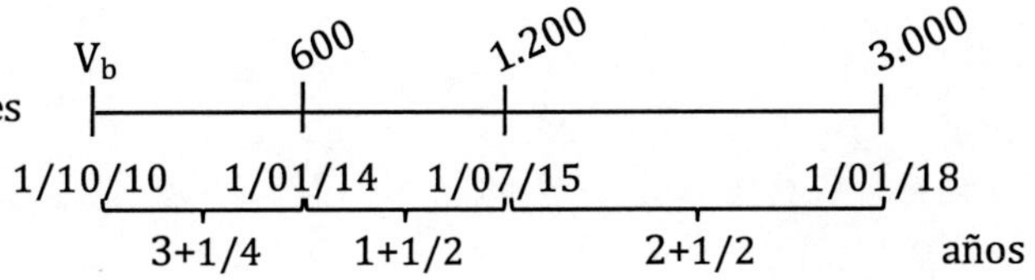

$$V_b \;= 600\,(1+i)^{-\left(3+\frac{1}{4}\right)} + 1.200\,(1+i)^{-\left(4+\frac{1}{4}+\frac{1}{2}\right)} + 3.000\,(1+i)^{-\left(7+\frac{1}{4}\right)}$$

$$= 600\,(1+0{,}05)^{-3{,}25} + 1.200\,(1+0{,}05)^{-4{,}75} + 3.000\,(1+0{,}05)^{-7{,}25}$$

$$= 3.569{,}99\text{ €}$$

c) Ingresos

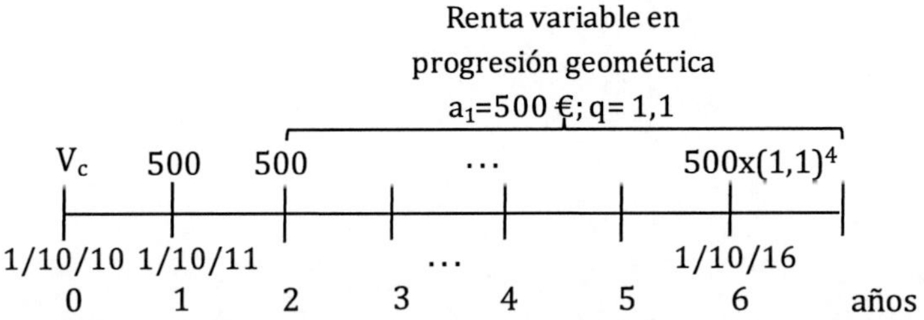

$$V_c \;= 500(1+i)^{-1} + {}_{2/}\ddot{A}_{\overline{5|}i} = 500(1+i)^{-1} + (1+i)^{-2}(1+i)\,\ddot{A}_{\overline{5|}i}$$

$$\qquad a_1=500 \qquad\qquad\qquad a_1=500$$

$$\qquad q=1{,}05 \qquad\qquad\qquad q=1{,}05$$

$$= 500(1+0{,}05)^{-1} + (1+0{,}05)^{-1}\left[500\times\frac{1-\left(\frac{1{,}1}{1+0{,}05}\right)^5}{1+0{,}05-1{,}1}\right] = 2.970{,}25\text{ €}$$

La aportación del socio A es, entonces:

$$AP_A = 9.000 - 2.894{,}25 - 3.569{,}99 + 2.970{,}25$$

$$AP_A = 5.506{,}02\text{ €}$$

Y por tanto,

$$AP_B = AP_A = 5.506{,}02\text{ €}$$

PARTE III

OPERACIONES FINANCIERAS DE PRÉSTAMO

CAPÍTULO 9

GENERALIDADES DE LOS PRÉSTAMOS

Contenido

9.1. CONCEPTO DE PRÉSTAMO

Según el profesor González Catalá[1], las operaciones financieras de amortización de capital o préstamos son aquellas en las que una persona, denominada *prestamista*, se compromete a entregar a otra, denominada *prestatario*, en un determinado momento cierto capital, que ésta se compromete a reembolsar junto con los intereses que se han generado en la operación.

Los **préstamos** son, en general, operaciones financieras compuestas de prestación única y contraprestaciones múltiples, si bien existen préstamos que son operaciones simples en las que el prestatario devuelve con un solo pago el capital inicialmente prestado, junto con los intereses correspondientes.

Los préstamos se formalizan en un contrato en los que se reflejan los compromisos del prestamista y del prestatario, que entre otros, son los siguientes:

- El tipo de interés nominal.
- La periodicidad con que se producirá el devengo de intereses, así como las fechas de devengo y liquidación de los mismos.
- El método de amortización para obtener, a partir del tipo de interés nominal, el importe de los intereses devengados.
- Las comisiones que sean de aplicación, con indicación concreta de su concepto, cuantías y fechas de devengo y liquidación.

La ley financiera que normalmente se utiliza para efectuar los cálculos es la *ley financiera de capitalización compuesta*, por tratarse de operaciones financieras a plazo largo, si bien en algún método de amortización se utiliza la capitalización simple.

El esquema gráfico de una operación financiera de amortización de capital o préstamo será la siguiente:

[1] Vicente T. González Catalá. *Análisis de las operaciones financieras, bancarias y bursátiles*. página 121.Edit. C. Sociales. 1995.

Los elementos que intervienen en un préstamo son:

$C_0 \rightarrow$ Principal del préstamo: cantidad que entrega el prestamista (Bancos, Cajas,...), al prestatario (personas físicas, personas jurídicas,...) en el momento inicial de la operación. Es la cuantía de la prestación del prestamista.

$a_k \rightarrow$ Término amortizativo: cantidades que entrega el prestatario al prestamista a lo largo de la operación. Es la contraprestación del prestamista.

$n \rightarrow$ Duración de la operación.

$I_k \rightarrow$ Cuota de intereses del periodo k.

$A_k \rightarrow$ Cuota de amortización del periodo k.

$M_k \rightarrow$ Total amortizado hasta el momento k.

$i \rightarrow$ Tanto efectivo anual.

$C_k \rightarrow$ Capital vivo o pendiente de amortizar en el periodo k.

En todo préstamo con contraprestación múltiple, se verifica que:

$$a_k = I_k + A_k = C_{k-1} \cdot i + A_k$$

Además:

$$C_0 = A_1 + A_2 + \cdots + A_n = M_n$$

$$C_n = 0$$

En toda operación financiera de préstamo debe cumplirse la siguiente igualdad en el origen:

$$C_0 = \sum_{k=1}^{n} a_k \cdot (1+i)^{-k}$$

El cuadro de amortización de un préstamo con un único tipo de interés para toda la operación sería el siguiente:

Periodos	Término amortizativo (a_k)	Cuota de intereses (I_k)	Cuota de amortización (A_k)	Capital amortizado (M_k)	Capital vivo (C_k)
0	—	—	—	—	C_0
1	a_1	$I_1 = C_0 \cdot i$	A_1	$M_1 = A_1$	$C_1 = C_0 - A_1 = C_0 - M_1$
2	a_2	$I_2 = C_1 \cdot i$	A_2	$M_2 = A_1 + A_2$	$C_2 = C_1 - A_2 = C_0 - M_2$
⋮	⋮	⋮	⋮	⋮	⋮
n	a_n	$I_n = C_{n-1} \cdot i$	A_n	$M_n = A_1 + A_2 \ldots + A_n = C_0$	$C_n = 0$

9.2. CLASIFICACIÓN DE LAS OPERACIONES DE PRÉSTAMO

Los préstamos pueden ser clasificados atendiendo a sus características generales o bien a sus características financieras:

A. De carácter general:

1. Según su finalidad:

- Préstamos consuntivos: préstamos dedicados al consumo.
- Préstamos productivos: préstamos dedicados a la producción de bienes y servicios.
- Préstamos responsables: concesión de préstamos por entidades financieras a sus clientes.

2. Según la duración de la operación:

- Préstamos a corto plazo: hasta 1 año.
- Préstamos a largo plazo: superior a 1 año.

3. Según las garantías exigidas al prestatario:

- Préstamos con garantía personal: son concedidos por la solvencia personal del prestatario o de su aval, en caso de existir.
- Préstamos con garantía real: son concedidos con garantía hipotecaria (la garantía es una vivienda o inmueble) o con garantía pignoraticia (la garantía son activos financieros: acciones, participaciones, fondos de pensiones, etc.).

4. Según la formalización de la operación de préstamo:

- Préstamos en escritura pública.
- Préstamos en póliza mercantil.
- Préstamos en efectos financieros.

5. Según el número de prestamistas que participan en la operación:

- Préstamos con un único prestamista.
- Préstamos sindicados o con múltiples prestamistas, debido a la elevada cuantía del capital prestado.

B. De carácter financiero:

1. Según el tipo de interés aplicado.

- Préstamos a tipo de interés fijo.
- Préstamos a tipo de interés variable, normalmente en función de un índice de referencia, por ejemplo el Euribor, etc.

2. Según la frecuencia de pago de los intereses devengados:
   - Préstamos con pago único de los intereses: el prestatario paga los intereses en un solo desembolso.
   - Préstamos con pago periódico de intereses: el prestatario paga los intereses de forma periódica, trimestral, semestral, mensual, etc.

3. Según el vencimiento de los intereses:
   - Préstamos con intereses pospagables: los intereses vencen al final de cada periodo.
   - Préstamos con intereses prepagables: los intereses vencen al principio de cada periodo.

4. Según la existencia de periodos de carencia:
   - Préstamos con carencia parcial: donde el prestatario, durante un periodo convenido, sólo paga los intereses generados por la deuda pendiente.
   - Préstamos con carencia total: donde el prestatario, durante un periodo convenido, no efectúa ningún pago en concepto de contraprestación.

9.3. PRÉSTAMOS AMORTIZADOS CON REEMBOLSO ÚNICO

9.3.1. Método de amortización simple

Esta modalidad de préstamo se caracteriza porque el prestamista entrega un capital C_0 y el prestatario se compromete a devolverlo una vez transcurridos n periodos convenidos junto con los intereses correspondientes. Es por tanto, una **operación financiera simple**.

Gráficamente, esta modalidad la representamos como se refleja a continuación:

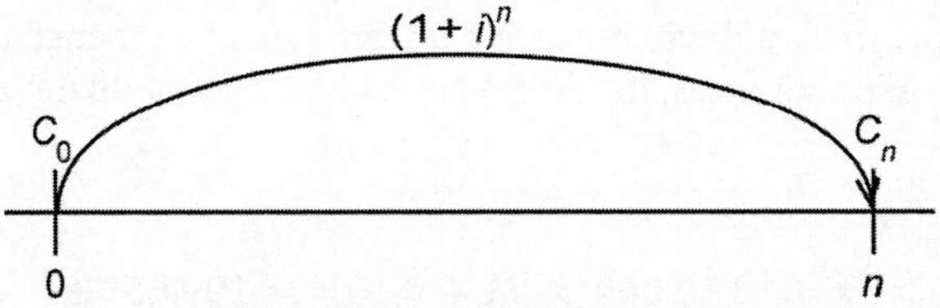

La ecuación de equivalencia que nos permite determinar la cuantía que se entregará como contraprestación será:

$$C_n = C_0 \cdot (1+i)^n$$

Los intereses que ha generado la operación serán:

$$I_n = C_n - C_0$$

Si queremos conocer el saldo en un momento cualquiera k $(k < n)$:

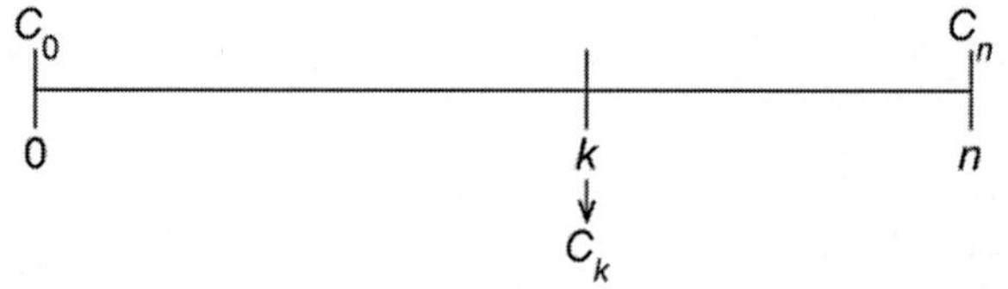

- Por el método prospectivo: $C_k = C_n \cdot (1+i)^{-(n-k)}$
- Por el método retrospectivo: $C_k = C_0 \cdot (1+i)^k$
- Por el método recurrente: $C_k = C_{k-1} \cdot (1+i) = C_{k-1} + C_{k-1} \cdot i$

Esta igualdad nos indica que el incremento del saldo en el periodo k es igual a los intereses que genera en un año (desde $k-1$ hasta k).

Ejemplo 9.1.

A la sociedad Carosa le han concedido un préstamo simple con las siguientes condiciones:

- Capital prestado: 150.000 euros.
- Tipo de interés: 10% anual.
- Duración 3 años.

Si Carosa se compromete a devolver este préstamo una vez transcurridos los 3 años junto con los intereses correspondientes, determine el capital que ha de devolver.

Solución

$$C_3 = 150.000 \times (1 + 0{,}10)^3 = 199.650 \text{ €}.$$

9.3.2. Método de amortización americano

El esquema gráfico para este tipo de préstamo sería el siguiente:

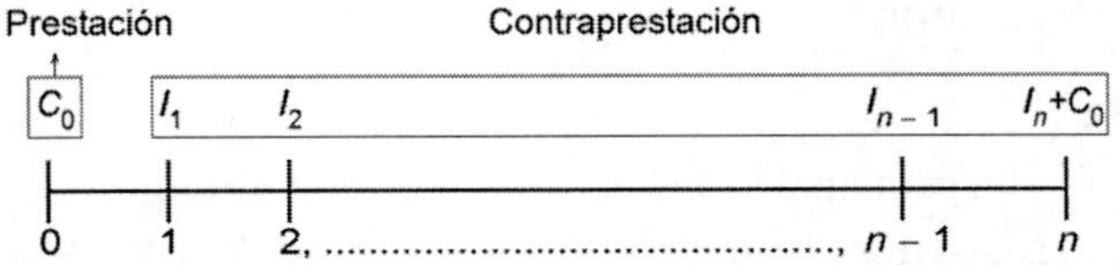

En esta modalidad de préstamo no se amortiza capital durante los $n-1$ primeros años, pagándose únicamente los intereses.

$$A_1 = A_2 = \cdots = A_{n-1} = 0$$

$$I_1 = I_2 = \cdots = I_{n-1} = C_0 \cdot i$$

En consecuencia, los términos amortizativos serán:

$$a_1 = a_2 = \cdots = a_{n-1} = C_0 \cdot i$$

En el año n, además de pagar los intereses correspondientes se amortiza el capital prestado:

$$\left. \begin{array}{l} A_n = C_0 \\ I_n = C_0 \cdot i \end{array} \right\} \rightarrow a_n = I_n + A_n$$

Este método, fácil de aplicar, tiene el inconveniente de devolver todo el capital prestado al final de la operación, lo que suele provocar desajustes de tesorería a los prestatarios.

El cuadro de amortización será:

Periodos	Término amortizativo (a_k)	Cuota de intereses (I_k)	Cuota de amortización (A_k)	Total amortizado (M_k)	Capital vivo (C_k)
0			—	—	C_0
1	$a_1 = I_1$	$I_1 = C_0 \cdot i$	$A_1 = 0$	$M_1 = 0$	$C_1 = C_0$
2	$a_2 = I_2$	$I_2 = C_0 \cdot i$	$A_2 = 0$	$M_2 = 0$	$C_2 = C_0$
⋮	⋮	⋮	⋮	⋮	⋮
n	$a_n = I_n + A_n$	$I_n = C_0 \cdot i$	$A_n = C_0$	$M_n = C_0$	$C_n = 0$

Ejemplo 9.2.

A la sociedad Avreasa le ha sido concedido un préstamo en las siguientes condiciones:

- Capital 150.000 euros.
- Duración 3 años.
- La devolución del principal se llevará a cabo a los 3 años.
- Los intereses serán del 10% anual al final de cada año.

Se pide: obtener cada una de las cuotas de interés que deberá satisfacer la sociedad.

Solución

$$I_1 = 150.000 \times 0{,}10 = 15.000\ €$$

$$I_2 = 150.000 \times 0{,}10 = 15.000\ €$$

$$I_3 = 150.000 \times 0{,}10 = 15.000\ €$$

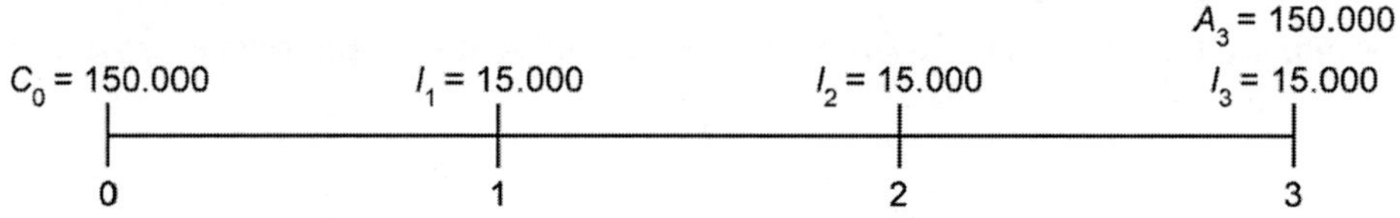

9.3.3. Método de amortización americano con fondos (*sinking-found*)

Para solventar los inconvenientes que presenta el método americano simple, donde se produce la devolución de la totalidad del capital prestado al final de la operación, el método americano con fondos consiste en reconstruir el capital C_0, a un tipo de interés i', distinto al del préstamo i, haciendo aportaciones que, suponemos constantes, a lo largo de toda la operación a'.

Gráficamente, el esquema sería:

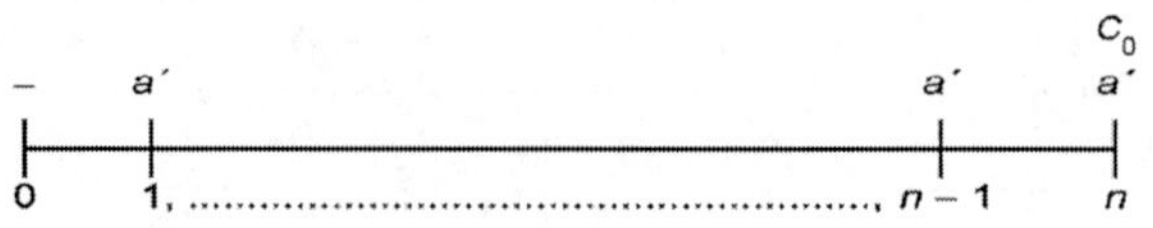

Debe cumplirse que:

$$a' \cdot s_{\overline{n|}\,i'} = C_0$$

despejando a', nos queda:

$$a' = \frac{C_0}{s_{\overline{n}|i'}}$$

9.3.3.1. Cálculo del fondo reconstruido

El fondo reconstruido $(F_k)'$ será igual al valor de las anualidades (a') valoradas en el momento k al tipo de interés i.

$$F_k = a' \cdot s_{\overline{k}|i'}$$

9.3.3.2. Cálculo del capital pendiente de reconstruir

El capital pendiente de reconstruir (R_k) será la diferencia entre el capital prestado y el capital ya reconstruido.

$$R_k = C_0 - F_k$$

9.3.3.3. Cálculo de los intereses del capital reconstruido

Los intereses de cada periodo (I_k) serán iguales al capital reconstruido al inicio del ejercicio por el tipo de interés.

$$I_k' = F_{k-1} \cdot i'$$

9.3.3.4. Incremento anual del fondo de reconstrucción

$$\text{Año } k\text{: } F_k = F_{k-1} + F_{k-1} \cdot i' + a' = F_{k-1} \cdot (1 + i') + a' \quad [1]$$

$$\text{Año } k + 1 = F_{k+1} = F_k + F_k \cdot i' + a' = F_k \cdot (1 + i') + a' \quad [2]$$

Restando$[2] - [1]$:

$$F_{k+1} - F_k = (F_k - F_{k-1}) \cdot (1 + i')$$

Por tanto, el incremento del fondo será:

$$\Delta F_{k+1} = \Delta F_k \cdot (1 + i')$$

9.3.3.5. Cuadro de reconstrucción del préstamo americano

Periodos	Cuota de reconstrucción (a')	Interés del fondo de reconstrucción (I'_k)	Incremento anual del fondo (ΔF_k)	Capital reconstruido (F_k)	Capital pendiente de reconstruir (R_k)
0			—	—	C_0
1	a'		$\Delta F_1 = a'$	$F_1 = a'$	$R_1 = C_0 - F_1$
2	a'	$I'_2 = F_1 \cdot i'$	$\Delta F_2 = \Delta F_1 \cdot (1 + i')$	$F_2 = F_1 + \Delta F_2$	$R_2 = C_0 - F_2$
⋮	⋮	⋮	⋮	⋮	⋮
n	a'	$I'_n = F_{n-1} \cdot i'$	$\Delta F_n = \Delta F_{n-1} \cdot (1 + i')$	$F_n = F_{n-1} + \Delta F_n$	$R_n = C_0 - F_n$

Ejemplo 9.3.

La sociedad Carosa ha firmado un préstamo con las siguientes condiciones:

- Capital prestado 150.000 euros.
- Tipo de interés 10% anual.
- Amortización del principal de una sola vez a los 3 años.
- Pago anual de los intereses.

Si Carosa se ha comprometido a realizar aportaciones anuales constantes y pospagables en un fondo que devenga intereses al 8% anual, construya el cuadro de constitución del capital.

Solución

$$I_1 = 150.000 \times 0{,}10 = 15.000\ €$$

$$I_2 = 150.000 \times 0{,}10 = 15.000\ €$$

$$I_3 = 150.000 \times 0{,}10 = 15.000\ €$$

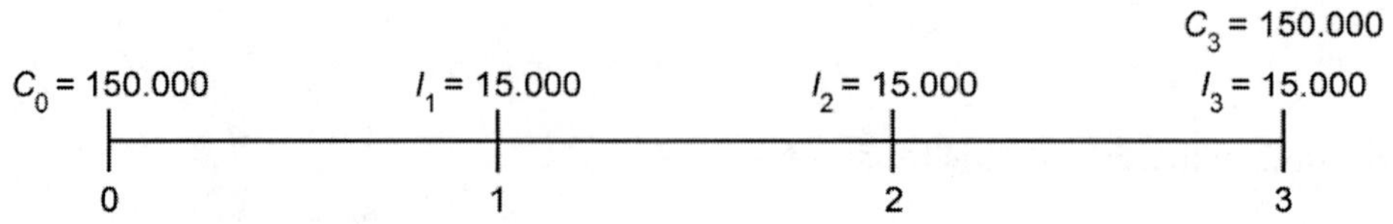

Cuadro de amortización:

Periodos	a	I_k	A_k	M_k	C_k
0					150.000,00
1	15.000,00	15.000,00	-	-	150.000,00
2	15.000,00	15.000,00	-	-	150.000,00
3	165.000,00	15.000,00	150.000,00	150.000,00	-

Cuadro de constitución del capital:

$$a' = \frac{C_0}{s_{\overline{n}|i'}} = \frac{150.000}{s_{\overline{3}|0,08}} = 46.205,03 \text{ €}$$

Periodos	Cuota de reconstrucción (a')	Interés del fondo de reconstrucción (I'_k)	Incremento anual del fondo (ΔF_k)	Capital reconstruido (F_k)	Capital pendiente de reconstruir (R_k)
0					150.000,00
1	46.205,03	-	46.205,03	46.205,03	103.794,97
2	46.205,03	3.696,40	49.901,43	96.106,46	53.893,54
3	46.205,03	7.688,52	53.893,54	150.000,00	-

Ejemplo 9.4.

Realizar el cuadro de amortización del siguiente préstamo por el método americano:

- Capital prestado 100.000 euros.
- Tipo de interés 10% anual.
- Duración 10 años.

Construir también el cuadro de reconstrucción, sabiendo que el tipo de interés pactado es del 8% efectivo anual.

Solución

Cuadro de amortización:

Periodos	a_k	I_k	A_k	M_k	C_k
0					100.000
1	10.000	10.000	-	-	100.000
2	10.000	10.000	-	-	100.000
3	10.000	10.000	-	-	100.000
4	10.000	10.000	-	-	100.000
5	10.000	10.000	-	-	100.000
6	10.000	10.000	-	-	100.000
7	10.000	10.000	-	-	100.000
8	10.000	10.000	-	-	100.000
9	10.000	10.000	-	-	100.000
10	110.000	10.000	100.000	100.000	0

Cuadro de constitución del capital:

$$a' = \frac{C_0}{s_{n\urcorner i'}} = \frac{100.000}{s_{10\urcorner 0,08}} = 6.902,95 \text{ €}$$

Periodos	Cuota de reconstrucción (a')	Interés del fondo de reconstrucción (I'_k)	Incremento anual del fondo (ΔF_k)	Capital reconstruido (F_k)	Capital pendiente de reconstruir (R_k)
0					100.000,00
1	6.902,95	0,00	6.902,95	6.902,95	93.097,05
2	6.902,95	552,24	7.455,18	14.358,13	85.641,87
3	6.902,95	1.148,65	8.051,60	22.409,73	77.590,27
4	6.902,95	1.792,78	8.695,73	31.105,46	68.894,54
5	6.902,95	2.488,44	9.391,39	40.496,85	59.503,15
6	6.902,95	3.239,75	10.142,70	50.639,54	49.360,46
7	6.902,95	4.051,16	10.954,11	61.593,66	38.406,34
8	6.902,95	4.927,49	11.830,44	73.424,10	26.575,90
9	6.902,95	5.873,93	12.776,88	86.200,97	13.799,03
10	6.902,95	6.896,08	13.799,03	100.000,00	0,00

CAPÍTULO 10

PRÉSTAMOS AMORTIZABLES MEDIANTE UNA SERIE DE PAGOS SUCESIVOS CON DEVENGO DE INTERESES POSPAGABLES

Contenido

10.1. MÉTODO DE AMORTIZACIÓN FRANCÉS O DE ANUALIDAD CONSTANTE

El **método francés** o **progresivo** de amortización se caracteriza porque los términos amortizativos y el tipo de interés son constantes durante toda la operación.

El esquema de un préstamo amortizable por el método francés es el siguiente:

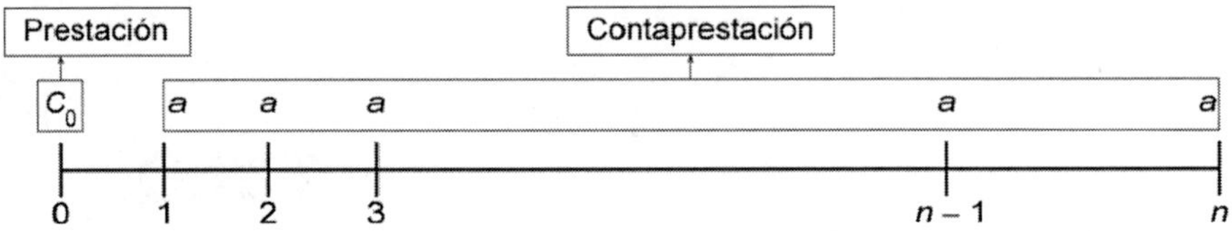

10.1.1. Cálculo del término amortizativo

En virtud del postulado de equivalencia financiera de capitales, la equivalencia en el origen de esta operación consiste en igualar en dicho instante los capitales que integran la prestación (C_0) con los capitales que integran la contraprestación. Por tanto, debe cumplirse la siguiente igualdad:

$$C_0 = a \cdot (1+i)^{-1} + a \cdot (1+i)^{-2} + \cdots + a \cdot (1+i)^{-n} =$$

$$= a \cdot [(1+i)^{-1} + (1+i)^{-2} + \cdots + (1+i)^{-n}] = a \cdot a_{\overline{n|}\,i}$$

$$a = \frac{C_0}{a_{\overline{n|}\,i}}$$

Fórmula, esta última, que nos permite calcular el término amortizativo.

10.1.2. Cálculo del capital vivo o capital pendiente de amortizar al final del año *k*

El cálculo de C_k se puede hacer aplicando tres métodos distintos:

- **Método prospectivo**

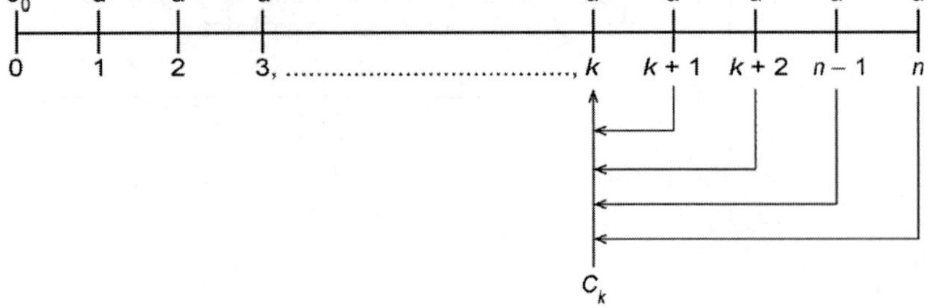

$$C_k = a \cdot (1+i)^{-1} + a \cdot (1+i)^{-2} + \cdots + a \cdot (1+i)^{-(n-k)} =$$

$$= a \cdot \left[(1+i)^{-1} + (1+i)^{-2} + \cdots + (1+i)^{-(n-k)}\right] = a \cdot a_{n-k\rceil i}$$

$$C_k = a \cdot a_{n-k\rceil i}$$

- **Método retrospectivo**

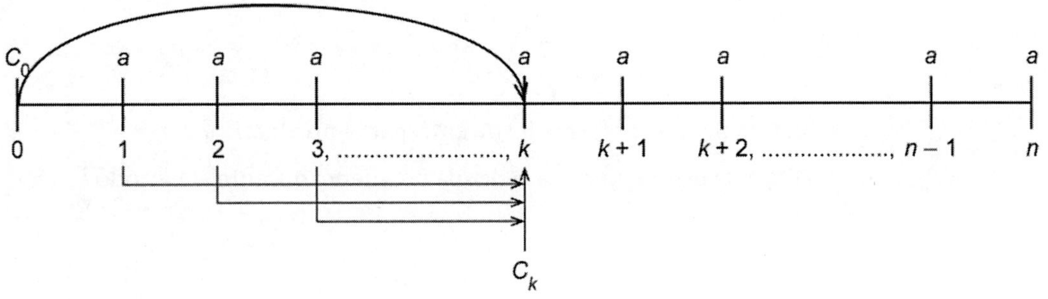

$$C_k = C_0 \cdot (1+i)^k - a \cdot s_{k\rceil i}$$

- **Método recurrente**

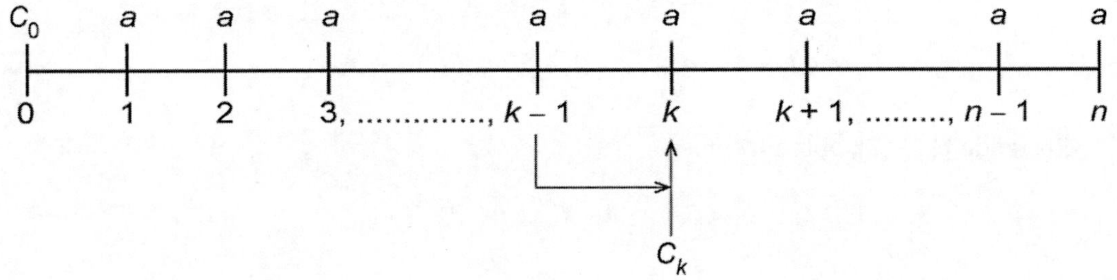

$$C_k = C_{k-1} \cdot (1+i) - a$$

10.1.3. Cuota de intereses

El interés de cada año se obtiene de multiplicar la deuda pendiente de amortizar al comienzo de cada año por el tipo de interés. Para un año cualquiera k, el interés será:

$$I_k = C_{k-1} \cdot i$$

También se puede calcular como diferencia entre la anualidad y la cuota de amortización:

$$I_k = a - A_k$$

10.1.4. Estructura del término amortizativo

El término amortizativo del periodo k tiene dos componentes: la cuota de los intereses (I_k) y la cuota de amortización (A_k).

$$a = I_k + A_k$$

siendo:

$I_k = C_{k-1} \cdot i \rightarrow$ Cuantía de intereses que ha de entregar el prestatario.

$A_k = C_{k-1} - C_k \rightarrow$ Cuantía que disminuye la deuda pendiente durante el periodo k.

10.1.5. Relación entre las cuotas de amortización de dos periodos consecutivos

La estructura del término amortizativo para los periodos k y $k + 1$, serán los siguientes:

Año k: $\quad a = I_k + A_k = C_{k-1} \cdot i + A_k \quad$ [1]

Año $k + 1$: $\quad a = I_{k+1} + A_{k+1} = C_k \cdot i + A_{k+1} \quad$ [2]

Restando [1] – [2], obtendremos:

$$0 = C_{k-1} \cdot i - C_k \cdot i + A_k - A_{k+1}$$

Agrupando nos queda:

$$0 = i \cdot (C_{k-1} - C_k) + A_k - A_{k+1}$$

$$0 = i \cdot A_k + A_k - A_{k+1}$$

$$A_{k+1} = A_k \cdot (1 + i)$$

Expresión que nos indica que la cuota de amortización del año A_{k+1} se obtiene multiplicando la del año k por $(1 + i)$, es decir, varía en progresión geométrica de razón $(1 + i)$

Si damos valores a k en la expresión anterior, obtenemos:

$$k = 1 \rightarrow A_2 = A_1 \cdot (1+i)$$

$$k = 2 \rightarrow A_3 = A_2 \cdot (1+i) = A_1 \cdot (1+i)^2$$

$$k = 3 \rightarrow A_4 = A_3 \cdot (1+i) = A_1 \cdot (1+i)^3$$

$$\vdots \qquad \vdots$$

$$A_n = A_{n-1} \cdot (1+i) = A_1 \cdot (1+i)^{n-1}$$

En general:

$$A_k = A_1 \cdot (1+i)^{k-1}$$

Para aplicar esta relación es preciso obtener A_1, ya que los demás términos se obtienen en función de éste. Existen dos procedimientos para calcular A_1:

- Conociendo el término amortizativo

  Si en la estructura del término amortizativo en el año k:

$$a_k = I_k + A_k = C_{k-1} \cdot i + A_k$$

  Hacemos $k = 1$, y se obtiene:

$$a = C_0 \cdot i + A_1$$

$$A_1 = a - C_0 \cdot i$$

- No conociendo el término amortizativo

  En este caso, se parte de la siguiente igualdad:

$$C_0 = A_1 + A_2 + \cdots + A_n$$

$$C_0 = A_1 + A_1 \cdot (1+i) + \cdots + A_1 \cdot (1+i)^{n-1}$$

$$C_0 = A_1 \cdot [1 + (1+i) + \cdots + (1+i)^{n-1}]$$

  Lo que figura entre corchetes es el valor final de una renta pospagable, temporal e inmediata.

$$C_0 = A_1 \cdot s_{\overline{n|}i} \rightarrow A_1 = \frac{C_0}{s_{\overline{n|}i}}$$

10.1.6. Cálculo del capital amortizado hasta el periodo *k*

Existen dos maneras de obtenerlo:

a) $M_k = C_0 - C_k$

b) $M_k = A_1 + A_2 + \cdots + A_k = A_1 + A_1 \cdot (1+i) + \cdots + A_1 \cdot (1+i)^{k-1} =$

$$= A_1 \cdot [1 + (1+i) + \cdots + (1+i)^{k-1}] = A_1 \cdot s_{\overline{k|}\, i}$$

$$M_k = A_1 \cdot s_{\overline{k|}\, i}$$

$$M_k = C_0 \cdot \frac{s_{\overline{k|}\, i}}{s_{\overline{n|}\, i}}$$

10.1.7. Cuadro de amortización

Periodos	Término amortizativo (a)	Cuota de intereses (I_k)	Cuota de amortización (A_k)	Capital amortizado (M_k)	Capital vivo (C_k)
0	—	—	—	—	C_0
1	a	$I_1 = C_0 \cdot i$	$A_1 = a - I_1$	$M_1 = A_1$	$C_1 = C_0 - A_1$
2	a	$I_2 = C_1 \cdot i$	$A_2 = a - I_2$	$M_2 = A_1 + A_2$	$C_2 = C_1 - A_2$
⋮	⋮	⋮	⋮	⋮	⋮
n	a	$I_n = C_{n-1} \cdot i$	$A_n = a - I_n$	$M_n = C_0$	$C_n = 0$

Ejemplo 10.1.

Constituir un cuadro de amortización del siguiente préstamo concedido a la sociedad Carosa:

- Importe: 150.000 euros.
- Duración: 3 años.
- Tipo de interés: 10% anual.
- Términos amortizativos constantes.

Solución

$$a = \frac{C_0}{a_{\overline{n}|\,i}} = \frac{150.000}{a_{\overline{3}|\,0,10}} = \frac{150.000}{\frac{1-(1+0,10)^{-3}}{0,10}} = 60.317,22 \text{ €}$$

Periodos	a	I_k	A_k	M_k	C_k
0					150.000,00
1	60.317,22	15.000,00	45.317,22	45.317,22	104.682,78
2	60.317,22	10.468,28	49.848,94	95.166,16	54.833,84
3	60.317,22	5.483,38	54.833,84	150.000,00	0,00
		30.951,66	150.000,00		

Ejemplo 10.2.

Se ha concertado un préstamo en las siguientes condiciones:

- Importe: 60.000 euros.
- Duración: 2 años.
- Tipo de interés nominal anual: 12% anual pagadero semestralmente.

Realice el cuadro de amortización del préstamo teniendo en cuenta que los términos amortizativos son semestrales y constantes.

Solución

$$i_2 = \frac{j_2}{2} = \frac{0,12}{2} = 0,06$$

$$a_2 = \frac{C_0}{a_{\overline{n\times m}|\,i_2}} = \frac{60.000}{a_{\overline{2\times 2}|\,0,06}} = 17.315,49 \text{ €}$$

Periodos	a	I_k	A_k	M_k	C_k
0					60.000,00
1	17.315,49	3.600,00	13.715,49	13.715,49	46.284,51
2	17.315,49	2.777,07	14.538,42	28.253,91	31.746,09
3	17.315,49	1.904,77	15.410,72	43.664,63	16.335,37
4	17.315,49	980,12	16.335,37	60.000,00	0,00
		9.261,96	60.000,00		

Ejemplo 10.3.

El banco BBB concede un préstamo de 6.000 euros a la sociedad Carosa, para ser amortizado en 2 años mediante mensualidades constantes. El tipo de interés nominal, anual, fijo, es del 6% anual, pagadero por meses. Realice el cuadro del préstamo elaborado por el banco.

Solución

$$i_{12} = \frac{0{,}06}{12} = 0{,}005$$

$$a_{12} = \frac{C_0}{a_{\overline{n\times m}|\, i_{12}}} = \frac{6.000}{a_{\overline{2\times 12}|\, 0{,}005}} = 265{,}92\ €$$

Periodos	a	I_k	A_k	M_k	C_k
0					6.000,00
1	265,92	30,00	235,92	235,92	5.764,08
2	265,92	28,82	237,10	473,03	5.526,97
3	265,92	27,62	238,29	711,32	5.288,68
4	265,92	26,44	239,48	950,80	5.049,20
5	265,92	25,25	240,68	1.191,47	4.808,53
6	265,92	24,04	241,88	1.433,35	4.566,65
7	265,92	22,83	243,09	1.676,45	4.323,55
8	265,92	21,62	244,31	1.920,75	4.079,25
9	265,92	20,40	245,53	2.166,28	3.833,72
10	265,92	19,17	246,76	2.413,03	3.586,97
11	265,92	17,93	247,99	2.661,02	3.338,98
12	265,92	16,69	249,23	2.910,25	3.089,75
13	265,92	15,45	250,47	3.160,73	2.839,27
14	265,92	14,20	251,73	3.412,45	2.587,55
15	265,92	12,94	252,99	3.665,44	2.334,56
16	265,92	11,67	254,25	3.919,69	2.080,31
17	265,92	10,40	255,52	4.175,21	1.824,79
18	265,92	9,12	256,80	4.432,01	1.567,99
19	265,92	7,84	258,08	4.690,10	1.309,90
20	265,92	6,55	259,37	4.949,47	1.050,53
21	265,92	5,25	260,67	5.210,14	789,86
22	265,92	3,95	261,97	5.472,12	527,88
23	265,92	2,64	263,28	5.735,40	264,60
24	265,92	1,32	264,60	6.000,00	0,00
			6.000,00		

Ejemplo 10.4.

Nos conceden un préstamo con las siguientes condiciones:

- Nominal: 60.000 euros.
- Tipo de interés: 3,5% efectivo anual.
- Duración: 10 años.

Calcular:

1. Los términos amortizativos constantes.
2. El capital pendiente de amortizar transcurridos cuatro años.
3. El capital amortizado hasta el sexto año.
4. Los intereses del décimo periodo.

Solución

1. Términos amortizativos constantes

$$60.000 = a \times a_{\overline{10}|\, 0,035}$$

$$a = 7.214,48\ €$$

2. Capital pendiente de amortizar transcurridos cuatro años

$$C_4 = a \times a_{\overline{10-4}|\, 0,035} = 7.214,48 \times a_{\overline{6}|\, 0,035} = 38.442,74\ €$$

3. Capital amortizado hasta el sexto año

$$M_6 = C_0 - C_6 = 60.000 - 7.214,48 \times a_{\overline{4}|\, 0,035} = 33.500,64\ €$$

Otra forma de calcularlo sería:

$$M_6 = A_1 \times S_{\overline{6}|\, 0,035} = 5.114,48 \times \frac{(1 + 0,035)^6 - 1}{0,035} = 33.500,64\ €$$

$$A_1 = 7.214,48 - 60.000 \times 0,035 = 5.114,48\ €$$

4. Intereses del décimo periodo

$$I_{10} = C_9 \times i = 7.214,48 \times a_{\overline{10-9}|\, 0,035} \times 0,035 = 243,9\ €$$

10.2. MÉTODO DE CUOTAS DE AMORTIZACIÓN CONSTANTES

Este método se caracteriza porque la cuotas de amortización son constantes ($A_1 = A_1 = A_1 = \cdots = A_n = A$), efectuándose la valoración al tanto anual i a lo largo de toda la operación.

La representación gráfica de este método será la siguiente:

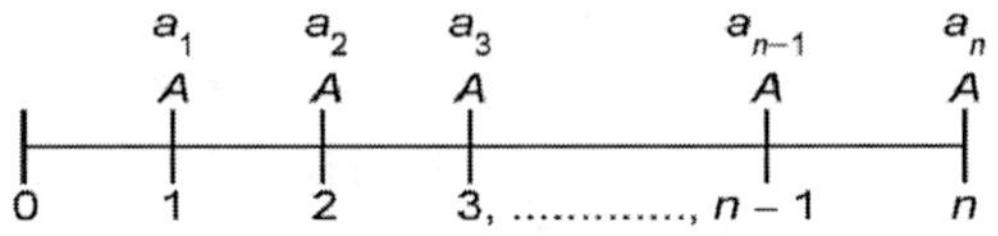

10.2.1. Cálculo de la cuota de amortización

Sabiendo que el importe de un préstamo debe ser la suma de todas las cuotas del principal y que estas se tienen que mantener constantes durante toda la vida del préstamo, se cumple que:

$$C_0 = A_1 + A_2 + \cdots + A_n$$

Si,

$$A_1 = A_2 = A_3 = \cdots = A_n = A,$$

entonces quedará,

$$C_0 = A + A + \cdots + A = n \cdot A,$$

despejando A:

$$A = \frac{C_0}{n}$$

10.2.2. Cálculo del capital vivo o pendiente de amortizar

El gráfico será el siguiente:

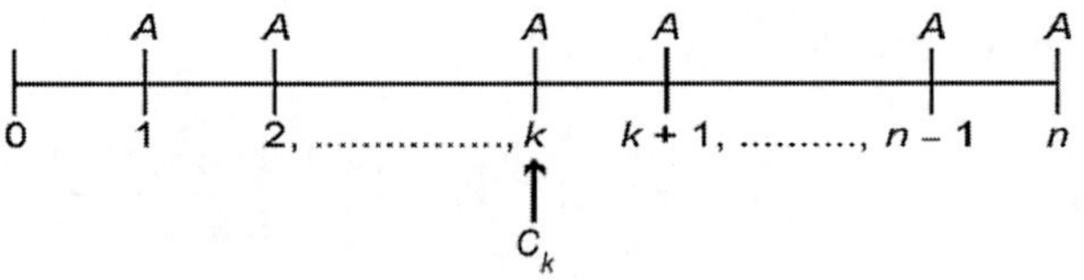

Este cálculo se puede realizar por 3 métodos distintos:

- $C_k = (n - k) \cdot A$ → Método prospectivo.
- $C_k = C_0 - k \cdot A$ → Método retrospectivo.
- $C_k = C_{k-1} - A$ → Método recurrente.

10.2.3. Cálculo del capital amortizado hasta el final del año *k*

El total amortizado hasta el año k (M_k), será la suma aritmética de las cuotas de amortización ($A_k = A$) hasta ese momento (k).

$$M_k = A_1 + A_2 + \cdots + A_K = A + A + \cdots + A = k \cdot A$$

$$M_k = k \cdot A$$

10.2.4. Variabilidad de los términos amortizativos

En este apartado se demuestra como varían 2 términos consecutivos, a_k y a_k+1.

Para el año k se debe cumplir:

$$a_k = I_k + A = C_{k-1} \cdot i + A \qquad [1]$$

Para el año k+1 se debe cumplir:

$$a_{k+1} = I_{k+1} + A = C_k \cdot i + A \qquad [2]$$

Restando [1] de [2], nos queda:

$$a_k - a_{k+1} = C_{k-1} \cdot i - C_k \cdot i = i \cdot (C_{k-1} - C_k) = A \cdot i$$

$$a_{k+1} = a_k - A \cdot i \qquad [3]$$

Esto nos dice que los términos amortizativos varían en progresión aritmética de razón $-A \cdot i$.

Si damos valores a k en la expresión [3], obtenemos:

$$k = 1 \rightarrow \quad a_2 = a_1 - A \cdot i$$

$$k = 2 \rightarrow \quad a_3 = a_2 - A \cdot i = a_1 - 2 \cdot A \cdot i$$

$$\vdots \qquad \vdots$$

$$k = n - 1 \rightarrow a_n = a_{n-1} - A \cdot i = a_1 - (n-1) \cdot A \cdot i$$

Esta relación nos indica que conocido el primer término amortizativo, los demás se obtienen en función de éste.

10.2.5. Cálculo de los intereses de un periodo *k*

Los intereses de un año cualquiera k, se calculan multiplicando el capital vivo del año anterior $k-1$ por el tipo de interés.

Sabemos que en cualquier modalidad de préstamo se cumple que:

$$I_k = C_{k-1} \cdot i$$

Teniendo en cuenta que:

$$C_{k-1} = [n-(k-1)] \cdot A = (n-k+1) \cdot \frac{C_0}{n}$$

Por tanto:

$$I_k = (n-k+1) \cdot \frac{C_0}{n} \cdot i$$

10.2.6. Cuadro de amortización

El cuadro resumen de los distintos elementos del préstamo es el siguiente:

Periodo	Término amortizativo (a)	Cuota de intereses (I_k)	Cuota de amortización (A_k)	Capital amortizado (M_k)	Capital vivo (C_k)
0	—	—	—	—	C_0
1	a_1	$I_1 = C_0 \cdot i$	A	A	$C_1 = C_0 - A$
2	$a_2 = a_1 - A \cdot i$	$I_2 = C_1 \cdot i$	A	2A	$C_2 = C_0 - 2A$
⋮	⋮	⋮	⋮	⋮	⋮
n	$a_n = a_{n-1} - A \cdot i$	$I_n = C_{n-1} \cdot i$	A	C_0	$C_n = C_0 - n \cdot A = 0$
			$\sum A = C_0$		

Ejemplo 10.5.

Construir el cuadro de amortización de un préstamo concedido a la sociedad Carosa por importe 150.000 euros, al 10% de interés compuesto anual, amortizable en 3 años, con cuotas de amortización constantes.

Solución

$$A = \frac{150.000}{3} = 50.000\ €$$

Periodos	a_k	I_k	A	M_k	C_k
0					150.000,00
1	65.000,00	15.000,00	50.000,00	50.000,00	100.000,00
2	60.000,00	10.000,00	50.000,00	100.000,00	50.000,00
3	55.000,00	5.000,00	50.000,00	150.000,00	0,00
		30.000,00	150.000,00		

Ejemplo 10.6.

Se ha concertado un préstamo en las siguientes condiciones:

- Importe: 60.000 euros.
- Duración: 2 años.
- Tipo de interés nominal anual: 12%.

Realice el cuadro de amortización del préstamo, teniendo en cuenta que las cuotas de amortización son semestrales y constantes.

Solución

$$i_2 = 0{,}06$$

$$A = \frac{60.000}{4} = 15.000\ €$$

Periodos	a_k	I_k	A	M_k	C_k
0					60.000,00
1	18.600,00	3.600,00	15.000,00	15.000,00	45.000,00
2	17.700,00	2.700,00	15.000,00	30.000,00	30.000,00
3	16.800,00	1.800,00	15.000,00	45.000,00	15.000,00
4	15.900,00	900,00	15.000,00	60.000,00	0,00
		9.000,00	60.000,00		

Ejemplo 10.7.

Se ha concertado un préstamo en las siguientes condiciones:

- Importe: 60.000 euros.
- Duración: 10 años.
- Tipo de interés efectivo anual: 3,5%.
- Cuotas de amortización anuales constantes.

Calcular:

1. Cuota de amortización del quinto año.
2. Capital pendiente transcurridos cuatro años.
3. Total amortizado hasta el año siete.
4. Término amortizativo del octavo año.
5. Intereses del sexto año.

Solución

1. Cuota de amortización del quinto año:

$$A = \frac{60.000}{10} = 6.000\ €$$

2. Capital pendiente transcurridos cuatro años:

$$C_4 = C_0 - A \times 4 = 60.000 - 6.000 \times 4 = 36.000\ €$$

3. Total amortizado hasta el año siete:

$$M_7 = 7 \times A = 7 \times 6.000 = 42.000\ €$$

4. Término amortizativo del octavo año:

$$a_8 = A + I_8 = A + C_7 \times i = 6.000 + 18.000 \times 0{,}035 = 6.630\ €$$

$$C_7 = C_0 - A \times 7 = 60.000 - 6.000 \times 7 = 18.000\ €$$

5. Intereses del sexto año:

$$I_6 = C_5 \times 0{,}035 = 30.000 \times 0{,}035 = 1.050\ €$$

$$C_5 = C_0 - A \times 5 = 60.000 - 6.000 \times 5 = 30.000\ €$$

10.3. MÉTODO DE AMORTIZACIÓN MEDIANTE TÉRMINOS AMORTIZATIVOS VARIABLES EN PROGRESIÓN GEOMÉTRICA

Este método se caracteriza porque sus términos amortizativos varían en progresión geométrica de razón q.

El esquema gráfico para este tipo de préstamos es el siguiente:

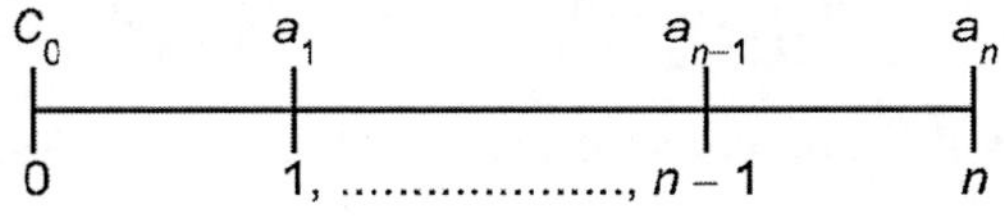

La variabilidad de los términos amortizativos es como sigue:

$$a_1$$

$$a_2 = a_1 \cdot q$$

$$a_3 = a_2 \cdot q = a_1 \cdot q^2$$

$$\vdots$$

$$a_n = a_{n-1} \cdot q = a_1 \cdot q^{n-1}$$

La equivalencia en el origen de esta operación financiera nos lleva a la siguiente igualdad:

$$C_0 = a_1 \cdot \sum_{1}^{n} q^{k-1} \cdot (1+i)^{-k}$$

El segundo miembro de la igualdad anterior es el valor actual de una renta variable en progresión geométrica (pospagable, temporal e inmediata) de razón q.

$$C_0 = \ddot{\div} A_{n\rceil\, i}$$

$$C_0 = a_1 \cdot \frac{1 - q^n \cdot (1+i)^{-n}}{1 + i - q}$$

Despejando a_1 de esta igualdad obtendremos el primer término amortizativo, los demás se obtienen multiplicando el anterior por la razón.

10.3.1. Relación entre las cuotas de amortización

$$Año\ k \rightarrow \quad a_k = I_k + A_k = C_{k-1} \,.\, i + A_k \qquad [1]$$

$$\text{Año } k+1 \rightarrow \quad a_{k+1} = I_{k+1} + A_{k+1} = C_k \,.\, i + A_{k+1} \qquad [2]$$

Restando [2] − [1], obtendremos:

$$a_{k+1} - a_k = i \cdot (C_k - C_{k-1}) + A_{k+1} - A_k$$

$$a_{k+1} - a_k = -A_k \cdot i + A_{k+1} - A_k$$

Despejando A_{k+1}, la relación entre dos cuotas de amortización de dos periodos consecutivos será:

$$A_{k+1} = A_k \cdot (1+i) + a_{k+1} - a_k$$

10.3.2. Cálculo del capital pendiente al final del periodo *k*

El esquema gráfico para el cálculo del capital pendiente al final del año *k*, es como sigue:

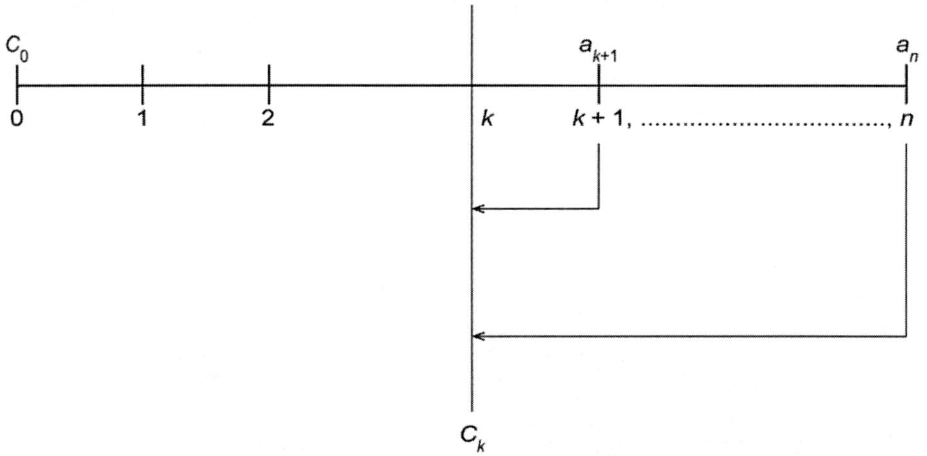

$$C_k = a_{k+1} \cdot (1+i)^{-1} + a_{k+2} \cdot (1+i)^{-2} + \cdots + a_n \cdot (1+i)^{-(n-k)}$$

$$C_k = a_{k+1} \cdot \frac{1 - q^{n-k} \cdot (1+i)^{-(n-k)}}{1+i-q}$$

Otra forma de obtener C_k sería:

$$C_k = C_0 - M_k = A_{k+1} + A_{k+2} + \cdots + A_n$$

10.3.3. Capital amortizado hasta el año *k*

$$M_k = C_0 - C_k = A_1 + A_2 + \cdots + A_k$$

Ejemplo 10.8.

Nos conceden un préstamo con las siguientes condiciones:

- $C_0 = 60.000$ euros.
- $i = 0{,}035$ efectivo anual.
- $n = 5$ años.
- Los términos amortizativos se incrementan en un 2% anual acumulativo.

Se pide:

a) Calcular los términos amortizativos.

b) Calcular el capital pendiente de amortizar al finalizar el 2º año.

c) Calcular el total amortizado al finalizar el 2º año.

d) Calcular el interés del 3º año.

Solución

a) Términos amortizativos:

a_1

$a_2 = a_1 \,.\, 1{,}02$

$a_3 = a_1 \,.\, 1{,}02^2$

$a_4 = a_1 \,.\, 1{,}02^3$

$a_5 = a_1 \,.\, 1{,}02^4$

Cálculo del primer término amortizativo (a_1):

$$60.000 = a_1 \cdot \frac{1 - 1{,}02^5 \times (1 + 0{,}035)^{-5}}{1 + 0{,}035 - 1{,}02}$$

$$a_1 = 12.785{,}26 \text{ €}$$

$$a_2 = 12.785{,}26 \times 1{,}02 = 13.040{,}97 \text{ €}$$

$$a_3 = 12.785{,}26 \times 1{,}02^2 = 13.301{,}78 \text{ €}$$

$$a_4 = 12.785{,}26 \times 1{,}02^3 = 13.567{,}82 \text{ €}$$

$$a_5 = 12.785{,}26 \times 1{,}02^4 = 13.839{,}18 \text{ €}$$

b) Capital pendiente de amortizar al finalizar el 2º año:

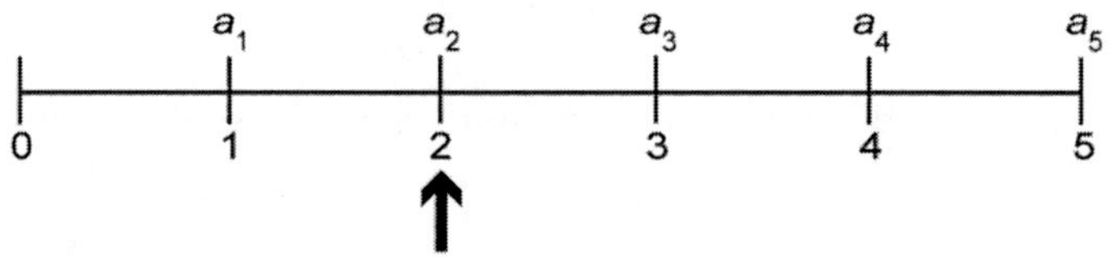

$$C_2 = a_3 \times \frac{1 - 1{,}02^{(5-2)} \times (1 + 0{,}035)^{-(5-2)}}{1 + 0{,}035 - 1{,}02} =$$

$$= 13.301{,}78 \times \frac{1 - 1{,}02^3 \times (1 + 0{,}035)^{-3}}{1 + 0{,}035 - 1{,}02} = 37.999{,}80 \text{ €}$$

c) Total amortizado al finalizar el 2º año:

$$M_2 = C_0 - C_2 = 60.000 - 37.999{,}80 = 22.000{,}20 \text{ €}$$

d) Interés del 3º año:

$$I_3 = C_2 \cdot i = 37.999{,}80 \times 0{,}035 = 1.329{,}99 \text{ €}$$

CAPÍTULO 11

PRÉSTAMOS AMORTIZABLES MEDIANTE UNA SERIE DE PAGOS SUCESIVOS CON DEVENGO DE INTERESES PREPAGABLES

Contenido

11.1. MÉTODO DE AMORTIZACIÓN ALEMÁN (MODALIDAD TÉRMINOS AMORTIZATIVOS CONSTANTES)

Esta modalidad de amortización de préstamos se caracteriza porque los términos amortizativos son constantes y las cuotas de interés prepagables; además el tipo de interés anticipado es constante a lo largo de toda la operación.

El esquema gráfico para esta modalidad de préstamo será la siguiente:

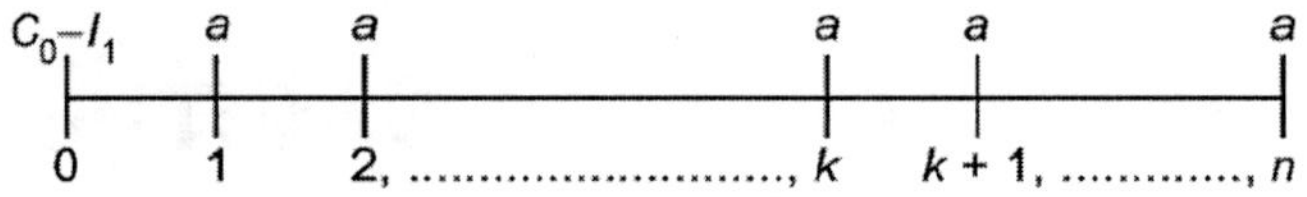

La equivalencia financiera en el origen será[1]:

$$C_0 - I_1 = a \cdot (1 - i^*) + a \cdot (1 - i^*)^2 + \cdots + a \cdot (1 - i^*)^n =$$

$$C_0 - C_0 \cdot i^* = a \cdot (1 - i^*) + a \cdot (1 - i^*)^2 + \cdots + a \cdot (1 - i^*)^n =$$

$$C_0 \cdot (1 - i^*) = a \cdot (1 - i^*) + a \cdot (1 - i^*)^2 + \cdots + a \cdot (1 - i^*)^n =$$

Operando nos queda:

$$C_0 = a \cdot [1 + (1 - i^*) + (1 - i^*)^2 + \cdots + (1 - i^*)^{n-1}]$$

Lo que figura entre corchetes constituye la suma de los términos de una progresión geométrica de razón $r = (1 - i^*)$:

$$C_0 = a \cdot \frac{1 - (1 - i^*)^{n-1} \cdot (1 - i^*)}{1 - (1 - i^*)} = a \cdot \frac{1 - (1 - i^*)^n}{i^*}$$

Despejando la anualidad (a):

$$a = \frac{C_0 \cdot i^*}{1 - (1 - i^*)^n}$$

siendo i^* el tipo de interés anticipado

---

[1] Teniendo en cuenta que: $(1 - i^*) = (1 + i)^{-1}$

11.1.1. Cálculo del capital vivo o pendiente de amortizar al final de un periodo *k*

Gráficamente, el capital vivo al final del año k, se representa como sigue:

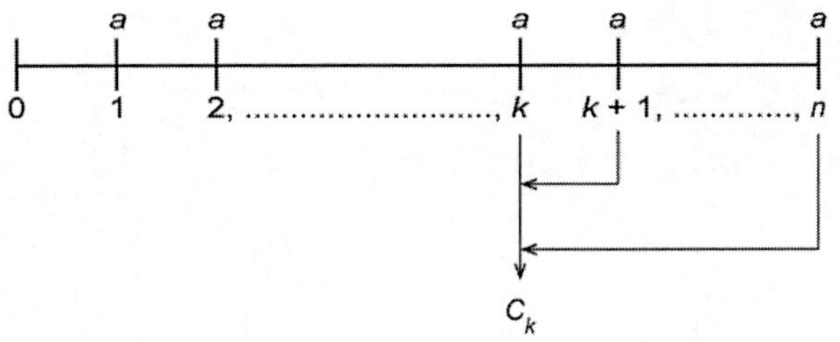

El cálculo de C_k por el método prospectivo será:

$$C_k \cdot (1 - i^*) = a \cdot (1 - i^*) + a \cdot (1 - i^*)^2 + \cdots + a \cdot (1 - i^*)^{n-k}$$

Operando queda:

$$C_k = a \cdot \; [1 + (1 - i^*) + (1 - i^*)^2 + \cdots + (1 - i^*)^{n-k-1}] =$$

$$C_k = a \; \cdot \; \frac{1 - (1 - i^*)^{n-k}}{i^*}$$

11.1.2. Cuotas de amortización entre dos periodos consecutivos

Para el cálculo de las cuotas de amortización entre 2 periodos consecutivos, utilizaremos la ley de recurrencia, la cual se obtiene al relacionar por diferencias los términos amortizativos de dos años consecutivos:

Año k $\rightarrow$ $\quad a = I_{k+1} + A_k = C_k \;\cdot\; i^* + A_k$

Año $k + 1$ $\rightarrow$ $\quad a = I_{k+2} + A_{k+1} = C_{k+1} \;\cdot\; i^* + A_{k+1}$

Restando miembro a miembro, nos queda:

$$0 = C_k \;\cdot\; i^* - C_{k+1} \;\cdot\; i^* + A_k - A_{k+1}$$

$$0 = i^* \cdot \; \underbrace{(C_k - C_{k+1})}_{A_{k+1}} + A_k - A_{k+1}$$

$$A_k = A_{k+1} \;\cdot\; (1 - i^*)$$

La expresión anterior nos indica que la cuota de amortización varía en progresión geométrica decreciente de razón $(1 - i^*)$. Para el cálculo de las cuotas de amortización se parte de la última cuota, teniendo en cuenta que ésta coincide con la anualidad $A_n = a$, las demás se obtendrán como sigue:

$$A_n = a$$

$$A_{n-1} = A_n \cdot (1 - i^*) = a \cdot (1 - i^*)$$

$$A_{n-2} = A_{n-1} \cdot (1 - i^*) = a \cdot (1 - i^*)^2$$

$$\vdots$$

$$A_1 = A_2 \cdot (1 - i^*) = a \cdot (1 - i^*)^{n-1}$$

A nivel general:

$$A_k = A_n \cdot (1 - i^*)^{n-k}$$

11.1.3. Cálculo del total amortizado después de *k* periodos

Se denota por M_k y se calcula de la siguiente manera:

$$M_K = C_0 - C_K$$

También se puede calcular sumando las cuotas de amortización practicadas hasta el año k.

$$M_k = A_1 + A_2 + \cdots + A_k$$

$$M_k = a \cdot (1 - i^*)^{n-1} + a \cdot (1 - i^*)^{n-2} + \cdots + a \cdot (1 - i^*)^{n-k} =$$

$$= a \cdot [(1 - i^*)^{n-1} + (1 - i^*)^{n-2} + \cdots + (1 - i^*)^{n-k}] =$$

$$= a \cdot \frac{(1 - i^*)^{n-1} - (1 - i^*)^{n-k} \cdot (1 - i^*)^{-1}}{\underbrace{1 - (1 - i^*)^{-1}}_{1 - \frac{1}{1-i^*} = \frac{1-i^*-1}{1-i^*}}} = a \cdot \frac{(1 - i^*)^{n-1} - (1 - i^*)^{n-k-1}}{\frac{-i^*}{1 - i^*}}$$

$$M_k = a \cdot \frac{(1 - i^*)^{n-k} - (1 - i^*)^n}{i^*}$$

11.1.4. Cálculo de los intereses

La cuota de interés (I_k) para un año cualquiera k, será:

$$I_{k+1} = C_k \cdot i^*$$

11.1.5. Cuadro de amortización

El cuadro resumen para los distintos elementos del préstamo es el siguiente:

Periodos	Término amortizativo (a)	Cuota de intereses (I_k)	Cuota de amortización (A_k)	Capital vivo (M_k)	Término amortizativo (C_k)
0	$C_0 \cdot i^*$	$I_1 = C_0 \cdot i^*$	—	—	C_0
1	a	$I_2 = C_1 \cdot i^*$	$A_1 = A_n \cdot (1 - i^*)^{n-1}$	$M_1 = A_1$	C_1
2	a	$I_3 = C_2 \cdot i^*$	$A_2 = A_n \cdot (1 - i^*)^{n-2}$	$M_2 = A_1 + A_2$	C_2
⋮	⋮	⋮	⋮	⋮	⋮
n	a	—	$A_n = a$	$M_n = C_0$	$C_n = 0$
			C_0		

Ejemplo 11.1.

A la sociedad Carosa le conceden un préstamo de importe 150.000 €, a amortizar en 3 años y tipo de interés del 10% anual prepagable. Teniendo en cuenta que el sistema de amortización de este préstamo es el sistema alemán, mediante la modalidad de términos amortizativos constantes, realice el cuadro de amortización.

Solución

$$150.000 = a \times \frac{1 - (1 - 0{,}1)^3}{0{,}1}$$

$$a = 55.350{,}55\ €$$

Periodos	a	I_k	A_k	M_k	C_k
0	15.000,00	15.000,00	-	-	150.000,00
1	55.350,55	10.516,60	44.833,95	44.833,95	105.166,05
2	55.350,55	5.535,05	49.815,50	94.649,45	55.350,55
3	55.350,55	-	55.350,55	150.000,00	0,00

Ejemplo 11.2.

Se obtiene un préstamo con las siguientes características:

- Nominal 60.000 euros.
- Duración 10 años.
- Tipo de interés 3,5% anual anticipado.

Calcular:

a) El capital pendiente transcurridos 4 años.

b) Capital amortizado hasta el sexto año.

Solución

a) El capital pendiente transcurridos 4 años.

$$C_4 = a \times \frac{1-(1-0{,}035)^6}{0{,}035} = 7.006{,}59 \times \frac{1-(1-0{,}035)^6}{0{,}035} = 38.528{,}30\ €$$

$$a = \frac{60.000 \times 0{,}035}{1-(1-0{,}035)^{10}} = 7.006{,}59\ €$$

b) Capital amortizado hasta el sexto año.

$$M_6 = C_0 - C_6 = 60.000 - 7.006{,}59 \times \frac{1-(1-0{,}035)^4}{0{,}035} = 33.410{,}99\ €$$

CAPÍTULO 12

OTRAS MODALIDADES DE PRÉSTAMOS

Contenido

12.1. PRÉSTAMOS CON PERIODOS DE CARENCIA

Existen algunos casos en los que la entidad financiera (prestamista) ofrece la posibilidad de pactar una carencia total o una carencia parcial de pago durante los primeros años de vigencia del préstamo.

A pesar de que la carencia en sus dos modalidades lleva consigo un mayor coste real para el prestatario, en el mundo empresarial se suele utilizar para financiar inversiones, ya que éstas, no suelen generar flujos de caja durante los primeros años, lo que supone un alivio financiero para las empresas, a pesar del mayor coste que representan.

Debido a que en el mundo real se suele utilizar el método de amortización francés para amortizar préstamos, analizaremos los préstamos con carencia basándonos en este método.

12.1.1. Préstamo con carencia total de pagos

En esta modalidad durante el periodo de diferimiento pactado, el prestatario no entregará ninguna cuantía por lo que el capital vivo se va incrementando en esos periodos.

El esquema gráfico sería el siguiente:

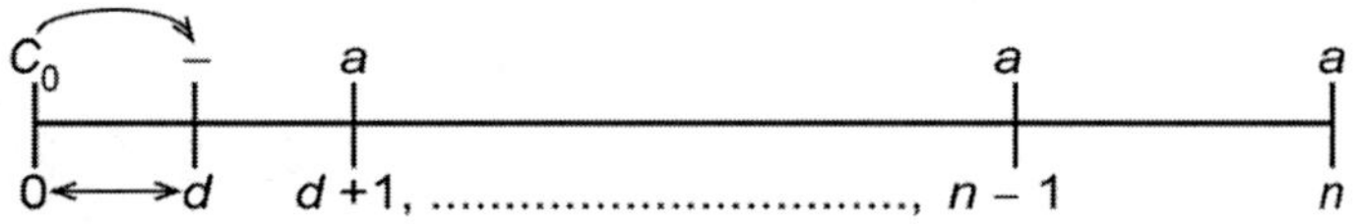

La ecuación de equivalencia en el origen de la operación será:

$$C_0 = a \cdot a_{\overline{n-d|}\,i} \cdot (1+i)^{-d}$$

La justificación de la igualdad se debe a que la prestación en el origen (C_0), debe ser igual a la contraprestación, que es una renta constante, pospagable temporal y diferida d periodos.

Es más práctico establecer la equivalencia en el momento d. Gráficamente sería:

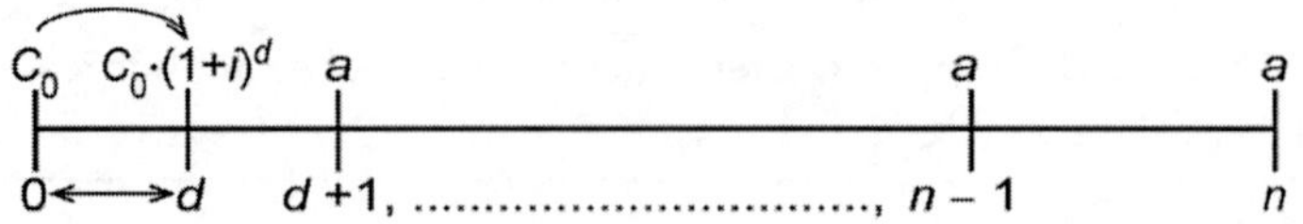

Con lo que la ecuación de equivalencia sería:

$$C_0 \cdot (1+i)^d = a \cdot a_{n-d\rceil i}$$

Las restantes magnitudes se obtienen tomando como origen del préstamo el momento d, con un capital prestado $C_0 \cdot (1+i)^d$.

12.1.2. Préstamo con carencia parcial de pagos

Durante los d primeros periodos se pagan únicamente intereses y, en consecuencia, el capital vivo al final de dicho periodo sigue siendo C_0 porque no se ha amortizado nada hasta ese momento.

La representación gráfica sería la siguiente:

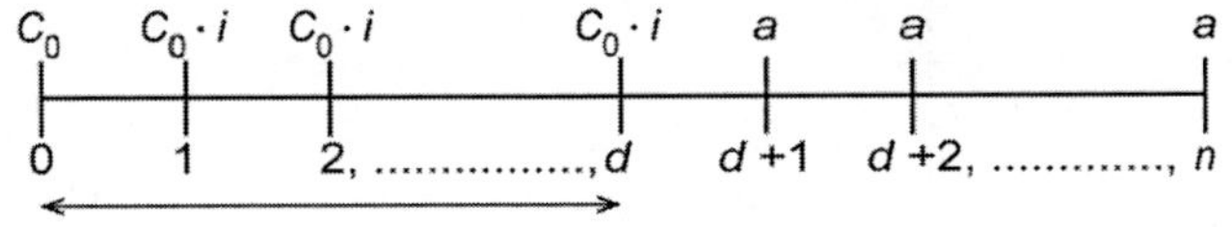

La equivalencia en el origen será:

$$C_0 = C_0 \cdot i \cdot a_{d\rceil i} + a \cdot d/a_{n-d\rceil i}$$

Al igual que en el caso anterior, es más práctico establecer la equivalencia en el momento d.

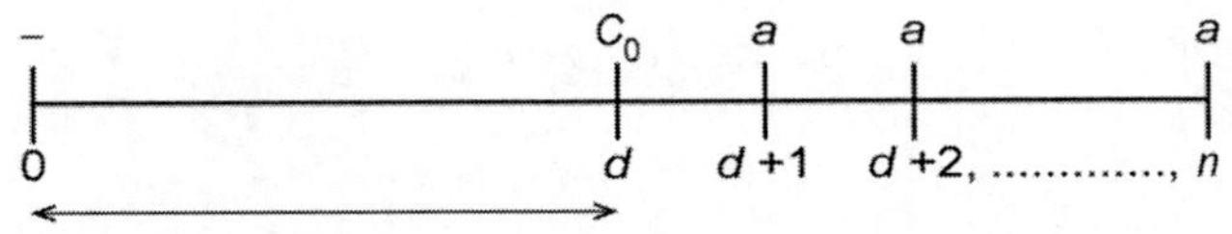

$$C_0 = a \cdot a_{n-d\rceil i}$$

Ejemplo 12.1.

Un préstamo de 50.000 € se ha de amortizar por el sistema francés en 5 años a un tipo de interés del 6% anual y con carencia de amortización durante los 2 primeros años. Obtenga el cuadro de amortización si: a) la carencia fuese parcial, b) la carencia fuese total.

Solución:

a) Carencia parcial:

$$C_d = C_0 = a \cdot a_{\overline{n-d|}\,i}$$

$$C_2 = C_0 = a \cdot a_{\overline{5-2|}\,0,06}$$

$$50.000 = a \times \frac{1-(1+0,06)^{-3}}{0,06}$$

$$a = 18.705,49 \text{ €}$$

Periodos	a_k	I_k	A_k	M_k	C_k
0					50.000,00
1	3.000,00	3.000,00	0,00	0,00	50.000,00
2	3.000,00	3.000,00	0,00	0,00	50.000,00
3	18.705,49	3.000,00	15.705,49	15.705,49	34.294,51
4	18.705,49	2.057,67	16.647,82	32.353,31	17.646,69
5	18.705,49	1.058,80	17.646,69	50.000,00	0,00
			50.000,00		

b) Carencia total:

$$C_0 = (1+i)^{-d} \cdot a \cdot a_{\overline{n-d|}\,i}$$

$$C_0 = (1+0,06)^{-2} \cdot a \cdot a_{\overline{5-2|}\,0,06}$$

$$a = \frac{50.000}{(1+0,06)^{-2} \times \frac{1-(1+0,06)^{-3}}{0,06}} = 21.017,49 \text{ €}$$

Además, debemos tener en cuenta que:

$$C_1 = C_0 \cdot (1+i) = 50.000 \times 1,06 = 53.000 \text{ €}$$

$$C_2 = C_0 \cdot (1+i)^2 = 50.000 \times 1,06^2 = 56.180 \text{ €}$$

Periodos	a	I_k	A_k	M_k	C_k
0					50.000,00
1	0,00	0,00	0,00	0,00	53.000,00
2	0,00	0,00	0,00	0,00	56.180,00
3	21.017,49	3.370,80	17.646,69	17.646,69	38.533,31
4	21.017,49	2.312,00	18.705,49	36.352,18	19.827,82
5	21.017,49	1.189,67	19.827,82	56.180,00	0,00
			56.180,00		

12.2. CANCELACIÓN ANTICIPADA DE PRÉSTAMOS

Existen dos modalidades para cancelar de forma anticipada un préstamo: la cancelación anticipada total y cancelación anticipada parcial.

12.2.1. Cancelación anticipada total

En este caso se cancela totalmente la deuda en un momento situado entre el origen y el final de la operación. El prestatario debe abonar el capital pendiente de amortizar en ese momento, pagando además una comisión por cancelación total.

Los pasos a seguir para realizar su cálculo (aplicadas únicamente al método francés de amortización), son las siguientes:

- En primer lugar, se calcula el capital pendiente de amortizar en ese momento (año k).

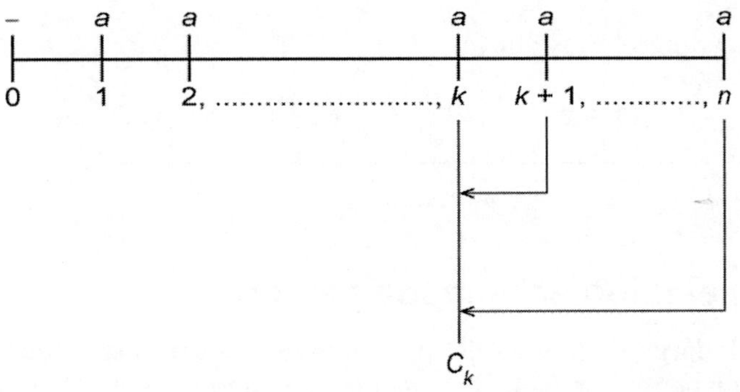

$$C_k = a \cdot (1+i)^{-1} + a \cdot (1+i)^{-2} + \cdots + a \cdot (1+i)^{-(n-k)} = a \cdot a_{n-k\rceil i}$$

- En segundo lugar, se aplica la comisión correspondiente (g) al capital pendiente de amortizar:

$$C_k \cdot g$$

En consecuencia, el importe total a pagar vendrá dado por:

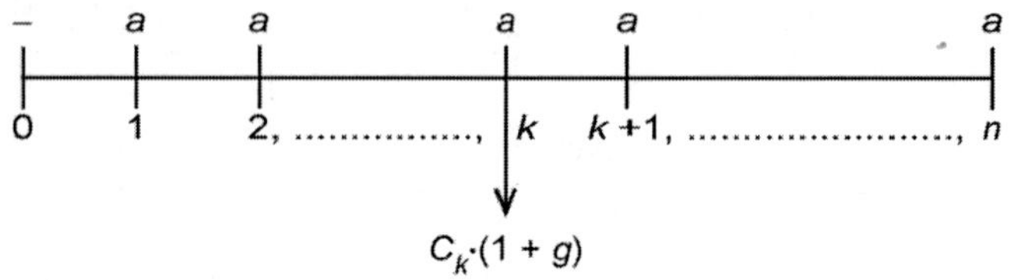

Ejemplo 12.2.

El señor Jiménez pidió un préstamo a un banco en las siguientes condiciones:

- Importe: 10.000 €.
- Devolución: mediante términos amortizativos constantes de importe 2.309,75 € al finalizar cada año.
- Periodo: 5 años.
- Tipo de interés: 5% anual.

Si pasados dos años decide cancelar su deuda ¿Qué importe deberá satisfacer al banco para cancelarla. Si la comisión de cancelación anticipada es de un 0,5%, ¿qué cantidad tendrá que pagar el prestatario al prestamista para cancelar la operación?

Solución:

$$C_2 = 2.309{,}75 \times a_{\overline{5-2|}\,0{,}05} = 6.290{,}02\ €$$

Cantidad a pagar por el prestatario:

$$C_2 \cdot (1 + g) = 6.290{,}02 \times (1 + 0{,}005) = 6.321{,}47\ €$$

12.2.2. Cancelación anticipada parcial

Puede ocurrir a lo largo de la vida del préstamo que el prestatario opte por cancelan parcialmente la deuda pendiente (C_k), entregando en dicho momento (k) una determinada cantidad de dinero (R), de la cual una parte se dedica al pago de la comisión por cancelación parcial ($g' \cdot R$), siendo $R(1 - g')$ la deuda que realmente se cancela.

El esquema gráfico de un préstamo con cancelación parcial podría ser el siguiente:

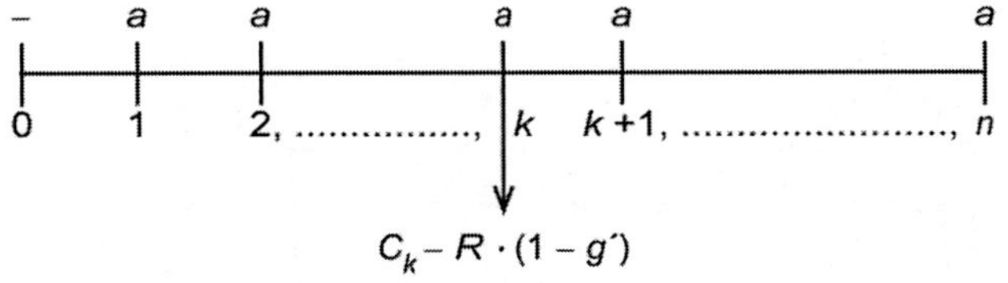

Dónde:

C_k → Capital pendiente de amortizar transcurridos k periodos.

g' → Comisión de cancelación anticipada expresada en tanto por uno, aplicada sobre el capital cancelado anticipadamente.

R → Cantidad a ingresar por el prestatario como cancelación parcial.

Como consecuencia de la cancelación parcial, las opciones que se pueden plantearse al prestatario son:

- Mantener el plazo de la operación con la consiguiente reducción de los términos amortizativos (a').

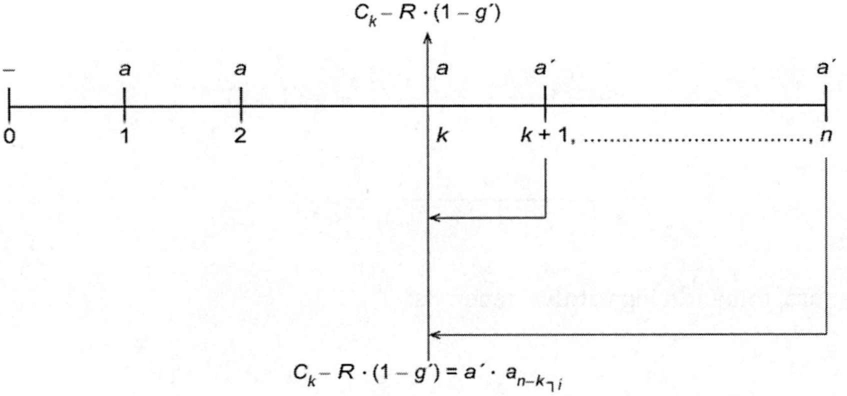

$$C_k - R \cdot (1 - g') = a' \cdot a_{\overline{n-k}|i}$$

despejando a', tenemos:

$$a' = \frac{C_k - R \cdot (1 - g')}{a_{\overline{n-k}|i}}$$

- Mantener los términos amortizativos (a) y, en consecuencia, reducir el plazo de la operación.

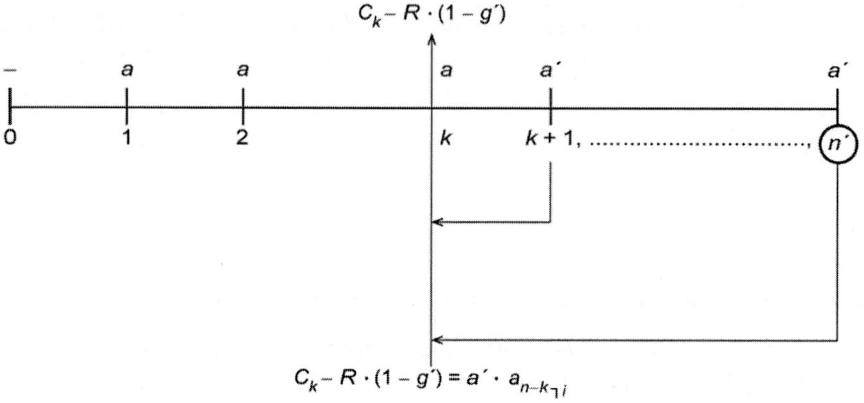

$$C_k - R \cdot (1 - g') = a \cdot a_{n' \rceil i}$$

$$C_k - R \cdot (1 - g') = a \cdot \frac{1 - (1 + i)^{-n'}}{i}$$

$$\frac{[C_k - R \cdot (1 - g')] \cdot i}{a} = 1 - (1 + i)^{-n'}$$

$$1 - \frac{[C_k - R \cdot (1 - g')] \cdot i}{a} = (1 + i)^{-n'}$$

$$\frac{a}{a - [C_k - R \cdot (1 - g')] \cdot i} = (1 + i)^{n'},$$

ahora, tomando logaritmos, tenemos:

$$ln\left[\frac{a}{a - [C_k - R \cdot (1 - g')] \cdot i}\right] = n' \cdot ln(1 + i)$$

$$n' = \frac{ln\left[\frac{a}{a - [C_k - R \cdot (1 - g')] \cdot i}\right]}{ln\ (1 + i)},$$

siendo n' el nuevo plazo de amortización[1].

[1] Lo más práctico es utilizar una hoja de cálculo o bien, realizar el cálculo por interpolación.

Ejemplo 12.3.

El señor. Jiménez pidió un préstamo a un Banco en las siguientes condiciones:

- Importe: 10.000 €.
- Devolución: mediante términos amortizativos constantes de 2.309,75 €, pagaderos al finalizar cada año.
- Periodo: 5 años.
- Tipo de interés: 5% efectivo anual.

Pasados dos años decide disminuir su deuda, para lo cual entrega 2.000 euros:

a) Si decide mantener el plazo inicial de amortización, ¿Cuál será la nueva cuota anual que deberá satisfacer?

b) Si en cambio decide mantener la cuota, ¿Cuál será el nuevo plazo de amortización de la deuda?

Solución

a) La nueva cuota vendrá dada por la siguiente expresión:

$$a' = \frac{6.290{,}02 - 2.000}{a_{5-2\rceil\, 0{,}05}} = 1.575{,}33\ €$$

b) El nuevo plazo:

$$n' = \frac{\ln\left[\frac{2.309{,}75}{2.309{,}75 - (6.290{,}02 - 2.000) \times 0{,}05}\right]}{\ln(1 + 0{,}05)} = 2\ \text{años}$$

12.3. PRÉSTAMOS HIPOTECARIOS

Este tipo de préstamos se caracteriza porque el prestatario hipoteca bienes inmuebles de su propiedad como garantía real de la operación. En el supuesto de que el prestatario no haga frente a los pagos estipulados en el contrato, el prestamista puede recuperar el capital pendiente de amortizar a través de la venta de los bienes hipotecados.

Este tipo de préstamos reúne una serie de características que las diferencian de otros, tales como:

- Son de larga duración.
- El principal es de cuantía elevada.

- Los gastos iniciales son también de cuantía elevada en relación con otras modalidades de préstamo. Entre otros cabe, destacar los siguientes: comisión de apertura y estudio, gastos de Notaría y Registro, gastos de tasación, impuesto sobre "Actos Jurídicos Documentados", etc.
- Al final de la vida del préstamo también existen otros gastos de cancelación tales como los gastos de Notaría y Registro surgidos como consecuencia del levantamiento de la hipoteca.
- El tipo de interés que se anuncia en el nominal puede ser fijo o variable.

Debemos hacer referencia al Anteproyecto de Ley que regulará en el futuro el mercado hipotecario que el Gobierno ya tiene listo. Normativa que se aprobará previsiblemente a finales del año 2017 y que tiene como objetivo proteger a los consumidores, aumentar la transparencia sobre este tipo de contratos, evitar avalanchas de demandas contra la banca como las de los últimos meses y dar seguridad jurídica al sector financiero.

El texto no solo va a incorporar al ordenamiento jurídico español las directrices europeas en materia hipotecaria, sino que también va a incluir una batería de medidas para mejorar el mercado y facilitar a los consumidores la comprensión de las condiciones de uno de los contratos más importantes que firmarán en su vida.

Resumimos los principales cambios que ha adelantado el Ministerio de Economía y que afectarán a las hipotecas que se firmen desde su aprobación, así como a las novaciones de los préstamos actuales (El Idealista, 24 de julio de 2017):

1. Aparece la etapa contractual y la visita al notario antes de la firma. Una vez que el banco entregue al cliente toda la documentación, el cliente deberá acudir al notario para que éste verifique que las condiciones del contrato se ajustan a la legalidad y pueda resolver todas las dudas que le genere el texto. La visita será gratuita, incluso si finalmente no se formaliza el préstamo, y permitirá al consumidor conocer en profundidad el contenido de su hipoteca antes del día de la firma. El Ministerio ha recalcado que el cliente puede elegir el notario.

2. Habrá sanciones a notarios y registradores. Todos aquellos notarios y registradores que no ejerzan sus labores de información y supervisión (por ejemplo, que un notario se salte la etapa contractual), serán susceptibles de recibir una sanción.

3. El interés de demora será del 9%. En el caso de que exista un impago, los bancos no podrán cobrar el interés que hayan pactado con el cliente. La normativa contempla que el interés de demora será tres veces el precio legal del dinero, que en el año 2017 se sitúa en el 3%.

4. Se endurece la cláusula de vencimiento anticipado. Hasta ahora, un banco podía reservarse el derecho a activar esta cláusula, que consiste en dar por vencido la totalidad del préstamo antes del plazo acordado en el momento en el que deudor incumple su obligación de pago, con un impago de tres mensualidades. Sin embargo, la nueva ley establece unos umbrales mínimos más altos.

La duración del contrato se va a dividir en dos partes y a cada una de ellas se le aplicará un umbral. En la primera mitad será necesario el impago de al menos el 2% del importe prestado para activar esta cláusula (el impago no puede superar las nueve mensualidades), mientras que en la segunda mitad dicho mínimo pasará al 4% (o un impago máximo de 12 mensualidades). Para una hipoteca a 20 años, por ejemplo, cada mitad serían 10 años.

5. Se reduce el coste de cambiar una hipoteca variable por una fija. Siempre que el banco y el cliente así lo pacten, la regulación contempla abaratar el coste de cambiar una hipoteca variable por una a tipo fijo. Existen dos maneras de conseguir este cambio: negociar con la actual entidad o irte con otra. Esta última opción es la más cara y, por ello, la que va a vivir el principal cambio: la comisión de reembolso que puede cobrar un banco a modo de compensación será del 0,25% y solo se podrá cobrar durante los tres primeros años de vida de la hipoteca que se quiere cambiar. Además, los gastos de notaría y registro estarán bonificados en un 90%.

6. Se reducen las comisiones por cancelación anticipada. Lo que también se reduce es la penalización que debe pagar el hipotecado si amortiza el préstamo de forma anticipada, ya sea parcial o totalmente. En el caso de las hipotecas variables, la comisión será del 0,5% si se realiza la amortización en los tres primeros años, porcentaje que se reduce a la mitad entre tres y cinco años y que desaparece a partir del quinto año.

   Para las hipotecas fijas, y como compensación a los seguros que contratan las entidades para no perder dinero con este tipo de operaciones, el coste de la cancelación será del 4% en los 10 primeros años. A partir de entonces, el hipotecado deberá pagar un 3% si cancela de forma anticipada.

   En ambos casos, la comisión se aplicará sobre la cantidad que adelante el cliente, no sobre el capital total pendiente de pago como hasta ahora.

7. Se crea un modelo tipo de hipoteca. La ley contempla la creación de un modelo de hipoteca que sea muy sencillo, para que cualquier persona, incluso las que no tienen nociones de finanzas o el mercado hipotecario, puedan entender el contrato. Este modelo de contrato estará regulado por Real Decreto y podrá usarse si las partes (banco-cliente) así lo acuerdan.

8. El contrato debe reflejar quién paga qué. Otra de las características de los contratos hipotecarios que se firmen a partir de ahora es que deben incluir de forma clara quién se hace cargo de los gastos. Es decir, qué va a pagar el banco y qué va a pagar el cliente al formalizar la hipoteca. Sin embargo, la normativa no entra a valorar quién debe hacerse cargo de los gastos, sino que simplemente obliga a reflejarlos.

9. Hay una lista de cláusulas problemáticas. La ley también incluirá una "lista negra" de cláusulas abusivas que no podrán aplicarse en ninguna hipoteca, como por ejemplo las cláusulas suelo. A pesar de que el Ministerio no ha detallado todas las cláusulas que podría incluir la lista, sí ha dejado claro que formarán parte de ella todas las que

hayan considerado abusivas por los tribunales. En el caso de que aparezca una cláusula abusiva, el notario puede solicitar a la entidad que la retire del contrato.

10. No tendrá efectos retroactivos. Los cambios que incluye la normativa no se aplicarán con efectos retroactivos, lo que significa que solo afectarán a las hipotecas que se firmen después de su aprobación, excepto en el caso de la cláusula de vencimiento anticipado, que sí estarán al alcance de todos los préstamos. Un caso diferente es el de la novación[2] de una hipoteca prexistente, ya se ésta se considera un nuevo contrato.

    En el caso de las nuevas limitaciones a la comisión por reembolso anticipado, la fecha a tener en cuenta será la aprobación del proyecto de ley, que se producirá antes de la misma ley. En este caso, por tanto, su aplicación tampoco tendrá efectos retroactivos.

11. El banco solo podrá ofrecer productos que beneficien al cliente. Otra de las novedades que deberán incluir los futuros contratos es información detallada y adicional de los productos que ofrece la entidad al cliente al margen de la hipoteca, como puede ser el uso de tarjetas o la contratación de un seguro del hogar. En este sentido, y salvo que tenga un beneficio para el cliente (por ejemplo, reduzca el interés del préstamo), los bancos no podrán "obligar" al cliente a contratar productos adicionales. Las ofertas, además, deberán tener la aprobación del Banco de España.

12. Ampara a los autónomos. El texto pretende beneficiar a todas las personas físicas, lo que también incluye a los autónomos.

13. La dación en pago y los gastos de la hipoteca, los grandes olvidados. La normativa no incluye referencia alguna sobre la dación en pago (entregar la casa al banco para dar por saldada la deuda), ni tampoco sobre quién debe hacerse cargo de los gastos que conlleva la formalización de la hipoteca, por ejemplo la notaría, la inscripción de la escritura en el Registro de la Propiedad o el pago del impuesto de Actos Jurídicos Documentados. Un caso que también se encuentra actualmente en los tribunales. Como se comentó en el punto 8, el contrato solo debe reflejar qué gastos paga cada parte, pero no entra a valorar quién debe pagarlo.

Ejemplo 12.4.

El señor Jiménez al cual el 1 de Enero de 2006 se le había concedido un préstamo hipotecario que incluía entre sus condiciones una **cláusula suelo** de tipo de interés del 5,50% nominal anual, ha decidido reclamar la misma junto con los intereses de demora.

---

[2] El concepto de novación hipotecaria, en sentido amplio, es la modificación sobre algún aspecto del préstamo hipotecario: plazo, tipo, importe, divisa, garantías reales o personales, sistema de amortización.

Las condiciones de este préstamo eran las siguientes:

- Importe: 106.000 €.
- Devolución: mediante términos amortizativos mensuales constantes pagaderos al finalizar cada año.
- Periodo: 25 años.
- Tipo de interés de referencia: Euribor a 1 año, revisable anualmente.
- Siendo el tipo de interés nominal anual variable pagadero mensualmente el siguiente:
  - ✓ Primer año: 3,20%
  - ✓ Años siguientes: Euribor a 1 año + diferencial 1%
- Suponga que la evolución del Euribor a partir de la primera revisión es:

Fecha	Euribor
01-01-07	3,92%
01-01-08	4,79%
01-01-09	3,45%
01-01-10	1,24%
01-01-11	1,53%
01-01-12	2,00%
01-01-13	0,55%
01-01-14	0,54%
01-01-15	0,33%
01-01-16	0,06%

Se pide: obtener el importe de los intereses que deberá reclamar teniendo en cuenta los intereses de demora expresados en la siguiente tabla:

Año	Interés legal demora
2007	4,00%
2008	5,00%
2009	5,50%
2010	4,38%
2011	4,00%
2012	4,00%
2013	4,00%
2014	4,00%
2015	4,00%
2016	3,50%
2017	3,00%

Solución

Desde	Hasta	% Interés sin suelo	Intereses sin suelo	% Interés con suelo	Intereses con suelo	Diferencia de intereses	Interés legal de-mora	% Intereses legales	Total a reclamar
01/01/2006	31/12/2006	3,20%	3.350,96	5,50%	5.779,29	2.428,33	4,00%	97,13	2.525,46
01/01/2007	31/12/2007	4,32%	4.408,42	5,50%	5.664,67	1.256,25	5,00%	62,81	1.319,06
01/01/2008	31/12/2008	5,19%	5.170,28	5,50%	5.543,60	373,32	5,50%	20,53	393,85
01/01/2009	31/12/2009	3,85%	3.735,47	5,50%	5.415,69	1.680,22	4,38%	73,51	1.753,73
01/01/2010	31/12/2010	1,64%	1.536,54	5,50%	5.280,55	3.744,01	4,00%	149,76	3.893,77
01/01/2011	31/12/2011	1,93%	1.734,59	5,50%	5.137,82	3.403,23	4,00%	136,13	3.539,36
01/01/2012	31/12/2012	2,40%	2.067,14	5,50%	4.987,01	2.919,87	4,00%	116,79	3.036,66
01/01/2013	31/12/2013	0,95%	780,46	5,50%	4.827,71	4.047,25	4,00%	161,89	4.209,14
01/01/2014	31/12/2014	0,94%	731,57	5,50%	4.659,43	3.927,86	4,00%	157,11	4.084,97
01/01/2015	31/12/2015	0,73%	535,99	5,50%	4.481,63	3.945,64	3,50%	138,10	4.083,74
01/01/2016	31/12/2016	0,46%	316,96	5,50%	4.293,81	3.976,85	3,00%	119,31	4.096,16
			24.368,38		**56.071,21**	**31.702,83**		**1.233,08**	**32.935,91**

12.4. PRÉSTAMOS SINDICADOS

Este tipo de préstamo surge cuando la cuantía del préstamo que se solicita es importante y la única entidad financiera prestamista no está dispuesta a asumir todos los riesgos derivados de la operación.

En estos casos, las entidades financieras suelen agruparse, constituyendo un sindicato de prestamistas, de tal manera que cada una de ellas presta una parte del importe total en función del riesgo que pueda asumir.

12.5. HIPOTECA INVERSA

Una hipoteca inversa es un préstamo o crédito hipotecario para personas mayores de 65 años que siendo propietarios de una vivienda quieren convertir el valor de su inmueble en un dinero disponible de carácter periódico, es decir, una renta mensual.

La regulación básica de la hipoteca inversa se establece en la Disposición adicional primera de la Ley 41/2007, de Regulación del Mercado Hipotecario (BOE de 8 de diciembre). En esta regulación se contemplan los requisitos que la operación de préstamo o crédito debe cumplir para que pueda considerarse como una hipoteca inversa, así como la exención de cuota de documentos notariales y las bonificaciones de honorarios y registrados que son de aplicación. La regulación distingue entre hipoteca inversa sobre vivienda habitual e hipotecas inversas sobre otros inmuebles, a los que no les son de aplicación exenciones ni beneficiarios.

El importe que se conceda como hipoteca inversa será mayor o menor en función del valor de la vivienda, de la edad del particular que suscribe el crédito (y de su cónyuge) y del deseo de éste de obtener ingresos durante el resto de su vida o únicamente durante un periodo de tiempo predeterminado.

Por último, la Ley antes citada, aclara una preocupación existente entre las personas mayores sobre la pérdida de su vivienda al establecer que "

> *... al fallecimiento del deudor hipotecario sus herederos podrán cancelar el préstamo abonando al acreedor hipotecario la totalidad de los débitos vencidos, con sus intereses, sin que el acreedor pueda exigir compensación alguna por su cancelación".*

Por tanto, los herederos de los titulares de una hipoteca inversa no pierden los derechos de propiedad y pueden optar por quedarse la vivienda, pagando la deuda acumulada, o venderla, y en este caso, quedarse con el dinero sobrante tras saldar las cuotas con la entidad financiera.

12.6. PRÉSTAMOS A INTERÉS VARIABLE CON UN TANTO DE REFERENCIA

En este tipo de préstamos, únicamente se conoce el tipo de interés que se aplicará durante un determinado periodo inicial (semestral, anual, etc.), para los restantes periodos dependerá de la evaluación de un tipo de interés que se toma como referencia y que suele ser en nuestro país el Euribor más un margen o diferencial que se fija al inicio de la operación:

Tipo de interés = Euribor + Diferencial

Ya que los tipos de interés que se toman como referencia no son conocidos al inicio de la operación, suelen hacerse predicciones respecto a su evolución por lo que la operación se considera aleatoria.

Ejemplo 12.5.

Contratamos un préstamo hipotecario en las siguientes condiciones:

- Importe: 100.000 €.
- Duración: 2 años.
- Términos amortizativos trimestrales constantes.
- Tipo de interés de referencia: Euribor a 1 año, revisable anualmente.
- Siendo el tipo de interés nominal anual variable pagadero por trimestres el siguiente:
  - Primer año: fijo del 8%
  - Segundo año: Euribor a 1 año + diferencial 1%
- Suponga el Euribor del segundo año es del 5%.

Se pide: realizar el cuadro de amortización inicial y el resultante después de la revisión prevista.

Solución

- Año 1:

$$i_m = \frac{J_m}{m};\ i_4 = \frac{0{,}08}{4} = 0{,}02$$

$$Trimestralidad = \frac{100.000}{a_{2\times 4\rceil 0{,}02}} = \frac{100.000}{\frac{1-(1+0{,}02)^{-8}}{0{,}02}} = 13.650{,}98\ €$$

Periodos	*a*	I_k	A_k	M_k	C_k
0					100.000,00
1	13.650,98	2.000,00	11.650,98	11.650,98	88.349,02
2	13.650,98	1.766,98	11.884,00	23.534,98	76.465,02
3	13.650,98	1.529,30	12.121,68	35.656,66	64.343,34
4	13.650,98	1.286,87	12.364,11	48.020,77	**51.979,23**

– Año 2:

$$i_4 = \frac{0{,}06}{4} = 0{,}015$$

$$Trimestralidad = \frac{51.979{,}23}{a_{1\times4\rceil\,0{,}015}} = \frac{51.979{,}23}{\frac{1-(1+0{,}015)^{-4}}{0{,}015}} = 13.485{,}74\ €$$

Periodos	*a*	I_k	A_k	M_k	C_k
					51.979,23
5	13.485,74	779,69	12.706,05	60.726,82	39.273,18
6	13.485,74	589,10	12.896,64	73.623,47	26.376,53
7	13.485,74	395,65	13.090,09	86.713,56	13.286,44
8	13.485,74	199,30	13.286,44	100.000,00	0,00
			100.000,00		

Ejemplo 12.6.

Se recibe un préstamo con las siguientes condiciones:

- Nominal: 60.000 €.
- Duración: 10 años.
- Términos amortizativos: mensuales constantes.
- Tipo de interés de referencia: Euribor a 1 año, revisable anualmente.
- Siendo el tipo de interés nominal anual variable pagadero por meses el siguiente:
  - — Primer año: 2,73%
  - — Segundo año: Euribor a 1 año + diferencial 0,5%

- Suponga el Euribor del segundo año es del 2,60%.

Se pide, calcular los términos amortizativos mensuales de cada uno de los años.

Solución

- Primer año

$$i_{12} = \frac{0,0273}{12} = 0,002275$$

$$60.000 = a \times a_{10\times12\urcorner\, 0,002275}$$

$$a = 571,92\text{ €}$$

- Segundo año

$$i_{12} = \frac{0,031}{12} = 0,0025833$$

$$C_{12} = a' \times a_{10\times12-12\urcorner\, 0,0025833}$$

$$54.709,46 = a' \times a_{10\times12-12\urcorner\, 0,0025833}$$

$$a' = 581,66\text{ €}$$

Cálculo de C_{12}

$$C_{12} = a \times a_{n-k\urcorner\, i_{12}} = 571,92 \times a_{10\times12-12\urcorner\, 0,002275} = 54.709,46\text{ €}.$$

12.7. PRÉSTAMOS CON MÁS DE UN TANTO DE VALORACIÓN

En este tipo de préstamos, existen distintos tramos y a cada uno de ellos se le aplica un tipo de interés distinto.

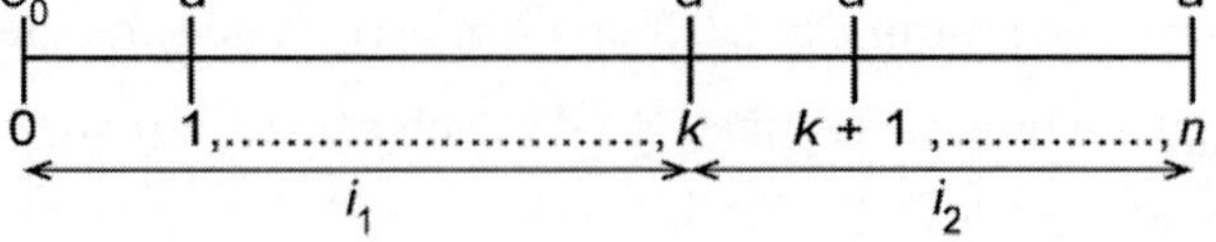

El esquema anterior refleja un préstamo que se amortiza durante n años mediante términos amortizativos constantes con dos tipos de interés i_1 e i_2, el primero para los k primeros años y el segundo para los $n-k$ años restantes.

La operación de equivalencia financiera en el origen entre la prestación y la contraprestación es la siguiente:

$$C_0 = a \cdot a_{\overline{k}|i_1} + a \cdot a_{\overline{n-k}|i_2} \cdot (1+i_1)^{-k}$$

12.7.1. Cálculo del capital vivo en el momento *r*

1. Si $r < k$

Lo más cómodo es utilizar el método retrospectivo:

$$C_r = C_0 \cdot (1+i_1)^r - a \cdot s_{\overline{r}|i_1}$$

2. Si $r > k$. Utilizando el método prospectivo:

$$C_r = a \cdot a_{\overline{n-r}|i_2}$$

12.7.2. Cálculo de la cuota de amortización

1. Si $r \leq k$

$$A_2 = A_1 \cdot (1+i_1)$$
$$A_3 = A_1 \cdot (1+i_1)^2$$

.
.
.

$$A_r = A_1 \cdot (1+i_1)^{r-1}$$

Siendo:

$$A_1 = a - C_0 \cdot i_1$$

$$C_r = C_0 \cdot (1+i_1)^r - a \cdot s_{\overline{r}|i_1}$$

2. Cálculo de A_{k+1}

Año k → $a = C_{k-1} \cdot i_1 + A_k$

Año $k+1$ → $a = C_k \cdot i_2 + A_{k+1}$

restando,

$$0 = C_{k-1} \cdot i_1 - C_k \cdot i_2 + A_k - A_{k+1}$$

$$A_{k+1} = A_k + C_{k-1} \cdot i_1 - C_k \cdot i_2$$

Las restantes cuotas se obtienen multiplicando por $(1 + i_2)$.

Ejemplo 12.7.

Nos conceden un préstamo con las siguientes condiciones:

- $C_0 = 60.000$ euros.
- Tipo de interés: 3% efectivo anual durante los 6 primeros años y 4% efectivo anual para los restantes.
- Duración: 8 años.
- Términos amortizativos constantes.

Se pide:

a) Calcular el término amortizativo constante.

b) Calcular el capital vivo al final del 3º y 7º año.

c) Calcular la cuota de amortización al final del 6º y 7º año.

d) Calcular el cuadro de amortización.

Solución

a) Término amortizativo constante:

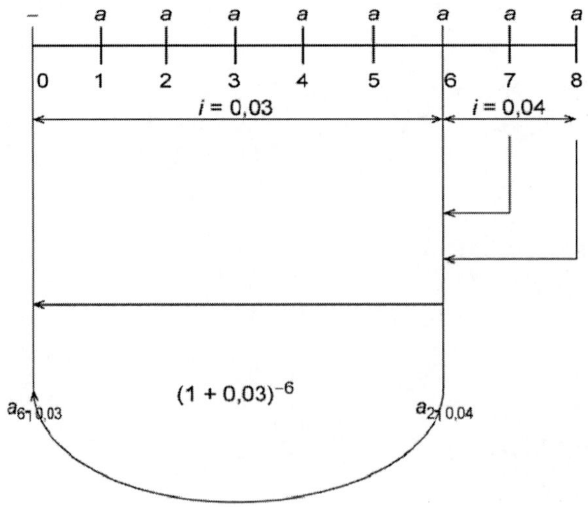

$$60.000 = a \times a_{\overline{6|}\,0,03} + a \times a_{\overline{2|}\,0,04} \times (1 + 0,03)^{-6}.$$

$$a = 8.575,39 \text{ €}$$

b) Capital vivo al final del 3º y 7º año:

$$C_3 = 60.000 \times (1 + 0,03)^3 - 8.575,39 \times s_{\overline{3|}\,0,03} = 39.057,95 \text{ €}$$

$$C_7 = 8.575,39 \times a_{\overline{1|}\,0,04} = 8.245,57 \text{ €}$$

c) Cuota de amortización al final del 6º y 7º año:

$$A_7 = a - I_7 = 8.575,39 - C_6 \times 0,04 = 8.575,39 - 16.174,00 \times 0,04$$

$$A_7 = 7.928,43 \text{ €}.$$

$$C_6 = 60.000 \times (1 + 0,03)^6 - 8.575,39 \times s_{\overline{6|}\,0,03} = 16.174,00 \text{ €}$$

$$A_6 = A_1 \times (1 + 0,03)^5 = 6.775,39 \times (1 + 0,03)^5 = 7.854,53 \text{ €}$$

$$A_1 = 8.575,39 - 60.000 \times 0,03 = 6.775,39 \text{ €}$$

d) Cuadro de amortización:

Periodos	a	I_k	A_k	M_k	C_k
0					60.000,00
1	8.575,39	1.000,00	6.775,39	6.775,39	53.224,61
2	8.575,39	1.596,74	6.978,65	13.754,04	46.245,96
3	8.575,39	1.387,38	7.188,01	20.942,05	39.057,95
4	8.575,39	1.171,74	7.403,65	28.345,71	31.654,29
5	8.575,39	949,63	7.625,76	35.971,47	24.028,53
6	8.575,39	720,86	7.854,53	43.826,00	16.174,00
7	8.575,39	646,96	7.928,43	51.754,43	8.245,57
8	8.575,39	329,82	8.245,57	60.000,00	0,00

12.8. PRÉSTAMOS CON PAGO FRACCIONADO DE INTERESES

En este tipo de préstamos, los intereses se pagan fraccionadamente a lo largo del año (mensual, trimestral, etc.), mientras que la amortización se realiza anualmente.

El esquema gráfico de esta operación financiera para un determinado periodo $[k-1, k]$, será el siguiente:

En este tipo de préstamos el interés que figura en el contrato es el nominal (J_m) por lo que el interés (i_m), se calculará aplicando la fórmula:

$$j_m = m \cdot i_m$$

$$i_m = \frac{j_m}{m}$$

El tanto efectivo anual será:

$$i = (1 + i_m)^m - 1$$

La ecuación de equivalencia puede establecerse operando con el tanto (i_m), o bien con el tanto efectivo anual (i). Si operamos con (i_m), los m pagos de cada periodo se sustituyen por uno que será:

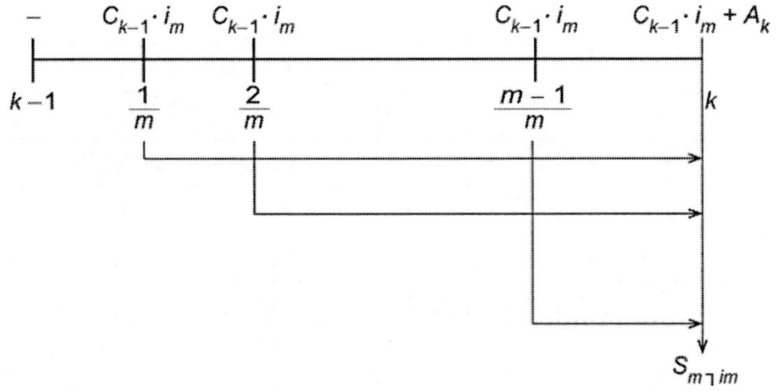

$$C_{k-1} \cdot i_m \cdot (1 + i_m)^{1-\frac{1}{m}} + C_{k-1} \cdot i_m \cdot (1 + i_m)^{1-\frac{2}{m}} + \cdots$$

$$+ C_{k-1} \cdot i_m \cdot (1 + i_m)^{1-\frac{(m-1)}{m}} + C_{k-1} \cdot i_m + A_k = C_{k-1} \cdot i_m \cdot S_{m\rceil i_m} + A_k$$

Si operamos con el tanto (i), la ecuación resultante será:

$$C_{k-1} \cdot i_m \cdot S_{m\rceil i_m} + A_k = C_{k-1} \cdot i_m \cdot \frac{(1+i_m)^m - 1}{i_m} + A_k = C_{k-1} \cdot i + A_k$$

En el caso particular del método francés con intereses fraccionados, los cálculos serán los siguientes:

- Estructura de la anualidad constante:

$$a = C_{k-1} \cdot i + A_k \; ; \quad \text{siendo } k = 1, 2, \ldots, n.$$

- Cálculo de las cuotas de amortización (primer cálculo a realizar):

$$C_0 = A_1 \cdot s_{n\rceil i} \;\; \rightarrow \;\; A_1 = \frac{C_0}{s_{n\rceil i}}$$

Las restantes cuotas se obtendrán como sigue:

$$A_k = A_{k-1} \cdot (1+i) = A_1 \cdot (1+i)^{k-1}$$

- Cálculo de los capitales vivos (C_k) y amortizados (M_k):

$$C_k = C_{k-1} - A_k$$

$$M_k = M_{k-1} + A_k = A_1 \cdot s_{k\rceil i}$$

- Después se calcularán los intereses, que serán:

$$C_{k-1} \cdot i_m$$

- Por último, se calcularán los términos amortizativos:

$$a_{k,h} = \begin{cases} I_{k,h} \quad con\, h = 1, 2, \ldots . m-1 \\ \text{En los primeros } m - 1 \text{ subperiodos solo se pagan intereses.} \\ I_{k,m} + A_k \quad con\, h = m \\ \text{En el último subperiodo se pagan intereses y se amortiza capital.} \end{cases}$$

Ejemplo 12.8.

A la sociedad Carosa le han concedido un préstamo de 12.000 € a dos años, en régimen de capitalización compuesta con devengo de intereses pospagables a un tipo de interés efectivo anual del 8,16%, amortizable mediante anualidades constantes.

Se pide:

a) Realizar el cuadro de amortización.

b) Realizar el cuadro de amortización con fraccionamiento financiero de interés, suponiendo cuotas de interés semestrales y cuotas de amortización anuales.

Solución

a) Cuadro de amortización:

$$a = \frac{12.000}{a_{\overline{2|}\,0,0816}} = 6.744 \text{ €}$$

Periodos	a	I_k	A_k	M_k	C_k
0					12.000,00
1	6.744,00	979,20	5.764,80	5.764,80	6.235,20
2	6.744,00	508,79	6.235,20	12.000,00	0,00

b) Cuadro de amortización con fraccionamiento financiero de intereses:

$$i_m = (1+i)^{\frac{1}{m}} - 1$$

$$i_2 = (1 + 0,0816)^{1/2} - 1 = 0,04 \text{ semestral}$$

Periodos	a_k	I_k	A_k	M_k	C_k
0					12.000,00
1.1	480,00	480,00			12.000,00
1.2	6.244,80	480,00	5.764,80	5.764,80	6.235,20
2.1	249,41	249,41		5.764,80	6.235,20
2.2	6.484,61	249,41	6.235,20	12.000,00	0,00

12.9. EL ENDEUDAMIENTO EN EL SECTOR PÚBLICO

El concepto de *Deuda Pública* comprende todos aquellos ingresos obtenidos por los Entes Públicos a cambio de una cierta retribución y con la obligación de devolución del conjunto de las cantidades recibidas.

El recurso al crédito por parte de los entes públicos queda sometido a un conjunto de reglas jurídicas, especialmente en materia de autorización y límites de endeudamiento.

El artículo 92 de la Ley 47/2003, de 26 de noviembre General Presupuestaria (LGP) recoge, en el ámbito estatal un concepto de *Deuda Pública* definida esta, en un sentido amplio, como:

> *"...conjunto de capitales tomados a préstamo mediante emisión pública, concertación de operaciones de crédito, subrogación en la posición deudora de un tercero o, en general, mediante cualquier otra operación financiera con destino a financiar gasto o a constituir posiciones activas de tesorería."*

El recurso al endeudamiento por parte del Estado debe ser autorizado por Ley. A tal efecto, la Ley de Presupuestos Generales del Estado establece anualmente el límite de la variación del saldo vivo de deuda del Estado de cada ejercicio presupuestario, al que necesariamente deben ajustarse las operaciones financieras que impliquen creación de deuda.

Asímismo, la LGP recoge la necesaria consignación presupuestaria que asegure la cobertura de los gastos derivados del recurso al endeudamiento.

En el ámbito autonómico la Ley Orgánica 8/1980, de 22 de septiembre de Financiación de las Comunidades Autónomas (LOFCA), habilita la concertación de operaciones de crédito a corto plazo con el objeto de cubrir sus necesidades transitorias de tesorería. La concertación de operaciones por plazo superior al año, se sujeta legalmente a una serie de condicionantes; así, las operaciones de crédito concertadas se destinarán exclusivamente a la realización de gastos de inversión, y el importe total anual de las anualidades, incluyendo amortización e intereses, no podrá exceder del 25% de los ingresos corrientes de la Comunidad Autónoma.

Las comunidades autónomas precisarán autorización del Estado en los siguientes supuestos:

- Operaciones de crédito en el extranjero.
- Emisión de deuda o cualquier otra apelación al crédito público.
- Cualquier otra operación de endeudamiento cuando de la información suministrada por las Comunidades, se constate el incumplimiento del objetivo de estabilidad presupuestaria.

En todo caso, las operaciones de crédito de las comunidades autónomas deberán coordinarse entre sí y con la política de endeudamiento del Estado en el seno del Consejo de Política Fiscal y Financiera.

Las entidades locales podrán apelar al crédito público o privado para la financiación de inversiones (con carácter excepcional y sujeto a unas limitaciones específicas podrán destinarse a la financiación de gasto corriente). El crédito podrá instrumentarse mediante la emisión de Deuda Pública, contratación de préstamos, créditos o cualquier otra apelación al crédito público o privado. La aprobación de la operación corresponde al Pleno o Alcalde/Presidente en atención a la cuantía de la misma (artículo 52 del Real Decreto Legislativo 2/2004, de 5 de marzo, por el que se aprueba el Texto Refundido de la Ley Reguladora de las Haciendas Locales).

Será precisa la previa autorización de los órganos competentes del Ministerio de Hacienda o, de la comunidad autónoma a que la entidad local pertenezca que tenga atribuida en su Estatuto competencia en la materia, cuando de los estados financieros que reflejen la liquidación de los presupuestos, los resultados corrientes y los resultados de la actividad ordinaria del último ejercicio, se deduzca un ahorro neto negativo o cuando el volumen total del capital vivo de las operaciones de crédito vigentes a corto y largo plazo, incluyendo el importe de la operación proyectada, exceda del 110% de los ingresos corrientes liquidados (artículo 53 TRLRHL).

En todo caso, precisarán de la autorización del Ministerio de Hacienda las operaciones de crédito que se formalicen en el exterior o con entidades financieras no residentes en España y las que se instrumenten mediante emisiones de deuda o cualquier otra forma de apelación al crédito público.

Las Leyes de Presupuestos Generales del Estado podrán, anualmente, fijar límites de acceso al crédito de las entidades locales cuando se den circunstancias que coyunturalmente puedan aconsejar tal medida por razones de política económica general.

En el ejercicio de dicha habilitación el Real Decreto–Ley 8/2010, de 20 de mayo, por el que se adoptan medidas extraordinarias para la reducción del déficit público previó para el ejercicio económico 2011, que las entidades locales y sus entidades dependientes clasificadas en el sector Administraciones Públicas, que liquidasen el ejercicio 2010 con ahorro neto positivo, podrían concertar nuevas operaciones de crédito a largo plazo para la financiación de inversiones, cuando el volumen total del capital vivo no excediera del 75% de los ingresos corrientes liquidados. Las entidades que no cumplieron dichos requisitos no pudieron concertar en 2011 operaciones de crédito a largo plazo. Estas limitaciones han sido objeto de prórroga para el año 2012 (DA14ª Real Decreto–Ley 20/2011 de 30 de diciembre, de medidas urgentes en materia presupuestaria, tributaria y financiera para la corrección del déficit público).

Con el objeto de fortalecer la confianza en la estabilidad económica española a medio y largo plazo, en el año 2011 se eleva a rango constitucional la exigencia de previa autorización legal a la concertación de cualquier operación de endeudamiento. Asimismo, el reformado artículo 135 CE establece que el volumen de deuda pública del conjunto de las Administraciones Públicas, en relación con el Producto Interior Bruto, no podrá superar el valor de referencia establecido en el Tratado de Funcionamiento de la Unión Europea.

Se incorpora en dicho precepto una garantía presupuestaria en el pago de la deuda en el sentido de que los créditos para satisfacer intereses y capital de la Deuda Pública se entenderán incluidos siempre en el estado de gastos de sus presupuestos y su pago gozará de prioridad absoluta no pudiendo ser objeto de enmienda.

El artículo 13 de la Ley Orgánica 2/2012, del 27 de abril, de estabilidad presupuestaria y sostenibilidad financiera establece un límite máximo de deuda para el conjunto de las Administraciones Públicas que no podrá superar el 60% de PIB expresado en términos nominales (44% para la Administración Central, 13% para las Comunidades Autónomas y 3% para el conjunto de las Corporaciones Locales).

Ejemplo 12.9.

El Ayuntamiento de Ourense tiene contemplados en el Presupuesto vigente para el año X, entre otros, los siguientes créditos presupuestarios:

Funcional	Económica	Descripción partida presupuestaria	Crédito para gasto en euros al 1/01/X
011	310.01	Deuda Pública. Intereses c/p	1.900
011	310.02	Deuda Pública. Intereses l/p	26.500
011	913.00	Deuda Pública. Amortización-préstamos a medio y largo plazo	60.000

En las bases de ejecución del presupuesto en vigor, se establece la vinculación jurídica a nivel de Área de gasto en la clasificación por programas y de Capítulo en la clasificación económica.

No existe concertada ninguna operación de endeudamiento a corto plazo en el año X.

El citado Ayuntamiento tiene suscrito un préstamo con la entidad financiera Bancobank. Tal préstamo con vencimiento de los pagos de periodicidad trimestral coincidiendo con el día 15 del último mes de cada trimestre natural, fue concertado y dispuesto en su totalidad el 15 de junio de X – 1, con lo cual el primer pago se produjo el 15 de septiembre del citado año, el préstamo se realizó por el sistema de amortización francés y con un plazo de amortización de 10 años.

Tal préstamo se concertó a tipo de interés variable, con revisión anual del tipo aplicable, fijándose el tipo de revisión en el resultado de aplicar el índice Euribor a 1 año incrementado con un diferencial del 0,40%, siendo el índice a aplicar el publicado en el BOE a efectos de revisión de préstamos en el último mes inmediato anterior al del inicio del periodo objeto de revisión.

El tipo aplicable nominal anual en el momento de la formalización de la operación de crédito fue del 4%. La cuota a pagar trimestralmente en el primer año de vigencia del contrato se determinó en 22.000 euros.

En el BOE, se ha publicado en el mes de mayo de X, un valor del Euribor a un año equivalente al 3,80%.

Se pide:

a) Determinar el capital inicial del préstamo.

b) Determinar el capital vivo a 1/1/X, confeccionando el cuadro de amortización.

c) Formar el cuadro de amortización de X, indicando el capital vivo a 31/12/X.

Solución

a) Capital inicial:

$$i_4 = \frac{J_4}{4} = \frac{0{,}04}{4} = 0{,}01$$

$$Trimestralidad = \frac{C_0}{a_{10\times4\rceil\,0{,}01}}$$

$$22.000 = \frac{C_0}{\frac{1-(1+0{,}01)^{-40}}{0{,}01}}$$

$$C_0 = 722.363{,}09\ €$$

b) Capital vivo a 1/1/X:

Periodos	Trimestralidad	Intereses	Cuota amortización	Capital amortizado	Capital vivo
15/06/X-1					722.363,09
15/09/X-1	22.000,00	7.223,63	14.776,37	14.776,37	707.586,73
15/12/X-1	22.000,00	7.075,87	14.924,13	29.700,50	692.662,59
15/03/X	22.000,00	6.926,63	15.073,37	44.773,88	677.589,22
15/06/X	22.000,00	6.775,89	15.224,11	59.997,98	662.365,11

c) Capital vivo a 31/12/X:

$$J_4 = 3{,}8\% + 0{,}40\% = 4{,}2\% = 0{,}042$$

$$i_4 = \frac{J_4}{4} = \frac{0{,}042}{4} = 0{,}0105$$

$$Trimestralidad = \frac{662.365{,}11}{a_{9\times4\rceil\,0{,}0105}} = \frac{662.365{,}11}{\frac{1-(1+0{,}0105)^{-36}}{0{,}0105}} = 22.190{,}30\ €$$

Periodos	Trimestralidad	Intereses	Cuota amortización	Capital amortizado	Capital vivo
15/06/X					662.365,11
15/09/X	22.190,30	6.954,83	15.235,46	75.233,45	647.129,65
15/12/X	22.190,30	6.794,86	15.395,44	90.628,88	631.734,21
15/03/X+1	22.190,30	6.633,21	15.557,09	106.185,97	616.177,12
15/06/X+1	22.190,30	6.469,86	15.720,44	121.906,41	600.456,68

Si llevamos a cabo una comparación de los resultados obtenidos con los datos aportados del presupuesto para el año X, podemos apreciar que:

Año X	Según resolución de las tablas	Según presupuesto aportado
Intereses totales	27.452,21 €	1.900 + 26.500 = 27.400 €
Total amortizado	60.928,38 €	60.000 €

Por tanto, el cálculo de los intereses según el presupuesto y los reales coinciden aproximadamente, y en el total amortizado existiría una desviación de 928,28 euros entre lo presupuestado y lo realmente amortizado. La aplicación presupuestaria de estos mayores importes exigiría disponer de crédito a nivel de vinculación, o, en su defecto, la tramitación previa de un expediente de modificación presupuestaria por el importe correspondiente.

CAPÍTULO 13

VALOR FINANCIERO DE UN PRÉSTAMO. TANTOS EFECTIVOS

Contenido

13.1. VALOR DE UN PRÉSTAMO A TANTO DE MERCADO

A veces, en algún momento de la vida del préstamo, el prestamista desea transmitir sus derechos a un tercero; para calcular el valor del préstamo en ese instante se utilizarán el tipo de interés vigente en el mercado de capitales de otras operaciones financieras similares que tengan la misma duración y riesgo; el valor así obtenido se denomina valor financiero del préstamo.

Supongamos un préstamo en el que ya han transcurrido k periodos, tal como se recogen en el siguiente esquema gráfico:

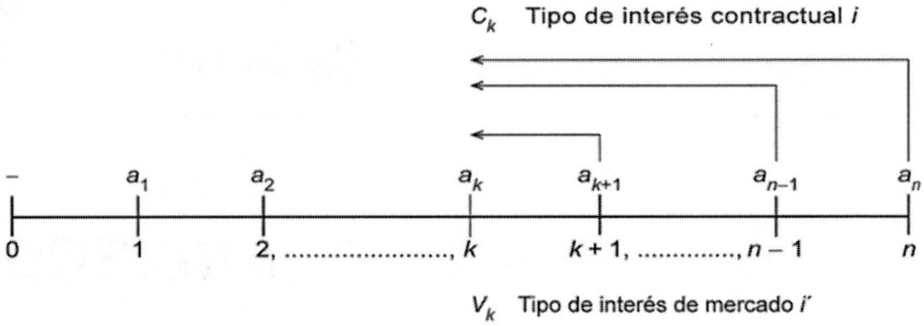

El capital vivo C_k, será:

$$C_k = \sum_{r=k+1}^{n} a_r \cdot (1+i)^{-(r-k)}$$

siendo:

i → El tipo de interés el que figura en el contrato.

El valor financiero del préstamo en el momento k a un tipo de interés de mercado (i'), vendrá dado por la expresión:

$$V_k = a_{k+1} \cdot (1+i')^{-1} + a_{k+2} \cdot (1+i')^{-2} + \cdots + a_n \cdot (1+i')^{-(n-k)}$$

$$V_k = \sum_{r=k+1}^{n} a_r \cdot (1+i')^{-(r-k)}$$

Esta expresión nos permitirá calcular el valor que cualquier ahorrador estará dispuesto a pagar por adquirir los derechos futuros del préstamo en un mercado de capitales perfecto.

Por supuesto, cuando suben los tipos de interés el valor financiero del préstamo disminuye y cuando bajan el valor del préstamo aumenta.

Si tenemos en cuenta que:

$$a_r = I_r + A_r = C_{r-1} \cdot i + A_r$$

Y sustituimos este valor en la expresión anterior, nos queda:

$$V_k = \underbrace{\sum_{k+1}^{n} C_{r-1} \cdot i \cdot (1+i')^{-(r-k)}}_{U_k} + \underbrace{\sum_{k+1}^{n} A_r \cdot (1+i')^{-(r-k)}}_{N_k}$$

siendo

$U_k \longrightarrow$ Valor del usufructo en el momento k, que viene siendo el valor de las cuotas de intereses futuros actualizadas al tipo de interés de mercado i'.

$N_k \longrightarrow$ Recibe el nombre de la nuda propiedad y que son las cuotas de amortización futuras actualizadas también al tanto i'.

En consecuencia, se tiene que cumplir que:

$$V_k = U_k + N_k$$

Las fórmulas anteriores se han obtenido bajo la hipótesis de que los dos tantos, i e i' son constantes a lo largo de toda la operación.

En estos casos, se cumple también la siguiente igualdad (omitimos demostración):

$$U_k = \frac{i}{i'} \cdot (C_k - N_k)$$

conocida como **fórmula de Achard**.

13.1.1. Aplicación al método francés

En este caso particular:

$$a_1 = a_2 = \cdots = a_k = \cdots a_n = a$$

En consecuencia:

$$a = C_{k-1} \cdot i + A_k$$

$$\downarrow \qquad \downarrow$$

$$I_k \qquad A_k$$

El capital vivo y el valor financiero vendrán dados por las expresiones:

$$C_k = a \cdot a_{\overline{n-k|}\, i}$$

$$V_k = a \cdot a_{\overline{n-k|}\, i'}$$

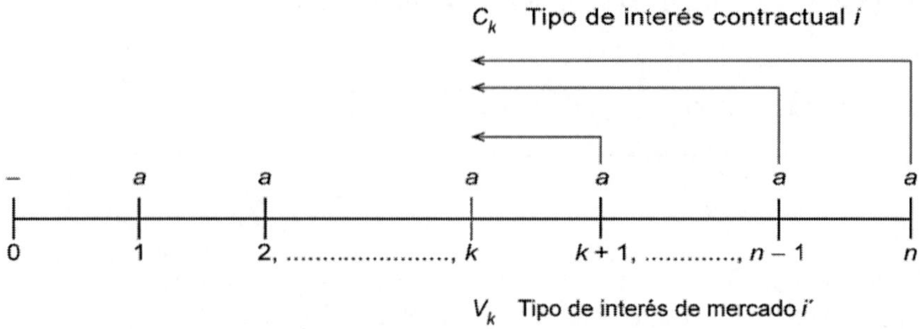

Conociendo C_k y V_k, el usufructo y la nuda propiedad en k, se obtendrá con el sistema de ecuaciones:

$$V_k = U_k + N_k$$

$$U_k = \frac{i}{i'} \cdot (C_k - N_k)$$

13.1.2. Aplicación al método de cuotas de amortización constantes

En este caso particular calcularemos en primer lugar:

$$C_k = (n - k) \cdot A$$

$$N_k = A \cdot a_{n-k\rceil i'}$$

Las otras magnitudes V_k *y* U_k se calculan mediante el sistema de dos ecuaciones con dos incógnitas:

$$V_k = U_k + N_k$$

$$U_k = \frac{i}{i'} \cdot (C_k - N_k)$$

13.1.3. Aplicación al método americano

En este caso no es necesario aplicar el sistema de ecuaciones:

$$C_k = C_0$$

$$N_k = C_0 \cdot (1 + i')^{-(n-k)}$$

$$U_k = C_0 \cdot i \cdot a_{n-k\rceil i'}$$

Ejemplo 13.1.

Se concede un préstamo de 1.000.000 euros para ser amortizado en 10 años a un tipo de interés del 9% anual. Si en estos momentos, principio del quinto año del préstamo, el tipo de interés del mercado es del 10%, determinar el valor del préstamo, del usufructo y de la nuda propiedad en los supuestos:

1) Método americano.
2) Método francés.
3) Método de cuota de amortización constate.

Solución

1) Método americano:

$$C_4 = C_0 = 1.000.000 \text{ €}$$

$$U_4 = 90.000 \times a_{\overline{6|}\,0,10} = 391.973,46 \text{ €}$$

$$N_4 = 1.000.000 \times (1 + 0,10)^{-6} = 564.473,93 \text{ €}$$

$$V_4 = U_4 + N_4 = 391.973,46 + 564.473,93 = 956.447,39 \text{ €}$$

2) Métodos francés:

Determinamos en primer lugar el valor del término amortizativo constante a través de la ecuación de equivalencia:

$$C_0 = a \cdot a_{\overline{6|}\,0,09}$$

$$a = \frac{1.000.000}{a_{\overline{6|}\,0,09}} = 155.820,09 \text{ €}$$

$$C_4 = a \cdot a_{\overline{n-k|}\,i} = 155.820,09 \times a_{\overline{10-4|}\,0,09} = 698.996,24 \text{ €}$$

$$V_4 = 155.820,09 \times a_{\overline{6|}\,0,10} = 678.637,11 \text{ €}.$$

$$\left.\begin{array}{r} V_4 = U_4 + N_4 \\ i' \cdot U_4 + i \cdot N_4 = i \cdot C_4 \end{array}\right\} \quad \begin{array}{l} U_4 = \dfrac{i \cdot (V_4 - C_4)}{i - i'} \\ N_4 = \dfrac{i' \cdot V_4 - i \cdot C_4}{i' - i} \end{array}$$

Resultado:

$$U_4 = \frac{0,09 \times (678.637,11 - 698.996,24)}{0,09 - 0,10} = 183.232,17 \text{ €}$$

$$N_4 = \frac{0{,}10 \times 678.637{,}11 - 0{,}09 \times 698.996{,}24}{0{,}10 - 0{,}09} = 495.404{,}94\,.$$

3) Método de cuota de amortización constate:

$$A = \frac{C_0}{n} = \frac{1.000.000}{10} = 100.000\ €$$

$$N_4 = 100.000 \times a_{\overline{6}|\,0{,}10} = 435.526{,}07\ €$$

$$U_4 = \frac{0{,}09}{0{,}10} \times [600.000 - 435.526{,}07] = 148.026{,}54\ €$$

$$C_4 = 6 \cdot A = 6 \times 100.000 = 600.000\ €$$

$$V_4 = U_4 + N_4 = 583.552{,}61\ €$$

13.1.4. Aplicación al método de términos variables en progresión geométrica

En primer lugar calcularemos C_k y V_k tal como figura a continuación.

$$C_k = \ddot{A}_{\overline{n-k}|\,i}$$

$$V_k = \ddot{A}_{\overline{n-k}|\,i'}$$

El usufructo U_k y la nuda propiedad N_k se calculan a través de un sistema de ecuaciones.

13.1.5. Aplicación al método alemán

Gráficamente el esquema general para este método es el siguiente:

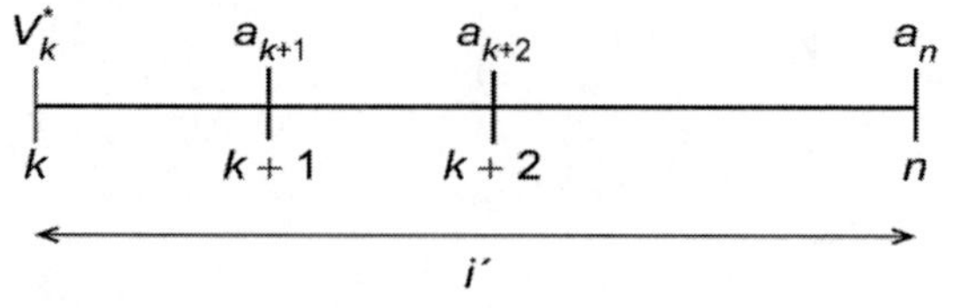

siendo:

i' → El tipo de interés del mercado pospagable.

El valor financiero del préstamo vendrá dado por la ecuación:

$$V_k^* = a_{k+1} \cdot (1+i')^{-1} + a_{k+2} \cdot (1+i')^{-2} + \cdots + a_n \cdot (1+i')^{-(n-k)} =$$

$$= \sum_{r=k+1}^{n} a_r \cdot \left(1+i'\right)^{-(r-k)} = \sum_{r=k+1}^{n} (I_{r+1}^* + A_r^*) \cdot \left(1+i'\right)^{-(r-k)} =$$

$$= \underbrace{\sum_{r=k+1}^{n} I_{r+1}^* \cdot \left(1+i'\right)^{-(r-k)}}_{U_k^*} + \underbrace{\sum_{r=k+1}^{n} A_r^* \cdot \left(1+i'\right)^{-(r-k)}}_{N_k^*}$$

$$V_k^* = U_k^* + N_k^*$$

Además se cumple, en el caso de tipo de interés constante, la siguiente igualdad:

$$U_k^* = \frac{i^*}{i'} \cdot \left[C_k^* - N_k^* \cdot (1+i')\right]$$

En el caso particular de términos amortizativos constantes, se procederá como sigue:

1. $C_k^* = a \cdot \frac{1-(1-i^*)^{n-k}}{i^*}$

2. $V_k^* = a \cdot a_{\overline{n-k}|i'}$

Las restantes magnitudes se obtendrán resolviendo el siguiente sistema:

$$V_k^* = U_k^* + N_k^*$$

$$U_k^* = \frac{i^*}{i'} \cdot \left[C_k^* - N_k^* \cdot (1+i')\right]$$

Ejemplo 13.2.

Se concede un préstamo de 1.000.000 € para ser amortizado en 5 años a un tipo de interés anticipado del 10% anual, mediante términos amortizados constantes.

Se pide: obtener el cuadro de amortización, calcular el valor financiero, el usufructo y la nuda propiedad al finalizar el segundo año, siendo el tipo de interés pospagable 12% anual.

Solución

$$1.000.000 = \frac{1-(1-0{,}10)^5}{0{,}10}$$

$$a = 244.194{,}28 \text{ €}.$$

Periodos	a	I^*_k	A^*_k	M^*_k	C^*_K
0	100.000,00	100.000,00			1.000.000,00
1	244.194,28	83.978,41	160.215,87	160.215,87	839.784,13
2	244.194,28	66.176,65	178.017,63	338.233,50	661,766,50
3	244.194,28	46.396,91	197.797,37	536.030,87	463.969,13
4	244.194,28	24.419,43	219.774,85	755.805,72	244.194,28
5	244.194,28	0,00	244.194,28	1.000.000,00	0,00

$$U_2^* = 46.396{,}91 \times (1+0{,}12)^{-1} + 24.419{,}43 \times (1+0{,}12)^{-2} = 60.892{,}83 \text{ €}.$$

$$N_2^* = 197.797{,}37 \times (1+0{,}12)^{-1} + 219.774{,}85 \times (1+0{,}12)^{-2} + 244.194{,}28 \times (1+0{,}12)^{-3}$$

$$= 525.620{,}63 \text{ €}.$$

$$V_2^* = 60.892{,}83 + 525.620{,}63 = 586{,}513{,}46 \text{ €}.$$

13.1.6. Intereses fraccionados

El valor del préstamo que denominaremos $V_k^{(m)}$, en el momento k será el siguiente:

$$V_k^{(m)} = \sum_{r=k+1}^{n} \left(C_{r-1} \cdot i_m \cdot s_{m\rceil i'_m} + A_r\right) \cdot (1+i')^{-(r-k)} =$$

$$= \sum_{r=k+1}^{n} C_{r-1} \cdot i_m \cdot s_{m\rceil i'_m} \cdot (1+i')^{-(r-k)} + \sum_{r=k+1}^{n} A_r \cdot (1+i')^{-(r-k)}$$

Teniendo en cuenta que:

$$s_{m\rceil i'_m} = \frac{(1+i'_m)^m - 1}{i'_m}$$

y simplificando queda:

$$V_k^{(m)} = \underbrace{\sum_{r=k+1}^{n} C_{r-1} \cdot \frac{i_m \,.\, i'}{i'_m} \cdot (1+i')^{-(r-k)}}_{U_k^{(m)}} + \underbrace{\sum_{r=k+1}^{n} A_r \cdot (1+i')^{-(r-k)}}_{N_k}$$

$$V_k^{(m)} = U_k^{(m)} + N_k$$

Teniendo en cuenta que los tantos de la operación y del mercado son contantes, se verifica que:

$$U_k^{(m)} = \frac{i_m}{i'_m} \cdot (C_k - N_k)$$

Ejemplo 13.3.

Se concede un préstamo de 300.000 euros para ser amortizado en 3 años, a un tipo de interés del 6% semestral, mediante cuotas anuales de amortización constante.

Se pide: calcular el valor financiero, el usufructo y la nuda propiedad al finalizar el año 1, siendo el tipo de interés de mercado del 5% semestral.

Solución

a) Aplicando la fórmula de Achard:

$$V_1^2 = U_1^2 + N_1$$

$$U_1^2 = \frac{i_2}{i'_2} \cdot (C_1 - N_1)$$

Cálculo de capital vivo:

$$A = \frac{300.000}{3} = 100.000\ €$$

$$C_4 = 2A = 200.000\ €$$

Cálculo de la nuda propiedad:

$$i = (1 + 0{,}05)^2 - 1 = 0{,}1025$$

$$N_1 = 100.000 \times a_{\overline{2|}\,0{,}1025} = 172.973{,}20\ €$$

Cálculo del usufructo:

$$U_1^2 = \frac{i_2}{i_2'} \cdot (C_1 - N_1) = \frac{0{,}06}{0{,}05}(200.000 - 172973{,}20) = 32.432{,}17\ €$$

Valor financiero:

$$V_1^2 = U_1^2 + N_1 = 32.432{,}17 + 172.973{,}20 = 205.405{,}37\ €$$

b) Sin aplicar la fórmula de Achard:

Cálculo de la nuda propiedad:

$$N_1 = 100.000 \times (1 + 0{,}05)^{-2} + 100.000 \times (1 + 0{,}05)^{-4} = 172.973{,}20\ €$$

Cálculo del usufructo:

$$U_1^2 = 12.000 \times (1 + 0{,}05)^{-1} + 12.000 \times (1 + 0{,}05)^{-2} + 6.000 \times (1 + 0{,}05)^{-3} +$$

$$+ 6.000 \times (1 + 0{,}05)^{-4} = 32.432{,}17\ €$$

Valor financiero:

$$V_1^2 = U_1^2 + N_1 = 32.432{,}17 + 172.973{,}20 = 205.405{,}37\ €$$

13.1.7. Valoración en una fracción de periodo

Si la valoración financiera se hace en un punto (k'), tal como queda reflejado en el siguiente gráfico, se puede realizar los cálculos al principio del periodo k y después capitalizarlos hasta el momento k'.

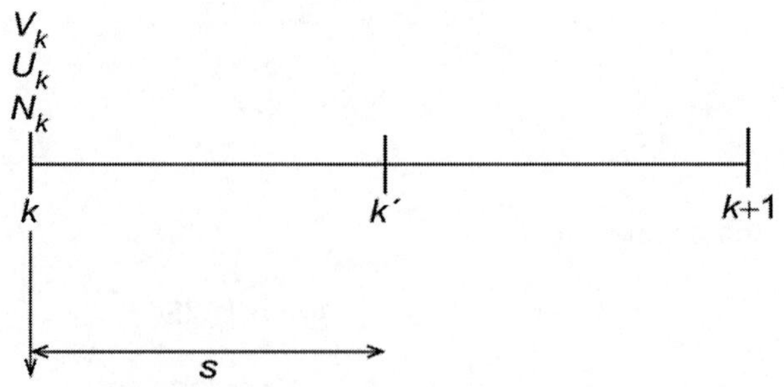

- Valor del préstamo en el momento $k' \rightarrow V_{k'} = V_k \cdot (1 + i'_m)^s$
- Nuda propiedad en el momento $k' \rightarrow N_{k'} = N_k \cdot (1 + i'_m)^s$
- Usufructo en el momento $k' \rightarrow U_{k'} = U_k \cdot (1 + i'_m)^s$

Ejemplo 13.4.

Nos conceden un préstamo con las siguientes condiciones:

- Nominal: 60.000 euros.
- Tipo de interés efectivo anual: 3,5%.
- Duración: 10 años.
- Método de amortización: francés.

Calcular el valor financiero, el usufructo y la nuda propiedad del préstamo transcurridos 3 años y 6 meses desde la firma del contrato.

El tipo de interés del mercado 4,5% efectivo anual.

Solución

$$60.000 = a \cdot a_{\overline{10}|\,0,035}$$

$$a = 7.214,48 \text{ €}$$

Periodos	a	I_k	A_k	M_k	C_k
0					60.000,00
1	7.214,48	2.100,00	5.114,48	5.114,48	54.885,52
2	7.214,48	1.920,99	5.293,49	10.407,97	49.592,03
3	7.214,48	1.735,72	5.478,76	15.886,73	44.113,27
4	7.214,48	1.543,96	5.670,52	21.557,25	38.442,75
5	7.214,48	1.345,50	5.868,99	27.426,24	32.573,76
6	7.214,48	1.140,08	6.074,40	33.500,64	26.499,36
7	7.214,48	927,48	6.287,00	39.787,64	20.212,36
8	7.214,48	707,43	6.507,05	46.294,69	13.705,31
9	7.214,48	479,69	6.734,80	53.029,49	6.970,51
10	7.214,48	243,97	6.970,51	60.000,00	0,00

1) Cálculo del valor financiero, usufructo y nuda propiedad en el año 3:

- Cálculo valor financiero:

$$V_3 = 7.214{,}48 \times a_{\overline{7}|\,0{,}045} = 42{,}512{,}77\ €$$

- Cálculo del usufructo:

$$U_3 = 1.543{,}96 \times (1 + 0{,}045)^{-1} + 1.345{,}50 \times (1 + 0{,}045)^{-2} + \cdots +$$

$$+\ 243{,}97 \times (1 + 0{,}045)^{-7} = 5.601{,}69\ €$$

- Cálculo de la nuda propiedad:

$$N_3 = 5.670{,}52 \times (1 + 0{,}045)^{-1} + 5.868{,}99 \times (1 + 0{,}045)^{-2} + \cdots +$$

$$+\ 6.970{,}51 \times (1 + 0{,}045)^{-7} = 36.911{,}10\ €$$

2) Cálculo del valor financiero, usufructo y nuda propiedad al cabo de 3 años y 6 meses:

- Cálculo valor financiero:

$$V_{3,5} = 42{,}512{,}77 \times (1 + 0{,}02225) = 43.458{,}67\ €$$

- Cálculo del usufructo:

$$U_3 = 5.601{,}69 \times (1 + 0{,}02225) = 5.726{,}32\ €$$

- Cálculo de la nuda propiedad:

$$N_3 = 36.911{,}10 \times (1 + 0{,}02225) = 37.732{,}37\ €$$

13.2. COSTE, RENTABILIDAD Y TAE

Para calcular el coste efectivo, la rentabilidad efectiva y la TAE de un préstamo es necesario tener en cuenta las características comerciales que intervienen en la operación. Estas características comerciales pueden ser de dos tipos:

- Unilaterales.
- Bilaterales.

Las **características comerciales unilaterales** son aquellos gastos que afectan únicamente a una de las partes que intervienen en la operación. Los gastos de notario, tasación, impuestos, etc., son ejemplos típicos de este tipo de características unilaterales. En los préstamos este tipo de gastos iniciales corren a cargo del prestatario.

Las **características comerciales bilaterales** están constituidas por todos aquellos gastos que son a cargo del prestatario pero que recibe el prestamista. La comisión de apertura, la comisión por cancelación anticipada, etc., son ejemplos típicos de este tipo de características bilaterales.

13.2.1. Coste efectivo para el prestatario

Se define el **coste efectivo** o **real** para el prestatario, que designaremos por i_e como aquella tasa porcentual que iguala la prestación (lo que realmente recibe), con la contraprestación (lo que se entrega), teniendo en cuenta las características comerciales que intervienen en la operación.

Si designamos por:

$G_i \rightarrow$ Gastos iniciales a cargo del prestatario.

$G_f \rightarrow$ Gastos finales a cargo del prestatario.

$a_k \rightarrow$ Término amortizativo del periodo (k = 1, 2,..., n).

$C_0 \rightarrow$ Principal del préstamo.

La equivalencia financiera en el origen será la siguiente:

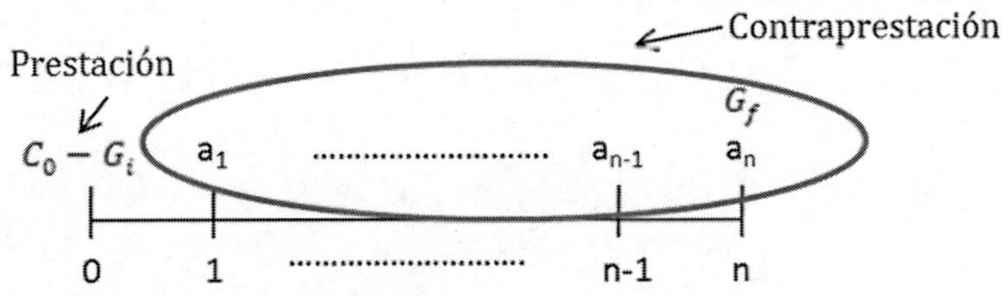

$$C_0 - G_i = a_1 \cdot (1 + i_e)^{-1} + a_2 \cdot (1 + i_e)^{-2} + \cdots + a_n \cdot (1 + i_e)^{-n} + G_f \cdot (1 + i_e)^{-n}$$

Si despejamos i_e obtendremos el coste efectivo anual o coste real de la operación.

En el caso particular del método francés, la ecuación que permite calcular el coste efectivo será la siguiente:

$$C_0 - G_i = a \cdot a_{\overline{n|}\, i_e} + G_f \cdot (1 + i_e)^{-n}$$

13.2.2. Rentabilidad efectiva para el prestamista

Se define la rentabilidad efectiva o real para el prestamista i'_e como aquella tasa que iguala la prestación real del prestamista (lo que entrega realmente), con la contraprestación total real del prestamista (lo que recibe), teniendo siempre las características comerciales.

Si designamos por:

$C_0 \rightarrow$ Principal del préstamo.

$a_k \rightarrow$ Término amortizativo.

$I_0 \rightarrow$ Ingresos por comisiones de apertura y estudio que recibe el prestamista por parte del prestatario.

El esquema gráfico de la operación será el siguiente:

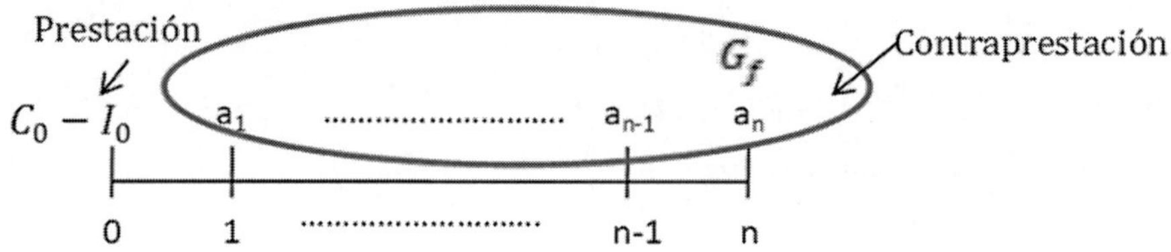

La ecuación de equivalencia en el origen será:

$$C_0 - I_0 = a_1 \cdot (1 + i'_e)^{-1} + a_2 \cdot (1 + i'_e)^{-2} + \cdots + a_n \cdot (1 + i'_e)^{-n}$$

$$C_0 - I_0 = \sum_{k=1}^{n} a_k \cdot (1 + i'_e)^{-k}$$

Si de esta igualdad, despejamos i'_e obtenemos la rentabilidad real para el prestamista.

En el caso particular del método francés:

$$a_1 = a_2 = \cdots = a_n = a$$

$$C_0 - I_0 = a \cdot a_{n\urcorner i'_e}$$

$$i'_e = \text{rentabilidad}$$

Este cálculo de la rentabilidad, debido a su complejidad, se realiza mediante hoja de cálculo.

Si aplicamos la ecuación al método francés, obtendremos:

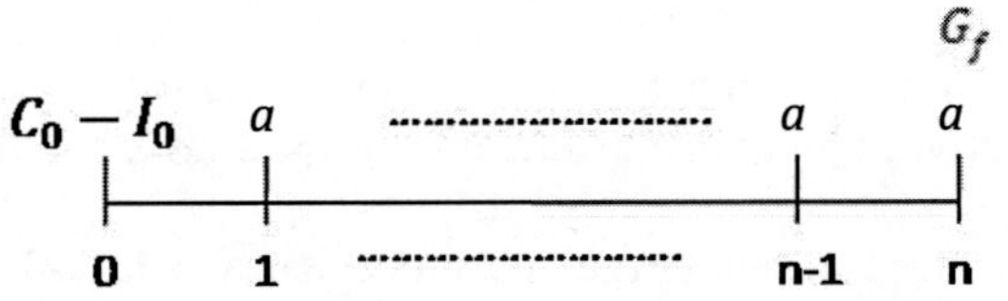

$$C_0 - I_0 = a \cdot a_{\overline{n|}\, i_e} + G_f \cdot (1 + i'_e)^{-n}$$

Ejemplo 13.5.

Se presta un capital de 15.000 euros a amortizar en 4 años, por el sistema francés de anualidades constantes, con las siguientes características:

- Tipo de interés: 12% anual.
- Gastos iniciales: 150 € que recibe el prestamista.

Se pide:

a) Calcular el coste efectivo para el prestatario.

b) Calcular la rentabilidad del prestamista.

Solución

Cálculo del término amortizativo:

$$15.000 = a \times a_{\overline{4|}\, 0{,}12}$$

$$a = \frac{15.000}{\frac{1-(1+0{,}12)^{-4}}{0{,}12}} = 4.938{,}52 \text{ €}$$

a) Coste efectivo para el prestatario (i_e)

Lo recibido por el prestatario = Lo entregado por el prestatario

$$15.000 - 150 = 4.938{,}52 \times a_{\overline{4|}\, i_e}$$

$$i_e = 12{,}48\%.$$

b) Rentabilidad del prestamista (i'_e): coincide con el coste efectivo del prestatario.

Nota: para el cálculo de los tantos efectivos será necesario disponer de calculadora financiera, tablas financieras, llevar a cabo un tanteo en la ecuación o realizar los cálculos a través de la hoja de trabajo de Excel.

13.2.3. Tasa Anual Equivalente (TAE)

El Banco de España en su Circular 5/2012 de 27 de junio, norma decimotercera, capítulo 6, establece las normas que han de tener en cuenta las entidades financieras a la hora de calcular la TAE y el Coste Efectivo Remanente (CER) o Rendimiento Efectivo Remanente (RER).

Según indica la citada norma, se incluyen para el cálculo de la TAE las comisiones o gastos cuyo devengo sea a favor de la entidad bancaria (por ejemplo, los gastos de formalización del préstamo), y no se considerarán a estos efectos los gastos complementarios o suplidos (tributos, impuestos, gastos notariales, etc.).

En el caso particular de que la entidad reciba subvenciones o subsidios de carácter público, sólo se tendrán en cuenta para el cálculo de la TAE los importes efectivamente reintegrados por el beneficiario, de forma que las subvenciones resulten excluidas de sus costes.

Las primas de seguros no se incluyen en el cálculo de la TAE salvo que tengan por objeto garantizar a la entidad el reembolso del crédito en caso de fallecimiento, invalidez o desempleo de la persona física que haya recibido el crédito, siempre que la entidad imponga un seguro como condición para conceder el préstamo.

La TAE mide la rentabilidad efectiva para la entidad financiera (prestamista) pero no mide el coste al que resulta la operación, ya que los gastos complementarios o suplidos no se tienen en cuenta para su cálculo. Por ello, al prestatario lo que le interesa conocer es el coste efectivo al que resulta la operación, teniendo en cuenta para ello todos los gastos que intervienen en la misma.

La TAE, iguala en cualquier fecha valor actual los efectivos entregados y recibidos a lo largo de una operación, y se calcula según la siguiente expresión:

$$\sum_{k=1}^{m} C_k \cdot (1+x)^{-t_k} = \sum_{l=1}^{m'} D_l \cdot (1+x)^{-s_l}$$

dónde:

$C \rightarrow$ Disposiciones

$k \rightarrow$ Número de orden de cadaa una de las disposiciones de fondos, por lo que $1 \leq k \leq m$

$m \rightarrow$ Número de oren de la última disposición

$C_k \rightarrow$ Importe de la disposicón número k

$t_k \rightarrow$ Intervalo de t, expresado en años o fracciones de año, transcurrido entre la fecha de la primera disposición y y la fecha de cada una de las disposiciones siguientes, de modo que $t_1 = 0$

$D \rightarrow$ Pagos por amortización, intereses, comisiones u otros gastos de la operación

$l \rightarrow$ Número de orden de cada uno de los pagos, por lo que $1 \leq l \leq m'$

$m' \rightarrow$ número de orden del último pago

$D_l \rightarrow$ es el importe del pago número l

$S_l \rightarrow$ intervalo de tiempo expresado en años o fracciones de año, transcurrido entre la fecha de la primera disposicion y la fecha de cada uno de los pagos

$X \rightarrow$ es la TAE

El CER y el RER se calcularán de acuerdo con la formulación matemática del cálculo de la TAE, teniendo en cuenta exclusivamente el pago pendiente hasta el vencimiento o amortización y los conceptos de coste o rendimiento que restan por pagar o por cobrar si la operación sigue su curso normal.

Para el caso de las operaciones a tipo de interés variable, la TAE que se refleja en la documentación contractual, como regla general, se calcula bajo el supuesto teórico de que el tipo de referencia inicial permanece constante durante la vida del préstamo. Debido a ello, la TAE no es significativa en este tipo de préstamos a interés variable, en este caso la expresión de la TAE es sustituida por la TAE variable.

En la Circular 3/1996, de 27 de febrero, se indica que, en los documentos de liquidación debe facilitarse periódicamente a los citados clientes el coste efectivo remanente que se calcula teniendo en cuenta el plazo pendiente de amortización y los conceptos de coste que quedan por pagar si la operación sigue su curso normal, es decir, el capital pendiente y las obligaciones monetarias pendientes.

El cálculo de la TAE resulta laborioso pues exige resolver una ecuación de grado *n*; lo más práctico es utilizar las funciones financieras de las calculadoras financieras y de las hojas de cálculo. Por último, decir que la TAE se asimila a la tasa de interés de retorno (TIR) en la valoración y solución de inversiones.

Ejemplo 13.6.

El señor Pérez ha solicitado un préstamo a un Banco por importe de 75.000 euros a pagar en 36 meses con cuotas mensuales constantes a un tipo de interés nominal del 17%. Los gastos de formalización del préstamo ascienden a 1.250 euros.

Se pide: calcular la cuota y la TAE.

Solución

- La cuota:

$$i_m = \frac{J_m}{m}$$

$$i_{12} = \frac{0,17}{12} = 0,014167$$

$$75.000 = a \times a_{36\urcorner 0,014167}$$

$$\text{Mensualidad} = \frac{75.000}{\dfrac{1-(1+0,014167)^{-36}}{0,014167}} = 2.673,96 \text{ €}$$

- La TAE se obtiene estableciendo el equilibrio financiero entre la prestación y la contraprestación:

$$73.750 = 2.673,6 \times a_{36\urcorner i_{12}}$$

$$i_{12} = 0,01517365$$

$$\text{TAE} = i = (1+0,01517365)^{12} - 1 = 19,81\%$$

Ejemplo 13.7.

Los datos para la formalización de un préstamo hipotecario son los siguientes:

- Nominal: 90.000 €.
- Tipo de interés nominal fijo: 4,5% anual pagadero mensualmente.
- Duración: 15 años.
- Términos amortizativos: constantes.
- Gastos de formalización 0,5% sobre el capital prestado.
- Gastos de tasación: 250 €.
- Gastos de honorarios de notario y registro: 1.500 €.
- Impuestos: 4.500 €.

Se pide:

a) Calcular el coste efectivo o real para el prestatario.

b) Calcular la rentabilidad efectiva para el prestamista.

c) Calcular la TAE.

Solución

a) Coste efectivo o real para el prestatario:

$$i_{12} = \frac{j_{12}}{12} = \frac{0,045}{12} = 0,00375$$

$$90.000 = a \times a_{15\times 12\urcorner 0,00375} \rightarrow a = 688,49 \text{ €}$$

Prestación (lo que recibe) = Contraprestación (lo que entrega)

$$90.000 - 0{,}5\% \times 90.000 - 250 - 1.500 - 4.500 = 688{,}49 \times a_{15\times 12\rceil i'_{12}}$$

$$i'_{12} = 0{,}004731$$

$$\text{Coste efectivo} = (1 + 0{,}00471)^{12} - 1 = 0{,}058 \simeq 5{,}8\%$$

b) Rentabilidad efectiva para el prestamista:

Prestación (lo que entrega) = Contraprestación (lo que recibe)

$$90.000 - 0{,}5\% \times 90.000 = 688{,}49 \times a_{15\times 12\rceil i''_{12}}$$

$$i''_{12} = 0{,}0038125$$

$$\text{Rentabilidad} = (1 + 0{,}0038125)^{12} - 1 = 0{,}0467 \simeq 4{,}7\%$$

c) Calcular la TAE.

Al calcular la TAE se ve que, en este caso particular, coincide con la rentabilidad.

13.3. COSTE AMORTIZADO Y TASA EFECTIVA

Una de las novedades que se produce a raíz de la entrada en vigor del nuevo Plan General de Contabilidad, consiste en la valoración de los préstamos recibidos por su coste amortizado, definido en el marco conceptual de la contabilidad, parte primera del nuevo plan, en concreto en su apartado sexto dedicado a los criterios de valoración. El punto séptimo del citado apartado define el coste amortizado de la siguiente manera:

> *«El coste amortizado de un instrumento financiero es el importe al que inicialmente fue valorado un activo financiero o un pasivo financiero, menos los reembolsos de principal que se hubieran producido, más o menos, según proceda, la parte imputada en la cuenta de pérdidas y ganancias, mediante la utilización del método del tipo de interés efectivo, de la diferencia entre el importe inicial y el valor de reembolso en el vencimiento y, para el caso de los activos financieros, menos cualquier reducción de valor por deterioro que hubiera sido reconocida, ya sea directamente como una disminución del importe del activo o mediante una cuenta correctora de su valor.»*

De forma resumida, la definición del concepto de **coste amortizado** queda reflejada en el siguiente cuadro:

Coste amortizado

+ Valoración inicial del instrumento financiero.

– Reembolsos del principal realizados.

± Imputación a la cuenta de resultados de la diferencia entre el valor inicial y el valor de reembolso al vencimiento utilizando el método del tipo de interés efectivo.

– Reembolsos por deterioro.

Si aplicamos este concepto a un activo o pasivo financiero sería:

El coste amortizado de un **pasivo financiero:**

+ Valoración inicial.

– Reembolsos del principal.

± Imputación a resultados de la diferencia entre el valor inicial y valor de reembolso en el vencimiento, utilizando el método del tipo de interés efectivo.

El coste amortizado de un **activo financiero:**

+ Valoración inicial.

– Reembolsos del principal.

± Imputación a resultados de la diferencia entre el valor inicial y valor de reembolso en el vencimiento, utilizando el método del tipo de interés efectivo.

– Deterioro de valor.

Un concepto financiero que contiene la definición de *coste amortizado*, es el de **tipo de interés efectivo**, literalmente definido en el marco conceptual de la contabilidad de la siguiente manera:

> *«El tipo de interés efectivo es el tipo de actualización que iguala el valor en libros de un instrumento financiero con los flujos de efectivo estimados a lo largo de la vida esperada del instrumento, a partir de sus condiciones contractuales y sin considerar las pérdidas por riesgo de crédito futuras; en su cálculo se incluirán las comisiones financieras que se carguen por adelantado en la concesión de financiación.»*

De esta definición se puede deducir que el tipo de interés efectivo es la tasa a la que se descuentan los flujos de caja asociados a un instrumento hasta el vencimiento, igualándolos a su valor inicial contable actual, es decir, es la Tasa Interna de Rentabilidad (TIR.) correspondiente a dicho instrumento financiero. En consecuencia, el tipo de interés efectivo se calcula de la siguiente forma:

$$\text{Valor inicial contable de un instrumento financiero} = \frac{F_1}{(1+i_e)} + \frac{F_2}{(1+i_e)^2} + \cdots + \frac{F_n}{(1+i_e)^n} = \sum_{k=1}^{n} \frac{F_k}{(1+i_e)^k}$$

siendo:

$F_k \rightarrow$ flujo de caja correspondiente al periodo k.

$i_e \rightarrow$ tipo de interés efectivo.

13.3.1. Aplicaciones a los préstamos

La norma de registro y valoración 9ª, segunda parte del Plan General de Contabilidad, define un instrumento financiero de la siguiente forma:

> *«Un instrumento financiero es un contrato que da lugar a un activo financiero en una empresa y, simultáneamente, a un pasivo financiero o a un instrumento de patrimonio en otra empresa.»*

La presente norma resulta de aplicación a los siguientes instrumentos financieros:

a) Activos financieros:

- Efectivo y otros activos líquidos equivalentes, según se definen en la norma 9.ª de elaboración de las cuentas anuales.
- Créditos por operaciones comerciales: clientes y deudores varios.
- Créditos a terceros: tales como los préstamos y créditos financieros concedidos, incluidos los surgidos de la venta de activos no corrientes.
- Valores representativos de deuda de otras empresas adquiridos: tales como las obligaciones, bonos y pagarés.
- Instrumentos de patrimonio de otras empresas adquiridos: acciones, participaciones en instituciones de inversión colectiva y otros instrumentos de patrimonio.
- Derivados con valoración favorable para la empresa: entre ellos, futuros, opciones, permutas financieras y compraventa de moneda extranjera a plazo.
- Otros activos financieros: tales como depósitos en entidades de crédito, anticipos y créditos al personal, fianzas y depósitos constituidos, dividendos a cobrar y desembolsos exigidos sobre instrumentos de patrimonio propio.

b) Pasivos financieros:

- Débitos por operaciones comerciales: proveedores y acreedores varios.
- Deudas con entidades de crédito.
- Obligaciones y otros valores negociables emitidos: tales como bonos y pagarés.
- Derivados con valoración desfavorable para la empresa: entre ellos, futuros, opciones, permutas financieras y compraventa de moneda extranjera a plazo.
- Deudas con características especiales.
- Otros pasivos financieros: deudas con terceros, tales como los préstamos y créditos financieros recibidos de personas o empresas que no sean entidades de crédito, incluidos los surgidos en la compra de activos no corrientes, fianzas y depósitos recibidos y desembolsos exigidos por terceros sobre participaciones.

c) Instrumentos de patrimonio propio: todos los instrumentos financieros que se incluyen dentro de los fondos propios, tal como las acciones ordinarias emitidas.

Vista una serie de instrumentos financieros, concepto que figura en la definición de coste amortizado y de tasa efectiva, nos centraremos únicamente en los pasivos financieros, en concreto, en las deudas con entidades de crédito, cuya valoración contable se encuentra recogida en el apartado 3 de la norma de registro y valoración 9ª del Plan General de Contabilidad.

Las deudas con entidades de crédito se valoran inicialmente por su valor razonable, que es el precio de la transacción, que equivale al valor razonable de la contraprestación recibida ajustado por los costes de transacción que les sean atribuibles.

Valoración inicial de un préstamo = Nominal – Costes de transacción

Con posterioridad los préstamos se valorarán al coste amortizado utilizando el método del tipo de interés efectivo.

Valoración posterior = Coste amortizado

↓

\+ Valoración inicial (Nominal – Gastos).

– Reembolsos del principal realizados (cuota de amortización).

\+ Imputación a la cuenta de resultados de la diferencia entre el valor inicial y el valor de reembolso.

Un modelo teórico que contenga los conceptos contables y financieros de un préstamo es el siguiente:

Periodos	Término amortizativo (a_k)	Cuota de amortización (A_k)	Intereses pagados (I_k)	Intereses devengados (I'_k)	Diferencia intereses $(I'_k - I_k)$	Capital amortizado (M_k)	Capital pendiente (C_k)	Coste amortizado (C'_k)
0							C_0	$C'_0 = C_0 - G_0$
1	a_1	A_1	$I_1 = C_C \cdot i$	$I'_1 = C'_0 \cdot i_e$	$I'_1 - I_1$	M_1	C_1	$C'_1 = C'_0 - A_1 + (I'_1 - I_1)$
2	a_2	A_2	$I_2 = C_1 \cdot i$	$I'_2 = C'_1 \cdot i_e$	$I'_2 - I_2$	M_2	C_2	$C'_2 = C'_1 - A_2 + (I'_2 - I_2)$
.	.	.	.	.	.	.	.	.
.	.	.	.	.	.	.	.	.
.	.	.	.	.	.	.	.	.
n	a_n	A_n	$I_n = C_{n-1} \cdot i$	$I'_n = C'_{n-1} \cdot i_e$	$I'_n - I_n$	$M_n = C_0$	0	$C'_n = C'_{n-1} - A_n + (I'_n - I_n)$
		C_0			G_0			

Siendo:

G_0 → Gastos inciales.

C'_0 → Valor contable.

Previamente a la elaboración del cuadro será necesario calcular la tasa efectiva ($\boldsymbol{i_e}$) mediante la siguiente ecuación:

$$C_0 - G_0 = \sum_{k=1}^{n} a_k \cdot (1 + i_e)^{-k}$$

de aquí despejamos i_e.

De la columna de diferencia de intereses (I_k'–I_k), obtendremos la imputación de los gastos iniciales del préstamo a lo largo de la duración del contrato. Es importante destacar que la suma de esta columna debe coincidir con los gastos iniciales (G_0).

13.3.2. Aplicaciones a los distintos métodos de amortización

En este apartado analizaremos como se elabora un cuadro de amortización financiero-contable, aplicado a distintos métodos de amortización de un préstamo.

13.3.2.1. Método de cuotas de amortización constantes

Las características fundamentales de este método de amortización son las siguientes:

- $A_1 = A_2 = \cdots = A_n = A$
- $A = \frac{C_0}{n}$

Los términos amortizativos (a_s), varían en progresión aritmética decreciente de razón $-A \times i$.

El esquema gráfico para este método será el siguiente:

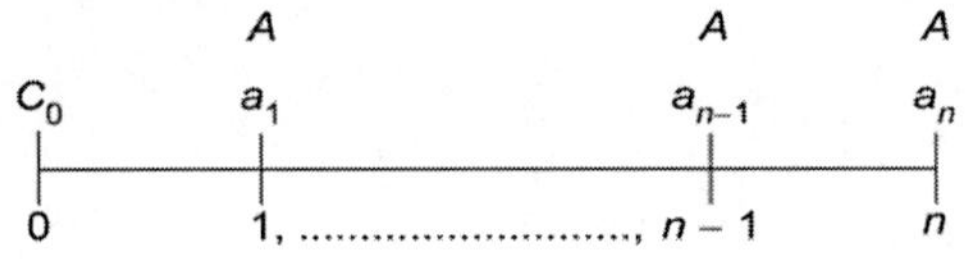

La ecuación que nos permite calcular la tasa efectiva es:

$$C_0 - G_0 = \div A_{n\rceil i_e}$$

ahora despejaremos i_e, siendo $\div A_{n\rceil i_e}$ el valor actual de una renta variable en progresión aritmética.

El cuadro de amortización financiero-contable del citado método sería el siguiente:

Periodos	Término amortizativo (a_k)	Cuota de amortización (A)	Intereses pagados (I_k)	Intereses devengados (I'_k)	Diferencia intereses $(I'_k - I_k)$	Capital amortizado (M_k)	Capital pendiente (C_k)	Coste amortizado (C'_k)
0							C_0	$C'_0 = C_0 - G_0$
1	a_1	A	$I_1 = C_0 \cdot i$	$I'_1 = C'_0 \cdot i_e$	$I'_1 - I_1$	$M_1 = A$	C_1	$C'_1 = C'_0 - A + (I'_1 - I_1)$
2	a_2	A	$I_2 = C_1 \cdot i$	$I'_2 = C'_1 \cdot i_e$	$I'_2 - I_2$	$M_2 = 2A$	C_2	$C'_2 = C'_1 - A + (I'_2 - I_2)$
.	.	.	.	.	.	.	.	.
.	.	.	.	.	.	.	.	.
.	.	.	.	.	.	.	.	.
n	a_n	A	$I_n = C_{n-1} \cdot i$	$I'_n = C'_{n-1} \cdot i_e$	$I'_n - I_n$	$M_n = C_0$	0	$C'_n = C'_{n-1} - A + (I'_n - I_n)$
					G_0			

Ejemplo 13.8.

El 1/1/X1 la sociedad DECASA firma con un determinado banco un préstamo a 5 años por un nominal de 100.000 €, con una cuota anual de amortización constante y un interés del 5% efectivo anual, pagadero por años vencidos. Los gastos iniciales de apertura son de 1.500 €.

Se pide: calcular la tasa efectiva y elaborar el cuadro de amortización financiero-contable.

Solución

$$100.000 - 1.500 = 25.000 \times (1 + i_e)^{-1} + 24.000 \times (1 + i_e)^{-2} + \cdots + 21.000 \times (1 + i_e)^{-5}$$

$$i_e = 0{,}05566$$

Año	a_k	A	I_k	I_k^{*}	$I_k^{*} - I_k$	M_k	C_k	C_k^{*}
0							100.000,00	98.500,00
1	25.000,00	20.000,00	5.000,00	5.482,59	482,59	20.000,00	80.000,00	78.982,59
2	24.000,00	20.000,00	4.000,00	4.396,24	396,24	40.000,00	60.000,00	59.378,83
3	23.000,00	20.000,00	3.000,00	3.305,08	305,08	60.000,00	40.000,00	39.683,91
4	22.000,00	20.000,00	2.000,00	2.208,84	208,84	80.000,00	20.000,00	19.892,75
5	21.000,00	20.000,00	1.000,00	1.107,25	107,25	100.000,00	0,00	0,00
					1.500,00			

13.3.2.2. Método de términos amortizativos constantes (método francés)

Las características fundamentales de este método de amortización son las siguientes:

- Términos amortizativos constantes:

$$a_1 = a_2 = \cdots = a_n = a$$

- Cuotas de amortización variables en progresión geométrica de razón $(1 + i)$.

$$A_1,\ A_2 = A_1 \cdot (1 + i), \qquad A_3 = A_1 \cdot (1 + i)^2, \ldots, A_n = A_1 \cdot (1 + i)^{n-1}$$

Las cuotas de amortización varían en progresión geométrica de razón $(1 + i)$.

El esquema grafico para este método será:

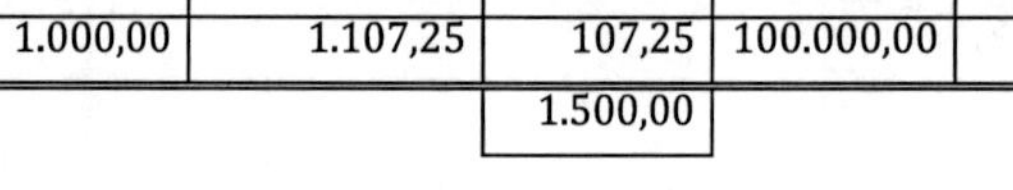

La ecuación que nos permite calcular el coste efectivo será la siguiente:

$$C_0 - G_0 = a \cdot a_{\overline{n|}\, i_e}$$

ahora despejaremos i_e.

El cuadro de amortización financiero-contable del citado método será:

Periodos	Término amortizativo (a_k)	Cuota de amortización (A_k)	Intereses pagados (I_k)	Intereses devengados (I'_k)	Diferencia intereses $(I'_k - I_k)$	Capital amortizado (M_k)	Capital pendiente (C_k)	Coste amortizado (C'_k)
0							C_0	$C'_0 = C_0 - G_0$
1	a	A_1	$I_1 = C_0 \cdot i$	$I'_1 = C'_0 \cdot i_e$	$I'_1 - I_1$	M_1	C_1	$C'_1 = C'_0 - A_1 + (I'_1 - I_1)$
2	a	A_2	$I_2 = C_1 \cdot i$	$I'_2 = C'_1 \cdot i_e$	$I'_2 - I_2$	M_2	C_2	$C'_2 = C'_1 - A_2 + (I'_2 - I_2)$
.	.	.	.	.	.	.	.	.
.	.	.	.	.	.	.	.	.
.	.	.	.	.	.	.	.	.
n	a	A_n	$I_n = C_{n-1} \cdot i$	$I'_n = C'_{n-1} \cdot i_e$	$I'_n - I_n$	$M_n = C_0$	0	$C'_n = C'_{n-1} - A_n + (I'_n - I_n)$
		C_0			G_0			

Ejemplo 13.9.

Nos conceden un préstamo con las siguientes condiciones:

- $C_0 = 100.000$ €.
- $i = 0{,}06$ efectivo anual.
- $n = 5$ años.
- $G_0 = 1.500$ €.

Calcular:

a) La anualidad.

b) La tasa efectiva.

c) Elaborar el cuadro de amortización financiero-contable.

Solución

a) Calculo anualidad:

$$100.000 = a \times a_{5\urcorner 0{,}06}$$

$$a = 23.739{,}64\ €$$

b) Cálculo de la tasa efectiva:

$$100.000 - 1.500 = 23.739{,}64 \times a_{5\urcorner i_e}$$

$$i_e = 0{,}0655803$$

c) El cuadro de amortización financiero-contable será el siguiente:

Periodos	a	A_k	I_k	I'_k	$I''_k - I_k$	M_k	C_k	C''_k
0							100.000,00	98.500,00
1	23.739,64	17.739,64	6.000,00	6.459,67	459,67	17.739,64	82.260,36	81.220,03
2	23.739,64	18.804,02	4.935,62	5.326,44	390,82	36.543,66	63.456,34	62.806,83
3	23.739,64	19.932,26	3.807,38	4.118,90	311,51	56.475,92	43.524,08	43.186,08
4	23.739,64	21.128,20	2.611,44	2.832,16	220,71	77.604,11	22.395,89	22.278,60
5	23.739,64	22.395,89	1.343,75	1.461,04	117,29	100.000,00	0,00	0,00
					1.500,00			

$C'_0 \rightarrow$ Capital del periodo 0, que corresponde al valor inicial de préstamo.

Ejemplo 13.10.

El banco BANCOBANK concede un préstamo de 6.000 € a la sociedad PAQUITASA, para ser amortizado en 2 años mediante mensualidades constantes de 265,92 € cada una.

Las condiciones de la operación son las siguientes:

- Tipo de interés nominal anual fijo: 6% anual pagadero por meses.
- Otros gastos iniciales: 60 €.
- Comisión de estudio: 0,5%.
- Gastos de intervención de la póliza: 0,3%.

Se pide:

1) Calcular la tasa de efectiva.
2) Elaborar el cuadro financiero-contable correspondiente.

Solución

1) Cálculo de la tasa efectiva:

Para calcular el tipo de interés efectivo se plantea la equivalencia entre:

- El principal del préstamo minorado en la comisión de apertura y los gastos iniciales, es decir,

$$6.000 - 60 - 30 - 18 = 5.892 \text{ €}$$

- Los 24 pagos mensuales ascienden a 265,92 € cada uno.

$$5.892 = 265{,}92 \times \frac{1-(1+i_{12}^{T.I.E.})^{-24}}{i_{12}^{T.I.E.}}$$

$$i_{12}^{T.I.E.} = 0{,}0064943$$

2) El cuadro de amortización financiero-contable será el siguiente:

Mes	a	A_k	I_k	I'_k	$I'_k - I_k$	M_k	C_k	C'_k
0							6.000,00	5.892,00
1	265,92	235,92	30,00	38,26	8,26	235,92	5.764,08	5.664,34
2	265,92	237,10	28,82	36,79	7,97	237,10	5.526,97	5.435,20
3	265,92	238,29	27,63	35,30	7,66	238,29	5.288,68	5.204,58
4	265,92	239,48	26,44	33,80	7,36	239,48	5.049,20	4.972,45
5	265,92	240,68	25,25	32,29	7,05	240,68	4.808,53	4.738,82
6	265,92	241,88	24,04	30,78	6,73	241,88	4.566,65	4.503,67
7	265,92	243,09	22,83	29,25	6,41	243,09	4.323,55	4.267,00
8	265,92	244,31	21,62	27,71	6,09	244,31	4.079,25	4.028,79
9	265,92	245,53	20,40	26,16	5,77	245,53	3.833,72	3.789,03
10	265,92	246,76	19,17	24,61	5,44	246,76	3.586,97	3.547,71
11	265,92	247,99	17,93	23,04	5,10	247,99	3.338,98	3.304,83
12	265,92	249,23	16,69	21,46	4,77	249,23	3.089,75	3.060,36
13	265,92	250,47	15,45	19,87	4,43	250,47	2.839,27	2.814,32
14	265,92	251,73	14,20	18,28	4,08	251,73	2.587,55	2.566,67
15	265,92	252,99	12,94	16,67	3,73	252,99	2.334,56	2.317,41
16	265,92	254,25	11,67	15,05	3,38	254,25	2.080,31	2.066,54
17	265,92	255,52	10,40	13,42	3,02	255,52	1.824,79	1.814,04
18	265,92	256,80	9,12	11,78	2,66	256,80	1.567,99	1.559,89
19	265,92	258,08	7,84	10,13	2,29	258,08	1.309,90	1.304,10
20	265,92	259,37	6,55	8,47	1,92	259,37	1.050,53	1.046,65
21	265,92	260,67	5,25	6,80	1,54	260,67	789,86	787,52
22	265,92	261,97	3,95	5,11	1,17	261,97	527,88	526,71
23	265,92	263,28	2,64	3,42	0,78	263,28	264,60	264,21
24	265,92	264,60	1,32	1,72	0,39	264,60	0,00	0,00
					108,00			

Si $k = 0 \rightarrow C'_0$, es el principal del préstamo. minoradopara todos lo sgastos de la operación.

13.3.2.3. Método americano

Las características fundamentales de este método de amortización son las siguientes:

- $A_1 = A_2 = \cdots = A_n = 0$
- $A_n = C_0$
- $I_1 = I_2 = \cdots = I_n = C_0 \cdot i$
- $a_1 = a_2 = \cdots = a_{n-1} = C_0 . i$
- $a_n = C_0 \cdot i + C_0 = C_0 \cdot (1 + i)$

La ecuación que nos permite calcular el coste efectivo será la siguiente:

$$C_0 - G_0 = C_0 \cdot i \cdot a_{n\rceil i_e} + C_0 \cdot (1 + i_e)^{-n}$$

De esta ecuación obtendremos i_e; para su cálculo utilizaríamos la hoja de cálculo (Excel). El cuadro financiero-contable del citado método se muestra en la página siguiente:

Periodos	Término amortizativo (a_k)	Cuota de amortización (A_k)	Intereses pagados (I_k)	Intereses devengados (I'_k)	Diferencia de intereses $(I'_k - I_k)$	Capital amortizado (M_k)	Capital pendiente (C_k)	Coste amortizado (C'_k)
0							C_0	$C'_0 = C_0 - G_0$
1	$a_1 = C_0 \cdot i$	.	$I_1 = C_0 \cdot i$	$I'_1 = C'_0 \cdot i_e$	$I'_1 - I_1$	.	C_0	$C'_1 = C'_0 + (I'_1 - I_1)$
2	$a_2 = C_0 \cdot i$	.	$I_2 = C_0 \cdot i$	$I'_2 = C'_1 \cdot i_e$	$I'_2 - I_2$	.	C_0	$C'_2 = C'_1 + (I'_2 - I_2)$
.	.	.	.	.	.	.	.	.
.	.	.	.	.	.	.	.	.
.	.		.	.	.	.	.	.
n	$a_n = C_0 \cdot i + C_0$		$I_n = C_0 \cdot i$	$I'_n = C'_{n-1} \cdot i_e$	$I'_n - I_n$	C_0	0	$C'_n = C'_{n-1} + (I'_n - I_n)$
					G_0			

Ejemplo 13.11.

Nos conceden un préstamo con las siguientes condiciones:

- $C_0 = 100.000$ €.
- $i = 0{,}06$ efectivo anual.
- $n = 5$ años.
- $G_0 = 1.500$ €.
- El capital recibido a préstamo se devolverá al final de los cinco años y los intereses se pagan periódicamente.

Se pide: calcular la tasa efectiva.

Solución

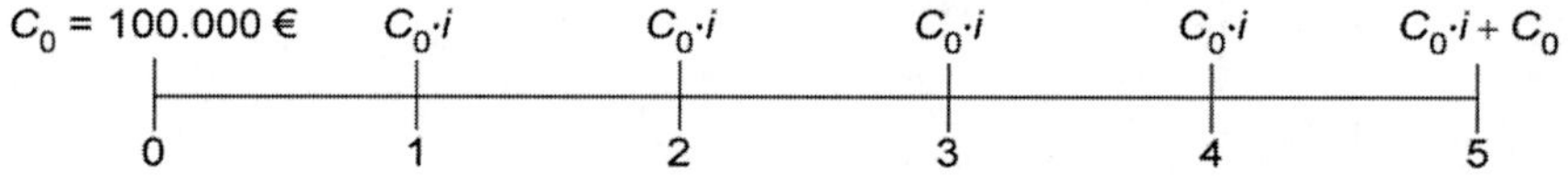

$$100.000 - 1.500 = 100.000 \times 0{,}06 \times a_{\overline{5}|\,i_e} + 100.000 \times (1 + i_e)^{-5}$$

$$i_e = 0{,}0635958$$

El cuadro de amortización financiero-contable será el siguiente:

Periodos	a_k	A_k	I_k	$I_k^{\cdot\cdot}$	$I_k^{\cdot\cdot} - I_k$	M_k	C_k	$C_k^{\cdot\cdot}$
0							100.000,00	98.500,00
1	6.000,00		6.000,00	6.264,19	264,19		100.000,00	98.764,19
2	6.000,00		6.000,00	6.280,99	280,99		100.000,00	99.045,18
3	6.000,00		6.000,00	6.298,86	298,86		100.000,00	99.344,05
4	6.000,00		6.000,00	6.317,87	317,87		100.000,00	99.661,92
5	106.000,00	100.000,00	6.000,00	6.338,08	338,08	100.000,00	-	100.000,00
					1.500,00			

Si $k = 0 \to C_0'$, es el principal del préstamo. minoradopara todos lo sgastos de la operación.

Ejemplo 13.12.

Nos conceden un préstamo con las siguientes condiciones:

- $C_0 = 42.000$ €.
- Tipo de interés: 5% nominal anual para el primer año. El resto de los años Euribor + 1 punto.
- Duración: 4 años.
- Términos amortizativos semestrales: constantes.
- Gastos formalización: 1.320 €.
- Euribor del segundo año: 5%.

Se pide: elaborar los cuadros de amortización financiero-contable.

Solución

- Cálculo de la semestralidad para el primer año:

$$i_2 = \frac{0{,}05}{2} = 0{,}025$$

$$42.000 = a \times a_{4\times2\rceil 0{,}025}$$

$$\text{Semestralidad} = 5.857{,}63 \text{ €}$$

- Cálculo de la tasa efectiva:

$$42.000 - 1.320 = 5.857{,}63 \times a_{4\times2\rceil i_2^{T.I.E.}}$$

$$i_2^{T.I.E.} = 0{,}03255$$

Cuadro de amortización financiero-contable para el primer año:

Periodos	a_k	A_k	I_k	I_k^{**}	$I_k^{**} - I_k$	M_k	C_k	C_k^{**}
0							42.000,00	40.680,00
1	5.857,63	4.807,63	1.050,00	1.324,13	274,13	4.807,63	37.192,37	36.146,51
2	5.857,63	4.927,82	929,81	1.176,57	246,76	9.735,45	32.264,55	31.465,45

- Capital del periodo 0: corresponde al valor inicial del préstamo.

- Cálculo de la semestralidad para el segundo año:

$$i_2 = \frac{0,06}{2} = 0,03$$

$$32.264,55 = a \times a_{3\times 2\urcorner\, 0,03}$$

$$\text{semestralidad} = 5.955,96\ €$$

- Cálculo de la tasa efectiva segundo año:

$$31.465,45 = 5.955,96 \times a_{3\times 2\urcorner\, i_2^{T.I.E.}}$$

$$i_2^{T.I.E.} = 0,0376186$$

Cuadro de amortización financiero-contable para el segundo año:

Periodos	a_k	A_k	I_k	$I_k^{\cdot\cdot}$	$I_k^{\cdot\cdot} - I_k$	M_k	C_k	$C_k^{\cdot\cdot}$
2							32.264,55	31.465,45
3	5.955,96	4.988,02	967,94	1.183,69	215,75	14 7 3 47	27.276,53	26.693,18
4	5.955,96	5.137,66	818,30	1.004,16	185,86	19.861,13	22.138,87	21.741,38

13.4. SUPUESTOS DE APLICACIÓN

En este apartado incluimos varios supuestos de aplicación sobre distintos tipos préstamos analizados a lo largo de esta cuarta parte del libro.

Ejemplo 13.13.

A la sociedad XOSI le han concedido un préstamo por un importe de 500.000 € con las siguientes condiciones:

- Duración: 8 años.
- Los dos primeros años se abonarán únicamente los intereses mensuales, en los tres años siguientes mensualidades constantes y, en los restantes las mensualidades serán también constantes y pospagables pero de cuantía doble que las anteriores.
- Los tantos nominales anuales pagaderos mensualmente son el 3,96% en los cinco primeros años y el 6% por los restantes años.

Se pide determinar:

a) Los intereses mensuales durante los dos primeros años.

b) Los términos amortizativos constantes.

c) Suponiendo una comisión de cancelación anticipada del 2% sobre la deuda pendiente, calcular la cuantía que debe abonar la sociedad si decide cancelar el préstamo cuando quedan exactamente 3 años para su amortización total.

Solución

a) Sean "I" el importe de los intereses mensuales de los primeros dos años, "a" el término amortizativo de los tres siguientes, $J_{12} = 4\%$ y $J'_{12} = 6\%$.

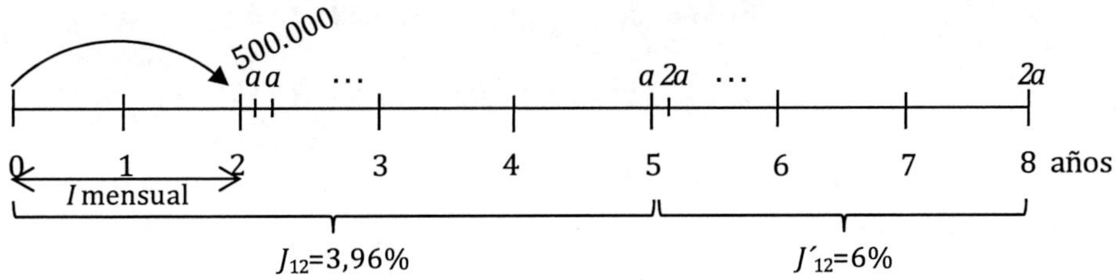

$$i_{12} = \frac{J_{12}}{12} = 0{,}33\%\ ;\ \ i'_{12} = \frac{J'_{12}}{12} = 0{,}5\%$$

$$I = 500.000 \times i_{12} \Rightarrow I = 1.650\ €$$

b) Se debe cumplir la siguiente igualdad, planteada para el punto 2 (final del 2º año):

$$500.000 = a \cdot a_{\overline{36|}i_{12}} + 2a \cdot a_{\overline{36|}i'_{12}} (1 + i'_{12})^{-36}$$

Otra forma sería planteando la igualdad para el punto 0:

$$500.000 = I \cdot a_{\overline{2\times 12|}i_{12}} + a \cdot a_{\overline{3\times 12|}i_{12}} (1 + i_{12})^{-12\times 2} + 2a \cdot a_{\overline{3\times 12|}i'_{12}} (1 + i_{12})^{-12\times 5}$$

De cualquiera de las ecuaciones anteriores se puede obtener a. Despejando de la primera ecuación planteada:

$$a = \frac{500.000}{a_{\overline{36|}0{,}0033} + 2\, a_{\overline{36|}0{,}005} (1 + 0{,}0033)^{-36}}$$

donde,

$$a_{\overline{36}|0,0033} = \frac{1-(1+0,0033)^{-36}}{0,0033} = 33,89118848$$

$$a_{\overline{36}|0,005} = \frac{1-(1+0,005)^{-36}}{0,005} = 32,87101624$$

$$\Rightarrow a = 5.418,26 \text{ €}$$

$$2a = 10.836,52 \text{ €}$$

c) Sea C la cantidad necesaria para cancelar el préstamo.

$$C = Saldo + Comisión$$

$$Saldo = 2a \cdot a_{\overline{36}|0,005} = 356.207,42 \text{ €}$$

$$Comisión = 2\% \times 356.207,42 = 7.124,15 \text{ €}$$

$$\Rightarrow C = 363.331,57 \text{ €}$$

Ejemplo 13.14.

La sociedad anónima MARATON pasa en la actualidad por un problema de tesorería y la dirección económico-financiera plantea al gerente de la entidad refundir todas las deudas en un único préstamo.

Tras contactar con varias entidades bancarias, la oferta que se estima factible para la empresa es la siguiente: concesión de un préstamo a amortizar en 12 años, con 2 años de carencia en los que se pagarían sólo los intereses al 5% anual, y en los 10 años restantes se amortizaría el préstamo al 5,5% mediante anualidades constantes, con unos gastos de formalización del 0,1%.

La sociedad tiene en la actualidad los siguientes compromisos de pago:

- Deuda con proveedores por valor de 300.000 €, que si se pudiera rescindir tendría un descuento del 2%.
- 5 cuotas de la maquinaria por importe de 100.000 € cada una, a pagar trimestralmente, incluidos los intereses a un tanto nominal del 4%.
- 18 mensualidades de un préstamo concedido al 0,5% mensual, de cuantía 30.000 €, excepto las cuotas número 6, 12 y 18 que serán de 50.000 €.

Suponiendo que el primer pago de cada una de estas deudas coincidiese con el momento actual, determinar:

a) Importe del nuevo préstamo.

b) Anualidad del préstamo.

Solución

a) Sea A el importe del nuevo préstamo, que será la suma del valor actual de los compromisos de pago por las deudas con los proveedores, los suministradores de maquinaria y el prestamista.

- La deuda con los proveedores (D) será:

$$300.000 - 2\% \times 300.000$$

$$\Rightarrow D = 294.000 \text{ €}$$

- Valor actual cuotas por maquinaria (P):

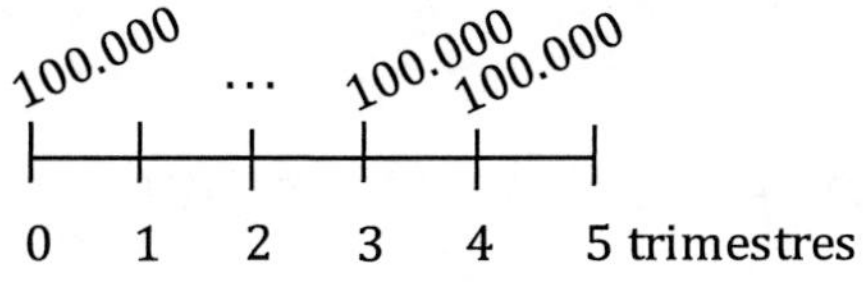

Siendo el tipo aplicado: $J_4 = 4\% \Rightarrow i_4 = \frac{0,04}{4} = 1\%$

$$P = 100.000\ddot{a}_{\overline{5}|i_4} = 100.000a_{\overline{5}|i_4}(1 + i_4) = 100.000\frac{1 - (1 + 0,01)^{-5}}{0,01}(1 + 0,01)$$

$$P = 490.196,56 \text{ €}$$

- Valor actual mensualidades de préstamo (M):

El tipo de interés aplicado es:

$$i_{12} = 0,5\% \Rightarrow i_2 = (1 + i_{12})^{12/2} - 1 = 3,0377509\%$$

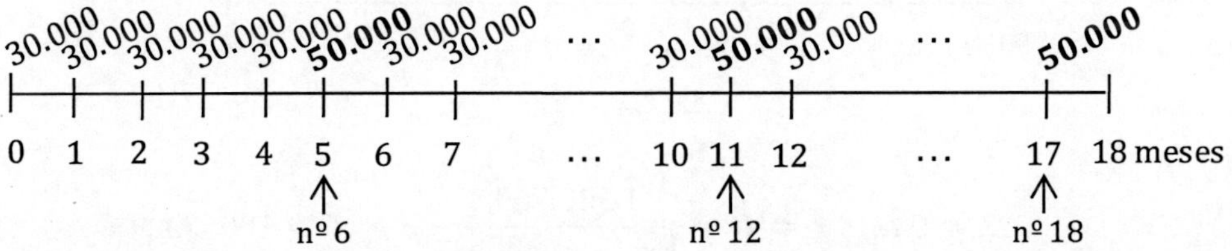

A continuación, se plantea el cálculo descomponiendo la renta en una mensual de 30.000 € y una renta semestral cuyo primer pago se realiza al final del 5º mes.

$$M = 30.000\, \ddot{a}_{\overline{18|}i_{12}} + 20.000\, \ddot{a}_{\overline{3|}i_2} (1 + i_{12})^{-5}$$

$$= 30.000\, a_{\overline{18|}i_{12}} (1 + i_{12}) + 20.000\, a_{\overline{3|}i_2} (1 + i_2)(1 + i_{12})^{-5}$$

$$= 30.000 \times \frac{1 - (1 + 0{,}005)^{-18}}{0{,}005} \times (1 + 0{,}005)$$

$$+20.000 \times \frac{1 - (1 + 0{,}030377509)^{-3}}{0{,}030377509} (1{,}030377509)(1{,}005)^{-5}$$

$$= 517.758{,}96 + 56.813{,}85 = 574.572{,}81 \text{ €}$$

Por tanto, el importe del nuevo préstamo es:

$$A = D + P + M \Rightarrow A = 1.358.769{,}37 \text{ €}$$

b) Sea C la anualidad del nuevo préstamo e I el importe de los intereses anuales de los 2 años de carencia.

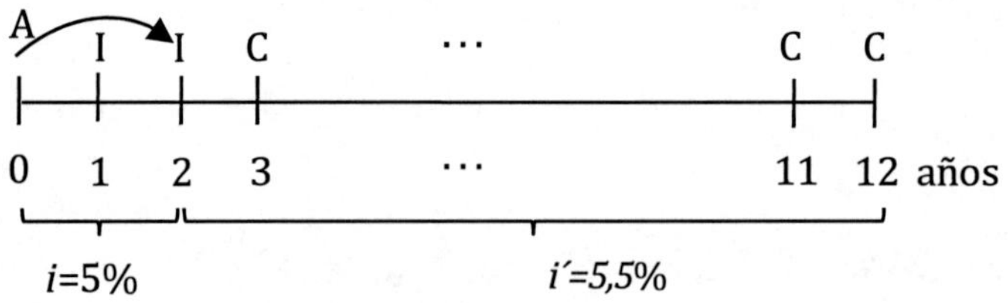

$$A = C\, a_{\overline{10|}i'} \Rightarrow C = \frac{1.358.769{,}37}{\frac{1 - (1 + 0{,}055)^{-10}}{0{,}055}} \Rightarrow C = 180.264{,}9 \text{ €}$$

Ejemplo 13.15.

Se ha concedido un préstamo a amortizar por el método francés, de importe de 60.000 € y con duración de 10 años. El capital vivo después de haber pagado la segunda anualidad es 50.622,72 €. En las tres primeras anualidades se ha pagado por la amortización 14.491,994 € y el capital amortizado en la cuarta anualidad es 5.421,5971 €.

Se pide:

a) Tipo de interés del préstamo.

b) Calcular los intereses satisfechos en la cuarta anualidad.

c) Suponiendo un tipo de interés del mercado a principios del cuarto año del 5%, calcular el usufructo una vez pagada la tercera anualidad.

Solución

Sean

$C_0 = 60.000$;

$n = 10$;

$C_2 = 50.622,72$;

$A_1 + A_2 + A_3 = 14.491,994$;

$A_4 = 5.421,5971$.

a) Para el cálculo del tipo de interés, sabemos que:

$$A_4 = A_3(1 + i)$$

$$\Rightarrow 5.421,5971 = A_3(1 + i) \quad (1)$$

$$C_2 = C_0 - (A_1 + A_2)$$

$$C_2 = C_0 - (14.491,994 - A_3) \Rightarrow \quad A_3 = C_2 - C_0 + 14.491,994$$

$$A_3 = 50.622,72 - 60.000 + 14.491,994$$

$$A_3 = 5.114,714$$

Sustituyendo A_3 en (1) nos queda:

$$5.421,5971 = 5.114,714(1 + i) \Rightarrow i = 6\%$$

b) Los intereses satisfechos en la cuarta anualidad son:

$$I_4 = C_3 \cdot i$$

siendo:

$$C_3 = C_2 - A_3 = 50.662,72 - 5.114,714 = 45.508,006$$

$$\Rightarrow I_4 = 45.508,006 \times 0,06 = 2.730,48036 \text{ €}$$

c) El valor financiero del préstamo en el momento k (V_k) se puede obtener como sigue:

$$V_k = U_k + N_k,$$

siendo:

U_k: valor del usufructo (valor actual de los intereses actualizados al tipo de interés de mercado), y

N_k: nuda propiedad (valor actual de las cuotas de amortización actualizados al tipo de interés de mercado).

Además, $V_3 = a.\,a_{\overline{7|}0,05}$

En primer lugar, se determina el valor de las cuotas a.

$$60.000 = a.\,a_{\overline{10|}0,06} \Rightarrow a = 8.152,08$$

$$V_3 = a \cdot a_{\overline{7|}0,05} \Rightarrow V_3 = 8.152,08 \times 5,7863734 = 47.170,96436 \text{ €}$$

Aplicando lo anterior y la fórmula Achard se obtiene el siguiente par de ecuaciones:

$$\begin{cases} V_3 = U_3 + N_3 \\ U_3 = \frac{i}{i'}(C_3 - N_3) \end{cases} \Rightarrow \begin{cases} 47.170,96 = U_3 + N_3 \\ U_3 = \frac{0,06}{0,05}(45.508,006 - N_3) \end{cases}$$

$$U_3 = \frac{0,06}{0,05}\left(45.508,006 - (47.170,96436 - U_3)\right)$$

$$0,05\, U_3 = -99,7775016 + 0,06\, U_3$$

$$U_3 = 9.977,75 \text{ €}$$

Otra forma de calcular el usufructo es actualizando las cuotas de intereses al tipo de interés del mercado. Para esto es necesario determinar el cuadro de amortización.

k	a	I_k	A_k	M_k	C_k	Valor actual de I_k al final del año 3
0					60.000,00	
1	8.152,08	3.600,00	4.552,08	4.552,08	55.447,92	
2	8.152,08	3.326,88	4.825,20	9.377,28	50.622,72	
3	8.152,08	3.037,36	5.114,71	14.491,99	45.508,01	
4	8.152,08	2.730,48	5.421,60	19.913,59	40.086,41	2.600,46
5	8.152,08	2.405,18	5.746,89	25.660,48	34.339,52	2.181,57
6	8.152,08	2.060,37	6.091,71	31.752,19	28.247,81	1.779,83
7	8.152,08	1.694,87	6.457,21	38.209,40	21.790,60	1.394,37
8	8.152,08	1.307,44	6.844,64	45.054,04	14.945,96	1.024,41
9	8.152,08	896,76	7.255,32	52.309,36	7.690,64	669,17
10	8.152,08	461,44	7.690,64	60.000,00	—	327,94

$U_3 = 9.977,75$

Ejemplo 13.16.[1]

La empresa X, SA contrata un préstamo por importe de 60.000 € con la entidad bancaria BBB, SA con una duración de 12 años a un tipo de interés anual del 10,25% y cuotas anuales de amortización constante. El préstamo suscrito tiene, además, las siguientes condiciones:

- Comisión de apertura: 1% (mínimo 300 €).
- Gastos de formalización: 100 €.
- Comisión por amortización anticipada:
  - Sin comisión hasta el 25% del capital pendiente de amortizar.
  - 3% para el resto de la cantidad amortizada.
- Gastos de cancelación: 0,00 €.

La empresa formalizó el préstamo el día 30 de junio de 20X4.

[1] Segundo ejercicio del proceso selectivo para el Ingreso en el Cuerpo Superior de la Administración de la Xunta de Galicia, Escala Superior de Finanzas (convocatoria en Orden de 10 de marzo de 2008).

Durante del año 20X6, la empresa recibe una oferta de la entidad bancaria On-Line, SA de concesión de préstamos hasta 100.000 € con un tipo de interés del 8% TAE y con una duración de 10 años, que además no tiene cargo por comisiones de ningún tipo ni tampoco gastos de formalización o cancelación.

La empresa decide cambiar de entidad bancaria, por lo que el 2 de enero de 20X7 cancela el préstamo que tiene con el banco BBB, SA y ese mismo día suscribe uno nuevo con la entidad On-Line, SA por un importe igual al capital pendiente de amortizar del préstamo anterior más la comisión de amortización anticipada.

Se formaliza el nuevo préstamo el 1 de enero de 20X7, pactándose el pago de cuotas trimestrales de igual importe a lo largo de toda la duración del nuevo préstamo.

Se pide calcular:

a) El total de los intereses y gastos abonados por la empresa a la entidad bancaria BBB, SA.

b) El importe del nuevo préstamo suscrito con On-Line, SA.

c) El capital amortizado y el interés pagado en la primera cuota correspondiente al préstamo formalizado con On-Line, SA.

Solución

a) El cuadro de amortización del primer préstamo para los primeros 2 años es el siguiente.

Fecha	Anualidad	Intereses	Amortización	Capital pendiente
30/6/20X4				60.000,00
30/6/20X5	11.150,00	6.150,00	5.000,00	55.000,00
30/6/20X6	10.637,50	5.637,50	5.000,00	50.000,00

El total de los intereses será el siguiente:

$$I = 6.150 + 5.637{,}5 + 50.000 \times \underbrace{\left[(1 + 0{,}1025)^{1/2} - 1\right]}_{\text{Por el periodo desde el 30/6/X6 hasta 1/1/X7}}$$

$$I = 14.287{,}5\ €$$

Los gastos abonados (G) incluyen comisión de apertura, gastos de formalización y comisión por amortización anticipada:

$$G = 1\% \times 60.000 + 100 + 3\% \times (50.000 - 25\% \times 50.000)$$

$$G = 1.825\ €$$

b) El importe del nuevo préstamo es el capital pendiente de amortizar del préstamo anterior más la comisión de amortización anticipada. El saldo pendiente incluye el capital pendiente a 30/6/20X6 y los intereses devengados desde el 30/6/20X6 al 1/1/20X7.

$$\text{Saldo pendiente} = 50.000 + 50.000 \times \left[(1 + 0{,}1025)^{1/2} - 1\right] = 52.500$$

El importe del nuevo préstamo será:

$$N = 52.500 + 3\% \times (75\% \times 50.000)$$

$$N = 53.625 \text{ €}$$

c) Cálculo de la trimestralidad constante del nuevo préstamo:

$$53.625 = a \cdot a_{\overline{10\times4}|i_4}$$

$$\text{Siendo, } i_4 = (1 + 0{,}08)^{1/4} - 1 = 1{,}9427\%$$

$$53.625 = a \cdot \frac{1 - (1 + i_4)^{-40}}{i_4}$$

$$\Rightarrow a = 1940{,}64 \text{ €}.$$

El interés pagado en la primera cuota es: $I_1 = 53.625 \times 1{,}9427\%$

$$I_1 = 1.041{,}77 \text{ €}$$

El capital amortizado se obtiene por diferencia de los anteriores:

$$A_1 = a - I_1 \Rightarrow A_1 = 898{,}87 \text{ €}$$

Ejemplo 13.17.

Se concede un préstamo por un importe de 30.000 € que debe ser amortizado en 10 años mediante anualidades constantes, a un tipo de interés efectivo anual del 4,5%. El prestatario tiene que pagar al prestamista una comisión de apertura del 1%, y además debe pagar en concepto de gastos de administración un 2% sobre las anualidades. El prestamista soporta unos gastos iniciales del 0,25% sobre el capital prestado y un 3% de impuestos sobre cada una de las anualidades.

Calcular:

a) El coste efectivo para el prestatario.

b) Rentabilidad para el prestamista.

Solución

a) Cálculo de la anualidad:

$$30.000 = a \cdot a_{\overline{10}|0{,}045} \Rightarrow a = 3.791{,}36\ €$$

El coste efectivo para el prestatario se obtiene despejando i_e de la siguiente ecuación:

$$\textit{Lo que recibe} = \textit{Lo que entrega}$$

$$30.000 - 1\% \times 30.000 = a(1 + 2\%)\ a_{\overline{10}|i_e}$$

$$29.700 = 3.791{,}36 \times 1{,}01 \times \frac{1 - (1 + i_e)^{-10}}{i_e}$$

$$7{,}121455\ i_e = 1 - (1 + i_e)^{-10}$$

Resolviendo mediante hoja de cálculo se obtiene:

$$i_e = 6{,}7\%$$

b) La rentabilidad para el prestamista se determina a partir de la siguiente ecuación:

$$\textit{Lo que entrega} = \textit{Lo que recibe}$$

$$30.000 + 0{,}25\% \times 30.000 = 1\% \times 30.000 + a(1 - 3\%)\ a_{\overline{10}|i'_e}$$

Utilizando una hoja de cálculo se obtiene:

$$i'_e = 5{,}26\%$$

Ejemplo 13.18.[2]

El banco ELPRESTAMISTA ofrece préstamos hipotecarios a sus clientes con las siguientes características:

- Capital prestado: 80% del valor de tasación.
- Duración: 8 años.
- Los dos primeros años se abonarán sólo los intereses mensualmente. En los tres años siguientes las mensualidades serán constantes, y en los años restantes las mensualidades también serán constantes, pero de cuantía doble que las anteriores.

[2] Segundo ejercicio del proceso selectivo para el ingreso en el Cuerpo Técnico de Hacienda (convocatoria en BOE de 11 de julio de 2011).

- Tantos nominales anuales de valoración: el 4% en los cinco primeros años y el 5 por 100 en los restantes.
- Comisión por cancelación anticipada: 2% de la deuda pendiente de amortizar.

La sociedad LAEMPRENDEDORA solicitó hace cinco años uno de estos préstamos para adquirir una nave industrial valorada en la tasación en 2.000.000 €. En estos momentos, la sociedad LAEMPRENDEDORA decide cancelar el préstamo y solicitar otro en otra entidad, que le ofrecen con las siguientes características:

- Duración: 3 años.
- Tanto efectivo anual del 3,5.
- Amortización del principal en cuantías semestrales constantes, más los intereses del periodo.
- Gastos periódicos del 0,1% sobre las semestralidades.

Calcular:

a) El capital prestado y los términos amortizativos del primer préstamo.

b) Cuantía a solicitar del segundo préstamo y términos amortizativos del primer año.

Solución

a) Capital prestado: 80% × 2.000.000 = 1.600.000 €.
Durante los primeros dos años sólo se pagan intereses, tal como se indica en el siguiente gráfico de la operación.

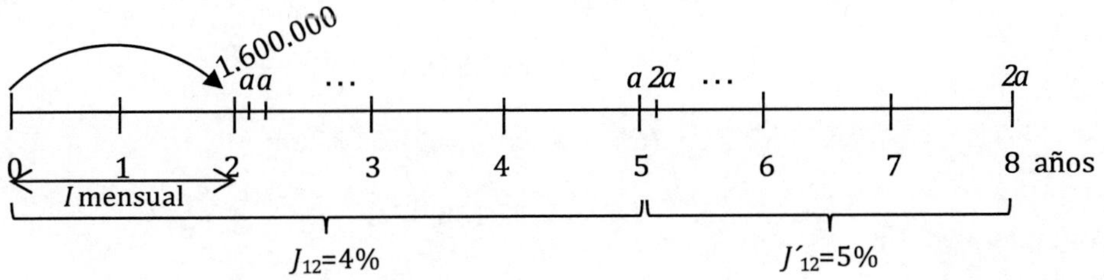

Las mensualidades se pueden obtener planteando la siguiente igualdad para el punto 2 (final del 2º año):

$$1.600.000 = a \cdot a_{\overline{3\times12}|i_{12}} + 2a \cdot a_{\overline{3\times12}|i'_{12}} (1 + i_{12})^{-12\times3} \qquad (1)$$

Otra forma, sería planteando la igualdad para el punto 0:

$$1.600.000 = I \cdot a_{\overline{2\times12}|i_{12}} + a \cdot a_{\overline{3\times12}|i_{12}} (1 + i_{12})^{-12\times2} + 2a \cdot a_{\overline{3\times12}|i'_{12}} (1 + i_{12})^{-12\times5} \qquad (2)$$

donde

$$I = 1.600.000 \times \frac{J_{12}}{12} = 5.333,33 \text{ €}$$

Resolviendo la ecuación (1) o la (2) se obtiene:

$$a = 17.191,73 \text{ €}$$

$$2a = 34.383,45 \text{ €}$$

b) Sea C_5 el capital pendiente al final del 5º año y A_5 la comisión por cancelación anticipada. Calculando por el método prospectivo:

$$C_5 = 2a \cdot a_{\overline{36}|i'_{12}} \Rightarrow C_5 = 1.147.228,02 \text{ €}$$

$$A_5 = 2\% \times C_5 \Rightarrow A_5 = 22.944,56 \text{ €}$$

El capital a solicitar para el segundo préstamo es $C'_5 = C_5 + A_5$

$$C'_5 = 1.170.172,58 \text{ €}$$

Las cuotas de amortización semestral del nuevo préstamo vienen dadas por: $a_i = (A + I_i) \times 1,001$, donde A es la amortización constante del capital, y I_i es el interés del semestre *i*.

$$A = C'_5/6 = 195.028,76 \text{ €}.$$

$$I_1 = C'_5 \times i_2 = C'_5 \times \left[(1 + 0,035)^{1/2} - 1\right] = 20.301,91 \text{ €}$$

$$a_1 = 215.546 \text{ €}.$$

$$I_2 = (C'_5 - A) \times i_2 = 16.918,26 \text{ €}$$

$$a_2 = 212.158,97 \text{ €}$$

Ejemplo 13.19.

Un matrimonio solicita una hipoteca por un importe de 300.000 € a pagar mensualmente durante 20 años a un tipo de interés de salida (1er año) del 6,25% nominal anual, con revisiones anuales al Euribor + 3,5% (350 puntos básicos). La comisión de apertura es del 2,5% y la compensación de desistimiento es del 0,5% el 1er año y del 2,25% en adelante. Si las mensualidades son constantes entre cada revisión, determinar:

a) El importe de las mensualidades del primer año.

b) Las mensualidades a pagar durante el 2º año suponiendo que el Euribor se sitúa en 0,60%.

Solución

a) Sea i_{12} el tipo de interés efectivo mensual aplicado durante el primer año, y sea a_1 las mensualidades del año 1.

$$i_{12} = \frac{6{,}25\%}{12} = 0{,}520833\%$$

$$300.000 = a_1 \cdot a_{\overline{20\times12|}i_{12}} \Rightarrow a_1 = 2.192{,}78\ €$$

b) El tipo de interés nominal del segundo año es: $J'_{12} = 0{,}6\% + 3{,}50\% = 4{,}1\%$

$$i'_{12} = \frac{4{,}1\%}{12} = 0{,}341667\%$$

El capital pendiente al final del primer año es (calculado por el método prospectivo):

$$C_1 = a_1 \cdot a_{\overline{20\times12-12|}i_{12}} = 292.215{,}59\ €$$

$$\Rightarrow 292.215{,}59 = a_2 \cdot a_{\overline{20\times12-12|}i'_{12}} \Rightarrow a_2 = 1.847{,}10\ €$$

Ejemplo 13.20.

Se concede un préstamo por un importe de 12.000 € con las siguientes condiciones:

- Duración: 1 año.
- Carencia total durante los 9 primeros meses.
- Mensualidades pospagables constantes después del 9º mes.
- Tipo de interés nominal anual pagadero mensualmente: 2%.

Se pide:

a) Cuadro de amortización del préstamo.

b) Valor inicial del préstamo y coste amortizado para cada mes.

c) Suponiendo unos gastos iniciales de 120 €, calcular la tasa efectiva y construir el cuadro financiero-contable.

Solución

a) El tipo de interés efectivo de la operación es:

$$i_{12} = \frac{2\%}{12} = 0{,}1667\%$$

El gráfico de la operación es el siguiente:

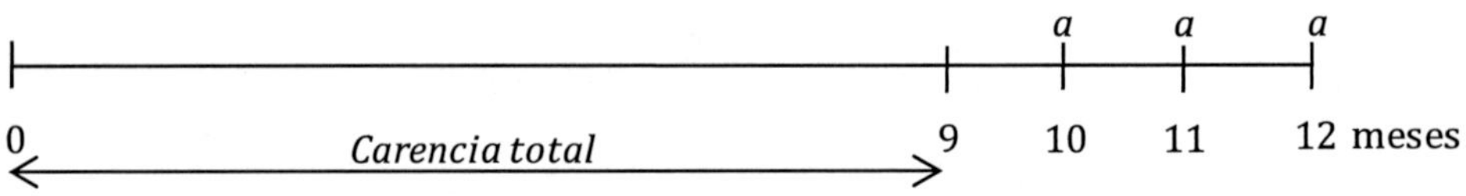

Las mensualidades a pagar a partir del 10º mes se determinan como sigue:

$$12.000 = a \cdot a_{\overline{12-9}|i_{12}}(1 + i_{12})^{-9} \Rightarrow a = 4.073{,}94\ €$$

A continuación, el cuadro de amortización del préstamo.

k	*a*	I_k	A_k	M_k	C_k
0	—	—	—	—	12.000,00
1	—	—	—	—	12.020,00
2	—	—	—	—	12.040,03
3	—	—	—	—	12.060,10
4	—	—	—	—	12.080,20
5	—	—	—	—	12.100,33
6	—	—	—	—	12.120,50
7	—	—	—	—	12.140,70
8	—	—	—	—	12.160,94
9	—	—	—	—	12.181,20
10	4.073,94	20,30	4.053,64	4.053,64	8.127,56
11	4.073,94	13,55	4.060,40	8.114,04	4.067,17
12	4.073,94	6,78	4.067,17	12.181,20	0,00

b) Desde el punto de vista contable, el valor inicial del préstamo es de 12.000 € y el coste amortizado para cada mes coincide con la columna de capital pendiente (C_k), todo ello debido a la inexistencia de gastos iniciales.

c) La siguiente ecuación permite calcular la tasa efectiva mensual i_e:

$$12.000 - 120 = 4.073{,}94 \cdot a_{\overline{12-9}|i_e} \Rightarrow i_e = 0{,}2582\%$$

El cuadro financiero-contable será el siguiente:

k	a	I_k	I'_k	A_k	M_k	C_k	C'_k
0	—	—	—	—	—	12.000,00	11.880,00
1	—	—	30,68	—	24.051,68	12.020,00	11.910,68
2	—	—	30,76	—	36.124,47	12.040,03	11.941,44
3	—	—	30,84	—	48.218,41	12.060,10	11.972,27
4	—	—	30,92	—	60.333,53	12.080,20	12.003,19
5	—	—	31,00	—	72.469,86	12.100,33	12.034,19
6	—	—	31,08	—	84.627,43	12.120,50	12.065,27
7	—	—	31,16	—	96.806,29	12.140,70	12.096,42
8	—	—	31,24	—	109.006,47	12.160,94	12.127,66
9	—	—	31,32	—	121.227,99	12.181,20	12.158,98
10	4.073,94	20,30	31,40	4.053,64	145.652,12	8.127,56	8.116,43
11	4.073,94	13,55	20,96	4.060,40	170.073,57	4.067,17	4.063,45
12	4.073,94	6,78	10,49	4.067,17	194.492,32	—	—

Ejemplo 13.21.

El 1 de enero del año X la empresa GGG obtiene un préstamo de una entidad financiera con las siguientes condiciones:

- Importe de 50.000 €.
- Duración: 3 años.
- Términos amortizativos anuales constantes.
- Tipo de interés de referencia: Euribor a 1 año, revisable anualmente a final de ejercicio.

- Siendo el tipo de interés nominal anual variable pagadero anualmente el siguiente:
  - Primer año: 5%.
  - Segundo y tercer año: Euribor a 1 año + diferencial 0,5%.
- Suponga el Euribor del segundo año es del 4,25% y el del tercer año el 4,00%.

Siendo por tanto, la evolución de los tipos de interés y el importe de los términos amortizativos anuales constantes los que se muestran en la tabla siguiente:

	Tipo	Término amortizativo anual
Año X	5,00%	18.360,43
Año X+1	4,75%	18.295,41
Año X+2	4,50%	18.251,75

Se pide: determinar los cuadros de amortización financiero-contable (concepto coste amortizado) y la tasa efectiva de cada año.

Solución

Año X:

k	a	A_k	I_k	I'_k	$I'_k - I_k$	M_k	C_k	C'_k
0							50.000,00	49.000,00
1	18.360,43	15.860,43	2.500,00	2.981,96	481,96	15.860,43	34.139,57	33.621,53
2	18.360,43	16.653,45	1.706,98	2.046,08	339,10	32.513,88	17.486,12	17.307,18
3	18.360,43	17.486,12	874,31	1.053,25	178,94	50.000,00	0,00	0,00

$$50.000 - 1.000 = 18.360,43 \cdot a_{\overline{3}|i_e} \Rightarrow i_e = 6,0856\%$$

Año X+1:

k	a	A_k	I_k	I'_k	$I'_k - I_k$	M_k	C_k	C'_k
1							34.139,57	33.621,53
2	18.295,41	16.673,78	1.621,63	1.961,01	339,38	32.534,21	17.465,79	17.287,12
3	18.295,41	17.465,79	829,62	1.008,29	178,66	50.000,00	0,00	0,00

$$33.621,53 = 18.295,41 \cdot a_{\overline{2}|i_e} \Rightarrow i_e = 5,8326\%$$

Año X+2:

k	a	A_k	I_k	I'_k	$I'_k - I_k$	M_k	C_k	C'_k
2							17.465,79	17.287,12
3	18.251,75	17.465,79	785,96	964,63	178,67	50.000,00	0,00	0,00

$$17.287,12 = 18.251,75\,41 \cdot a_{\overline{1}|i_e} \Rightarrow i_e = 5,580\%$$

Ejemplo 13.22.

La sociedad XYZ, S.A. ha llevado a cabo la renegociación de 17 préstamos con los que contaba actualmente, trasladándolos a un único préstamo sindicado que presenta las siguientes condiciones:

- Fecha concesión: finales del mes de marzo del año 2009.
- Capital Inicial: 16.000.000 euros.
- Comisión apertura: 120.000 euros.
- Comisión agencia: 6.000 euros.
- Impuesto actos jurídicos documentados (IAJD): 138.600 euros.
- Notario: 3.000 euros.
- Plazo: 7 años (28 trimestres).
- Liquidaciones trimestrales.
- Carencia: 2 años (8 trimestres).
- Tipo de interés: Euribor a 90 días + diferencial del 2% con un mínimo del 4% y un máximo del 10% de interés nominal anual pagadero trimestralmente.
- Las amortizaciones tendrán una cuota fija de 800.000 euros por trimestre.

Se pide: Suponiendo que la evolución del Euribor a 3 meses es la que se establece en la Tabla 13.22.1, y que la empresa cierra sus ejercicios a finales del mes de febrero, obtener los cuadros de amortización bancario y financiero-contable de los primeros cuatro trimestres.

Solución

Los cuadros de amortización bancario y financiero-contable de los cuatro trimestres se muestran en las Tablas 13.22.2 a 13.22.5.

Tabla 13.22.1

Desde	Hasta	Euribor a 90	Diferencial	Mínimo	Tipo de interés a aplicar
31/03/X	30/06/X	1,757%	2,000%	4,000%	4,000%
01/07/X	30/09/X	1,410%	2,000%	4,000%	4,000%
01/10/X	31/12/X	1,390%	2,000%	4,000%	4,000%
01/01/X+1	31/03/X+1	1,325%	2,000%	4,000%	4,000%
01/04/X+1	30/06/X+1	1,390%	2,000%	4,000%	4,000%
01/07/X+1	30/09/X+1	1,502%	2,000%	4,000%	4,000%
01/10/X+1	31/12/X+1	1,838%	2,000%	4,000%	4,000%
01/01/X+2	31/03/X+2	1,901%	2,000%	4,000%	4,000%
01/04/X+2	30/06/X+2	2,150%	2,000%	4,000%	4,150%
01/07/X+2	30/09/X+2	2,213%	2,000%	4,000%	4,213%
01/10/X+2	31/12/X+2	2,356%	2,000%	4,000%	4,356%
01/01/X+3	31/03/X+3	2,321%	2,000%	4,000%	4,321%
01/04/X+3	30/06/X+3	2,344%	2,000%	4,000%	4,344%
01/07/X+3	30/09/X+3	2,432%	2,000%	4,000%	4,432%
01/10/X+3	31/12/X+3	2,512%	2,000%	4,000%	4,512%
01/01/X+4	31/03/X+4	2,621%	2,000%	4,000%	4,621%
01/04/X+4	30/06/X+4	2,523%	2,000%	4,000%	4,523%
01/07/X+4	30/09/X+4	2,554%	2,000%	4,000%	4,554%
01/10/X+4	31/12/X+4	2,654%	2,000%	4,000%	4,654%
01/01/X+5	31/03/X+5	2,813%	2,000%	4,000%	4,813%
01/04/X+5	30/06/X+5	2,971%	2,000%	4,000%	4,971%
01/07/X+5	30/09/X+5	3,054%	2,000%	4,000%	5,054%
01/10/X+5	31/12/X+5	3,102%	2,000%	4,000%	5,102%
01/01/X+6	31/03/X+6	3,112%	2,000%	4,000%	5,112%
01/04/X+6	30/06/X+6	3,178%	2,000%	4,000%	5,178%
01/07/X+6	30/09/X+6	3,231%	2,000%	4,000%	5,231%
01/10/X+6	31/12/X+6	3,267%	2,000%	4,000%	5,267%
01/01/X+7	31/03/X+7	3,313%	2,000%	4,000%	5,313%

Tabla 13.22.2

Bancario		Trimestre 1					Cálculo del TIE	Contable					
Periodo		**Trimestre**	a_k	A_k	I_k	C_k	**1,10%**	**Trimestre**	a_k	A_k	I'_k	C'_k	$I_k - I'_k$
Desde	Hasta	0				16.000.000,00	15.732.400,00	0				15.732.400,00	
31/03/X	30/06/X	1	160.000,00	0	160.000,00	16.000.000,00	160.000,00	1	160.000,00	-13.264,57	173.264,57	15.745.664,57	13.264,57
01/07/X	30/09/X	2	160.000,00	0	160.000,00	16.000.000,00	160.000,00	2	160.000,00	-13.410,65	173.410,65	15.759.075,22	13.410,65
01/10/X	31/12/X	3	160.000,00	0	160.000,00	16.000.000,00	160.000,00	3	160.000,00	-13.558,35	173.558,35	15.772.633,57	13.558,35
01/01/X+1	31/03/X+1	4	160.000,00	0	160.000,00	16.000.000,00	160.000,00	4	160.000,00	-13.707,67	173.707,67	15.786.341,24	13.707,67
01/04/X+1	30/06/X+1	5	160.000,00	0	160.000,00	16.000.000,00	160.000,00	5	160.000,00	-13.858,64	173.858,64	15.800.199,87	13.858,64
01/07/X+1	30/09/X+1	6	160.000,00	0	160.000,00	16.000.000,00	160.000,00	6	160.000,00	-14.011,26	174.011,26	15.814.211,14	14.011,26
01/10/X+1	31/12/X+1	7	160.000,00	0	160.000,00	16.000.000,00	160.000,00	7	160.000,00	-14.165,57	174.165,57	15.828.376,71	14.165,57
01/01/X+2	31/03/X+2	8	160.000,00	0	160.000,00	16.000.000,00	160.000,00	8	160.000,00	-14.321,58	174.321,58	15.842.698,29	14.321,58
01/04/X+2	30/06/X+2	9	960.000,00	800.000,00	160.000,00	15.200.000,00	960.000,00	9	960.000,00	785.520,69	174.479,31	15.057.177,60	14.479,31
01/07/X+2	30/09/X+2	10	952.000,00	800.000,00	152.000,00	14.400.000,00	952.000,00	10	952.000,00	786.171,81	165.828,19	14.271.005,79	13.828,19
01/10/X+2	31/12/X+2	11	944.000,00	800.000,00	144.000,00	13.600.000,00	944.000,00	11	944.000,00	786.830,11	157.169,89	13.484.175,68	13.169,89
01/01/X+3	31/03/X+3	12	936.000,00	800.000,00	136.000,00	12.800.000,00	936.000,00	12	936.000,00	787.495,65	148.504,35	12.696.680,03	12.504,35
01/04/X+3	30/06/X+3	13	928.000,00	800.000,00	128.000,00	12.000.000,00	928.000,00	13	928.000,00	788.168,52	139.831,48	11.908.511,51	11.831,48
01/07/X+3	30/09/X+3	14	920.000,00	800.000,00	120.000,00	11.200.000,00	920.000,00	14	920.000,00	788.848,80	131.151,20	11.119.662,71	11.151,20
01/10/X+3	31/12/X+3	15	912.000,00	800.000,00	112.000,00	10.400.000,00	912.000,00	15	912.000,00	789.536,58	122.463,42	10.330.126,13	10.463,42
01/01/X+4	31/03/X+4	16	904.000,00	800.000,00	104.000,00	9.600.000,00	904.000,00	16	904.000,00	790.231,93	113.768,07	9.539.894,21	9.768,07
01/04/X+4	30/06/X+4	17	896.000,00	800.000,00	96.000,00	8.800.000,00	896.000,00	17	896.000,00	790.934,93	105.065,07	8.748.959,27	9.065,07
01/07/X+4	30/09/X+4	18	888.000,00	800.000,00	88.000,00	8.000.000,00	888.000,00	18	888.000,00	791.645,68	96.354,32	7.957.313,59	8.354,32
01/10/X+4	31/12/X+4	19	880.000,00	800.000,00	80.000,00	7.200.000,00	880.000,00	19	880.000,00	792.364,26	87.635,74	7.164.949,33	7.635,74
01/01/X+5	31/03/X+5	20	872.000,00	800.000,00	72.000,00	6.400.000,00	872.000,00	20	872.000,00	793.090,75	78.909,25	6.371.858,58	6.909,25
01/04/X+5	30/06/X+5	21	864.000,00	800.000,00	64.000,00	5.600.000,00	864.000,00	21	864.000,00	793.825,24	70.174,76	5.578.033,33	6.174,76
01/07/X+5	30/09/X+5	22	856.000,00	800.000,00	56.000,00	4.800.000,00	856.000,00	22	856.000,00	794.567,83	61.432,17	4.783.465,51	5.432,17
01/10/X+5	31/12/X+5	23	848.000,00	800.000,00	48.000,00	4.000.000,00	848.000,00	23	848.000,00	795.318,59	52.681,41	3.988.146,92	4.681,41
01/01/X+6	31/03/X+6	24	840.000,00	800.000,00	40.000,00	3.200.000,00	840.000,00	24	840.000,00	796.077,61	43.922,39	3.192.069,31	3.922,39
01/04/X+6	30/06/X+6	25	832.000,00	800.000,00	32.000,00	2.400.000,00	832.000,00	25	832.000,00	796.845,00	35.155,00	2.395.224,31	3.155,00
01/07/X+6	30/09/X+6	26	824.000,00	800.000,00	24.000,00	1.600.000,00	824.000,00	26	824.000,00	797.620,84	26.379,16	1.597.603,47	2.379,16
01/10/X+6	31/12/X+6	27	816.000,00	800.000,00	16.000,00	800.000,00	816.000,00	27	816.000,00	798.405,22	17.594,78	799.198,24	1.594,78
01/01/X+7	31/03/X+7	28	808.000,00	800.000,00	8.000,00	0	808.000,00	28	808.000,00	799.198,24	8.801,76	0	801,76

Tabla 13.22.3

Bancario		Trimestre 2					Cálculo del TIE	Contable					
Periodo		Trimestre	a_k	A_k	I_k	C_k	1,10%	Trimestre	a_k	A_k	I'_k	C'_k	$I_k - I'_k$
		1				16.000.000,00	15.745.664,57	1				15.745.664,57	
01/07/X	30/09/X	2	160.000,00	0	160.000,00	16.000.000,00	160.000,00	2	160.000,00	-13.410,65	173.410,65	15.759.075,22	13.410,65
01/10/X	31/12/X	3	160.000,00	0	160.000,00	16.000.000,00	160.000,00	3	160.000,00	-13.558,35	173.558,35	15.772.633,57	13.558,35
01/01/X+1	31/03/X+1	4	160.000,00	0	160.000,00	16.000.000,00	160.000,00	4	160.000,00	-13.707,67	173.707,67	15.786.341,24	13.707,67
01/04/X+1	30/06/X+1	5	160.000,00	0	160.000,00	16.000.000,00	160.000,00	5	160.000,00	-13.858,64	173.858,64	15.800.199,87	13.858,64
01/07/X+1	30/09/X+1	6	160.000,00	0	160.000,00	16.000.000,00	160.000,00	6	160.000,00	-14.011,26	174.011,26	15.814.211,14	14.011,26
01/10/X+1	31/12/X+1	7	160.000,00	0	160.000,00	16.000.000,00	160.000,00	7	160.000,00	-14.165,57	174.165,57	15.828.376,71	14.165,57
01/01/X+2	31/03/X+2	8	160.000,00	0	160.000,00	16.000.000,00	160.000,00	8	160.000,00	-14.321,58	174.321,58	15.842.698,29	14.321,58
01/04/X+2	30/06/X+2	9	960.000,00	800000	160.000,00	15.200.000,00	960.000,00	9	960.000,00	785.520,69	174.479,31	15.057.177,60	14.479,31
01/07/X+2	30/09/X+2	10	952.000,00	800.000,00	152.000,00	14.400.000,00	952.000,00	10	952.000,00	786.171,81	165.828,19	14.271.005,79	13.828,19
01/10/X+2	31/12/X+2	11	944.000,00	800.000,00	144.000,00	13.600.000,00	944.000,00	11	944.000,00	786.830,11	157.169,89	13.484.175,68	13.169,89
01/01/X+3	31/03/X+3	12	936.000,00	800.000,00	136.000,00	12.800.000,00	936.000,00	12	936.000,00	787.495,65	148.504,35	12.696.680,03	12.504,35
01/04/X+3	30/06/X+3	13	928.000,00	800.000,00	128.000,00	12.000.000,00	928.000,00	13	928.000,00	788.168,52	139.831,48	11.908.511,51	11.831,48
01/07/X+3	30/09/X+3	14	920.000,00	800.000,00	120.000,00	11.200.000,00	920.000,00	14	920.000,00	788.848,80	131.151,20	11.119.662,71	11.151,20
01/10/X+3	31/12/X+3	15	912.000,00	800.000,00	112.000,00	10.400.000,00	912.000,00	15	912.000,00	789.536,58	122.463,42	10.330.126,13	10.463,42
01/01/X+4	31/03/X+4	16	904.000,00	800.000,00	104.000,00	9.600.000,00	904.000,00	16	904.000,00	790.231,93	113.768,07	9.539.894,21	9.768,07
01/04/X+4	30/06/X+4	17	896.000,00	800.000,00	96.000,00	8.800.000,00	896.000,00	17	896.000,00	790.934,93	105.065,07	8.748.959,27	9.065,07
01/07/X+4	30/09/X+4	18	888.000,00	800.000,00	88.000,00	8.000.000,00	888.000,00	18	888.000,00	791.645,68	96.354,32	7.957.313,59	8.354,32
01/10/X+4	31/12/X+4	19	880.000,00	800.000,00	80.000,00	7.200.000,00	880.000,00	19	880.000,00	792.364,26	87.635,74	7.164.949,33	7.635,74
01/01/X+5	31/03/X+5	20	872.000,00	800.000,00	72.000,00	6.400.000,00	872.000,00	20	872.000,00	793.090,75	78.909,25	6.371.858,58	6.909,25
01/04/X+5	30/06/X+5	21	864.000,00	800.000,00	64.000,00	5.600.000,00	864.000,00	21	864.000,00	793.825,24	70.174,76	5.578.033,33	6.174,76
01/07/X+5	30/09/X+5	22	856.000,00	800.000,00	56.000,00	4.800.000,00	856.000,00	22	856.000,00	794.567,83	61.432,17	4.783.465,51	5.432,17
01/10/X+5	31/12/X+5	23	848.000,00	800.000,00	48.000,00	4.000.000,00	848.000,00	23	848.000,00	795.318,59	52.681,41	3.988.146,92	4.681,41
01/01/X+6	31/03/X+6	24	840.000,00	800.000,00	40.000,00	3.200.000,00	840.000,00	24	840.000,00	796.077,61	43.922,39	3.192.069,31	3.922,39
01/04/X+6	30/06/X+6	25	832.000,00	800.000,00	32.000,00	2.400.000,00	832.000,00	25	832.000,00	796.845,00	35.155,00	2.395.224,31	3.155,00
01/07/X+6	30/09/X+6	26	824.000,00	800.000,00	24.000,00	1.600.000,00	824.000,00	26	824.000,00	797.620,84	26.379,16	1.597.603,47	2.379,16
01/10/X+6	31/12/X+6	27	816.000,00	800.000,00	16.000,00	800.000,00	816.000,00	27	816.000,00	798.405,22	17.594,78	799.198,24	1.594,78
01/01/X+7	31/03/X+7	28	808.000,00	800.000,00	8.000,00	0,00	808.000,00	28	808.000,00	799.198,24	8.801,76	0,00	801,76

Tabla 13.22.4

Bancario — Trimestre 3 — Cálculo del TIE — Contable

Periodo		Trimestre	a_k	A_k	I_k	C_k	1,10%	Trimestre	a_k	A_k	I'_k	C'_k	$I_k - I'_k$
		2				16.000.000,00	15.759.075,22	2				15.759.075,22	
01/10/X	31/12/X	3	160.000,00	0	160.000,00	16.000.000,00	160.000,00	3	160.000,00	-13.558,35	173.558,35	15.772.633,57	13.558,35
01/01/X+1	31/03/X+1	4	160.000,00	0	160.000,00	16.000.000,00	160.000,00	4	160.000,00	-13.707,67	173.707,67	15.786.341,24	13.707,67
01/04/X+1	30/06/X+1	5	160.000,00	0	160.000,00	16.000.000,00	160.000,00	5	160.000,00	-13.858,64	173.858,64	15.800.199,87	13.858,64
01/07/X+1	30/09/X+1	6	160.000,00	0	160.000,00	16.000.000,00	160.000,00	6	160.000,00	-14.011,26	174.011,26	15.814.211,14	14.011,26
01/10/X+1	31/12/X+1	7	160.000,00	0	160.000,00	16.000.000,00	160.000,00	7	160.000,00	-14.165,57	174.165,57	15.828.376,71	14.165,57
01/01/X+2	31/03/X+2	8	160.000,00	0	160.000,00	16.000.000,00	160.000,00	8	160.000,00	-14.321,58	174.321,58	15.842.698,29	14.321,58
01/04/X+2	30/06/X+2	9	960.000,00	800.000,00	160.000,00	15.200.000,00	960.000,00	9	960.000,00	785.520,69	174.479,31	15.057.177,60	14.479,31
01/07/X+2	30/09/X+2	10	952.000,00	800.000,00	152.000,00	14.400.000,00	952.000,00	10	952.000,00	786.171,81	165.828,19	14.271.005,79	13.828,19
01/10/X+2	31/12/X+2	11	944.000,00	800.000,00	144.000,00	13.600.000,00	944.000,00	11	944.000,00	786.830,11	157.169,89	13.484.175,68	13.169,89
01/01/X+3	31/03/X+3	12	936.000,00	800.000,00	136.000,00	12.800.000,00	936.000,00	12	936.000,00	787.495,65	148.504,35	12.696.680,03	12.504,35
01/04/X+3	30/06/X+3	13	928.000,00	800.000,00	128.000,00	12.000.000,00	928.000,00	13	928.000,00	788.168,52	139.831,48	11.908.511,51	11.831,48
01/07/X+3	30/09/X+3	14	920.000,00	800.000,00	120.000,00	11.200.000,00	920.000,00	14	920.000,00	788.848,80	131.151,20	11.119.662,71	11.151,20
01/10/X+3	31/12/X+3	15	912.000,00	800.000,00	112.000,00	10.400.000,00	912.000,00	15	912.000,00	789.536,58	122.463,42	10.330.126,13	10.463,42
01/01/X+4	31/03/X+4	16	904.000,00	800.000,00	104.000,00	9.600.000,00	904.000,00	16	904.000,00	790.231,93	113.768,07	9.539.894,21	9.768,07
01/04/X+4	30/06/X+4	17	896.000,00	800.000,00	96.000,00	8.800.000,00	896.000,00	17	896.000,00	790.934,93	105.065,07	8.748.959,27	9.065,07
01/07/X+4	30/09/X+4	18	888.000,00	800.000,00	88.000,00	8.000.000,00	888.000,00	18	888.000,00	791.645,68	96.354,32	7.957.313,59	8.354,32
01/10/X+4	31/12/X+4	19	880.000,00	800.000,00	80.000,00	7.200.000,00	880.000,00	19	880.000,00	792.364,26	87.635,74	7.164.949,33	7.635,74
01/01/X+5	31/03/X+5	20	872.000,00	800.000,00	72.000,00	6.400.000,00	872.000,00	20	872.000,00	793.090,75	78.909,25	6.371.858,58	6.909,25
01/04/X+5	30/06/X+5	21	864.000,00	800.000,00	64.000,00	5.600.000,00	864.000,00	21	864.000,00	793.825,24	70.174,76	5.578.033,33	6.174,76
01/07/X+5	30/09/X+5	22	856.000,00	800.000,00	56.000,00	4.800.000,00	856.000,00	22	856.000,00	794.567,83	61.432,17	4.783.465,51	5.432,17
01/10/X+5	31/12/X+5	23	848.000,00	800.000,00	48.000,00	4.000.000,00	848.000,00	23	848.000,00	795.318,59	52.681,41	3.988.146,92	4.681,41
01/01/X+6	31/03/X+6	24	840.000,00	800.000,00	40.000,00	3.200.000,00	840.000,00	24	840.000,00	796.077,61	43.922,39	3.192.069,31	3.922,39
01/04/X+6	30/06/X+6	25	832.000,00	800.000,00	32.000,00	2.400.000,00	832.000,00	25	832.000,00	796.845,00	35.155,00	2.395.224,31	3.155,00
01/07/X+6	30/09/X+6	26	824.000,00	800.000,00	24.000,00	1.600.000,00	824.000,00	26	824.000,00	797.620,84	26.379,16	1.597.603,47	2.379,16
01/10/X+6	31/12/X+6	27	816.000,00	800.000,00	16.000,00	800.000,00	816.000,00	27	816.000,00	798.405,22	17.594,78	799.198,24	1.594,78
01/01/X+7	31/03/X+7	28	808.000,00	800.000,00	8.000,00	0,00	808.000,00	28	808.000,00	799.198,24	8.801,76	0,00	801,76

Tabla 13.22.5

Periodo		Trimestre	a_k	A_k	I_k	C_k	1,10%	Trimestre	a_k	A_k	I'_k	C'_k	$I_k - I'_k$
		Trimestre 4					Cálculo del TIE	Contable					
		3				16.000.000,00	15.772.633,57	3				15.772.633,57	
01/01/X+1	31/03/X+1	4	160.000,00	0	160.000,00	16.000.000,00	160.000,00	4	160.000,00	-13.707,67	173.707,67	15.786.341,24	13.707,67
01/04/X+1	30/06/X+1	5	160.000,00	0	160.000,00	16.000.000,00	160.000,00	5	160.000,00	-13.858,64	173.858,64	15.800.199,87	13.858,64
01/07/X+1	30/09/X+1	6	160.000,00	0	160.000,00	16.000.000,00	160.000,00	6	160.000,00	-14.011,26	174.011,26	15.814.211,14	14.011,26
01/10/X+1	31/12/X+1	7	160.000,00	0	160.000,00	16.000.000,00	160.000,00	7	160.000,00	-14.165,57	174.165,57	15.828.376,71	14.165,57
01/01/X+2	31/03/X+2	8	160.000,00	0	160.000,00	16.000.000,00	160.000,00	8	160.000,00	-14.321,58	174.321,58	15.842.698,29	14.321,58
01/04/X+2	30/06/X+2	9	960.000,00	800000	160.000,00	15.200.000,00	960.000,00	9	960.000,00	785.520,69	174.479,31	15.057.177,60	14.479,31
01/07/X+2	30/09/X+2	10	952.000,00	800.000,00	152.000,00	14.400.000,00	952.000,00	10	952.000,00	786.171,81	165.828,19	14.271.005,79	13.828,19
01/10/X+2	31/12/X+2	11	944.000,00	800.000,00	144.000,00	13.600.000,00	944.000,00	11	944.000,00	786.830,11	157.169,89	13.484.175,68	13.169,89
01/01/X+3	31/03/X+3	12	936.000,00	800.000,00	136.000,00	12.800.000,00	936.000,00	12	936.000,00	787.495,65	148.504,35	12.696.680,03	12.504,35
01/04/X+3	30/06/X+3	13	928.000,00	800.000,00	128.000,00	12.000.000,00	928.000,00	13	928.000,00	788.168,52	139.831,48	11.908.511,51	11.831,48
01/07/X+3	30/09/X+3	14	920.000,00	800.000,00	120.000,00	11.200.000,00	920.000,00	14	920.000,00	788.848,80	131.151,20	11.119.662,71	11.151,20
01/10/X+3	31/12/X+3	15	912.000,00	800.000,00	112.000,00	10.400.000,00	912.000,00	15	912.000,00	789.536,58	122.463,42	10.330.126,13	10.463,42
01/01/X+4	31/03/X+4	16	904.000,00	800.000,00	104.000,00	9.600.000,00	904.000,00	16	904.000,00	790.231,93	113.768,07	9.539.894,21	9.768,07
01/04/X+4	30/06/X+4	17	896.000,00	800.000,00	96.000,00	8.800.000,00	896.000,00	17	896.000,00	790.934,93	105.065,07	8.748.959,27	9.065,07
01/07/X+4	30/09/X+4	18	888.000,00	800.000,00	88.000,00	8.000.000,00	888.000,00	18	888.000,00	791.645,68	96.354,32	7.957.313,59	8.354,32
01/10/X+4	31/12/X+4	19	880.000,00	800.000,00	80.000,00	7.200.000,00	880.000,00	19	880.000,00	792.364,26	87.635,74	7.164.949,33	7.635,74
01/01/X+5	31/03/X+5	20	872.000,00	800.000,00	72.000,00	6.400.000,00	872.000,00	20	872.000,00	793.090,75	78.909,25	6.371.858,58	6.909,25
01/04/X+5	30/06/X+5	21	864.000,00	800.000,00	64.000,00	5.600.000,00	864.000,00	21	864.000,00	793.825,24	70.174,76	5.578.033,33	6.174,76
01/07/X+5	30/09/X+5	22	856.000,00	800.000,00	56.000,00	4.800.000,00	856.000,00	22	856.000,00	794.567,83	61.432,17	4.783.465,51	5.432,17
01/10/X+5	31/12/X+5	23	848.000,00	800.000,00	48.000,00	4.000.000,00	848.000,00	23	848.000,00	795.318,59	52.681,41	3.988.146,92	4.681,41
01/01/X+6	31/03/X+6	24	840.000,00	800.000,00	40.000,00	3.200.000,00	840.000,00	24	840.000,00	796.077,61	43.922,39	3.192.069,31	3.922,39
01/04/X+6	30/06/X+6	25	832.000,00	800.000,00	32.000,00	2.400.000,00	832.000,00	25	832.000,00	796.845,00	35.155,00	2.395.224,31	3.155,00
01/07/X+6	30/09/X+6	26	824.000,00	800.000,00	24.000,00	1.600.000,00	824.000,00	26	824.000,00	797.620,84	26.379,16	1.597.603,47	2.379,16
01/10/X+6	31/12/X+6	27	816.000,00	800.000,00	16.000,00	800.000,00	816.000,00	27	816.000,00	798.405,22	17.594,78	799.198,24	1.594,78
01/01/X+7	31/03/X+7	28	808.000,00	800.000,00	8.000,00	0,00	808.000,00	28	808.000,00	799.198,24	8.801,76	0,00	801,76

Ejemplo 13.23.

A la sociedad CAROSA se le concedió un préstamo con fecha 1 enero del año X por importe de 30.000 €, a pagar en 12 años mediante términos amortizativos constantes, a un tipo de interés efectivo anual del 5%, pagadero por años vencidos, habiendo supuesto los gastos iniciales del 1%.

Después de pagar la tercera cuota y debido a problemas financieros que está pasando la sociedad, acuerda con la entidad financiera refinanciar el importe pendiente de este préstamo en esa fecha con las siguientes condiciones:

- Nuevo tipo de interés: 6% efectivo anual.
- Duración: 15 años.
- Términos amortizativos constantes.
- Comisión de gestión por refinanciación del pasivo: 1,5%.

Se pide: Obtener los cuadros de amortización financiero-contable (concepto coste amortizado) del préstamo original y del préstamo nuevo.

Solución

1. Cálculo de la anualidad del préstamo inicial:

$$30.000 = a \cdot a_{\overline{12}|0{,}05} \Rightarrow a = 3.384{,}76\ €.$$

2. Cálculo del tipo de interés efectivo:

$$30.000 - 300 = 3.384{,}76 \cdot a_{\overline{12}|i_e} \Rightarrow i_e = 5{,}17865\%$$

3. Cuadro de amortización:

El cuadro de amortización se muestra en la tabla 13.23.1.

4. Cálculo de la nueva anualidad:

$$24.058{,}29 = a \cdot a_{\overline{15}|0{,}06} \Rightarrow a = 2.477{,}11\ €.$$

5. Cálculo del nuevo tipo de interés efectivo:

$$24.058{,}29 - 1{,}5\% \times 24.058{,}29 = 2.477{,}11 \cdot a_{\overline{15}|i_e} \Rightarrow i_e = 6{,}232\%$$

6. Nuevo cuadro de amortización:

El nuevo cuadro de amortización se muestra en la tabla 13.23.2.

Tabla 13.23.1

Periodos	a	A_k	I_k	$I_k^{\text{..}}$	$I_k^{\text{..}} - I_k$	M_k	C_k	$C_k^{\text{..}}$
0							30.000,00	29.700,00
1	3.384,76	1.884,76	1.500,00	1.538,06	38,06	1.884,76	28.115,24	27.853,30
2	3.384,76	1.979,00	1.405,76	1.442,43	36,66	1.979,00	26.136,24	25.910,96
3	3.384,76	2.077,95	1.306,81	1.341,84	35,03	2.077,95	**24.058,29**	**23.868,04**
4	3.384,76	2.181,85	1.202,91	1.236,04	33,13	2.181,85	21.876,44	21.719,32
5	3.384,76	2.290,94	1.093,82	1.124,77	30,95	2.290,94	19.585,50	19.459,32
6	3.384,76	2.405,49	979,27	1.007,73	28,46	2.405,49	17.180,01	17.082,29
7	3.384,76	2.525,76	859,00	884,63	25,63	2.525,76	14.654,25	14.582,16
8	3.384,76	2.652,05	732,71	755,16	22,45	2.652,05	12.002,20	11.952,56
9	3.384,76	2.784,65	600,11	618,98	18,87	2.784,65	9.217,55	9.186,78
10	3.384,76	2.923,88	460,88	475,75	14,87	2.923,88	6.293,66	6.277,77
11	3.384,76	3.070,08	314,68	325,10	10,42	3.070,08	3.223,58	3.218,11
12	3.384,76	3.223,58	161,18	166,65	5,48	3.223,58	0,00	0,00

Tabla 13.23.2

Periodos	a	A_k	I_k	$I_k^{\text{..}}$	$I_k^{\text{..}} - I_k$	M_k	C_k	$C_k^{\text{..}}$
0							24.058,29	23.697,41
1	2.477,11	1.033,61	1.443,50	1.476,88	33,38	1.033,61	23.024,68	22.697,18
2	2.477,11	1.095,63	1.381,48	1.414,54	33,06	2.129,24	21.929,05	21.634,61
3	2.477,11	1.161,37	1.315,74	1.348,32	32,57	3.290,60	20.767,68	20.505,82
4	2.477,11	1.231,05	1.246,06	1.277,97	31,91	4.521,65	19.536,64	19.306,68
5	2.477,11	1.304,91	1.172,20	1.203,24	31,04	5.826,56	18.231,73	18.032,81
6	2.477,11	1.383,20	1.093,90	1.123,84	29,94	7.209,76	16.848,52	16.679,55
7	2.477,11	1.466,20	1.010,91	1.039,51	28,60	8.675,96	15.382,33	15.241,94
8	2.477,11	1.554,17	922,94	949,91	26,97	10.230,13	13.828,16	13.714,75
9	2.477,11	1.647,42	829,69	854,73	25,04	11.877,55	12.180,74	12.092,37
10	2.477,11	1.746,26	730,84	753,62	22,78	13.623,81	10.434,47	10.368,89
11	2.477,11	1.851,04	626,07	646,21	20,14	15.474,85	8.583,43	8.537,99
12	2.477,11	1.962,10	515,01	532,11	17,10	17.436,95	6.621,33	6.592,99
13	2.477,11	2.079,83	397,28	410,89	13,61	19.516,78	4.541,50	4.526,78
14	2.477,11	2.204,62	272,49	282,12	9,63	21.721,40	2.336,89	2.331,79
15	2.477,11	2.336,89	140,21	145,32	5,11	24.058,29	0,00	0,00

Ejemplo 13.24.

A la sociedad OURENSE se le concedió un préstamo con fecha 1 enero del año X por importe de 80.000 €, a pagar en 12 años mediante términos amortizativos semestrales constantes a un tipo de interés nominal anual fijo del 5%, cada 30 de junio y cada 31 de diciembre. Los gastos iniciales fueron del 1%.

Una vez entregada la octava semestralidad y debido a los problemas financieros que está pasando la sociedad, acuerda con la entidad financiera refinanciar el importe pendiente de este préstamo, en esa fecha, con las siguientes condiciones:

- Tipo de interés nominal anual fijo de frecuencia semestral: 8,5%.
- Duración: 5 años.
- Carencia total: La devolución del importe refinanciado junto con los intereses al final de los 5 años.
- Comisión de gestión por refinanciación del pasivo: 1,5%.

Se pide: Obtener los cuadros de amortización financiero-contable (concepto coste amortizado) del préstamo original y del préstamo nuevo.

Solución

1. Cálculo de la anualidad del préstamo inicial:

$$i_2 = \frac{J_2}{2} = \frac{0,05}{2} = 0,025$$

$$80.000 = a_2 \cdot a_{\overline{12\times2|}0,025} \Rightarrow a = 4.473,03 \text{ €}$$

2. Cálculo del tipo de interés efectivo:

$$80.000 - 1\% \times 80.000 = 4.473,03 \cdot a_{\overline{12\times2|}\, i_2^{TIE}} \Rightarrow i_2^{TIE} = 2,5912\%$$

3. Cuadro amortización préstamo inicial:

El cuadro de amortización se muestra en la tabla 13.24.1.

Capital más intereses a devolver (C):

$$i_2 = \frac{J_2}{2} = \frac{0,085}{2} = 0,0425$$

$$C = 58.395,36 \times (1 + 0,0425)^{5\times2} = 88.539,89 \text{ €}$$

Tabla 13.24.1

Periodos	a	A_k	I_k	$I_k^{\cdot\cdot}$	$I_k^{\cdot\cdot} - I_k$	M_k	C_k	C_k'
0							80.000,00	79.200,00
1	4.473,03	2.473,03	2.000,00	2.052,22	52,22	2.473,03	77.526,97	76.779,19
2	4.473,03	2.534,85	1.938,17	1.989,49	51,31	5.007,88	74.992,12	74.295,65
3	4.473,03	2.598,22	1.874,80	1.925,14	50,33	7.606,10	72.393,90	71.747,77
4	4.473,03	2.663,18	1.809,85	1.859,12	49,27	10.269,28	69.730,72	69.133,86
5	4.473,03	2.729,76	1.743,27	1.791,38	48,12	12.999,04	67.000,96	66.452,21
6	4.473,03	2.798,00	1.675,02	1.721,90	46,87	15.797,04	64.202,96	63.701,09
7	4.473,03	2.867,95	1.605,07	1.650,61	45,54	18.664,99	61.335,01	60.878,67
8	4.473,03	2.939,65	1.533,38	1.577,48	44,10	21.604,64	**58.395,36**	**57.983,12**
9	4.473,03	3.013,14	1.459,88	1.502,45	42,56	24.617,78	55.382,22	55.012,55
10	4.473,03	3.088,47	1.384,56	1.425,48	40,92	27.706,25	52.293,75	51.965,00
11	4.473,03	3.165,68	1.307,34	1.346,51	39,16	30.871,93	49.128,07	48.838,48
12	4.473,03	3.244,82	1.228,20	1.265,49	37,29	34.116,76	45.883,24	45.630,95
13	4.473,03	3.325,94	1.147,08	1.182,38	35,30	37.442,70	42.557,30	42.340,30
14	4.473,03	3.409,09	1.063,93	1.097,11	33,18	40.851,79	39.148,21	38.964,39
15	4.473,03	3.494,32	978,71	1.009,64	30,93	44.346,11	35.653,89	35.501,01
16	4.473,03	3.581,68	891,35	919,90	28,55	47.927,79	32.072,21	31.947,88
17	4.473,03	3.671,22	801,81	827,83	26,02	51.599,01	28.400,99	28.302,68
18	4.473,03	3.763,00	710,02	733,37	23,35	55.362,01	24.637,99	24.563,03
19	4.473,03	3.857,08	615,95	636,47	20,52	59.219,09	20.780,91	20.726,48
20	4.473,03	3.953,50	519,52	537,06	17,54	63.172,59	16.827,41	16.790,51
21	4.473,03	4.052,34	420,69	435,07	14,39	67.224,93	12.775,07	12.752,56
22	4.473,03	4.153,65	319,38	330,44	11,07	71.378,58	8.621,42	8.609,97
23	4.473,03	4.257,49	215,54	223,10	7,56	75.636,07	4.363,93	4.360,05
24	4.473,03	4.363,93	109,10	112,98	3,88	80.000,00	0,00	0,00

4. Cálculo del nuevo tipo de interés efectivo:

$$\textit{Lo que entrego} = \textit{Lo que recibo}$$

$$88.539{,}89 \times (1 + i_2^{TIE})^{-5\times 2} = 58.395{,}36 - 1{,}5\% \times 58.395{,}36$$

$$\Rightarrow (1 + i_2^{TIE})^{-5\times 2} = \frac{57.519{,}43}{88.539{,}89} \Rightarrow i_2^{TIE} = 4{,}408\%$$

5. Nuevo cuadro de amortización:

El nuevo cuadro de amortización se muestra en la tabla 13.24.2.

Tabla 13.24.2

Cuadro amortización nuevo préstamo							
Periodos	a	I_k	A_k	C_k	I_k'	$I_k' - I_k$	C_k'
0				0,00			57.519,43
1				58.395,36	2.535,27	2.535,27	60.054,70
2				58.395,36	2.647,02	2.647,02	62.701,72
3				58.395,36	2.763,69	2.763,69	65.465,41
4				58.395,36	2.885,50	2.885,50	68.350,91
5				58.395,36	3.012,69	3.012,69	71.363,60
6				58.395,36	3.145,48	3.145,48	74.509,08
7				58.395,36	3.284,12	3.284,12	77.793,20
8				58.395,36	3.428,87	3.428,87	81.222,08
9				58.395,36	3.580,01	3.580,01	84.802,09
10	88.539,89	30.144,53	58.395,36	0,00	3.737,80	-26.406,73	0,00

Ejemplo 13.25.

Una determinada persona física solicita y le conceden, el 1 de julio de 2008, un préstamo hipotecario que reúne las siguientes características:

- Importe tasado de la vivienda: 400.000 €.
- Duración: 30 años.
- Mensualidades constantes.
- Tipo de interés nominal anual 2,88% para el primer año, revisable anualmente en función del Euribor más un diferencial del 0,60%.

Se pide:

a) Calcular la cuota mensual que deberá pagar durante el primer año de vigencia del préstamo.

b) Transcurridos 12 meses el Euribor se sitúa en el 3,6%. Calcular la nueva mensualidad.

c) El 1 de enero de 2014 el capital pendiente de amortizar es de 370.920 €, y debido a que el deudor no puede hacer frente a las cuotas mensuales, ambas partes acuerdan renegociar la deuda aplicando un periodo de carencia total durante los 2 años siguientes, y un tipo fijo de interés al 6% nominal anual durante el resto de vigencia del préstamo. Calcule la nueva cuota mensual a pagar a partir del año 2016.

Solución

a) Cuota mensual del primer año:

$$400.000 = a \cdot a_{\overline{12\times30}|i_{12}}$$

El tipo de interés efectivo mensual es:

$$i_{12} = \frac{J_{12}}{12} = \frac{0{,}0288}{12} = 0{,}24\%$$

$$\Rightarrow a = 1.660{,}64\ €.$$

b) Nueva mensualidad:

El capital pendiente de amortizar al finalizar el primer año será el siguiente:

$$C_{12} = 1.660{,}64 \times a_{\overline{12\times30-12}|i_{12}} = 391.480{,}66\ €$$

La nueva mensualidad a' se calculará como sigue:

$$391.480{,}66 = a' \cdot a_{\overline{12\times30-12}|i'_{12}}$$

donde

$$i'_{12} = \frac{3{,}6\% + 0{,}6\%}{12} = 0{,}35\%$$

$$\Rightarrow a' = 1.947{,}53\ €$$

La nueva cuota se incrementa debido al aumento del Euribor.

c) Nueva mensualidad:

La nueva mensualidad a' se calculará como sigue:

$$370.920 = a' \cdot {}_{24}/\, a_{\overline{12\times30-12\times5-6}|i'_{12}}$$

$$370.920 = a'\,(1+i'_{12})^{-24}\, a_{\overline{294}|i'_{12}}$$

donde,

$$i'_{12} = \frac{6\%}{12} = 0{,}5\%$$

$$\Rightarrow a' = 2.717{,}56\ €$$

Ejemplo 13.26.

Observe el ejemplo adjunto, enviado por una conocida cadena de supermercados:

Se pide:

a) Calcular la cuota mensual que deberá pagar durante los ocho años de vigencia del préstamo.

b) Comprobar la cuota mensual final a pagar incluyendo el importe del seguro.

c) Calcular el importe total adeudado.

d) Realizar el cuadro de amortización.

e) Comprobar la TAE.

Solución

a) Calcular la cuota neta mensual que deberá pagar durante los ocho años de vigencia del préstamo.

$$15.000 = a \cdot a_{\overline{96|}i_{12}}$$

El tipo de interés efectivo mensual es:

$$i_{12} = \frac{J_{12}}{12} = \frac{0{,}059}{12} = 0{,}491666\%$$

$$\Rightarrow a = 196{,}39\ €.$$

b) Comprobar la cuota mensual final a pagar incluyendo el importe del seguro.

$$Seguro = 0{,}0917 \times 196{,}39 = 18{,}01\ €$$

$$Cuota\ mensual\ final = Cuota\ préstamo + seguro = 196{,}39 + 18.01 = 214{,}40\ €$$

c) Calcular el importe total adeudado.

$$Importe\ total\ adeudado = 214{,}40 \times 96 = 20.582{,}40\ €$$

d) Realizar el cuadro de amortización.

Periodos	Término	Cuota intereses	Cuota amortización	Capital amortizado	Capital vivo
0					15.000,00
1	196,39	73,75	122,64	122,64	14.877,36
2	196,39	73,15	123,24	245,89	14.754,11
3	196,39	72,54	123,85	369,74	14.630,26
4	196,39	71,93	124,46	494,20	14.505,80
5	196,39	71,32	125,07	619,27	14.380,73
6	196,39	70,71	125,69	744,96	14.255,04
7	196,39	70,09	126,30	871,26	14.128,74
8	196,39	69,47	126,93	998,19	14.001,81
9	196,39	68,84	127,55	1.125,74	13.874,26
10	196,39	68,22	128,18	1.253,91	13.746,09
11	196,39	67,58	128,81	1.382,72	13.617,28
12	196,39	66,95	129,44	1.512,16	13.487,84
13	196,39	66,32	130,08	1.642,24	13.357,76
14	196,39	65,68	130,72	1.772,95	13.227,05
15	196,39	65,03	131,36	1.904,31	13.095,69
16	196,39	64,39	132,00	2.036,32	12.963,68
17	196,39	63,74	132,65	2.168,97	12.831,03
18	196,39	63,09	133,31	2.302,28	12.697,72
19	196,39	62,43	133,96	2.436,24	12.563,76
20	196,39	61,77	134,62	2.570,86	12.429,14
21	196,39	61,11	135,28	2.706,14	12.293,86
22	196,39	60,44	135,95	2.842,09	12.157,91
23	196,39	59,78	136,62	2.978,70	12.021,30
24	196,39	59,10	137,29	3.115,99	11.884,01
25	196,39	58,43	137,96	3.253,95	11.746,05
26	196,39	57,75	138,64	3.392,59	11.607,41
27	196,39	57,07	139,32	3.531,91	11.468,09
28	196,39	56,38	140,01	3.671,92	11.328,08
29	196,39	55,70	140,70	3.812,62	11.187,38
30	196,39	55,00	141,39	3.954,00	11.046,00
31	196,39	54,31	142,08	4.096,09	10.903,91
32	196,39	53,61	142,78	4.238,87	10.761,13
33	196,39	52,91	143,48	4.382,35	10.617,65
34	196,39	52,20	144,19	4.526,54	10.473,46
35	196,39	51,49	144,90	4.671,44	10.328,56
36	196,39	50,78	145,61	4.817,05	10.182,95
37	196,39	50,07	146,33	4.963,37	10.036,63
38	196,39	49,35	147,05	5.110,42	9.889,58
39	196,39	48,62	147,77	5.258,18	9.741,82
40	196,39	47,90	148,49	5.406,68	9.593,32

Periodos	Término	Cuota intereses	Cuota amortización	Capital amortizado	Capital vivo
41	196,39	47,17	149,22	5.555,90	9.444,10
42	196,39	46,43	149,96	5.705,86	9.294,14
43	196,39	45,70	150,70	5.856,56	9.143,44
44	196,39	44,96	151,44	6.007,99	8.992,01
45	196,39	44,21	152,18	6.160,18	8.839,82
46	196,39	43,46	152,93	6.313,11	8.686,89
47	196,39	42,71	153,68	6.466,79	8.533,21
48	196,39	41,95	154,44	6.621,22	8.378,78
49	196,39	41,20	155,20	6.776,42	8.223,58
50	196,39	40,43	155,96	6.932,38	8.067,62
51	196,39	39,67	156,73	7.089,11	7.910,89
52	196,39	38,90	157,50	7.246,60	7.753,40
53	196,39	38,12	158,27	7.404,87	7.595,13
54	196,39	37,34	159,05	7.563,92	7.436,08
55	196,39	36,56	159,83	7.723,75	7.276,25
56	196,39	35,77	160,62	7.884,37	7.115,63
57	196,39	34,99	161,41	8.045,78	6.954,22
58	196,39	34,19	162,20	8.207,98	6.792,02
59	196,39	33,39	163,00	8.370,97	6.629,03
60	196,39	32,59	163,80	8.534,77	6.465,23
61	196,39	31,79	164,60	8.699,38	6.300,62
62	196,39	30,98	165,41	8.864,79	6.135,21
63	196,39	30,16	166,23	9.031,02	5.968,98
64	196,39	29,35	167,04	9.198,06	5.801,94
65	196,39	28,53	167,87	9.365,93	5.634,07
66	196,39	27,70	168,69	9.534,62	5.465,38
67	196,39	26,87	169,52	9.704,14	5.295,86
68	196,39	26,04	170,35	9.874,50	5.125,50
69	196,39	25,20	171,19	10.045,69	4.954,31
70	196,39	24,36	172,03	10.217,72	4.782,28
71	196,39	23,51	172,88	10.390,60	4.609,40
72	196,39	22,66	173,73	10.564,33	4.435,67
73	196,39	21,81	174,58	10.738,91	4.261,09
74	196,39	20,95	175,44	10.914,35	4.085,65
75	196,39	20,09	176,30	11.090,66	3.909,34
76	196,39	19,22	177,17	11.267,83	3.732,17
77	196,39	18,35	178,04	11.445,87	3.554,13
78	196,39	17,47	178,92	11.624,79	3.375,21
79	196,39	16,59	179,80	11.804,58	3.195,42

Periodos	Término	Cuota intereses	Cuota amortización	Capital amortizado	Capital vivo
80	196,39	15,71	180,68	11.985,27	3.014,73
81	196,39	14,82	181,57	12.166,83	2.833,17
82	196,39	13,93	182,46	12.349,30	2.650,70
83	196,39	13,03	183,36	12.532,66	2.467,34
84	196,39	12,13	184,26	12.716,92	2.283,08
85	196,39	11,23	185,17	12.902,08	2.097,92
86	196,39	10,31	186,08	13.088,16	1.911,84
87	196,39	9,40	186,99	13.275,15	1.724,85
88	196,39	8,48	187,91	13.463,06	1.536,94
89	196,39	7,56	188,84	13.651,90	1.348,10
90	196,39	6,63	189,76	13.841,66	1.158,34
91	196,39	5,70	190,70	14.032,36	967,64
92	196,39	4,76	191,63	14.223,99	776,01
93	196,39	3,82	192,58	14.416,57	583,43
94	196,39	2,87	193,52	14.610,09	389,91
95	196,39	1,92	194,47	14.804,57	195,43
96	196,39	0,96	195,43	15.000,00	0,00
		3.853,62			

e) Comprobar la TAE.

$$15.000 = 214{,}40 \cdot a_{\overline{96|}i_{12}}$$

Se resuelve utilizando la fórmula TIR de la Excel:

$$i_{12} = 0{,}006923$$

$$TAE = (1 + 0{,}006923)^{12} - 1 = 8{,}63\%$$

Ejemplo 13.27.

A la empresa Carosa le ofrecen dos opciones para amortizar un préstamo de principal 10.000 euros.

- Opción A: pagar al final de cada semestre 400 euros de intereses durante 4 semestres y además, en el último semestre, amortizar el principal del préstamo.
- Opción B: pagar al final de cada trimestre 200 euros de intereses durante 8 trimestres y además, en el último trimestre, amortizar el principal del préstamo.

¿Cuál es la opción más interesante para la sociedad?

Solución

Opción A

$$10.000 = \frac{400}{(1+i_2)^1} + \cdots + \frac{400 + 10.000}{(1+i_2)^4}$$

A través de la fórmula TIR en la Excel

$$i_2 = 4\% \quad \rightarrow \quad i = (1+0{,}04)^2 - 1 = 8{,}16\%$$

Opción B

$$10.000 = \frac{200}{(1+i_4)^1} + \cdots + \frac{200 + 10.000}{(1+i_4)^8}$$

A través de la fórmula TIR en la Excel

$$i_4 = 2\% \quad \rightarrow \quad i = (1+0{,}02)^4 - 1 = 8{,}24\%$$

Es más interesante la opción A, pues tiene un menor coste.

Ejemplo 13.28.[3]

La cartera de préstamos de una determinada entidad está formada por las siguientes operaciones:

- Préstamo 1: formalizado y dispuesto el 1 de enero de 2011 por importe de 5.000.000 € con vencimiento el 1 de enero de 2022, a un tipo del 5,5% efectivo anual. Este préstamo se amortiza anualmente mediante un sistema de cuotas de amortización de principal constante.
- Préstamo 2: se amortiza por el sistema francés y fue formalizado y dispuesto el 1 de enero de 2015, por importe de 1.000.000 €, con vencimiento el 1 de octubre de 2020, a un tipo equivalente trimestral del 0,5%.

[3] Ejercicio propuesto en las oposiciones al cuerpo de interventores-tesoreros de la Administración local, convocatoria año 2016.

- Préstamo 3: formalizado y dispuesto el 1 de enero de 2016, por importe de 2.500.000 €, al 1,5% efectivo anual. El capital prestado se devuelve con los intereses acumulados el 1 de enero de 2021.

Se pide:

1. La entidad tiene la posibilidad de sustituir esta cartera de préstamos por una sola operación a 1 de enero de 2017. Calcule el importe por el que debería formalizar la nueva operación a esta fecha.
2. Determinar el vencimiento medio ponderado de las operaciones sustituidas.

Solución

1.

Préstamo 1

$$A = \frac{5.000.000}{11} = 454.545{,}45\ €$$

Periodos	Término amortizativo	Cuota interés	Cuota amortización	Capital amortizado	Capital vivo
					5.000.000,00
01-01-11	729.545,45	275.000,00	454.545,45	454.545,45	4.545.454,55
01-01-12	704.545,45	250.000,00	454.545,45	909.090,91	4.090.909,09
01-01-13	679.545,45	225.000,00	454.545,45	1.363.636,36	3.636.363,64
01-01-14	654.545,45	200.000,00	454.545,45	1.818.181,82	3.181.818,18
01-01-15	629.545,45	175.000,00	454.545,45	2.272.727,27	2.727.272,73
01-01-16	604.545,45	150.000,00	454.545,45	2.727.272,73	**2.272.727,27**
01-01-17	579.545,45	125.000,00	454.545,45	3.181.818,18	1.818.181,82
01-01-18	554.545,45	100.000,00	454.545,45	3.636.363,64	1.363.636,36
01-01-19	529.545,45	75.000,00	454.545,45	4.090.909,09	909.090,91
01-01-20	504.545,45	50.000,00	454.545,45	4.545.454,55	454.545,45
01-01-21	479.545,45	25.000,00	454.545,45	5.000.000,00	0,00

Préstamo 2

$$1.000.000 = a \cdot a_{\overline{20|}0{,}005}$$

$$a = 52.666{,}45\ €$$

Periodos	Término amortizativo	Cuota interés	Cuota amortización	Capital amortizado	Capital vivo
01-10-15					1.000.000,00
01-01-16	52.666,45	5.000,00	47.666,45	47.666,45	952.333,55
01-04-16	52.666,45	4.761,67	47.904,78	95.571,24	904.428,76
01-07-16	52.666,45	4.522,14	48.144,31	143.715,54	856.284,46
01-10-16	52.666,45	4.281,42	48.385,03	192.100,57	807.899,43
01-01-17	52.666,45	4.039,50	48.626,95	240.727,53	**759.272,47**
01-04-17	52.666,45	3.796,36	48.870,09	289.597,62	710.402,38
01-07-17	52.666,45	3.552,01	49.114,44	338.712,06	661.287,94
01-10-17	52.666,45	3.306,44	49.360,01	388.072,07	611.927,93
01-01-18	52.666,45	3.059,64	49.606,81	437.678,88	562.321,12
01-04-18	52.666,45	2.811,61	49.854,85	487.533,73	512.466,27
01-07-18	52.666,45	2.562,33	50.104,12	537.637,85	462.362,15
01-10-18	52.666,45	2.311,81	50.354,64	587.992,49	412.007,51
01-01-19	52.666,45	2.060,04	50.606,41	638.598,91	361.401,09
01-04-19	52.666,45	1.807,01	50.859,45	689.458,35	310.541,65
01-07-19	52.666,45	1.552,71	51.113,74	740.572,10	259.427,90
01-10-19	52.666,45	1.297,14	51.369,31	791.941,41	208.058,59
01-01-20	52.666,45	1.040,29	51.626,16	843.567,57	156.432,43
01-04-20	52.666,45	782,16	51.884,29	895.451,86	104.548,14
01-07-20	52.666,45	522,74	52.143,71	947.595,57	52.404,43
01-10-20	52.666,45	262,02	52.404,43	1.000.000,00	0,00

Préstamo 3

$$C_1 = 2.500.000 \times (1{,}015)^1 = 2.537.500 \text{ €}$$

Por tanto, el importe del nuevo préstamo sería:

$$C_0 = 2.272.727{,}27 + 759.272{,}47 + 2.537.500 = 5.569.499.68 \text{ €}$$

2.

Préstamo 1:

$$Vto.medio = \frac{Plazo\ operación + Nº\ años\ de\ carencia + \dfrac{1}{Nº\ amortizaciones\ anuales}}{2}$$

$$= \frac{11 + 0 + \frac{1}{1}}{2} = 6 \text{ años, es decir, 72 meses}$$

Esta expresión solo es válida para el método francés.

Préstamo 2:

Periodos	Cuota amortización	$\sum_{i}^{n} a_i\, n_i$
01-10-15		
01-01-16	47.666,45	47.666,45
01-04-16	47.904,78	95.809,57
01-07-16	48.144,31	144.432,92
01-10-16	48.385,03	193.540,12
01-01-17	48.626,95	243.134,77
01-04-17	48.870,09	293.220,54
01-07-17	49.114,44	343.801,08
01-10-17	49.360,01	394.880,10
01-01-18	49.606,81	446.461,31
01-04-18	49.854,85	498.548,46
01-07-18	50.104,12	551.145,33
01-10-18	50.354,64	604.255,70
01-01-19	50.606,41	657.883,39
01-04-19	50.859,45	712.032,25
01-07-19	51.113,74	766.706,16
01-10-19	51.369,31	821.909,00
01-01-20	51.626,16	877.644,70
01-04-20	51.884,29	933.917,22
01-07-20	52.143,71	990.730,52
01-10-20	52.404,43	1.048.088,60
	1.000.000,00	10.665.808,19

$$Vto.medio = \frac{10.665.808,19}{1.000.000} = 10{,}66 \text{ trimestres, es decir, } 32 \text{ meses}$$

Préstamo 3:

$$Vto.medio = \frac{12.500.000}{2.500.000} = 5 \text{ años, es decir, } 60 \text{ meses}$$

El vencimiento medio ponderado de los 3 préstamos será el siguiente:

$$Vto.medio\ ponderado = \frac{5.000.000 \times 72 + 1.000.000 \times 32 + 2.500.000 \times 60}{8.500.000} =$$

$$= 63{,}76 \text{ meses}$$

Ejemplo 13.29.[4]

El ayuntamiento de Villapreciosa ha liquidado el presupuesto del ejercicio 2016 cumpliendo con todos los principios establecidos en la Ley Orgánica 2/2012, de 27 de abril, de Estabilidad Presupuestaria y Sostenibilidad Financiera, teniendo un ratio de deuda viva, con relación a los ingresos corrientes liquidados del 60%, por lo que ha decidido concertar una operación de préstamo a largo plazo para financiar inversiones por importe de 100.000 euros, con plazo de amortización de 10 años más un año de carencia en el que solo liquidará intereses. Solicitadas las ofertas a las diferentes entidades financieras, recibe las siguientes:

Oferta 1

- Principal: 100.000 €.
- Plazo amortización: 10 años, más un año de carencia de amortización del principal.
- Sistema de amortización: francés, mediante cuotas constantes.
- Liquidación de las cuotas: trimestral.
- Tipo de interés aplicable: fijo del 1,2% nominal anual.
- Gastos de la operación: ninguno.

Oferta 2

- Principal: 100.000 €
- Plazo amortización: 10 años, más un año de carencia de amortización del principal.
- Sistema de amortización: francés, mediante cuotas constantes.
- Liquidación de las cuotas: semestral.
- Tipo de interés aplicable: fijo del 0,59% equivalente semestral.
- Gastos de la operación: comisión de apertura 1.000 €.

Se pide:

Determinar la oferta más ventajosa para el ayuntamiento a través del cálculo de la tasa anual equivalente.

Solución

Opción A

$$100.000 = a \cdot a_{\overline{44-4|}i_4}$$

El tipo de interés efectivo mensual es:

$$i_4 = \frac{J_4}{4} = \frac{0,012}{4} = 0,003$$

$$\Rightarrow a = 2.656,74 \text{ €}$$

[4] Ejercicio propuesto en las oposiciones al cuerpo de interventores-tesoreros de la Administración local, convocatoria año 2017.

Periodos	Término amortizativo	Cuota interés	Cuota amortización	Capital amortizado	Capital vivo
0					100.000,00
1	300,00	300,00	0,00	0,00	100.000,00
2	300,00	300,00	0,00	0,00	100.000,00
3	300,00	300,00	0,00	0,00	100.000,00
4	300,00	300,00	0,00	0,00	100.000,00
5	2.656,74	300,00	2.356,74	2.356,74	97.643,26
6	2.656,74	292,93	2.363,81	4.720,56	95.279,44
7	2.656,74	285,84	2.370,90	7.091,46	92.908,54
8	2.656,74	278,73	2.378,02	9.469,48	90.530,52
9	2.656,74	271,59	2.385,15	11.854,63	88.145,37
10	2.656,74	264,44	2.392,31	14.246,94	85.753,06
11	2.656,74	257,26	2.399,48	16.646,42	83.353,58
12	2.656,74	250,06	2.406,68	19.053,10	80.946,90
13	2.656,74	242,84	2.413,90	21.467,00	78.533,00
14	2.656,74	235,60	2.421,14	23.888,15	76.111,85
15	2.656,74	228,34	2.428,41	26.316,56	73.683,44
16	2.656,74	221,05	2.435,69	28.752,25	71.247,75
17	2.656,74	213,74	2.443,00	31.195,25	68.804,75
18	2.656,74	206,41	2.450,33	33.645,58	66.354,42
19	2.656,74	199,06	2.457,68	36.103,26	63.896,74
20	2.656,74	191,69	2.465,05	38.568,31	61.431,69
21	2.656,74	184,30	2.472,45	41.040,76	58.959,24
22	2.656,74	176,88	2.479,87	43.520,62	56.479,38
23	2.656,74	169,44	2.487,30	46.007,93	53.992,07
24	2.656,74	161,98	2.494,77	48.502,69	51.497,31
25	2.656,74	154,49	2.502,25	51.004,94	48.995,06
26	2.656,74	146,99	2.509,76	53.514,70	46.485,30
27	2.656,74	139,46	2.517,29	56.031,99	43.968,01
28	2.656,74	131,90	2.524,84	58.556,83	41.443,17
29	2.656,74	124,33	2.532,41	61.089,24	38.910,76
30	2.656,74	116,73	2.540,01	63.629,25	36.370,75
31	2.656,74	109,11	2.547,63	66.176,88	33.823,12
32	2.656,74	101,47	2.555,27	68.732,16	31.267,84
33	2.656,74	93,80	2.562,94	71.295,10	28.704,90
34	2.656,74	86,11	2.570,63	73.865,72	26.134,28
35	2.656,74	78,40	2.578,34	76.444,06	23.555,94
36	2.656,74	70,67	2.586,08	79.030,14	20.969,86
37	2.656,74	62,91	2.593,83	81.623,97	18.376,03
38	2.656,74	55,13	2.601,61	84.225,59	15.774,41
39	2.656,74	47,32	2.609,42	86.835,01	13.164,99
40	2.656,74	39,49	2.617,25	89.452,25	10.547,75
41	2.656,74	31,64	2.625,10	92.077,35	7.922,65
42	2.656,74	23,77	2.632,97	94.710,33	5.289,67
43	2.656,74	15,87	2.640,87	97.351,20	2.648,80
44	2.656,74	7,95	2.648,80	100.000,00	0,00

Cálculo de la TAE:

$$100.000 = \frac{300}{(1+i_4^{TAE})^1} + \cdots + \frac{2.656,74}{(1+i_4^{TAE})^{44}}$$

A través de la fórmula TIR de la Excel:

$$i_4^{TAE} = 3\% \quad \rightarrow \quad TAE = (1+0,03)^4 - 1 = 1,21\%$$

Opción B

$$100.000 = a \cdot a_{\overline{22-2|}0,059}$$

$$a = 5.315,52\ €$$

Periodos	Término amortizativo	Cuota interés	Cuota amortización	Capital amortizado	Capital vivo
0					100.000,00
1	590,00	590,00	0,00	0,00	100.000,00
2	590,00	590,00	0,00	0,00	100.000,00
3	5.315,52	590,00	4.725,52	4.725,52	95.274,48
4	5.315,52	562,12	4.753,40	9.478,92	90.521,08
5	5.315,52	534,07	4.781,44	14.260,36	85.739,64
6	5.315,52	505,86	4.809,65	19.070,02	80.929,98
7	5.315,52	477,49	4.838,03	23.908,05	76.091,95
8	5.315,52	448,94	4.866,58	28.774,63	71.225,37
9	5.315,52	420,23	4.895,29	33.669,91	66.330,09
10	5.315,52	391,35	4.924,17	38.594,09	61.405,91
11	5.315,52	362,29	4.953,22	43.547,31	56.452,69
12	5.315,52	333,07	4.982,45	48.529,76	51.470,24
13	5.315,52	303,67	5.011,84	53.541,60	46.458,40
14	5.315,52	274,10	5.041,41	58.583,02	41.416,98
15	5.315,52	244,36	5.071,16	63.654,18	36.345,82
16	5.315,52	214,44	5.101,08	68.755,25	31.244,75
17	5.315,52	184,34	5.131,17	73.886,43	26.113,57
18	5.315,52	154,07	5.161,45	79.047,88	20.952,12
19	5.315,52	123,62	5.191,90	84.239,78	15.760,22
20	5.315,52	92,99	5.222,53	89.462,31	10.537,69
21	5.315,52	62,17	5.253,35	94.715,66	5.284,34
22	5.315,52	31,18	5.284,34	100.000,00	0,00

Cálculo de la TAE:

$$100.000 - 1.000 = \frac{590}{(1+i_2^{TAE})^1} + \cdots + \frac{5.315,52}{(1+i_2^{TAE})^{22}}$$

A través de la fórmula TIR de la Excel:

$$i_2^{TAE} = 0,67\% \quad \rightarrow \quad TAE = (1+0,0067)^2 - 1 = 1,35\%$$

Por tanto, la oferta más ventajosa es la opción A, ya que su coste TAE es menor.

Ejemplo 13.30.

A la empresa Chedisa se le concede un préstamo con las siguientes características:

- Importe 36.000 euros.
- Fraccionamiento uniforme de intereses.
- Tipo de interés nominal anual de frecuencia trimestral del 6%.
- Amortización anual mediante el método de cuotas de amortización constantes.
- Pago de intereses trimestral.

Se pide: cuadro de amortización del préstamo.

Solución

$$A = \frac{36.000}{4} = 9.000$$

$$i_4 = \frac{0,06}{4} = 0,015$$

Periodos	Término amortizativo	Cuota interés	Cuota amortización	Capital amortizado	Capital vivo
0					36.000
1	540	540	0	0	36.000
2	540	540	0	0	36.000
3	540	540	0	0	36.000
4	9.540	540	9.000	9.000	27.000
5	405	405	0	0	27.000
6	405	405	0	0	27.000
7	405	405	0	0	27.000
8	9.405	405	9.000	18.000	18.000
9	270	270	0	0	18.000
10	270	270	0	0	18.000
11	270	270	0	0	18.000
12	9.270	270	9.000	27.000	9.000
13	135	135	0	0	9.000
14	135	135	0	0	9.000
15	135	135	0	0	9.000
16	9.135	135	9.000	36.000	0

Ejemplo 13.31.

Una persona física solicita y le conceden, el 1 de julio del X8, un préstamo hipotecario que reúne las siguientes condiciones:

- Importe tasado de la vivienda: 400.000 euros.
- Duración: 30 años.
- Mensualidades constantes.
- Tipo de interés nominal anual 2,88% para el primer año, revisable anualmente en función del EURIBOR más un diferencial del 0,60%.

Se pide:

1. Calcular la cuota mensual del préstamo que deberá pagar durante el primer año de vigencia del préstamo.
2. Transcurridos 12 meses el EURIBOR se sitúa en el 3,60%. Calcular la nueva mensualidad.
3. El 1 de enero de X14 el capital pendiente de amortizar es 370.920 euros y debido a que el deudor no puede hacer frente a las cuotas mensuales, ambas partes acuerdan renegociar la deuda aplicando un periodo de carencia total durante los 2 años siguientes, y un tipo de interés fijo del 6% nominal anual pagadero mensualmente durante el resto de vigencia del préstamo. Calcular la nueva cuota mensual a pagar a partir del año X16.

Solución

1. Calcular la cuota mensual del préstamo que deberá pagar durante el primer año de vigencia del préstamo.

$$400.000 = a \cdot a_{\overline{360}|i_{12}}$$

El tipo de interés efectivo mensual es:

$$i_{12} = \frac{J_{12}}{12} = \frac{0{,}0288}{12} = 0{,}0024$$

$$\Rightarrow a = 1.660{,}64 \text{ €}$$

2. Transcurridos 12 meses el EURIBOR se sitúa en el 3,60%. Calcular la nueva mensualidad.

$$C_{12} = 1.660{,}64 \times a_{\overline{360-12}|i'_{12}} = 391.480{,}66 \text{ €}$$

$$391.480{,}66 = a' \cdot a_{\overline{360-12}|i'_{12}}$$

El tipo de interés efectivo mensual es:

$$i'_{12} = \frac{J_{12}}{12} = \frac{3{,}60\% + 0{,}60\%}{12} = 0{,}35\%$$

$$\Rightarrow a' = 1.947{,}53$$

3. El 1 de enero de X14 el capital pendiente de amortizar es 370.920 euros y debido a que el deudor no puede hacer frente a las cuotas mensuales, ambas partes acuerdan renegociar la deuda aplicando un periodo de carencia total durante los 2 años siguientes, y un tipo de interés fijo del 6% nominal anual pagadero mensualmente durante el resto de vigencia del préstamo. Calcular la nueva cuota mensual a pagar a partir del año X16.

$$370.920 = a' \times a_{\overline{360-12}|i'_{12}} = 391.480{,}66\ €$$

$$391.480{,}66 = a' \cdot {}_{24}/\ a_{\overline{360-5\times 12-6}|i'_{12}}$$

$$391.480{,}66 = a' \cdot (1 + i'_{12})^{-24}\ a_{\overline{294}|i'_{12}}$$

El tipo de interés efectivo mensual es:

$$i'_{12} = \frac{J_{12}}{12} = \frac{6\%}{12} = 0{,}5\%$$

$$\Rightarrow a' = 2.717{,}56\ €$$

Ejemplo 13.32.

Supongamos un préstamo hipotecario con tipo de interés fijo para el primer año y variable desde el segundo con las siguientes características:

- Nominal: 100.000 €.
- Plazo: 25 años.
- Comisión apertura: 1% sobre el principal del préstamo.
- Tipo de interés nominal anual para el primer año: 3,50%.
- Términos amortizativos mensuales constantes.

Se pide:

1. Calcular el importe del término mensual, la TAE y el cuadro de amortización del préstamo para el primer año.
2. Si suponemos que el Euribor al cabo de un año es 3,40% al cual le debemos añadir un diferencial del 0,50%. Calcular el nuevo término mensual y la TAE.
3. Calcular el Coste Efectivo Remanente (CER) a partir del apartado 2.

Solución

1. Calcular el importe del término mensual y la TAE.

   El tipo de interés efectivo mensual es:

$$i_{12} = \frac{J_{12}}{12} = \frac{0{,}035}{12} = 0{,}00291667$$

$$100.000 = a \cdot a_{\overline{300|}0{,}00291667}$$

$$\Rightarrow a = 500{,}62 \text{ €}$$

   Cálculo de la TAE:

$$100.000 - 1.000 = \frac{500{,}62}{(1 + i_{12}^{TAE})^1} + \cdots + \frac{500{,}62}{(1 + i_{12}^{TAE})^{300}}$$

   A través de la fórmula TIR de la Excel:

$$i_{12}^{TAE} = 0{,}30\% \quad \rightarrow \quad TAE = (1 + 0{,}003)^{12} - 1 = 3{,}65\%$$

   El cuadro de amortización para el primer año será:

Periodos	*a*	I_k	A_k	M_k	C_k
0					100.000,00
1	500,62	291,67	208,96	208,96	99.791,04
2	500,62	291,06	209,57	418,52	99.581,48
3	500,62	290,45	210,18	628,70	99.371,30
4	500,62	289,83	210,79	839,49	99.160,51
5	500,62	289,22	211,41	1.050,90	98.949,10
6	500,62	288,60	212,02	1.262,92	98.737,08
7	500,62	287,98	212,64	1.475,56	98.524,44
8	500,62	287,36	213,26	1.688,82	98.311,18
9	500,62	286,74	213,88	1.902,70	98.097,30
10	500,62	286,12	214,51	2.117,21	97.882,79
11	500,62	285,49	215,13	2.332,34	97.667,66
12	500,62	284,86	215,76	2.548,10	97.451,90

2. Si estimamos que el Euribor al cabo de un año es 3,40% al cual le debemos añadir un diferencial del 0,50%. Calcular el nuevo término mensual y la TAE.

El tipo de interés efectivo mensual es:

$$i_{12} = \frac{J_{12}}{12} = \frac{0{,}039}{12} = 0{,}00325$$

$$97.451{,}90 = a \cdot a_{\overline{300-12}|0{,}00325}$$

$$\Rightarrow a = 521{,}60\ €$$

Cálculo de la TAE:

$$100.000 - 1.000 = \frac{500{,}62}{(1+i_{12}^{TAE})^{1}} + \cdots + \frac{500{,}62}{(1+i_{12}^{TAE})^{12}} + \frac{521{,}62}{(1+i_{12}^{TAE})^{13}} + \cdots + \frac{521{,}62}{(1+i_{12}^{TAE})^{300}}$$

A través de la fórmula TIR de la Excel:

$$i_{12}^{TAE} = 0{,}330\% \quad \rightarrow \quad TAE = (1+0{,}0033)^{12} - 1 = 4{,}03\%$$

3. Calcular el Coste Efectivo Remanente (CER) a partir del apartado 2.

El CER aparece en la documentación de liquidación una vez iniciado el periodo de pago. No tiene en cuenta las comisiones iniciales y nos sirve para comparar con la TAE de cualquier préstamo que le ofrezca para sustituir el que ya tiene.

$$97.451{,}90 = 521{,}60 \cdot a_{\overline{300-12}|i_{12}^{TAE}}$$

A través de la fórmula TIR de la Excel:

$$i_{12}^{TAE} = 0{,}325\% \quad \rightarrow \quad TAE = (1+0{,}00325)^{12} - 1 = 3{,}97\%$$

Ejemplo 13.33.

Nos conceden un préstamo hipotecario el 1 de Enero del año 10 con tipo de interés fijo para el primer año y variable referenciado al Euribor desde el segundo con las siguientes características:

- Nominal: 100.000 €.
- Plazo: 4 años.
- Comisión apertura: 1% sobre el principal del préstamo.

- Amortización mediante cuotas de amortización semestrales constantes (método italiano).
- Tipo de interés variable referenciado al Euribor a 1 año + Diferencial 1%, revisable anualmente.
- Siendo el tipo de interés nominal anual variable pagadero por semestres el siguiente:
  - Primer año (año 10): fijo del 3%
  - Suponiendo que los valores del Euribor para los años siguientes son los que aparecen en la tabla siguiente:

Años	11	12	13
Euribor	3,5%	2,4%	1,5%

Se pide:

a) Obtener el cuadro de amortización del préstamo.

b) Obtener la TAE a la firma del contrato.

Solución

a) Cuota amortización

$$A = \frac{100.000}{8} = 12.500\ €$$

Tipos de interés nominales del periodo:

Año 10	$J_2 = 0{,}03$	$i_2 = \frac{0{,}03}{2} = 0{,}015$
Año 11	$J_2 = 0{,}035 + 0{,}01 = 0{,}045$	$i_2 = \frac{0{,}045}{2} = 0{,}0225$
Año 12	$J_2 = 0{,}024 + 0{,}01 = 0{,}045$	$i_2 = \frac{0{,}034}{2} = 0{,}017$
Año 13	$J_2 = 0{,}015 + 0{,}01 = 0{,}025$	$i_2 = \frac{0{,}045}{2} = 0{,}0125$

Cuadro amortización:

Periodos	a_k	I_k	A	M_k	C_k
0					100.000,00
1	14.000,00	1.500,00	12.500,00	12.500,00	87.500,00
2	13.812,50	1.312,50	12.500,00	25.000,00	75.000,00
3	14.187,50	1.687,50	12.500,00	37.500,00	62.500,00
4	13.906,25	1.406,25	12.500,00	50.000,00	50.000,00
5	13.350,00	850,00	12.500,00	62.500,00	37.500,00
6	13.137,50	637,50	12.500,00	75.000,00	25.000,00
7	12.812,50	312,50	12.500,00	87.500,00	12.500,00
8	12.656,25	156,25	12.500,00	100.000,00	0,00

b) Calculo de la TAE

Para poder calcular la TAE a la firma del contrato debemos suponer que toda la operación está valorada al tanto del primer año, $i_2 = 0{,}015$. Por tanto, debemos volver a calcular el cuadro de amortización ya que los términos amortizativos (a_k) van a variar.

Periodos	a_k	I_k	A	M_k	C_k
0					100.000,00
1	14.000,00	1.500,00	12.500,00	12.500,00	87.500,00
2	13.812,50	1.312,50	12.500,00	25.000,00	75.000,00
3	13.625,00	1.125,00	12.500,00	37.500,00	62.500,00
4	13.437,50	937,50	12.500,00	50.000,00	50.000,00
5	13.250,00	750,00	12.500,00	62.500,00	37.500,00
6	13.062,50	562,50	12.500,00	75.000,00	25.000,00
7	12.875,00	375,00	12.500,00	87.500,00	12.500,00
8	12.687,50	187,50	12.500,00	100.000,00	0,00

La ecuación que representa el cálculo de la TAE será:

$$100.000 - 1.000 = \frac{14.000}{(1 + i_2^{TAE})^1} + \frac{13.812{,}50}{(1 + i_2^{TAE})^2} + \cdots + \frac{12.687{,}50}{(1 + i_2^{TAE})^8}$$

A través de la fórmula TIR de la Excel:

	TIR
	-99.000,00
	14.000,00
	13.812,50
	13.625,00
	13.437,50
	13.250,00
	13.062,50
	12.875,00
	12.687,50
i_2^{TAE}	**1,74%**
TAE	**3,50%**

$$i_2^{TAE} = 1{,}74\% \quad \rightarrow \quad TAE = (1 + 0{,}0174)^2 - 1 = 3{,}50\%$$

Ejemplo 13.34.

Nos conceden un préstamo el 1 de Enero del año 10 con tipo de interés fijo para el primer año y variable referenciado al Euribor el segundo con las siguientes características:

- Nominal: 60.000 €.
- Plazo: 2 años.
- Comisión apertura: 1,5% sobre el principal del préstamo.
- Gastos notario + registro: 250 €.
- Amortización mediante cuotas de amortización mensuales constantes (método italiano).
- Tipo de interés de referencia: Euribor a 1 año + Diferencial 1%, revisable anualmente.
- Siendo el tipo de interés nominal anual variable pagadero por semestres el siguiente:
    - Primer año (año 10): fijo del 2%.
    - Suponga que para el segundo año el Euribor alcanzase un valor del 0,8%.

Se pide:

a) Obtener el cuadro de amortización del préstamo.

b) Obtener la TAE a la firma del contrato.

c) Obtener el coste efectivo a la firma del contrato.

Solución

a) Cuota amortización

$$A = \frac{60.000}{24} = 2.500 \text{ €}$$

Año 1	$J_{12} = 0{,}02$	$i_{12} = \frac{0{,}02}{12} = 0{,}00166$
Año 2	$J_{12} = 0{,}008 + 0{,}01 = 0{,}018$	$i_{12} = \frac{0{,}018}{12} = 0{,}0015$

Cuadro amortización:

Periodos	**a_k**	**I_k**	**A**	**M_k**	**C_k**
0					60.000,00
1	2.600,00	100,00	2.500,00	2.500,00	57.500,00
2	2.595,83	95,83	2.500,00	5.000,00	55.000,00
3	2.591,67	91,67	2.500,00	7.500,00	52.500,00
4	2.587,50	87,50	2.500,00	10.000,00	50.000,00
5	2.583,33	83,33	2.500,00	12.500,00	47.500,00
6	2.579,17	79,17	2.500,00	15.000,00	45.000,00
7	2.575,00	75,00	2.500,00	17.500,00	42.500,00
8	2.570,83	70,83	2.500,00	20.000,00	40.000,00
9	2.566,67	66,67	2.500,00	22.500,00	37.500,00
10	2.562,50	62,50	2.500,00	25.000,00	35.000,00
11	2.558,33	58,33	2.500,00	27.500,00	32.500,00
12	2.554,17	54,17	2.500,00	30.000,00	30.000,00
13	2.545,00	45,00	2.500,00	32.500,00	27.500,00
14	2.541,25	41,25	2.500,00	35.000,00	25.000,00
15	2.537,50	37,50	2.500,00	37.500,00	22.500,00
16	2.533,75	33,75	2.500,00	40.000,00	20.000,00
17	2.530,00	30,00	2.500,00	42.500,00	17.500,00
18	2.526,25	26,25	2.500,00	45.000,00	15.000,00
19	2.522,50	22,50	2.500,00	47.500,00	12.500,00
20	2.518,75	18,75	2.500,00	50.000,00	10.000,00
21	2.515,00	15,00	2.500,00	52.500,00	7.500,00
22	2.511,25	11,25	2.500,00	55.000,00	5.000,00
23	2.507,50	7,50	2.500,00	57.500,00	2.500,00
24	2.503,75	3,75	2.500,00	60.000,00	0,00

b) Calculo de la TAE

Para poder calcular la TAE a la firma del contrato debemos suponer que toda la operación está valorada al tanto del primer año, $i_{12} = 0{,}01666$. Por tanto, debemos volver a calcular el cuadro de amortización ya que los términos amortizativos (a_k) van a variar.

Periodos	a_k	I_k	A	M_k	C_k
0					60.000,00
1	2.600,00	100,00	2.500,00	2.500,00	57.500,00
2	2.595,83	95,83	2.500,00	5.000,00	55.000,00
3	2.591,67	91,67	2.500,00	7.500,00	52.500,00
4	2.587,50	87,50	2.500,00	10.000,00	50.000,00
5	2.583,33	83,33	2.500,00	12.500,00	47.500,00
6	2.579,17	79,17	2.500,00	15.000,00	45.000,00
7	2.575,00	75,00	2.500,00	17.500,00	42.500,00
8	2.570,83	70,83	2.500,00	20.000,00	40.000,00
9	2.566,67	66,67	2.500,00	22.500,00	37.500,00
10	2.562,50	62,50	2.500,00	25.000,00	35.000,00
11	2.558,33	58,33	2.500,00	27.500,00	32.500,00
12	2.554,17	54,17	2.500,00	30.000,00	30.000,00
13	2.550,00	50,00	2.500,00	32.500,00	27.500,00
14	2.545,83	45,83	2.500,00	35.000,00	25.000,00
15	2.541,67	41,67	2.500,00	37.500,00	22.500,00
16	2.537,50	37,50	2.500,00	40.000,00	20.000,00
17	2.533,33	33,33	2.500,00	42.500,00	17.500,00
18	2.529,17	29,17	2.500,00	45.000,00	15.000,00
19	2.525,00	25,00	2.500,00	47.500,00	12.500,00
20	2.520,83	20,83	2.500,00	50.000,00	10.000,00
21	2.516,67	16,67	2.500,00	52.500,00	7.500,00
22	2.512,50	12,50	2.500,00	55.000,00	5.000,00
23	2.508,33	8,33	2.500,00	57.500,00	2.500,00
24	2.504,17	4,17	2.500,00	60.000,00	0,00

La ecuación que representa el cálculo de la TAE será:

$$100.000 - 900 = \frac{2.600}{(1 + i_{12}^{TAE})^1} + \frac{2.595{,}83}{(1 + i_{12}^{TAE})^2} + \cdots + \frac{2.504{,}17}{(1 + i_{12}^{TAE})^{24}}$$

A través de la fórmula TIR de la Excel:

$$i_{12}^{TAE} = 0{,}29\% \quad \rightarrow \quad TAE = (1 + 0{,}0029)^{12} - 1 = 3{,}53\%$$

c) Coste efectivo.

La ecuación que representa el cálculo de la TAE será:

$$100.000 - 900 - 250 = \frac{2.600}{(1 + i_{12}^{TAE})^1} + \frac{2.595{,}83}{(1 + i_{12}^{TAE})^2} + \cdots + \frac{2.504{,}17}{(1 + i_{12}^{TAE})^{24}}$$

A través de la fórmula TIR de la Excel:

$$i_{12}^{TAE} = 0{,}32\% \quad \rightarrow \quad TAE = (1 + 0{,}0032)^{12} - 1 = 3{,}96\%$$

PARTE IV

OPERACIONES FINANCIERAS DE AMORTIZACIÓN DE EMPRÉSTITOS

CAPÍTULO 14

ASPECTOS GENERALES DE LOS EMPRÉSTITOS

Contenido

14.1. CONCEPTO DE EMPRÉSTITO

Los empréstitos se dividen en partes alícuotas que se materializan en títulos valores que reciben la denominación genérica de *obligaciones* o *bonos*, según se emitan a largo o medio plazo.

Los derechos económicos básicos que lleva incorporada una obligación son:

- Percibir intereses en las fechas previstas en el contrato de emisión (*cupones*).
- Recibir el reembolso del capital que representa la obligación en la fecha que corresponda de acuerdo con el método de amortización previsto.

14.2. CLASIFICACIÓN DE LAS OPERACIONES DE EMPRÉSTITO

La clasificación de los empréstitos se lleva a cabo atendiendo a determinadas características que son comunes a cada grupo.

1. Atendiendo al pago de los intereses o cupones.
    - *Cupón vencido:* se pagan los intereses periódicamente y por vencido.
    - *Cupón anticipado:* se pagan los intereses periódicamente y por anticipado.
    - *Cupón fraccionado:* los intereses se pagan de forma fraccionada, trimestralmente o semestralmente.
    - *Cupón variable:* los intereses varían de un periodo a otro.
    - *Cupón indiciado:* los intereses varían según un índice.
    - *Cupón cero o intereses acumulados:* cuando no se pagan intereses periódicamente y, en el momento de su amortización se percibe la amortización más los intereses acumulados hasta ese momento.
    - *Con pérdida del último cupón:* el cupón de la fecha de amortización no se cobra.
    - *Participativas:* además de cobrar un interés fijo participan en los beneficios de la sociedad.
    - *Subordinadas:* para la sociedad ocupan un orden de prelación inferior al de otros acreedores, es decir, en caso de liquidación de la sociedad, se sitúan en último lugar entre los acreedores, pero antes de los accionistas. Al ser más arriesgadas ofrecen un interés más alto.

2. Atendiendo a la forma de amortización.
    - *Amortización única total:* cuando se amortizan todas las obligaciones de una sola vez.

- *Amortización por sorteo:* cuando la amortización se efectúa en varios momentos y en cada uno de ellos se efectúa un sorteo para decidir las obligaciones concretas que se han de amortizar.
- *Amortización por reducción del nominal:* en esta modalidad todos los títulos están vivos hasta el final de la operación, es decir, en vez de amortizar títulos completos se va amortizando una parte de su valor nominal en cada periodo con lo cual se reduce paulatinamente el valor nominal de cada título hasta el fin de la operación.
- *Deuda perpetua: las características más relevantes de estos empréstitos son:*
  - Los títulos no se amortizan.
  - Los intereses se pagan periódicamente.
  - Este tipo de emisiones las realiza el Estado.
- *Amortización por compra en Bolsa:* cuando el emisor retira los títulos de la circulación mediante compra directa en los mercados bursátiles.

3. Según el valor de emisión de las obligaciones. Cada obligación tiene una cuantía nominal C, pero puede emitirse a un precio V diferente.
   - *Emisión a la par:* cuando coinciden el valor nominal con el valor de emisión. En este caso:
   $$C = V$$
   - *Emisión bajo la par:* cuando los títulos se emiten por un valor inferior al nominal:
   $$C - V = P_e$$
   - *Emisión sobre la par:* cuando se emiten por valor superior al nominal, apenas se utiliza en la práctica:
   $$V > C$$

4. Atendiendo al valor de reembolso de las obligaciones.
   - *Reembolso por el nominal (a la par):* cuando se devuelve la cuantía nominal que figura en el título. Es el caso más frecuente.
   - *Reembolso con prima de amortización (sobre la par):* cuando el emisor entrega, además del nominal, una cuantía adicional P. Se suele utilizar cuando la amortización es por sorteo para hacer más atractivo el empréstito a los potenciales suscriptores. La prima de amortización puede ser constante *(la misma para todos los sorteos)* o *variable (diferente para cada sorteo).*
   - *Reembolso con lote o premio:* cuando el emisor entrega una cuantía adicional a repartir entre una parte de los títulos que se amortizan en cada sorteo. Se distingue de la prima de amortización en que, mientras ésta la reciben todos los títulos, el lote sólo alcanza a un pequeño grupo de títulos, por lo que su cuantía unitaria puede ser mucho mayor.

- *Obligación indiciada:* el valor de reembolso varía según un índice, en función de las alteraciones monetarias, tasa de inflación, renta nacional, IPC, etc.
- *Con cláusula de amortización anticipada:* puede reembolsarse antes de finalizar la vida de la obligación.

5. Según sus titulares:
   - *Nominativas.*
   - *Al portador* (son más frecuentes).

6. Atendiendo a la naturaleza del ente emisor:
   - *Emitidos por las Administraciones Públicas,* siempre que una ley autorice su emisión.
   - *Emitidos por empresas privadas.*

7. Teniendo en cuenta las características ofertadas y su valoración financiera.
   - *Empréstitos normales o puros:* cuando los términos amortizativos que entrega el emisor comprenden únicamente el pago de cupones y el reembolso de las obligaciones por su nominal.
   - *Empréstitos con características comerciales o no puros:* cuando los términos amortizativos incluyen contraprestaciones adicionales (tales como primas de amortización, lotes, etc.) que modifican la estructura básica de los términos amortizativos e influyen en los tantos efectivos de la operación. También hay características que sin modificar los términos amortizativos influyen en los tantos efectivos de la operación, como por ejemplo, la prima de emisión.

8. Los empréstitos, desde la perspectiva de su valoración financiera, se agrupan en:
   - *Empréstitos tipo I,* cuando los términos amortizativos y los tantos son constantes.
   - *Empréstitos tipo II,* cuando los términos amortizativos son variables y los tantos son constantes.
   - *Empréstitos tipo III,* cuando los términos amortizativos y los tantos son variables.

9. Atendiendo a la existencia de garantías:
   - *Simples:* si la única garantía es el patrimonio del al sociedad.
   - *Garantizada:* cuando poseen una seguridad adicional, como las hipotecarias y avaladas.

10. Según las garantías:
    - *Ordinarias:* la garantía son activos de la sociedad.
    - *Hipotecarias:* tienen una garantía extraordinaria, que será el bien o valor hipotecable.
    - *Con prenda de efectos públicos:* la garantía son efectos públicos depositados en un banco oficial.
    - *Con prenda sin desplazamiento:* documentado, inmuebles que continúan en poder de la sociedad.
    - *Con garantía del Estado, CC.AA. o municipios.*
    - *Con garantía de terceros privados:* otra entidad garantiza la emisión.

11. En función de los periodos de amortización:
    - *Periódicamente:* semestralmente, anualmente.
    - *A plazo único:* se amortizan en una sola fecha.
    - *Perpetua:* no tienen fecha de vencimiento (el principal no se devuelve).

12. Atendiendo al número de obligaciones amortizadas:
    - *Constante:* en cada periodo se reembolsa el mismo número de obligaciones.
    - *Variable:* varían el número de obligaciones que se reembolsan.

13. Según la forma de pago.
    - *Efectivo:* se amortizan en moneda de curso legal.
    - *Convertibles:* se canjean por títulos de la sociedad.
    - *Con warrant:* llevan incorporada una opción de compra de acciones.

14. En función de la nacionalidad:
    - *Nacionales.*
    - *Internacionales.*

15. Según el tiempo que media entre la emisión y el vencimiento:
    - *Corto plazo:* cuando la duración es hasta tres años.
    - *Medio plazo:* cuando la duración es hasta cinco años.
    - *Largo plazo:* cuando la duración es hasta diez años.

14.3. MAGNITUDES QUE INTERVIENEN EN UN EMPRÉSTITO

La terminología que utilizaremos para el estudio de los empréstitos es la siguiente:

$N \rightarrow$ *Número de títulos emitidos.*

$C \rightarrow$ *Nominal de cada título.*

$N \cdot C \rightarrow$ *Valor de emisión del empréstito.*

$i \rightarrow$ *Tipo de interés efectivo anual.*

$C.i \rightarrow$ *Cupón: interés periódico que produce un título.*

$n \rightarrow$ *Número de años de vida del empréstito.*

$a_k \rightarrow$ *Término amortizativo correspondiente al periodo k.*

$N_k \rightarrow$ *Número de títulos vivos al final del año k.*

$M_k \rightarrow$ *Número de títulos amortizados al final del año k.*

$T_k \rightarrow$ *Número de títulos amortizados hasta el año k.*

$V \rightarrow$ *Valor de emisión.*

$P_k \rightarrow$ *Prima de reembolso en el periodo k.*

$L_k \rightarrow$ *Valor del lote en el periodo k.*

$I_k \rightarrow$ *Intereses del periodo k.*

La estructura del término amortizativo depende del tipo de empréstito, según sean empréstitos puros o con características comerciales. Si el empréstito es puro, el término amortizativo se compone de dos partes, una denominada cuota de intereses y otra denominada cuota de amortización. Por tanto, debe cumplirse la siguiente igualdad:

$$a_k = \underbrace{N_{k-1} \cdot C \cdot i_k}_{\text{Cuota de intereses}} + \underbrace{M_k \cdot C}_{\text{Cuota de amortización}}$$

Si el empréstito es con características comerciales, la estructura del término amortizativo vendrá dado por la siguiente expresión:

$$a_k = \underbrace{N_{k-1} \cdot C \cdot i_k}_{\text{Cuota de intereses}} + \underbrace{M_k \cdot (C + P)}_{\text{Cuota de amortización}} + \textit{Características comerciales}$$

La diferencia entre ambas estructuras del término amortizativo, según sean empréstitos puros o con características comerciales, estriba en que en los primeros la amortización se realiza por el valor nominal, y en los segundos existe una prima de reembolso que hemos supuesto constante.

En el estudio de los empréstitos, al igual que en los préstamos, se han de cumplir una serie de propiedades:

1. El número de obligaciones vivas al final del periodo n es nulo, por tanto:

$$N_n = 0$$

2. El número de obligaciones que se amortizan en el periodo k se obtendrá como sigue:

$$M_k = N_{k-1} - N_k$$

3. La suma del número de obligaciones que se amortiza en cada sorteo ha de ser igual al número de obligaciones emitidas:

$$N = M_1 + M_2 + \cdots + M_n$$

   De ahí que se cumplirá la siguiente igualdad:

$$M_{k+1} + M_{k+2} + \cdots + M_n = N_k$$

4. El total de obligaciones que se amortizan en los k primeros periodos ha de ser igual a la suma de los títulos que se amortizan en cada uno de esos periodos:

$$T_k = M_1 + M_2 + \cdots + M_k$$

5. Y, por tanto, se cumplirá la siguiente igualdad:

$$T_n = M_1 + M_2 + \cdots + M_n = N$$

   También se cumple la siguiente relación:

$$T_k = N - N_k$$

Seguidamente se expone un modelo de cuadro de amortización de empréstitos:

Periodos	Títulos amortizados	Total títulos amortizados	Títulos pendientes amortizar	Intereses	Capital amortizado	Término amortizativo
0			N			
1	M_1	T_1	N_1	I_1	$M_1 \cdot C$	a_1
2	M_2	T_2	N_2	I_2	$M_2 \cdot C$	a_2
⋮	⋮	⋮	⋮	⋮	⋮	⋮
n	M_n	$T_n = N$	$N_n = 0$	I_n	$M_n \cdot C$	a_n
	$\sum_{n=1}^{n} M_k = N$					

CAPÍTULO **15**

EMPRÉSTITOS NORMALES QUE SE AMORTIZAN POR SORTEO

Contenido

15.1. EMPRÉSTITOS NORMALES CON PAGO DE CUPONES VENCIDOS

15.1.1. Empréstitos tipo I

En este tipo de *empréstitos* los términos amortizativos y los tipos de interés son constantes a lo largo de toda la operación.

La estructura del término amortizativo para un determinado periodo k será:

$$a = N_{k-1} \cdot C \cdot i + C \cdot M_k$$

El esquema gráfico para este tipo de empréstitos será el siguiente:

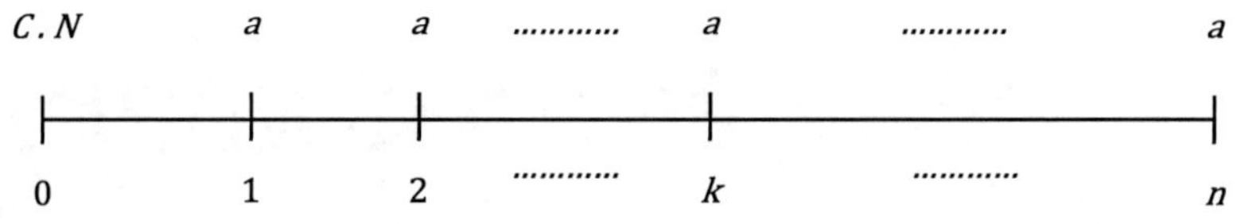

La ecuación financiera en el origen será:

$$N \cdot C = a \cdot a_{\overline{n|}\,i}$$

- **Cálculo del término amortizativo:**

$$a = \frac{C \cdot N}{a_{\overline{n|}\,i}}$$

- **Cálculo de los títulos que se amortizarán en cada sorteo:**

  Por recurrencia buscaremos la relación existente entre dos términos consecutivos:

  Periodo $k \rightarrow \quad a = N_{k-1} \cdot C \cdot i + M_k \cdot C$ [1]

  Periodo $k+1 \rightarrow \quad a = N_k \cdot C \cdot i + M_{k+1} \cdot C$ [2]

  Restando [1] – [2]:

$$0 = C \cdot i \cdot \underbrace{(N_{k-1} - N_k)}_{M_k} + C \cdot (M_k - M_{k+1})$$

Simplificando, nos queda:

$$0 = i \cdot M_k + M_k - M_{k+1}$$

$$M_{k+1} = M_k \cdot (1 + i)$$

La anterior igualdad indica que los títulos amortizados varían en una progresión geométrica de razón $(1 + i)$.

Dando valores a k obtenemos:

$$k = 1 \rightarrow \quad M_2 = M_1 \cdot (1 + i)$$
$$k = 2 \rightarrow \quad M_3 = M_2 \cdot (1 + i) = M_1 \cdot (1 + i)^2$$
$$k = 3 \rightarrow \quad M_4 = M_3 \cdot (1 + i) = M_1 \cdot (1 + i)^3$$
$$\vdots$$
$$k = n - 1 \rightarrow \quad M_n = M_{n-1} \cdot (1 + i) = M_1 \cdot (1 + i)^{n-1}$$

Para un año cualquiera: $k \rightarrow M_k = M_1 \cdot (1 + i)^{k-1}$

M_1 se obtendrá como sigue:

$Periodo\ 1 \rightarrow a = N \cdot C \cdot i + C \cdot M_1$

$$M_1 = \frac{a - N \cdot C \cdot i}{C}$$

Otra forma de obtener M_1 será la siguiente:

$$N = M_1 + M_2 + \cdots + M_n = M_1 + M_1 \cdot (1 + i) + M_1 \cdot (1 + i)^2 + \cdots + M_1 \cdot (1 + i)^{n-1} =$$
$$= M_1 \cdot \underbrace{[1 + (1 + i) + (1 + i)^2 + \cdots + (1 + i)^{n-1}]}_{s_{\overline{n|}i}} = M_1 \cdot s_{\overline{n|}i}$$

de donde,

$$M_1 = \frac{N}{s_{\overline{n|}i}}$$

- **Cálculo de los títulos vivos:**

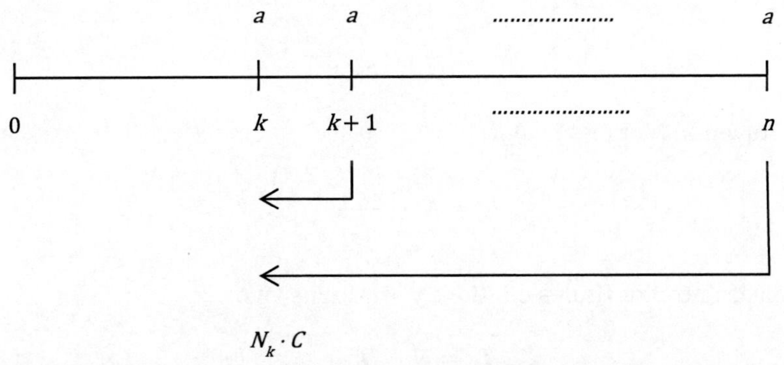

1. Método prospectivo: a través de los términos amortizativos futuros.

$$N_k \cdot C = a \cdot a_{n-k\rceil i}$$

$$N_k = \frac{a}{C} \cdot a_{n-k\rceil i}$$

Sustituyendo a por su valor:

$$N_k = \frac{\frac{N \cdot C}{a_{n\rceil i}}}{C} \cdot a_{n-k\rceil i}$$

$$N_k = N \cdot \frac{a_{n-k\rceil i}}{a_{n\rceil i}}$$

2. A través de los títulos amortizados:

$$N_k = N - T_k$$

3. Considerando los títulos pendientes de amortizar:

$$N_k = M_{k+1} + M_{k+2} + \cdots + M_n = M_{k+1} \cdot s_{n-k\rceil i}$$

- **Obtención de los títulos amortizados hasta el periodo k (T_k):**

1. Por suma de los términos amortizativos:

$$T_k = M_1 + M_2 + \cdots + M_k = M_1 + M_1 \cdot (1+i) + M_1 \cdot (1+i)^2 + \cdots + M_1 \cdot (1+i)^{k-1}$$

$$= M_1 \cdot \underbrace{[1 + (1+i) + (1+i)^2 + \cdots + (1+i)^{k-1}]}_{s_{k\rceil i}} = M_1 \cdot s_{k\rceil i}$$

$$T_k = M_1 \cdot s_{k\rceil i}$$

Sustituyendo M_1 por su valor:

$$T_k = N \cdot \frac{s_{k\rceil i}}{s_{n\rceil i}}$$

2. Por diferencia entre los títulos emitidos y los títulos vivos:

$$T_k = N - N_k$$

Ejemplo 15.1.

Construir el cuadro de amortización del siguiente empréstito.

- Número de títulos emitidos: 10.000.
- Valor nominal de cada título: 1.000.
- Plazo: 5 años.
- Tipo de interés: 6% efectivo anual.

Solución

- Cálculo del término amortizativo:

$$10.000 \times 1.000 = a \cdot a_{\overline{5|}\,0,06} \quad \rightarrow \quad a = 2.373.964\ €$$

- Cálculo de los títulos amortizados en cada periodo:

Primer periodo:

$$a = C \cdot i \cdot N + C \cdot M_1 \rightarrow 2.373.964 = 1.000 \times 0,06 \times 10.000 + 1.000 \times M_1$$

$$M_1 = 1.773,96 \text{ títulos}$$

Cálculo de los restantes títulos amortizados:

$$M_2 = M_1 \cdot 1,06 = 1.773,96 \times 1,06 = 1.880,40$$

$$M_3 = M_2 \cdot 1,06 = 1.880,40 \times 1,06 = 1.993,23$$

$$M_4 = M_3 \cdot 1,06 = 1.993,23 \times 1,06 = 2.112,82$$

$$M_5 = M_4 \cdot 1,06 = 2.112,82 \times 1,06 = 2.239,59$$

Debido a que el número de títulos a amortizar en cada sorteo debe ser un número entero, aplicamos el método de redondeo que consiste en sumar las partes enteras. Los títulos que faltan hasta el total de los emitidos los repartiremos entre aquellos periodos que tienen una mayor cifra decimal.

$$M_1 = 1.773 \quad \rightarrow M_1 = 1.774$$

$$M_2 = 1.880 \quad \rightarrow M_2 = 1.880$$

$$M_3 = 1.993 \quad \rightarrow M_3 = 1.993$$

$$M_4 = 2.112 \quad \rightarrow M_4 = 2.113$$

$$M_5 = 2.239 \quad \rightarrow M_5 = 2.240$$

$$\sum M_k = 9.997 \quad \rightarrow \sum M_k = 10.000$$

- Cálculo del términos amortizativo prácticos (anualidad práctica):

$$a_1 = 10.000 \times 1.000 \times 0{,}06 + 1.774 \times 1.000 = 2.374.000\ €$$

$$a_2 = (10.000 - 1.774) \times 1.000 \times 0{,}06 + 1.880 \times 1.000 = 2.373.560\ €$$

$$a_3 = (10.000 - 1.774 - 1.880) \times 1.000 \times 0{,}06 + 1.993 \times 1.000 = 2.373.760\ €$$

$$a_4 = (10.000 - 1.774 - 1.880 - 1.993) \times 1.000 \times 0{,}06 + 2.113 \times 1.000 = 2.374.180\ €$$

$$a_5 = (10.000 - 1.774 - 1.880 - 1.993 - 2.113) \times 1.000 \times 0{,}06 + 2.240 \times 1.000 = 2.374.400\ €$$

Periodo	Anualidad teórica	Títulos amortizados	Total títulos amortizados	Títulos Pendientes amortizar	Interés	Capital amortizado	Anualidad práctica
0				10.000			
1	2.373.964	1.774	1.774	8.226	600.000	1.774.000	2.374.000
2	2.373.964	1.880	3.654	6.346	493.560	1.880.000	2.373.560
3	2.373.964	1.993	5.647	4.353	380.760	1.993.000	2.373.760
4	2.373.964	2.113	7.760	2.240	261.180	2.113.000	2.374.180
5	2.373.964	2.240	10.000		134.400	2.240.000	2.374.400

15.1.2. Empréstitos tipo II

Se caracteriza porque los términos amortizativos son variables y el tanto constante.

La estructura del término amortizativo para un año cualquiera k vendrá dada por la siguiente ecuación:

$$a_k = N_{k-1} \cdot C \cdot i + M_k \cdot C$$

El esquema gráfico sería:

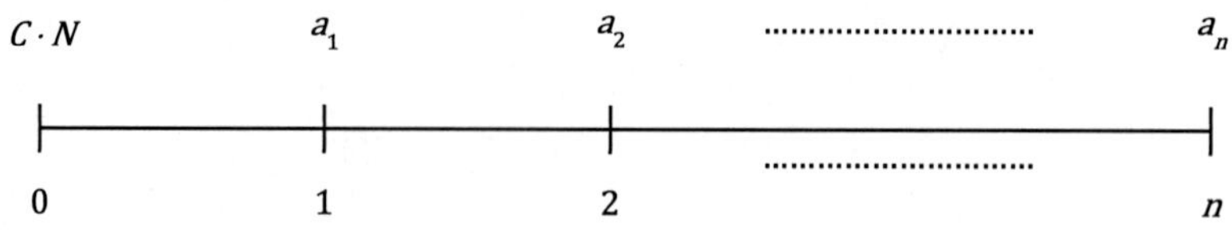

La ecuación financiera en el origen será:

$$C \cdot N = \sum_{k=1}^{n} a_k \cdot (1+i)^{-k}$$

Caso particular: empréstitos que amortizan el mismo número de títulos en cada sorteo:

- **Cálculo de los títulos que se amortizarán en cada sorteo:**

$$M_1 = M_2 = \cdots += M_n = M$$

$$M = \frac{N}{n}$$

- **Cálculo de los títulos vivos:**

$$N_k = (n-k) \cdot M$$

- **Cálculo del total de los títulos amortizados:**

$$T_k = k \cdot M = k \cdot \frac{N}{n}$$

- **Cálculo de los términos amortizativos:**

$$Periodo\ k \rightarrow \quad a_k = N_{k-1} \cdot C \cdot i + M \cdot C \qquad [1]$$

$$Periodo\ k+1 \rightarrow a_{k+1} = N_k \cdot C \cdot i + M \cdot C \qquad [2]$$

Restando [1] – [2]:

$$a_k - a_{k+1} = C \cdot i \cdot \underbrace{(N_{k-1} - N_k)}_{M}$$

$$a_{k+1} = a_k - C \cdot i \cdot M$$

La igualdad anterior nos indica que los términos amortizativos decrecen en progresión aritmética de razón $-C \cdot i \cdot M$.

El primer término se obtiene:

$$Periodo\ 1 \rightarrow a_1 = N \cdot C \cdot i + M \cdot C$$

Ejemplo 15.2.

Construir el cuadro de amortización del siguiente empréstito.

- Número de títulos emitidos: 10.000.
- Valor nominal de cada título: 1.000.
- Plazo: 5 años.
- Tipo de interés: 6% efectivo anual.
- Cada año se amortiza el mismo número de títulos.

Solución

- Cálculo de los títulos amortizados en cada periodo:

$$M = \frac{10.000}{5} = 2.000 \text{ títulos}$$

Periodo	Títulos amortizados	Total títulos amortizados	Títulos pendientes amortizar	Interés	Capital amortizado	Anualidad práctica
0			10.000			
1	2.000	2.000	8.000	600.000	2.000.000	2.600.000
2	2.000	4.000	6.000	480.000	2.000.000	2.480.000
3	2.000	6.000	4.000	360.000	2.000.000	2.360.000
4	2.000	8.000	2.000	240.000	2.000.000	2.240.000
5	2.000	10.000	0	120.000	2.000.000	2.120.000

15.1.3. Empréstitos tipo III

En esta modalidad los términos y los tantos son variables. Debido a su complejidad de cálculo y escasa utilización práctica no serán desarrollados.

La estructura del término amortizativo será:

$$Periodo\ k \ \rightarrow \ a_k = N_{k-1} \cdot C \ \cdot i_k + M_k \ \cdot C$$

La equivalencia financiera en el origen vendrá dada por la siguiente expresión:

$$C \cdot N = a_1 \cdot (1+i_1)^{-1} + a_2 \cdot (1+i_1)^{-1} \cdot (1+i_2)^{-1} +$$

$$+a_3 \cdot (1+i_1)^{-1} \cdot (1+i_2)^{-1} \cdot (1+i_3)^{-1} + \cdots$$

$$\ldots + a_n \cdot (1+i_1)^{-1} \cdot \ (1+i_2)^{-1} \ldots (1+i_n)^{-1}$$

15.2. EMPRÉSTITOS NORMALES CON ABONO DE INTERESES ACUMULADOS EN EL MOMENTO DE LA AMORTIZACIÓN

En esta modalidad los títulos no reciben ninguna cuantía hasta la fecha que resultan amortizados. En este instante reciben el montante, es decir, el nominal desembolsado junto con los intereses acumulados hasta esa fecha.

La estructura del término amortizativo es la siguiente:

$$a_k = C \cdot M_k \prod_{h=1}^{k} (1 + i_h)$$

siendo:

a_k → El termino amortizativo del periodo k.

M_k → Obligaciones que se amortizan en el periodo k.

C → Nominal del titulo.

i_h → Tipo de interés.

Cuando el tipo de interés sea constante la expresión anterior será:

$$a_k = C \cdot M_k \cdot (1 + i)^k$$

El esquema para un título que se amortiza en el sorteo k y que el tipo de interés sea constante, será el siguiente:

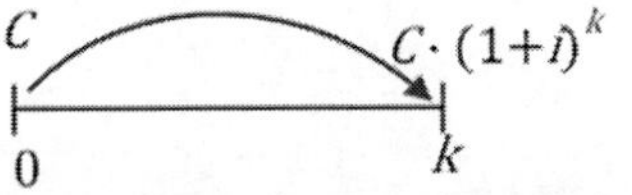

A continuación vamos a analizar este tipo de empréstitos atendiendo a una serie de características.

15.2.1. Empréstitos tipo I

Se caracterizan por tener los términos amortizativos y los tantos constantes.

Estructura del término amortitzativo:

$$a = M_k \cdot C \cdot (1 + i)^k \quad k = 0, 1, \ldots., n$$

Ecuación de equivalencia financiera, que nos permitirá obtener el término amortizativo:

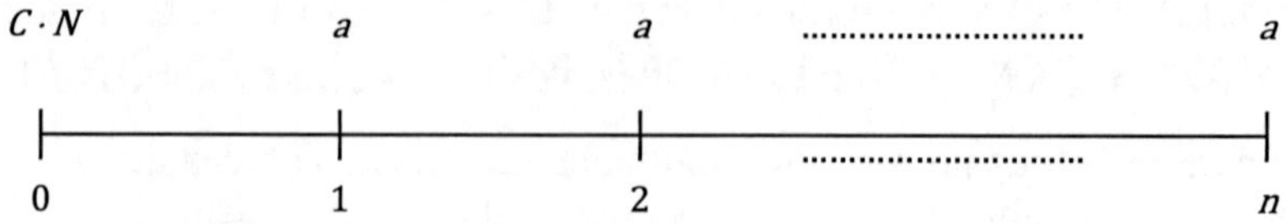

$$C \cdot N = a \cdot a_{n\rceil i} \quad \rightarrow \quad a = \frac{C \cdot N}{a_{n\rceil i}}$$

- **Cálculo de los títulos amortizados en cada sorteo:**

Para dos periodos consecutivos k y $k+1$:

$$Periodo\ k \rightarrow \quad a = C \cdot M_k \cdot (1+i)^k \qquad [1]$$

$$Periodo\ k+1 \rightarrow a = C \cdot M_{k+1} \cdot (1+i)^{k+1} \qquad [2]$$

Dividiendo [1] entre [2] y simplificando nos queda:

$$\frac{a}{a} = \frac{C \cdot M_k \cdot (1+i)^k}{C \cdot M_{k+1} \cdot (1+i)^{k+1}} \quad \rightarrow \quad 1 = \frac{M_k}{M_{k+1} \cdot (1+i)}$$

$$M_{k+1} = M_k \cdot (1+i)^{-1}$$

Si $k = 1 \rightarrow M_2 = M_1 \cdot (1+i)^{-1}$

Si $k = 2 \rightarrow M_3 = M_2 \cdot (1+i)^{-1} = M_1 \cdot (1+i)^{-2}$

En general, $M_k = M_1 \cdot (1+i)^{-(k-1)}$

Para obtener M_1 se puede hacer de dos formas distintas:

1. A través de la estructura del término amortizativo:

$$a = C \cdot M_k \cdot (1+i)^k$$

$Si \quad k = 1 \rightarrow a = C \cdot M_1 \cdot (1+i)^1$

$$M_1 = \frac{a}{C \cdot (1+i)}$$

2. Como sabemos que $N = M_1 + M_2 + \cdots + M_n$

$$N = M_1 + M_1 \cdot (1+i)^{-1} + \cdots + M_1 \cdot (1+i)^{-(n-1)}$$

sacando factor común M_1

$$= M_1 \cdot \left[1 + (1+i)^{-1} + \cdots + (1+i)^{-(n-1)}\right] = M_1 \cdot \ddot{a}_{\overline{n|}\, i}$$

$$M_1 = \frac{N}{\ddot{a}_{\overline{n|}\, i}}$$

- **Cálculo de los títulos vivos después de cada sorteo:**

Por el método prospectivo:

En el momento "k" se cumple que:

$$N_k \cdot C \cdot (1+i)^k = a \cdot a_{\overline{n-k|}\, i}$$

despejando N_k

$$N_k = \frac{a}{C} \frac{a_{\overline{n-k|}\, i}}{(1+i)^k}$$

sustituyendo a por su valor, nos queda:

$$N_k = \frac{\frac{C \cdot N}{a_{\overline{n|}\, i}}}{C} \frac{a_{\overline{n-k|}\, i}}{(1+i)^k} = \frac{N}{a_{\overline{n|}\, i}} \frac{a_{\overline{n-k|}\, i}}{(1+i)^k}$$

$$N_k = N \cdot (1+i)^{-k} \frac{a_{\overline{n-k|}\, i}}{a_{\overline{n|}\, i}}$$

- **Cálculo del total de los títulos amortizados:**

$$T_k = M_1 + M_2 + \cdots + M_k$$

$$T_k = M_1 + M_1 \cdot (1+i)^{-1} + \cdots + M_1 \cdot (1+i)^{-(k-1)}$$

sacando factor común M_1

$$= M_1 \cdot \left[1 + (1+i)^{-1} + \cdots + (1+i)^{-(k-1)}\right] = M_1 \cdot \ddot{a}_{\overline{k|}\, i}$$

$$T_k = \frac{N}{\ddot{a}_{\overline{n|}\, i}} \ddot{a}_{\overline{k|}\, i}$$

Otra forma de calcular T_k sería:

$$T_k = N - N_k$$

Ejemplo 15.3.

Construir el cuadro de amortización del siguiente empréstito.

- Número de títulos emitidos: 10.000.
- Valor nominal de cada título: 1.000.
- Plazo: 5 años.
- Tipo de interés: 6% efectivo anual.
- No se produce abono de cupones, acumulándose hasta el momento del sorteo.

Solución

- Cálculo del término amortizativo:

$$10.000 \times 1.000 = a \cdot a_{5\rceil 0,06} \quad \rightarrow \quad a = 2.373.964\ €$$

- Cálculo de los títulos amortizados en cada periodo:

Primer periodo:

$$a = C \cdot (1+i) \cdot M_1 \rightarrow 2.373.964 = 1.000 \times 1,06 \times M_1$$

$$M_1 = 2.239,59 \ títulos$$

Cálculo de los restantes:

$$M_2 = \frac{M_1}{1,06} = \frac{2.239,59}{1,06} = 2.112,82$$

$$M_3 = \frac{M_2}{1,06} = \frac{2.112,82}{1,06} = 1.993,23$$

$$M_4 = \frac{M_3}{1,06} = \frac{1.993,23}{1,06} = 1.880,40$$

$$M_5 = \frac{M_4}{1,06} = \frac{1.880,40}{1,06} = 1.773,96$$

Debido a que el número de títulos a amortizar en cada sorteo debe ser un número entero, aplicamos el método de redondeo que consiste en sumar las partes enteras. Los títulos que faltan hasta el total de los emitidos los repartiremos entre aquellos periodos que tienen una mayor cifra decimal.

$$M_1 = 2.239 \quad \rightarrow M_1 = 2.240$$

$$M_2 = 2.112 \quad \rightarrow M_2 = 2.113$$

$$M_3 = 1.993 \quad \rightarrow M_3 = 1.993$$

$$M_4 = 1.880 \quad \rightarrow M_4 = 1.880$$

$$M_5 = 1.773 \quad \rightarrow M_5 = 1.774$$

$$\sum M_k = 9.997 \quad \rightarrow \sum M_k = 10.000$$

- Cálculo de los términos amortizativo prácticos:

$$a_1 = 2.240 \times 1.000 \times 1{,}06 = 2.374.400{,}00 \text{ €}$$

$$a_2 = 2.113 \times 1.000 \times 1{,}06^2 = 2.374.166{,}80 \text{ €}$$

$$a_3 = 1.993 \times 1.000 \times 1{,}06^3 = 2.373.694{,}89 \text{ €}$$

$$a_4 = 1.880 \times 1.000 \times 1{,}06^4 = 2.373.456{,}68 \text{ €}$$

$$a_5 = 1.774 \times 1.000 \times 1{,}06^5 = 2.374.012{,}18 \text{ €}$$

Periodo	Títulos amortizados	Total títulos amortizados	Títulos pendientes amortizar	Anualidad
0			10.000	
1	2.240	2.240	7.760	2.374.400,00
2	2.113	4.353	5.647	2.374.166,80
3	1.993	6.346	3.654	2.373.694,89
4	1.880	8.226	1.774	2.373.456,68
5	1.774	10.000		2.374.012,17

15.2.2. Empréstitos tipo II

Se caracterizan por tener los términos amortizativos variables y el tanto constante.

Estructura del término amortitzativo:

$$a_k = C \cdot M_k \cdot (1+i)^k \quad k = 0, 1, \ldots, n$$

Ecuación de equivalencia financiera, que nos permitirá obtener el término amortizativo:

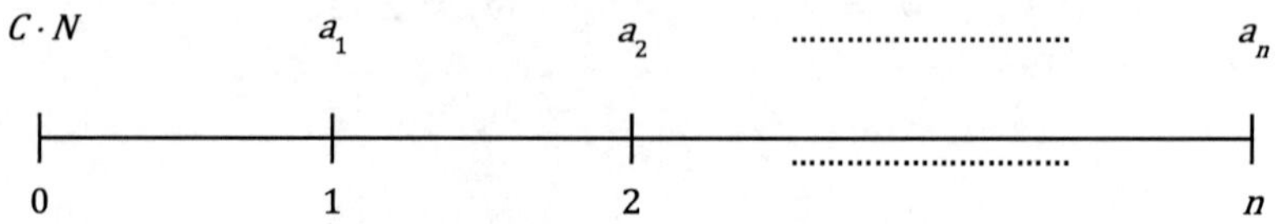

$$C \cdot N = a_1 \cdot (1+i)^{-1} + a_2 \cdot (1+i)^{-2} + \cdots + a_n \cdot (1+i)^{-n} = \sum_{k=1}^{n} a_k \cdot (1+i)^{-k}$$

El término puede variar en progresión aritmética o geométrica:

- Si varía en progresión aritmética:

$$C \cdot N = \div A_{n\urcorner i} = \left(a_1 + \frac{d}{i} + d \cdot n\right) \cdot a_{n\urcorner i} - \frac{d \times n}{i}$$

- Si varía en progresión geométrica:

$$C \cdot N = \div \div A_{n\urcorner i} = a_1 \cdot \frac{1 - q^n \cdot (1+i)^{-n}}{1 + i - q}$$

Despejando en cada expresión podemos obtener el primer término a_1. Para obtener los siguientes:

- Progresión aritmética:

$a_2 = a_1 + d$

$a_3 = a_1 + 2d$

$\vdots$

$a_n = a_1 + (n-1) \cdot d$

- Progresión geométrica:

$a_2 = a_1 \cdot q$

$a_3 = a_1 \cdot q^2$

$\vdots$

$a_n = a_1 \cdot q^{n-1}$

- **Cálculo de los títulos amortizados en cada sorteo:**

Para dos años consecutivos k y $k+1$:

$$\text{Año } k \rightarrow \quad a_k = C \cdot M_k \cdot (1+i)^k \quad [1]$$

$$\text{Año } k+1 \rightarrow \quad a_{k+1} = C \cdot M_{k+1} \cdot (1+i)^{k+1} \quad [2]$$

Dividiendo [1] entre [2] y simplificando:

$$\frac{a_k}{a_{k+1}} = \frac{C \cdot M_k \cdot (1+i)^k}{C \cdot M_{k+1} \cdot (1+i)^{k+1}} \rightarrow \frac{a_k}{a_{k+1}} = \frac{M_k}{M_{k+1} \cdot (1+i)} \rightarrow \frac{a_k}{a_{k+1}} = \frac{M_k}{M_{k+1}} \cdot (1+i)^{-1}$$

$$M_{k+1} = M_k \cdot (1+i)^{-1} \cdot \frac{a_{k+1}}{a_k}$$

Para obtener M_1:

$$a_k = C \cdot M_k \cdot (1+i)^k$$

$$a_1 = C \cdot M_1 \cdot (1+i)^1$$

$$M_1 = \frac{a_1}{C \cdot (1+i)}$$

- **Cálculo de los títulos vivos después de cada sorteo:**
  - Por el método prospectivo:

En el momento "k" se cumple que:

$$N_k \cdot C \cdot (1+i)^k = \sum_{r=k+1}^{n} a_r \cdot (1+i)^{-(r-k)}$$

De esta igualdad despejaremos N_k y así obtendremos los títulos vivos.

Los términos variarán en progresión aritmética o geométrica.

Un caso particular es cuando se amorticen el mismo número de títulos en cada sorteo, se verifica que:

$$M_1 = M_1 = \cdots = M_n = M$$

por tanto,

$$N = n \cdot M \rightarrow M = \frac{N}{n}$$

y el número de títulos vivos y el total amortizados:

$$N_k = (n-k) \cdot M = \frac{n-k}{n} \cdot N$$

$$T_k = k \cdot M = \frac{k}{n} \cdot N$$

Los términos amortizativos siguen una relación de recurrencia que se obtiene a partir de la expresión anterior

$$a_k = C \cdot M_k \cdot (1+i)^k:$$

Si $k = 1 \rightarrow a_1 = C \cdot M \cdot (1+i)^1$

Si $k = 2 \rightarrow a_2 = C \cdot M \cdot (1+i)^2$

$\vdots$

$Si\ k = n \rightarrow a_n = C \cdot M \cdot (1+i)^n$

Los términos amortizativos varían en progresión geométrica de razón $(1 + i)$.

Ejemplo 15.4.

Construir el cuadro de amortización del siguiente empréstito.

- Número de títulos emitidos: 10.000.
- Valor nominal de cada título: 1.000.
- Plazo: 5 años.
- Tipo de interés: 6% efectivo anual.
- Cada año se amortiza el mismo número de títulos.
- No se produce abono de cupones, acumulándose hasta el momento del sorteo.

Solución

- Cálculo de los títulos amortizados en cada periodo:

$$M = \frac{10.000}{5} = 2.000 \text{ títulos}$$

- Cálculo de los términos amortizativos:

$$a_1 = M \cdot C \cdot (1+i) = 2.000 \times 1.000 \times 1{,}06 = 2.120.000\ €$$

$$a_2 = M \cdot C \cdot (1+i)^2 = 2.000 \times 1.000 \times 1{,}06^2 = 2.247.200\ €$$

$$a_3 = M \cdot C \cdot (1+i)^3 = 2.000 \times 1.000 \times 1{,}06^3 = 2.382.032{,}00\ €$$

$$a_4 = M \cdot C \cdot (1+i)^4 = 2.000 \times 1.000 \times 1{,}06^4 = 2.524.953{,}92\ €$$

$$a_5 = M \cdot C \cdot (1+i)^5 = 2.000 \times 1.000 \times 1{,}06^5 = 2.676.451{,}16\ €$$

Periodo	Títulos amortizados	Total títulos amortizados	Títulos pendientes amortizar	Anualidad
0			10.000	
1	2.000	2.000	8.000	2.120.000,00
2	2.000	4.000	6.000	2.247.200,00
3	2.000	6.000	4.000	2.382.032,00
4	2.000	8.000	2.000	2.524.953,92
5	2.000	10.000	0	2.676.451,16

15.2.3. Empréstitos tipo III

Se caracterizan por tener los términos y los tantos son variables. Su complejidad de cálculo hace que no se utilicen en la práctica.

Estructura del término amortitzativo:

$$a_k = C \cdot M_k \cdot \prod_{h=1}^{k}(1 + i_h)$$

15.3. TANTOS EFECTIVOS DEL EMISOR Y DEL CONJUNTO DE LOS OBLIGACIONISTAS

15.3.1. Introducción

La equivalencia financiera que nos va a permitir calcular los tantos efectivos del ente emisor así como para el conjunto de obligacionistas, vendrá dada por la siguiente equivalencia:

Prestación ~ Contraprestación

Es decir, se compara financieramente lo que realmente he recibido con lo que he entregado, siendo la incógnita el tanto que establece el equilibrio entre la prestación y la contraprestación.

15.3.2. Tanto efectivo del emisor

Los recursos financieros proporcionados por el empréstito al ente emisor tienen un coste financiero superior al tanto nominal del empréstito, debido a la existencia de una serie de gastos (administración, emisión, etc.) y de incentivos para los obligacionistas (prima de emisión y reembolso, lotes, etc.). El tipo de interés nominal con que se emiten los empréstitos se utilizan básicamente para el cálculo de los cupones y en general, no coincide con el coste financiero real (tanto efectivo del emisor) al que resulta la operación para el ente emisor.

Por tanto, cuando existen una serie de características conocidas en un empréstito, aparecen otros pagos y cobros que pueden afectar tanto a la prestación como a la contraprestación, no cumpliéndose la equivalencia financiera para el tipo de interés que figura en el contrato.

El cálculo del tanto efectivo para el ente emisor (i_e) se obtendrá, a nivel general, mediante la siguiente igualdad:

$$VN - G_i = \sum_{k=1}^{n} a_k \times (1 + i_e)^{-k}$$

En el caso concreto de términos amortizativos constantes, la ecuación que permite calcular el tanto efectivo vendrá dado por la siguiente igualdad:

$$VN - G_i = a \times a_{\overline{n|}i_e}$$

15.3.3. Tanto efectivo para el conjunto de los obligacionistas

El tanto efectivo para el conjunto de obligacionistas no suele coincidir con el coste efectivo del emisor porque no incluye gastos que solo tiene el ente emisor (gastos de emisión y administración).

La ecuación que calcula el tanto efectivo vendrá dada por la siguiente igualdad:

$$VN = \sum_{k=1}^{n} a_k^0 \times (1 + i_e^{'})^{-k}$$

siendo:

$a_k^0 \rightarrow$ la cantidad que recibe el obligacionista (términos amortizativos en términos teóricos sin gastos de administración). La relación entre a_k y a_k^0 vendrá dada por la expresión:

$$a_k^0 = \frac{a_k}{1 + g}$$

donde,

$g \rightarrow$ gastos de administración

15.3.4. Tanto de rentabilidad de un título

La rentabilidad de un título, en los empréstitos normales, coinciden con el tanto efectivo calculado para el conjunto de obligacionistas (i_e'); sin embargo, cuando hay características comerciales, la rentabilidad es distinta dependiendo de los títulos que resultan amortizados en cada sorteo[1]. El cálculo de la rentabilidad (i_r) de una obligación por la que se desembolsa V euros y se reciben durante k años cupones de importe $C \cdot i$, siendo el valor de reembolso C' en el año k, será el siguiente:

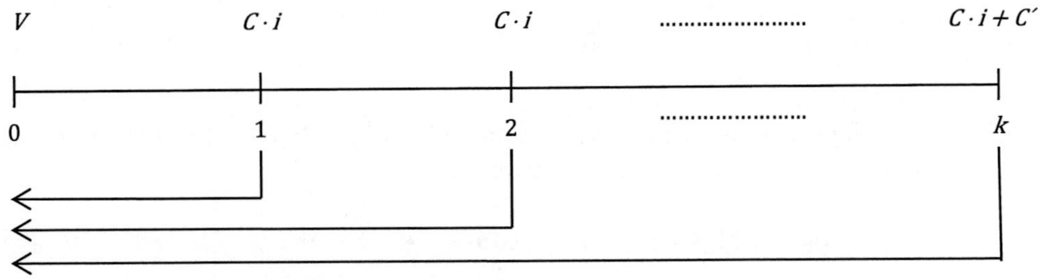

$$V = C \cdot i \cdot a_{k\rceil i_r} + C' \cdot (1 + i_r)^{-k}$$

15.3.5. Valor de una obligación

La transmisibilidad de una obligación nos plantea calcular su valor en cualquier momento y el valor por separado de los distintos derechos que lleva incorporados (usufructo y nuda propiedad). Se denomina *usufructo* de un título, al derecho de cobro de los cupones que le corresponda durante un determinado periodo.

Llamamos *nuda propiedad* de un título, al derecho a percibir su valor de reembolso en el momento que resulte amortizado.

El valor de un título (plena propiedad) es igual a la suma de los valores del usufructo y de la nuda propiedad.

15.3.6. Cálculo del valor, usufructo y nuda propiedad de un título

Para obtener el valor o plena propiedad de un título calcularemos en primer lugar el valor por la totalidad del empréstito vivo en el momento k y el resultado obtenido se divide por el número de títulos vivos al finalizar el año k (N_k).

---

[1] El profesor Andrés de Pablos en su libro "*Valoración financiera*" aclara que los títulos que se amortizan más alejados del origen están sometidos durante más tiempo al riesgo de impago por lo que deberán compensarse con una rentabilidad mayor, al contrario de lo que ocurre realmente.

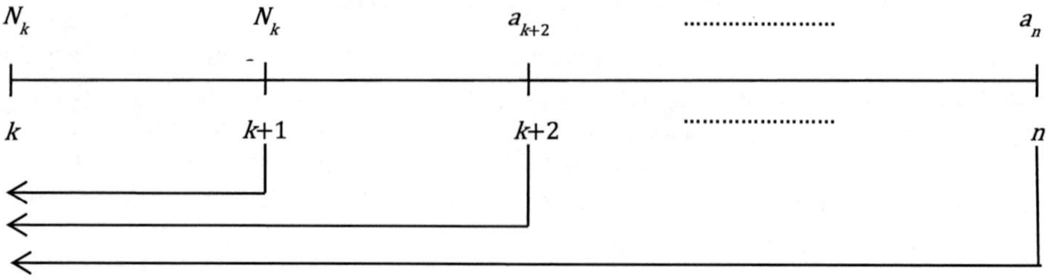

Siguiendo el gráfico anterior, el valor total del empréstito en k (V_k^G), valorado al tanto de mercado (i'), vendrá dado por la siguiente expresión:

$$V_k^G = a_{k+1} \cdot (1+i')^{-1} + a_{k+2} \cdot (1+i')^{-2} + \cdots + a_n \cdot (1+i')^{-(n-k)} =$$

$$= \sum_{r=k+1}^{n} a_r \cdot (1+i')^{-(r-k)}$$

El valor de un título, se obtendrá dividiendo V_k^G entre el número de títulos vivos en el momento k (N_k).

$$V_k = \frac{V_k^G}{N_k}$$

Partiendo de la expresión:

$$V_k^G = \sum_{r=k+1}^{n} a_r \cdot (1+i')^{-(r-k)}$$

Teniendo en cuenta que

$$a_r = N_{r-1} \cdot C \cdot i + M_r \cdot C_r$$

la expresión anterior se transforma en:

$$V_k^G = \sum_{r=k+1}^{n} (N_{r-1} \cdot C \cdot i + M_r \cdot C_r) \cdot (1+i')^{-(r-k)} =$$

$$= \underbrace{\textstyle\sum_{r=k+1}^{n} N_{r-1} \cdot C \cdot i \cdot (1+i')^{-(r-k)}}_{U_k^G} + \underbrace{\textstyle\sum_{r=k+1}^{n} M_r \cdot C_r \cdot (1+i')^{-(r-k)}}_{N_k^G} =$$

siendo:

U_k^G → Valor total del usufructo.

N_k^G → Valor total de la nudad propiedad.

Para obtener el valor por título basta con dividir U_k^G y N_k^G entre el número de títulos vivos en el momento k.

$$U_k = \frac{U_k^G}{N_k} \quad y \quad N_k = \frac{N_k^G}{N_k}$$

Ejemplo 15.5.

La sociedad PETESA necesita financiación por lo que emite un empréstito con las siguientes características:

- Fecha de emisión, suscripción y desembolso: 1-1-20X1.
- Número de títulos emitidos: 30.000.
- Valor nominal de cada título: 10 euros.
- Tipo de interés anual: 5%, que se abonará el 31-12 de los años X1, X2 y X3.
- Gastos de emisión a cargo del ente emisor, abonados en el origen: 3.194 euros.
- Término amortizativo constante.

Se pide:

a) Tanto efectivo del ente emisor.

b) Tanto efectivo para el conjunto de los obligacionistas.

c) Tanto de rentabilidad de un título, que se amortiza en el segundo sorteo.

d) Cálculo del valor, usufructo y nuda propiedad de un título al finalizar el segundo año.

Solución

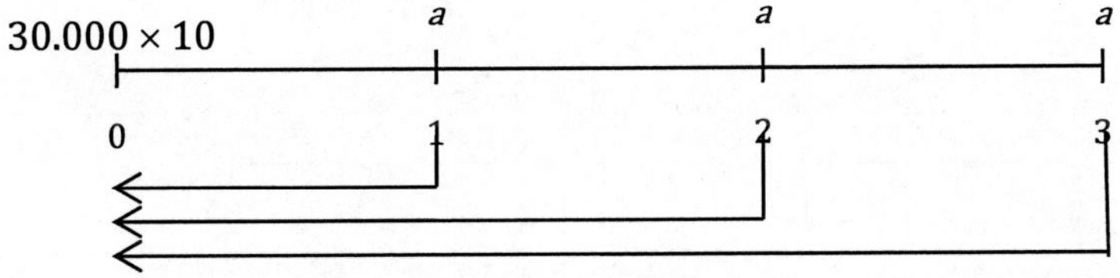

$$30.000 \times 10 = a \times a_{3\rceil 0,05} \rightarrow a = 110.162,57\ €$$

a) Tanto efectivo del ente emisor

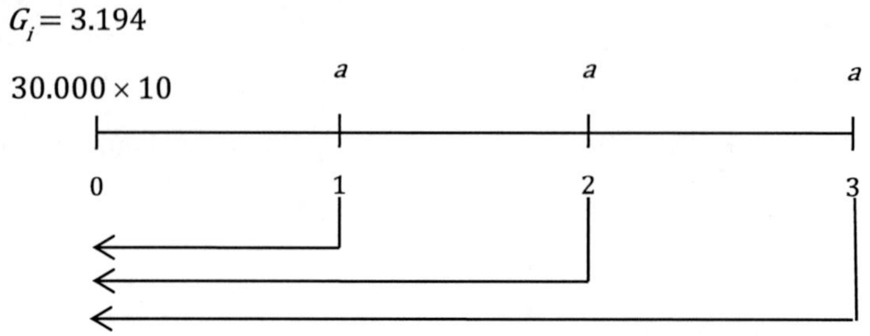

$$300.000 - 3.194 = 110.162{,}57 \times a_{3\rceil i_e} \rightarrow i_e = 5{,}573\ \%$$

b) Tanto efectivo para el conjunto de los obligacionistas

$$300.000 = 110.162{,}57 \times a_{3\rceil i_e} \rightarrow i_e = 5\ \%$$

c) Tanto de rentabilidad de un título, que se amortiza en el segundo sorteo

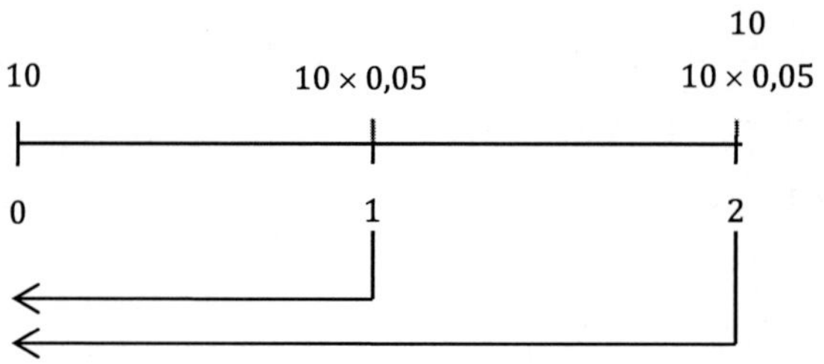

$$10 = 0{,}5 \times (1 + i_e)^{-1} + 10{,}5 \times (1 + i_e)^{-2} \rightarrow i_e = 5\ \%$$

Al no existir gastos el tanto de rentabilidad coincide con el tipo de interés.

d) Cálculo del valor, usufructo y nuda propiedad de un título al finalizar el segundo año, siendo el tipo de interés de mercado del 6%

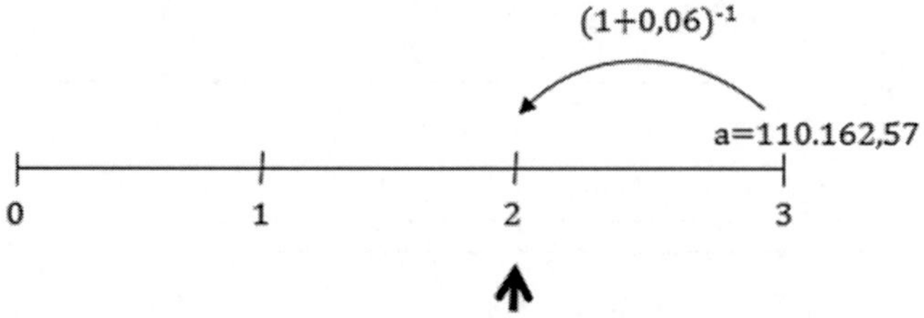

$$V_2^G = 110.162{,}57 \times (1 + 0{,}06)^{-1} = 103.926{,}95\ €$$

- Cálculo de los títulos amortizados:

$$110.162{,}57 = 30.000 \times 10 \times 0{,}05 + M_1 \times 10$$

$$\rightarrow M_1 = 9.516$$

$$M_2 = 9.516 \times (1 + 0{,}05) = 9.992$$

$$M_3 = 9.992 \times (1 + 0{,}05) = 10.492$$

$$\textit{Cálculo del valor de un título} = \frac{103.926{,}95}{10.492} = 9{,}91 \text{ €/título}$$

- Cálculo del usufructo de un título:

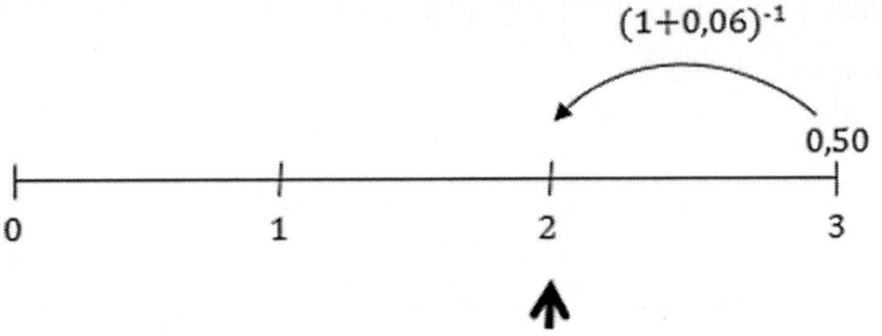

$$\textit{Usufructo de un título} = 0{,}5 \times (1{,}06)^{-1} = 0{,}47$$

- Cálculo de la nuda propiedad de un título:

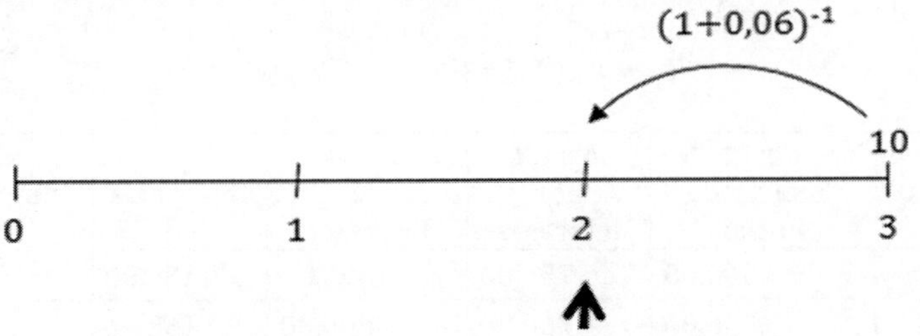

$$\textit{Nuda propiedad de un título} = 10 \times (1{,}06)^{-1} = 9{,}43$$

15.4. COSTE AMORTIZADO Y TASA EFECTIVA

El concepto explicado en el capítulo sobre la valoración financiera de los préstamos, coste amortizado y la tasa efectiva, es aplicable a los empréstitos.

A continuación exponemos una serie de ejemplos sobre estos conceptos.

Ejemplo 15.6.

Una empresa adquiere, el 1 de enero del año X una obligación con las siguientes características:

- Nominal: 10.000 euros.
- Emisión: 98%.
- Devengo y pago de intereses semestrales y durante los próximos dos años.
- Tipo de interés nominal anual del 12%.
- Prima de reembolso: 5%.

Solución

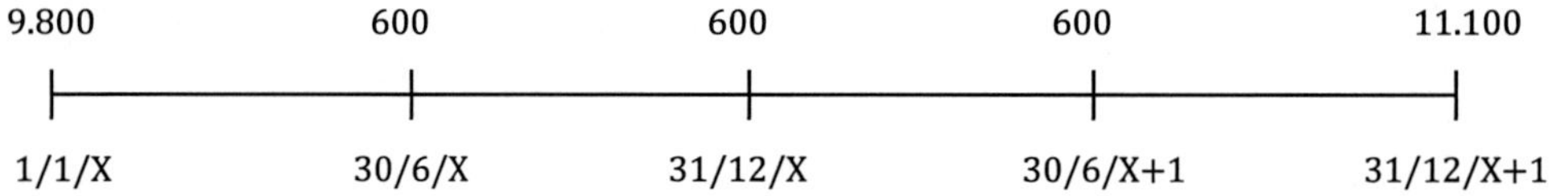

$$J_2 = 0{,}12 \ \rightarrow \ i_2 = \frac{0{,}12}{2} = 0{,}06$$

$$9.800 = \frac{600}{(1+i_2)^1} + \frac{600}{(1+i_2)^2} + \frac{600}{(1+i_2)^3} + \frac{11.100}{(1+i_2)^4}$$

$$i_2 = 0{,}077143062 = 7{,}71\ \%$$

Periodos	Coste amortizado inicial	Ingreso por intereses	Cobro de intereses	Diferencia	Coste amortizado total
30/6/X	9.800,00	756,00	600,00	156,00	9.956,00
31/12/X	9.956,00	768,04	600,00	168,04	10.124,04
30/6/X+1	10.124,04	781,00	600,00	181,00	10.305,04
31/12/X+1	10.305,04	794,96	600,00	194,96	10.500,00

Ejemplo 15.7.
Una empresa adquiere, el 1 de enero del año X una obligación con las siguientes características:

- Nominal: 10.000 €.
- Gastos de adquisición en el momento de la compra de 2‰.
- Devengo y pago de intereses trimestrales.
- Vencimiento dentro de un año.
- Tipo de interés nominal anual del 16%.
- No existe prima de reembolso.

Solución

10.020	400	400	400	10.400
1/1/X	31/3/X	30/6/X	30/9/X	31/12/X

$$J_4 = 0{,}16$$

$$i_4 = \frac{0{,}16}{4} = 0{,}04$$

$$10.020 = \frac{400}{(1+i_4)^1} + \frac{400}{(1+i_4)^2} + \frac{400}{(1+i_4)^3} + \frac{10.400}{(1+i_4)^4}$$

$$i_4 = 0{,}039449734 = 3{,}94\ \%$$

Periodo	Coste amortizado inicial	Ingreso por intereses	Cobro de intereses	Diferencia	Coste amortizado total
31/3/X	10.020,00	395,29	400,00	4,71	10.015,29
30/6/X	10.015,29	395,10	400,00	4,90	10.010,39
30/9/X	10.010,39	394,91	400,00	5,09	10.005,29
31/12/X	10.005,29	394,71	400,00	5,29	10.000,00

Ejemplo 15.8.
El 1/1/X1 una sociedad emite un empréstito de 100.000 bonos de 10 € cada uno, cupón cero, que se amortizarán en su totalidad en 3 años después al 114,12%. Los gastos iniciales han sido de 10.000 euros y los finales de 5.000 €.

Solución

$$1.000.000 - 10.000 = 1.141.200 \times (1 + i_e)^{-3} + 5.000 \times (1 + i_e)^{-3}$$

$$i_e = 0{,}050046191 = 5\ \%$$

Año	Interés devengado	Coste amortizado
0	-	990.000,00
1	49.545,73	1.039.545,73
2	52.025,30	1.091.571,03

PARTE V

OTRAS OPERACIONES FINANCIERAS

CAPÍTULO **16**

OTRAS OPERACIONES FINANCIERAS UTILIZADAS EN EL SECTOR PÚBLICO Y/O PRIVADO

Contenido

16.1. LAS CUENTAS CORRIENTES

Una cuenta corriente se puede definir como un contrato establecido entre distintas personas físicas y/o jurídicas, que acuerdan intercambiar capitales financieros para luego saldar las diferencias en una determinada fecha, conocida como fecha de cierre, y bajo una ley financiera de valoración, establecido previamente entre las partes que intervienen en la operación.

Las características más relevantes de este producto financiero son las siguientes:

- Se trata de una operación doblemente compuesta (prestación y contraprestación múltiple).
- Es una operación a plazo corto.
- Utiliza para su valoración una ley financiera de capitalización simple.

En la Circular 8/1990 del Banco de España se encuentran contempladas las condiciones mínimas para la valoración que deben aplicar las entidades financieras a este tipo de cuentas.

16.1.1. Clasificación de las cuentas corrientes

Las cuentas corrientes, se pueden clasificar como se sigue:

<table>
<tr><th>Clasificación</th><th>Tipo</th><th colspan="2">Características</th></tr>
<tr><td rowspan="3">Según sus titulares</td><td>Individual</td><td colspan="2">Abierta a nombre de un solo titular.</td></tr>
<tr><td>Conjunta</td><td colspan="2">Cuando hay dos o más titulares, solo podrán disponer de los fondos mediante la firma de todos los titulares.</td></tr>
<tr><td>Indistinta</td><td colspan="2">Cuando hay dos o más titulares, pudiendo disponer cualquiera de ellos de los fondos.</td></tr>
<tr><td rowspan="2">Según el devengo de interés</td><td>Sin interés</td><td colspan="2">No se paga ningún interés por el aplazamiento de los capitales.</td></tr>
<tr><td>Con interés</td><td colspan="2">Los capitales producen intereses por el periodo que media entre la fecha valor de la operación y la fecha de liquidación de la cuenta. Estas a su vez, pueden ser:
• Con intereses recíprocos: cuando a los capitales deudores y acreedores se les aplica el mismo tanto de interés.
• Con intereses no recíprocos: cuando el interés aplicado a los capitales deudores y acreedores no es el mismo.</td></tr>
<tr><td rowspan="5">Atendiendo a las partes que intervienen</td><td>c/c comerciales</td><td colspan="2">Se establecen entre empresas</td></tr>
<tr><td rowspan="4">c/c bancarias (cuando uno de los agentes que intervienen es una entidad financiera)</td><td>c/c de depósito a la vista</td><td>Disponibilidad inmediata.</td></tr>
<tr><td>c/c de ahorro</td><td>Su fin es el ahorro. Cuenta ahorro-vivienda (ventajas fiscales).</td></tr>
<tr><td>c/c de crédito</td><td>Disponibilidad gradual.</td></tr>
<tr><td>c/c de alta remuneración</td><td>Alta rentabilidad a partir de un mínimo remunerado (franquicia).</td></tr>
<tr><td rowspan="3">Atendiendo al sector la que pertenece</td><td colspan="3">Sector público</td></tr>
<tr><td colspan="3">Empresas privadas</td></tr>
<tr><td colspan="3">Particulares</td></tr>
</table>

En el Sector Público y, concretamente, en el ámbito de las entidades locales, existen otras clasificaciones atienden a criterios tales como la finalidad o función de las cuentas. El artículo 197 del Texto Refundido de la Ley Reguladora de las Haciendas Locales, distingue los siguientes tipos de cuentas:

- *Cuentas operativas de ingresos y pagos.* Son aquellas en las que se sitúan los fondos monetarios para cumplir las funciones propias de la tesorería municipal (ingresos y pagos con carácter general).
- *Cuentas restringidas.* Las cuentas restringidas tienen un carácter instrumental o auxiliar y una finalidad determinada o "restringida".
  - Las cuentas restringidas de *recaudación* tienen como función la recepción de los ingresos procedentes de la actividad recaudatoria de la entidad, procediéndose con la periodicidad que en cada caso se establezca al traspaso de los fondos a las cuentas operativas.
  - Las cuentas restringidas de *pagos* se vinculan a la realización de pagos concretos por parte de la entidad, previo traspaso de fondos desde las cuentas operativas. Entre otras podrán tener las siguientes funciones:
    - Pagos en concepto de "anticipos de caja fija".
    - Pagos en concepto de "pagos a justificar".
    - Control de determinados instrumentos de pago, como pueden ser los cheques.
- Las *cuentas financieras de colocación de excedentes de tesorería* son cuentas con un interés negociado con el objeto de rentabilizar las "puntas" o excedentes temporales de la tesorería.

Ejemplo 16.1

Clasificar en atención a su finalidad las siguientes cuentas que mantiene la entidad local CALDAS:

a) Cuenta corriente desde la cual la entidad local realiza la generalidad de los pagos (nóminas, certificaciones de obra, facturas de suministros,...) e ingresos (subvenciones, arrendamientos, producto de la enajenación de inmuebles,...).

b) Cuenta con alta remuneración donde se mantiene el importe transferido por el Estado para la realización de una obra que no se va a pagar hasta dentro de seis meses.

c) Cuentas en diversas entidades financieras donde se efectúa el ingreso por los contribuyentes de los tributos municipales (IBI, IAE, tasa de basura,...). El importe recaudado se transfiere el primer día hábil de cada mes a la cuenta referida en la letra a).

d) Cuenta desde la cual se realizan pagos correspondientes al departamento de Cultura cuyo documento justificativo o factura no se aporta en el momento del pago, sino con posterioridad. Los fondos son transferidos desde la cuenta referida en el apartado a) debiendo ser justificados adecuadamente por el perceptor en el plazo previsto en las Bases de Ejecución del Presupuesto.

e) Cuenta desde la que un habilitado realiza los pagos correspondientes con las dietas de concejales, procediendo con carácter periódico a la rendición de la cuenta justificativa correspondiente para su aprobación y reposición de fondos desde la cuenta referida en el apartado a).

Solución

a) Cuenta operativa.

b) Cuenta de rentabilización excedentes temporales de tesorería.

c) Cuenta restringida de recaudación.

d) Cuenta restringida "Pagos a justificar".

e) Cuenta restringida "Anticipos de caja fija".

Ejemplo 16.2

Analizadas las necesidades de la Tesorería a medio plazo, la entidad pública CALDAS decide rentabilizar un excedente temporal de tesorería por importe de 1.500.000 € a través de la colocación de los fondos en productos que reúnan condiciones de liquidez y seguridad, de conformidad con lo siguiente:

a) 600.000,00 € en una cuenta corriente de alta remuneración con un tipo de interés nominal anual del 2%, con plena disponibilidad y abono mensual de intereses.

b) 400.000,00 € en un depósito a seis meses con un interés nominal anual del 3,5%, disponibilidad y abono de intereses al vencimiento.

c) 500.000,00 en compra de activos financieros negociados en el mercado de deuda pública con pacto de recompra a 1/07/X+1 y con un tipo de interés anual del 3%.

Las operaciones se conciertan con fecha 1/04/X+1, cancelándose al vencimiento. La cuenta corriente se cancela a los siete meses de la concertación.

Se pide:

1. Identificación de las cuentas o productos financieros a concertar por la entidad.
2. Cálculo de los interese generados al vencimiento.

Solución

1. Identificación de las cuentas o productos financieros a concertar por la entidad.

a) Cuenta corriente de rentabilización de excedentes temporales de tesorería.

b) Activo financiero: depósito constituido.

c) Activo financiero: repo de deuda pública.

2. Intereses generados al vencimiento de cada una de las operaciones.

a) Cuenta corriente remunerada:

$$J_{12} = 0{,}02$$

$$i_{12} = \frac{0{,}02}{12} = 0{,}00166667$$

$$I = 600.000 \times [(1 + 0{,}00166667)^7 - 1] = 7.035{,}10 \text{ €}$$

b) Depósito a seis meses:

$$J_2 = 0{,}035$$

$$i_2 = \frac{0{,}035}{2} = 0{,}0175$$

$$I = 400.000 \times 0{,}0175 = 7.000 \text{ €}$$

c) Repo de deuda pública:

$$i = 0{,}03$$

$$i_4 = (1 + 0{,}03)^{1/4} - 1 = 0{,}00741707$$

$$I = 500.000 \times 0{,}00741707 = 3.708{,}54 \text{ €}$$

16.1.2. Liquidación de las cuentas corrientes

Existen tres métodos de liquidación de intereses en las cuentas corrientes:

- *Método directo*: se calculan desde la fecha valor de cada movimiento hasta la fecha de liquidación.
- *Método indirecto*: se halla el interés de cada capital desde el vencimiento del primero hasta la fecha de liquidación, deduciendo el interés de ese capital desde el vencimiento del primero hasta su fecha valor. Siendo la fecha valor **momento** (fecha efectiva) a partir del cual *comienza a generar interés*, es un abono en una cuenta corriente, o cuando deja de generarlos un adeudo, con independencia del día de la contabilización de la operación o "apunte contable".
- *Método hamburgués* o *de saldos*: recibió el primer nombre porque fue utilizado por primera vez en Hamburgo, y el segundo, porque los números comerciales se calculan en base a los saldos van apareciendo en la cuenta, y no en función de los capitales.

El método hamburgués es el más extendido entre las entidades de crédito y será el que a continuación procederemos a explicar su funcionamiento:

1. Se ordenan los movimientos de la cuenta por fechas valor, en orden ascendente.

2. Se determina, después de cada movimiento, el saldo de la cuenta, haciendo una diferenciación entre los saldos deudores y los saldos acreedores.

3. Se calcula el número de días de permanencia del saldo, hasta el siguiente movimiento. Son los días que transcurren entre las fechas valor de dos apuntes consecutivos.

4. Se calculan los números comerciales, los cuales se obtienen multiplicando cada saldo por los días de permanencia, obteniendo por tanto dos columnas, una con los números comerciales deudores y otra con los números comerciales acreedores.

5. Calculamos los intereses, los cuales pueden ser deudores o acreedores.

   a) Para la obtención de los intereses debemos calcular el correspondiente divisor fijo, el cual resulta de dividir los días del año entre el tipo de interés de anual.

   Para los intereses acreedores:

$$D_a = \frac{365}{i}$$

   Para los intereses deudores:

$$D_d = \frac{360}{i'}$$

   b) Por último, sumamos todos los números deudores y todos los números acreedores, sin compensarlos, y los dividiremos por el divisor fijo correspondiente, resultando los intereses brutos generados por la cuenta.

$$I_a = \frac{\sum N_a}{D_a} \text{ y } I_d = \frac{\sum N_d}{D_d}$$

   Debemos tener en cuenta que, a la hora de calcular los intereses acreedores puede aparecer el concepto de franquicia, es decir, una cuantía del depósito no remunerada, por ejemplo, que los primeros 1.000 € no serán remunerados.

6. La liquidación del período consiste en añadir a la cuenta los intereses a favor del cliente, cargando a continuación, la retención a cuenta que corresponde a todas las rentas de capital (19 %); cargamos también los intereses deudores, así como otras comisiones de mantenimiento, administración, etc. del período.

Ejemplo 16.3

Realizar la liquidación mensual de la cuenta corriente, a 31 de marzo, de la empresa Carosa, que fue contratada con una entidad financiera con las siguientes condiciones (utilice para los cálculos el año comercial):

- Liquidación mensual de intereses, que serán los siguientes:
  - El 1,5% anual para saldos acreedores.
  - El 12% anual para descubiertos.
  - Retención en rentas de capital: 19%.
- Comisiones:
  - Administración: 0,50 € por apunte.
  - Mantenimiento: 3 € mensuales.

Los movimientos de la cuenta durante el mes de marzo han sido los siguientes:

Fecha contable	Fecha valor	Concepto	Cargos	Abonos
		Saldo anterior		1.500
2/marzo	2/marzo	Pago préstamo	1.200	
18/marzo	23/marzo	Ingreso cheque cliente P		1.500
12/marzo	13/marzo	Pago factura proveedor X	1.200	
25/marzo	25/marzo	Pago seguros sociales	2.000	
10/marzo	10/marzo	Reintegro en efectivo-Caja	3.000	
4/marzo	4/marzo	Ingreso pagaré cliente J		2.800

Solución

Fecha valor	Concepto	Cargo	Abono	Saldo acreedor	Saldo deudor	Días (n)	$N^{1,5\%}$	$N^{12\%}$
28-02	Saldo		1.500	1.500		2	3.000	
02-03	Pago préstamo	1.200		300		2	600	
04-03	Ingreso pagaré cliente J		2.800	3.100		6	18.600	
10-03	Reintegro efectivo-Caja	3.000		100		3	300	
13-03	Pago fra. proveedor X	1.200			1.100	10		11.000
23-03	Ingreso cheque cliente P		1.500	400		2	800	
25-03	Pago seg.soc.	2.000			1.600	6		9.600
31-03						**31**	**23.300**	**20.600**

- Cálculo de los intereses:

$$I_a = \frac{\sum N_a}{D_a} = \frac{23.300}{365/0{,}015} = 0{,}96\ €$$

$$I_d = \frac{\sum N_d}{D_d} = \frac{20.600}{360/0{,}12} = 6{,}87\ €$$

— Liquidación de la cuenta corriente:

Saldo a final de marzo (deudor) – Intereses deudores +Intereses acreedores – Retención rentas de capital (0,19 × 0,97) – Comisión administración (0,50 €/apunte × 6 apuntes) – Comisión mantenimiento	(1.600,00) (6,87) 0,96 (0,18) (3,00) (3,00)
Saldo liquidación al final de marzo(deudor)	(1.612,09 €)

16.2 LA PÓLIZA DE CRÉDITO

Consiste en un contrato bancario por el que la entidad financiera concede a un cliente financiación hasta un determinado límite y durante un tiempo convenido entre las partes.

La firma de una póliza conlleva un conjunto de condiciones, tales como, el límite del crédito, el tipo de interés, las comisiones, la frecuencia de liquidación de la cuenta, etc. Su liquidación es muy parecida a la de las cuentas corrientes.

Se utilizan, tanto en el sector público como privado, para financiar normalmente un déficit de tesorería.

16.2.1. Liquidación de las cuentas de crédito

La liquidación de estas cuentas las haremos por el método hamburgués, siguiendo el siguiente procedimiento:

1. Se ordenan los movimientos de la cuenta por fecha valor, en orden ascendente.
2. Se determina, después de cada movimiento, el saldo de la cuenta, haciendo una diferenciación entre los saldos deudores y los saldos acreedores.

3. Se calcula el número de días de permanencia del saldo, hasta el siguiente movimiento. Son los días que transcurren entre las fechas valor de dos apuntes consecutivos.

4. Se calculan los números comerciales, los cuales se obtienen multiplicando cada saldo (deudor, acreedor o excedido) por los días de permanencia, obteniendo por tanto tres columnas, una con los números comerciales deudores, otra con los acreedores y otra con los excedidos, en caso de producirse.

5. Calculamos los intereses, los cuales pueden ser deudores o acreedores.

   a) Para la obtención de los intereses debemos calcular el correspondiente divisor fijo, el cual resulta de dividir los días del año entre el tipo de interés anual[1].

   Para los intereses acreedores:

$$D_a = \frac{365}{i}$$

   Para los intereses deudores:

$$D_d = \frac{360}{i'}$$

   Para los intereses excedidos:

$$D_e = \frac{360}{i''}$$

   b) Por último, sumamos todos los números deudores, los números acreedores y los números excedidos, sin compensarlos, y los dividiremos por el divisor fijo correspondiente, resultando los intereses brutos generados por la cuenta.

$$I_a = \frac{\sum N_a}{D_a} \; ; \; I_d = \frac{\sum N_d}{D_d} \; \text{y} \; I_e = \frac{\sum N_e}{D_e}$$

6. La liquidación del período consiste en añadir a la cuenta los intereses a favor del cliente, cargando a continuación la retención a cuenta que corresponde a todas las rentas de capital (19 %), también se cargan los intereses deudores, los intereses excedidos así como otras comisiones correspondientes.

   En referencia a las comisiones, debemos tener en cuenta las siguientes:

   - Comisión de apertura: se calcula en función del límite del crédito concedido, pagadera de una sola vez al principio.

[1] En la práctica habitual se utiliza indistintamente tanto el año comercial (360 días) como el año natural (365 días).

- Comisión de disponibilidad: en función del saldo medio no dispuesto (*SMNoD*), se paga por la parte del crédito contratado (límite) y no utilizado.

  Por tanto, la calcularemos de la siguiente manera:

  — *Saldo medio dispuesto*: es el resultado de dividir la suma de los números comerciales deudores, entre el número de días del período de liquidación.

$$SMD = \frac{\sum N_j}{\sum d_j}$$

  — *Saldo medio no dispuesto*: es el límite del crédito menos el saldo medio dispuesto.

- Comisión de excedido: se calcula sobre el mayor saldo excedido del periodo a liquidar.

Ejemplo 16.4

La sociedad Carosa formaliza con una entidad financiera una cuenta de crédito por el plazo de un año, con las siguientes condiciones:

- Límite del crédito 25.000 €
- Liquidaciones trimestrales.
- Tipos de interés aplicables:
  — Para saldos deudores, el 5% anual.
  — Para saldos acreedores, el 1% anual.
  — Para excedidos el 12% anual.
- Comisiones que nos cargan en cuenta el día 1 de junio:
  — De apertura, el 1% sobre el límite concedido.
  — De estudio, 0,1% sobre el límite, con un mínimo de 50 €.
  — Corretaje del fedatario público, 0,2% sobre el nominal de la póliza de crédito.
- Otras comisiones:
  — De disponibilidad, 0,3% sobre saldo medio no dispuesto.
  — De excedido, 1,5% sobre el mayor excedido del trimestre.

El día uno de junio se abre la cuenta de crédito registrando, además de los gastos iniciales que se cargan el mismo día de la apertura, los siguientes movimientos:

Fecha valor = Fecha contable	Concepto	Cargos	Abonos
5-junio	Pago cheque proveedor Arosa	22.000	
12-junio	Reintegro en efectivo-Caja	4.000	
3-julio	Cobro factura cliente Pecosa		27.000
18-julio	Pago luz Fenosa	500	
20-agosto	Pago IAE	2.500	
27-agosto	Ingreso pagaré cliente Canosa		5.300

Se pide: realice la liquidación trimestral de la cuenta de crédito (a 31/08), utilizando para los cálculos el año comercial y la retención del 19% para las rentas de capital.

Solución

Fecha valor	Concepto	Cargos	Abonos	Saldo deudor	Saldo acreedor	Días (n)	Núm. deudor	Núm. acreedor	Núm. excedido
01-jun	Comisión de apertura	250		250		0	0		
01-jun	Comisión de estudio	50		300		0	0		
01-jun	Corretaje	50		350		4	1.400		
05-jun	Pago cheque Arosa	22.000		22.350		7	156.450		
12-jun	Reintegro de efectos Caja	4.000		26.350		21	525.000		28.350
03-jul	Cobro factura Pecosa		27.000		650	15		9.750	
18-jul	Pago de luz Fenosa	500			150	33		4.950	
20-ago	Pago IAE	2.500		2.350		7	16.450		
27-ago	Ingreso pagaré de Canosa		5.300		2.950	4		11.800	
31-ago		**29.350**	**32.300**			**91**	**697.900**	**26.500**	**28.350**

- Cálculo de los intereses:

$$I_a = \frac{\sum N_a}{D_a} = \frac{26.500}{365/0,01} = 0,73\ €$$

$$I_d = \frac{\sum N_d}{D_d} = \frac{697.900}{360/0,05} = 96,93\ €$$

$$I_e = \frac{\sum N_e}{D_e} = \frac{28.350}{360/0,12} = 9,45\ €$$

- Cálculo de las comisiones:

— Comisión disponibilidad: 0,3% sobre el Saldo Medio No Dispuesto (SMNoD)

$$17.330,77 \times 0,003 = 52\ €.$$

SMNoD = Límite del crédito – Saldo Medio Dispuesto (SMD)

$$SMD = \frac{697.900}{91} = 7.669,23\ €$$

$$SMNoD = 25.000 - 7.669,23 = 17.330,77\ €$$

— Comisión excedido: 1,5% mayor excedido del trimestre

$$0,015 \times 1.350 = 20,25\ €$$

Liquidación de la cuenta de crédito

Saldo a final del trimestre (acreedor)	2.950,00
– Intereses deudores	(96,93)
– Intereses excedidos	(9,45)
+ Intereses acreedores	0,73
– Retención rentas de capital (0,19 × 0,74)	(0,14)
– Comisión disponibilidad	(52,00)
– Comisión excedido	(20,25)
Saldo liquidación al final del trimestre (acreedor)	2.771,96 €

Ejemplo 16.5

La sociedad Perosa ha contratado con su banco una póliza de crédito en las siguientes condiciones:

- Límite de crédito: 15.000 euros.
- Interés deudor (dentro del crédito concedido): 8% anual.
- Interés excedido: 24% anual.
- Interés acreedor: 2% anual.
- Comisión de disponibilidad: 4‰ trimestral.
- Comisión por máximo excedido: 1,5‰ trimestral.
- Liquidación por trimestres vencidos.
- Retención del 19% para las rentas de capital.

A lo largo del primer período de liquidación se han producido los siguientes movimientos:

- 15-05 Concesión de la póliza. Cargo de 300 euros por comisiones.
- 30-05 Pago nómina: 4.500 euros.
- 15-06 Pago de factura proveedor: 8.000 euros.

A lo largo del segundo período de liquidación se han producido los siguientes movimientos:

- 10-09 Pago facturas varias: 5.000 euros.
- 29-09 Ingreso en efectivo de 20.000 euros.

Realizar la liquidación para cada uno de los periodos, utilizando el año comercial.

Solución

Primer trimestre:

Fecha	Concepto	Cargos	Abonos	Saldo deudor	Saldo acreedor	Días (n)	$N^{Deud.}$	$N^{Acreed.}$	$N^{Exced.}$
15-05	Comisiones	300		300		15	4.500		
30-05	Pago nómina	4.500		4.800		16	76.800		
15-06	Pago fra. proveed.	8.000		12.800		61	780.800		
15-08						**92**	**862.100**		

- Cálculo de los intereses:

$$I_d = \frac{\sum N_d}{D_d} = \frac{862.100}{360/0{,}08} = 191{,}58\ €$$

- Cálculo de las comisiones:
  - — Comisión disponibilidad: 4‰ sobre el Saldo Medio No Dispuesto (*SMNoD*):

$$5.629{,}35 \times 0{,}004 = 22{,}52\ €$$

SMNoD = Límite del crédito – Saldo Medio Dispuesto (*SMD*):

$$SMD = \frac{862.100}{92} = 9.370{,}65\ €$$

$$SMNoD = 15.000 - 9.370{,}65 = 5.629{,}35\ €$$

Liquidación de la cuenta de crédito del 1er. trimestre

Saldo a final del trimestre (deudor)	(12.800,00)
– Intereses deudores	(191,58)
– Comisión de disponibilidad	(22,52)
Saldo liquidación al final del 1º trimestre (deudor)	**(13.014,10 €)**

Segundo trimestre:

Fecha	Concepto	Cargos	Abonos	Saldo deudor	Saldo acreedor	Días (*n*)	$N^{Deud.}$	$N^{Acreed.}$	$N^{Exced.}$
15-08	Saldo liq. anterio			13.014,1		26	338.366,6		
10-09	Pago de facturas. varias	5.000		18.014,1		19	285.000,0		57.267,9
2-09	Ingreso en efectivo		20.000		1.985,9	47		93.337,3	
15-11						**92**	**623.366,6**	**93.337,3**	**57.267,9**

- Cálculo de los intereses:

$$I_a = \frac{\sum N_a}{D_a} = \frac{93.337{,}3}{365/0{,}02} = 5{,}11\ €$$

$$I_d = \frac{\sum N_d}{D_d} = \frac{623.366{,}6}{360/0{,}08} = 138{,}53\ €$$

$$I_e = \frac{\sum N_e}{D_e} = \frac{57.267{,}9}{360/0{,}24} = 38{,}18\ €$$

- Cálculo de las comisiones:
  - Comisión disponibilidad: 4‰ sobre el Saldo Medio No Dispuesto (*SMNoD*):

$$8.2224{,}28 \times 0{,}004 = 32{,}90\ €.$$

$$SMNoD = Límite\ del\ crédito - Saldo\ Medio\ Dispuesto\ (SMD):$$

$$SMNoD = 15.000 - 6.775{,}72 = 8.224{,}28\ €$$

$$SMD = \frac{623.366{,}6}{92} = 6.775{,}72\ €$$

  - Comisión del excedido: 1,5‰ mayor excedido del trimestre:

$$0{,}0015 \times 3.014{,}1 = 4{,}52\ €$$

Liquidación de la cuenta de crédito del 2º trimestre

Saldo a final del trimestre (acreedor)	**1.985,90**
-Intereses deudores	(138,53)
+Intereses acreedores	5,11
-Retención rentas capital (0,19 × 5,19)	(0,99)
-Intereses excedidos	(38,18)
-Comisión de disponibilidad	(32,90)
-Comisión excedido	(4,52)
Saldo liquidación al final del 2º trimestre (acreedor)	**1.775,89 €**

16.3. DESCUENTO DE PAGARÉS

Esta operación consiste en el anticipo, por parte de una entidad financiera, de un crédito no vencido que un cliente tiene frente a un tercero, y el cual está documentado en un documento llamado pagaré.

16.3.1. Requisitos

Los pagarés deben cumplir una serie de requisitos para ser válidos, pues son un instrumento de pago formal, los cuales se refieren a:

- El documento debe indicar el término "pagaré".
- El pagaré, a diferencia de la letra de cambio, posee una promesa incondicional de pagar una determinada suma de dinero. Se debe expresar en número y en letra.

- Debe identificarse a la persona a quien debe hacerse efectivo el pagaré, la cual puede ser una persona física o una persona jurídica (se indicará la razón social).
- Debe indicarse la fecha de vencimiento, debiendo ser esta posterior a la fecha de emisión.
- También se indicará el lugar en que se debe presentar el documento para su pago.
- Contendrá la fecha y lugar de emisión.
- Ha de ser firmado por su emisor.
- El pagaré puede transmitirse por endoso.

16.3.2. Tipos de pagarés

En cuanto a los tipos de pagarés podemos señalar:

- **A la orden:** designan a una persona como titular del derecho, a favor de la cual habrá de satisfacerse. Siempre realizan una función de giro. Este tipo de pagarés permiten que el legítimo tenedor transmita mediante endoso el pagaré a un tercero.

- **Nominativos, sin cláusula a la orden:** en este caso la operatoria es similar a la de los pagarés a la orden.

- **Nominativos no a la orden**: mediante esta fórmula el firmante expresa la prohibición de que el título sea transmisible mediante endoso, aunque se podrá transmitir mediante la cesión ordinaria para su cobranza.

- **Sin vencimiento:** en este caso nos encontramos con un pagaré con vencimiento a la vista, puesto que tan sólo con la cumplimentación de la fecha de vencimiento al momento de cobro lo podemos cobrar.

- **Para abonar en cuenta:** incluyen una cláusula en su anverso donde se indica que para su cobro se deberán abonar en una cuenta.

- **Cruzados:** presentan dos líneas paralelas en el anverso. En este caso el pagaré tan sólo podrá ser cobrado por el legítimo tenedor mediante abono en cuenta, sólo en el caso de que sea cliente de la entidad librada, podrá cobrarlo por ventanilla.

    a. **Cruzado general:** entre las dos líneas no se especifica el nombre de ninguna entidad financiera por lo que podrá ser cobrado mediante abono en cuenta en cualquier entidad bancaria.

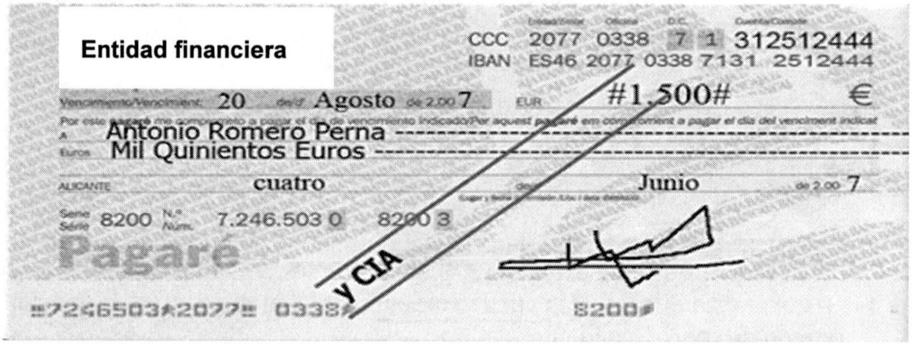

    b. **Cruzado especial:** en este caso entre ambas barras aparece la identificación de una entidad financiera de tal modo que el pagaré deberá ser cobrado mediante abono en una cuenta de dicha entidad.

16.3.3. Cálculo del efectivo

La entidad financiera cobrará a su cliente unos intereses por el descuento. Además, también puede existir una comisión de cobro, que se aplicará sobre el nominal, pudiendo tener ésta un mínimo.

A la hora de calcular el efectivo y el líquido, debemos tener en cuenta, para el cálculo de los intereses del descuento, la existencia de dos modalidades de liquidación:

- *Forfait:* el interés aplicado para el descuento incluye el tipo de interés correspondiente al descuento y a la comisión de cobro. Por tanto, el efectivo y el líquido se calculará como sigue:

$$E = N - N \cdot \frac{n}{360} \cdot d$$

- *No forfait:* los intereses y comisiones se aplican de forma separada.

$$E = N - N \cdot \frac{n}{360} \cdot d - N \cdot g$$

En cualquiera de las dos opciones anteriores, caso de existir otros gastos (correo, fax, timbres, etc.), para obtener el líquido se los descontaríamos al efectivo.

$$L = E - G$$

siendo:

N → Nominal del pagaré.

n → Número de días hasta el vencimiento.

d → Tipo de descuento unitario anual ($forfait$ o no)..

G → Otros gastos (correo).

g → Comisión gestión de cobro.

G → Otros gastos.

Ejemplo 16.6

La sociedad Canosa, S.A., el día 5 de noviembre del año 13 lleva al descuento una remesa de pagarés al Banco con las siguientes características:

Nº efecto	Fecha de vencimiento	Nominal
100.001	25/12/13	41.656,96
100.002	05/01/14	3.218,83
100.003	25/12/13	544.427,76

El tanto de descuento negociado con la entidad para esta línea de descuento es del 2,00% (*forfait*).

Además, para el cálculo de la liquidación debe tenerse en cuenta que el banco nos cobra 0,64 euros de correo por efecto.

Calcule:

a. El efectivo y el líquido percibido.

b. La TAE.

Solución

Nº efecto	Fecha vencimiento	Fecha vencimiento efectivo	Nominal	Días	Intereses		Efectivo	Correo	Líquido
					%	Importe			
100.001	25-12-13	26-12-13	41.656,96	51	2	118,03	41.538,93	0,64	41.538,29
100.002	05-01-14	05-01-14	3.218,83	61	2	10,91	3.207,92	0,64	3.207,28
100.003	25-12-13	26-12-13	544.427,76	51	2	1.542,55	542.885,21	0,64	542.884,57
			589.303,55			1.671,48	587.632,07	1,92	587.630,15

Para el primer y tercer efecto, como la fecha de vencimiento es festivo se pasa al día siguientes.

Para el cálculo de la TAE, calcularemos el promedio de giro de los efectos, de la siguiente manera:

$$Promedio\ de\ giro\ (pg) = \frac{41.656,96 \times 51 + 3.218,83 \times 61 + 544.427,76 \times 51}{802.034,86} =$$

$$= 55,05 \text{ días (sin redondeo)}$$

$$TAE = \left(\frac{N}{E}\right)^{365/pg} - 1 = \left[\left(\frac{589.303,55}{587.632,07}\right)^{365/55,05} - 1\right] \times 100 \simeq 1,90\%$$

Ejemplo 16.7

La sociedad PEP S.A. del día 16 de marzo del año 13 lleva al descuento una remesa de pagarés con las siguientes características al Banco:

Nº efecto	Fecha de vencimiento	Nominal
200.001	14/04/13	22.565,32
200.002	28/05/13	30.526,33
200.003	30/06/13	28.366,51

Los tantos de descuento negociados están en función del vencimiento, siendo estos:

- 2,00% para aquellos cuyo vencimiento sea igual o inferior a 30 días.
- 2,25% para aquellos cuyo vencimiento esté entre 31 y 90 días.
- 2.50% para aquellos cuyo vencimiento sea superior a 91 días.

Además, existe una comisión fija de 1,20 € por efecto y 0,64 euros de correo por efecto. Calcule:

a. El efectivo y el líquido percibido.

b. La TAE.

Solución

Nº efecto	Fecha vencimiento	Nominal	Días	Intereses		Comisión	Efectivo	Correo	Líquido
				%	Importe				
200.001	14-04-13	22.565,32	29	2,00	36,36	1,20	22.527,76	0,64	22.527,12
200.002	28-05-13	30.526,33	73	2,25	139,28	1,20	30.385,85	0,64	30.385,21
200.003	30-06-13	28.366,51	106	2,50	208,81	1,20	28.156,50	0,64	28.155,86
		81.458,16			384,44	3,60	81.070,12	1,92	81.068,20

Para el cálculo de la TAE, calcularemos el promedio de giro de los efectos, de la siguiente manera:

$$Promedio\ de\ giro\ (pg) = \frac{22.565{,}32 \times 29 + 30.526{,}33 \times 73 + 28.366{,}51 \times 106}{81.458{,}16} =$$

$$= 72{,}30 \text{ días (sin redondeo).}$$

$$\text{TAE} = \left(\frac{N}{E}\right)^{365/pg} - 1 = \left[\left(\frac{81.458{,}16}{81.070{,}12}\right)^{365/72{,}30} - 1\right] \times 100 = 2{,}44\%$$

16.4. *FACTORING*

Es una forma de financiación, mediante la cual una empresa cede sus facturas a la empresa factor, la cual cobrará unos intereses y en su caso una comisión. Por tanto, es una operación donde se produce una transferencia de una deuda comercial, desde su titular a un factor, encargándose este último de su cobro.

16.4.1. Tipos de *factoring*

En función de si el factor asume o no el riesgo de impago, el *factoring* se clasifica en:

- *Con recurso:* en este caso la empresa factor se hace cargo de la gestión de los deudores y del cobro de los mismos, pero no se responsabiliza de los posibles impagos. Esta modalidad suele ser utilizada por empresas con escasa morosidad, evitando así pagar la comisión por cobertura de riesgos.
- *Sin recurso:* al contrario que en el caso anterior, aquí la empresa factor si asume el riesgo de impago. Lógicamente, el coste de esta opción es más alta que la anterior.

16.4.2. Cálculo del efectivo

Para obtener el efectivo aplicaremos lo explicado en el epígrafe anterior sobre descuento de pagarés. Cabe comentar que la financiación obtenida no siempre es del 100% del total de la deuda cedida y en ocasiones puede oscilar alrededor del 80%. El pago del otro 20% se efectuará a medida que se vayan produciendo el cobro de las facturas. Esta situación suele depender de la calidad de la solvencia de los deudores y no de la situación patrimonial de la empresa cliente.

16.4.3. Concertación de una operación de una *factoring* por las Administraciones Públicas

Si bien el *factoring* es una técnica de administración financiera perfectamente admitida en el sector privado, su aplicación en el ámbito público, desde la perspectiva de las administraciones Públicas como sujetos activos de esta operación, ha resultado controvertida.

En cuanto a la naturaleza de esta operación existen opiniones doctrinales diferenciadas. Así hay quienes consideran que se tratan de un contrato de cesión de créditos excluyendo su caracterización como operación de endeudamiento, frente a quienes consideran de aplicación las limitaciones legales previstas para la concertación de operaciones de endeudamiento.

La negativa del carácter crediticio de esta operación supone la consideración exclusiva de la misma como un contrato de cesión de derechos económicos que ostenta la Administración. Si bien, en el derecho privado español rige el principio general de transmisibilidad de los derechos (artículo 1112 del Código Civil), en el sector público debe tenerse en cuenta lo previsto en el artículo 7 de la Ley 47/2003, de 26 de noviembre, General Presupuestaria, conforme al cual no se pueden enajenar, gravar o arrendar los derechos económicos de la Hacienda Pública, fuera de los casos regulados en las leyes.

La caracterización de este negocio como operación de endeudamiento exigiría además la aplicación de los requisitos y límites legales en materia de endeudamiento. Asimismo y teniendo en cuenta su vinculación al derecho de cobro que ostenta la Administración y en el que se fundamenta la operación, hay que tener en cuenta la regulación legal en materia de garantía de pago de las obligaciones derivadas de las operaciones de crédito a corto plazo, que en el ámbito local se regulan en el artículo 49.5 del Texto Refundido de la Ley Reguladora de las Haciendas Locales (RD 2/2004, de 5 de marzo), limitándose al ámbito tributario (con exclusión de subvenciones y otros derechos de cobro en el corto plazo).

Por otra parte, e independientemente de la calificación de la operación, hay que tener presente que la concertación de la misma exige el previo reconocimiento del derecho a ceder, con lo cual habrá que estar a lo dispuesto por la normativa en materia de reconocimiento de derechos. Así, por ejemplo, por lo que respecta a los derechos de cobro derivados de las transferencias y subvenciones, no corresponde efectuar el reconocimiento del derecho con la concesión, sino con carácter general, cuando se produzca la recepción de los fondos en la tesorería de la entidad, pudiéndose anticipar el reconocimiento cuando se conozca de forma cierta que el ente concedente ha dictado el acto de reconocimiento de su correlativa obligación (Consulta nº 4/2000 IGAE).

A la vista de lo expuesto, concluimos la dificultad de la aplicación de esta figura en el sector público. No obstante encontramos ejemplos, principalmente en el sector local de contratos de *factoring*, que si bien conservan esta denominación, desvirtúan su figura con el objeto de salvar las trabas legales convirtiéndolo en una simple operación de tesorería; por ejemplo un ayuntamiento de la Comunidad Valenciana concertó en el año 2010, con una conocida entidad financiera un contrato de *factoring* de duración anual, consistente en " anticipar el importe de las cantidades certificadas que se ajusten a la subvención concedida, sin necesidad de toma de razón y sin afectación de recursos, de forma que sería suficiente garantía la Resolución de concesión de la subvención, la aprobación de las certificaciones de obra y el convenio suscrito con la Entidad Financiera".

Ejemplo 16.8

La empresa RVV S.A., ha recibido de la entidad La Caixa el día 30 de agosto del año 2011, la siguiente liquidación por la realización de un servicio de *factoring*.

Entidad financiera

Factoring

Liquidación financiación

Barcelona, 30 de agosto de 2011
Página 1 de 1

CÓDIGO CUENTA CLIENTE (CCC)	CONTRATO FACTORING	FECHA VALOR	MONEDA	LIQUIDACIÓN
		30.08.2011	EURO	6.964,56-

Datos generales

TITULAR/ES	NIF

Liquidación

CONCEPTO	IMPORTE
NOMINAL ANTICIPADO	2.056.464,96
INTERESES	6.964,56
RETENCIÓN RESERVA ESPECIAL	2.056.464,96
TOTAL	6.964,56-

DETALLE

NÚM. CRÉDITO	COMPRADOR	NÚM. FACTURA	IMPORTE FACTURA	ANTICIPOS ANTERIORES	IMPORTE ANTICIPADO	FECHA LIQUIDACIÓN	DÍAS	% INT.	IMPORTE INTERESES
10096:	EL CORTE INGLES, S.A	23785663	2.056.464,96	0,00	2.056.464,96	17.10.2011	48	2,540	6.964,56
TOTALES			2.056.464,96	0,00	2.056.464,96				6.964,56

Teniendo en cuenta que las condiciones firmadas con la entidad son:

- Tanto de descuento (*forfait*): 2,54% anual.
- Porcentaje de anticipo: 100%.

Compruebe los intereses y obtenga la TAE de esta operación.

Solución

- Cálculo de los intereses de descuento del *factoring*:

$$\text{Intereses} = 2.056.464{,}96 \times \frac{48}{360} \times 0{,}0254 = 6.964{,}56 \text{ €}$$

$$E = 2.056.464{,}96 - 6.964{,}56 = 2.049.500{,}40 \text{ €}$$

- TAE de la operación:

$$2.049.500{,}40 = \frac{2.056.464{,}96}{(1+k)^{\frac{48}{365}}}$$

$$k = \left(\frac{2.056.464{,}96}{2.049.500{,}40}\right)^{365/48} - 1 = 2{,}61\ \%$$

Ejemplo 16.9

La empresa RVV S.A., ha recibido de la entidad ABanca el día 30 de diciembre de 2016, la siguiente liquidación por la realización de un servicio de *factoring*.

Teniendo en cuenta que las condiciones firmadas con la entidad son:

- Tanto de descuento (*forfait*): 0,35% anual.
- Porcentaje de anticipo: 100%.

Se pide: comprobar los intereses y obtener la TAE de esta remesa.

Entidad financiera

FACTORING-LIQUIDACIÓN

				TIPO DE OPERACIÓN	MONEDA	NÚMERO DE CUENTA ASOCIADA
1	30-12-16	30-12-16	8	FINANCIACION	EUR	IBAN ES11 2080 0450 8655 0000 5564

Mod. JFO

DETALLE FACTURAS

REFª DOCUMENTO	DEUDOR	VENCIMIENTO	NOMINAL	ANTICIPO A CUENTA	COMIS. FIJA	COMISIÓN FACTORING %	COMISIÓN FACTORING IMPORTE	INTERESES DÍAS	INTERESES IMPORTE
4560783	EL CORTE INGLES, S.A	15-02-17	45487,09	45487,09				47	20,79
4560784	EL CORTE INGLES, S.A	05-03-17	299110,35	299110,35				65	189,02
4567646	EL CORTE INGLES, S.A	25-02-17	677207,69	677207,69				57	375,29
4574654	EL CORTE INGLES, S.A	05-03-17	392738,01	392738,01				65	248,19
4580853	EL CORTE INGLES, S.A	05-03-17	54281,15	54281,15				65	34,30
4580854	EL CORTE INGLES, S.A	15-03-17	35286,22	35286,22				75	25,73
4586791	EL CORTE INGLES, S.A	15-02-17	75934,17	75934,17				47	34,70
4586792	EL CORTE INGLES, S.A	05-03-17	32713,31	32713,31				65	20,67
4586793	EL CORTE INGLES, S.A	15-03-17	294371,86	294371,86				75	214,65
4586794	EL CORTE INGLES, S.A	25-03-17	22421,56	22421,56				85	18,53
TOTALES			1929551,41	1929551,41					1181,87

%INTERÉS	0,35	IMPORTE TOTAL ANTICIPO	1.929.551,41 EUR
		IMPORTE TOTAL INTERÉS	1.181,87 EUR
		TAE APLICADO	0,36 %

Solución

- Cálculo de los intereses de descuento del *factoring*:

Nominal	Días	Intereses (Nominal × días/360 × 0,0035)	Efectivo	Nominal x días
45.487,09	47	20,79	45.466,30	2.137.893,23
299.110,35	65	189,02	298.921,33	19.442.172,75
677.207,69	57	375,29	676.832,40	38.600.838,33
392.738,01	65	248,19	392.489,82	25.527.970,65
54.281,15	65	34,30	54.246,85	3.528.274,75
35.286,22	75	25,73	35.260,49	2.646.466,50
75.934,17	47	34,70	75.899,47	3.568.905,99
32.713,31	65	20,67	32.692,64	2.126.365,15
294.371,86	75	214,65	294.157,21	22.077.889,50
22.421,56	85	18,53	22.403,03	1.905.832,60
1.929.551,41		**1.181,86**	**1.928.369,55**	**121.562.609,45**

- TAE remesa:

$$Promedio\ de\ giro\ (pg) = \frac{\sum Nominal\ \times\ días}{\sum Nominales} = \frac{121.562.609{,}45}{1.929.551{,}41} = 63\ \text{días}$$

$$TAE = \left(\frac{N}{E}\right)^{365/pg} - 1 = \left(\frac{1.929.551{,}41}{1.928.369{,}55}\right)^{\frac{365}{63}} - 1 = 0{,}36\ \%$$

16.5. *LEASING*

Es una operación financiera que tiene como objeto el arrendamiento de un bien. Así, la empresa propietaria del bien cede los derechos de uso a otra, obteniendo a cambio una serie de pagos periódicos y, normalmente, concretando una opción de compra a la finalización del contrato.

16.5.1. Tipos de *leasing*

Existen distintas clasificaciones de *leasing*, las cuales resumimos en el cuadro siguiente:

Clasificación	Tipo	Características
Según las características del arrendador	Financiero	El arrendador es una entidad financiera o una sociedad filial de ésta. El contrato del *leasing* es irrevocable por ambas partes. El riesgo de obsolescencia, el mantenimiento y la conservación del bien, los asume el arrendatario.
	Operativo	El arrendador suele ser el fabricante, distribuidor o importador del bien. El contrato del *leasing* es revocable a voluntad del arrendatario, previo aviso al arrendador. El riesgo de obsolescencia, el mantenimiento y la conservación del bien, los asume el arrendador.
Según el bien objeto de contrato	Mobiliario	El bien objeto de contrato es un bien de equipo, vehículos y otros bienes de consumo duradero.
	Inmobiliario	El bien objeto de contrato es inmobiliario industrial y comerciales (excepto viviendas).
Otros	*Lease-back*	El propietario de un bien inmueble lo vende a otra persona, la cual se lo cede en arrendamiento el vendedor, concediéndole además un derecho de opción de compra a ejercitar transcurrido determinado período de tiempo.
	Leasing en divisas	La operación de *leasing* se realiza con empresas situadas en el exterior y en la moneda del país que concede la financiación.

Ejemplo 16.10

La entidad pública LUGO suscribe el 1 de enero del año 01, un contrato de arrendamiento financiero para la utilización de un equipo informático, con las siguientes características:

- Valor (sin IVA): 22.479,25 euros.
- Tipo de interés nominal anual pagadero mensualmente, fijo: $J_{12} = 0{,}0325$.
- Duración del contrato: 4 años.
- Mensualidades: prepagables constantes.
- Comisión de apertura: 0,50%.
- Corretaje del notario: 230 euros.
- Opción de compra: coincide con la mensualidad y se ejercerá el mes siguiente al pago de la última mensualidad.
- IVA deducible. Tipo aplicable: 21%.

Realizar el cuadro de amortización y calcular la TAE y el coste efectivo de la operación.

Solución

$$i_{12} = \frac{0{,}00325}{12} = 0{,}002708$$

$$22.479{,}25 = a \times \ddot{a}_{49\rceil\, 0{,}002708}$$

$$a\ (\text{mensualidad}) = 489{,}17\ €$$

Cuadro amortización:

Periodos	Fecha	Capital vivo	Amortización	Intereses	Cuota neta	Impuestos	Cuota bruta
0	01-01-01	21.990,08	489,17		489,17	102,73	591,89
1	01-02-01	21.560,47	429,61	59,56	489,17	102,73	591,89
2	01-03-01	21.129,69	430,78	58,39	489,17	102,73	591,89
3	01-04-01	20.697,75	431,94	57,23	489,17	102,73	591,89
4	01-05-01	20.264,64	433,11	56,06	489,17	102,73	591,89
5	01-06-01	19.830,35	434,29	54,88	489,17	102,73	591,89
6	01-07-01	19.394,89	435,46	53,71	489,17	102,73	591,89
7	01-08-01	18.958,25	436,64	52,53	489,17	102,73	591,89
8	01-09-01	18.520,42	437,82	51,35	489,17	102,73	591,89
9	01-10-01	18.081,41	439,01	50,16	489,17	102,73	591,89
10	01-11-01	17.641,21	440,20	48,97	489,17	102,73	591,89
11	01-12-01	17.199,82	441,39	47,78	489,17	102,73	591,89
12	01-01-02	16.757,24	442,59	46,58	489,17	102,73	591,89
13	01-02-02	16.313,45	443,78	45,38	489,17	102,73	591,89
14	01-03-02	15.868,47	444,99	44,18	489,17	102,73	591,89
15	01-04-02	15.422,27	446,19	42,98	489,17	102,73	591,89
16	01-05-02	14.974,87	447,40	41,77	489,17	102,73	591,89
17	01-06-02	14.526,26	448,61	40,56	489,17	102,73	591,89
18	01-07-02	14.076,43	449,83	39,34	489,17	102,73	591,89
19	01-08-02	13.625,39	451,05	38,12	489,17	102,73	591,89
20	01-09-02	13.173,12	452,27	36,90	489,17	102,73	591,89
21	01-10-02	12.719,63	453,49	35,68	489,17	102,73	591,89
22	01-11-02	12.264,91	454,72	34,45	489,17	102,73	591,89
23	01-12-02	11.808,96	455,95	33,22	489,17	102,73	591,89
24	01-01-03	11.351,77	457,19	31,98	489,17	102,73	591,89
25	01-02-03	10.893,35	458,42	30,74	489,17	102,73	591,89
26	01-03-03	10.433,68	459,67	29,50	489,17	102,73	591,89
27	01-04-03	9.972,77	460,91	28,26	489,17	102,73	591,89
28	01-05-03	9.510,61	462,16	27,01	489,17	102,73	591,89
29	01-06-03	9.047,20	463,41	25,70	489,17	102,73	591,89
30	01-07-03	8.582,53	464,67	24,50	489,17	102,73	591,89
31	01-08-03	8.116,61	465,92	23,24	489,17	102,73	591,89
32	01-09-03	7.649,42	467,19	21,98	489,17	102,73	591,89
33	01-10-03	7.180,97	468,45	20,72	489,17	102,73	591,89
34	01-11-03	6.711,25	469,72	19,45	489,17	102,73	591,89
35	01-12-03	6.240,25	470,99	18,18	489,17	102,73	591,89
36	01-01-04	5.767,99	472,27	16,90	489,17	102,73	591,89
37	01-02-04	5.294,44	473,55	15,62	489,17	102,73	591,89
38	01-03-04	4.819,61	474,83	14,34	489,17	102,73	591,89
39	01-04-04	4.343,49	476,12	13,05	489,17	102,73	591,89
40	01-05-04	3.866,09	477,41	11,76	489,17	102,73	591,89
41	01-06-04	3.387,39	478,70	10,47	489,17	102,73	591,89
42	01-07-04	2.907,39	479,99	9,17	489,17	102,73	591,89
43	01-08-04	2.426,10	481,29	7,87	489,17	102,73	591,89
44	01-09-04	1.943,50	482,60	6,57	489,17	102,73	591,89
45	01-10-04	1.459,59	483,91	5,26	489,17	102,73	591,89
46	01-11-04	974,38	485,22	3,95	489,17	102,73	591,89
47	01-12-04	489,17	485,21	3,96	489,17	102,73	591,89
48	01-01-05		489,17		489,17	102,73	591,89

Cálculo de la TAE:

$$22.479{,}25 - 0{,}50\% \times 22.479{,}25 = 489{,}17 \times \ddot{a}_{49\rceil i'_{12}}$$

$$i'_{12} = 0{,}002923$$

$$\text{TAE} = [(1 + 0{,}002923)^{12} - 1] \times 100 = 3{,}56\ \%$$

Cálculo del coste efectivo:

$$22.479{,}25 - 112{,}40 - 230 = 489{,}17 \times \ddot{a}_{49\rceil k_{12}}$$

$$k_{12} = 0{,}0033664$$

$$\text{Coste efectivo}(k) = [(1 + 0{,}0033664)^{12} - 1] \times 100 = 4{,}12\ \%$$

Ejemplo 16.11

La entidad pública RV S.A. suscribe el 1 de junio del año 11 un contrato de arrendamiento financiero para la utilización de un coche, con las siguientes características:

- Precio adquisición: 46.875,00 euros (sin IVA).
- Impuesto matriculación: 5.625,00 euros.
- Tipo de interés de la operación: Euribor a un año + Diferencial del 0,75%.
- Duración del contrato: 24 mensualidades prepagables constantes.
- Comisión de apertura y estudio: 0,55%.
- Corretaje del notario: 202,31 euros.
- Opción de compra: coincide con el importe de la última mensualidad y se ejercerá el mes después del pago de la última mensualidad.
- IVA deducible. Tipo aplicable: 21%.

Se pide:

a) Realizar el cuadro de amortización suponiendo un Euribor del 2,02%.

b) Suponiendo que el Euribor para el segundo año es del 2,3%, calcule el nuevo cuadro de amortización.

Solución

a) Realizar el cuadro de amortización:

$$J_{12} = 2{,}02 + 0{,}75 = 2{,}77\%$$

$$i_{12} = \frac{0{,}0277}{12} = 0{,}002308333$$

$$52.500 = a \times \ddot{a}_{25\rceil 0{,}0023083}$$

$$a = 2.158{,}62\ €$$

Cuadro amortización:

Periodos	Fecha	Capital vivo	Amortización	Intereses	Cuota neta	Impuestos	Cuota bruta
0	15-06-11	50.341,38	2.158,62		2.158,62	453,31	2.611,93
1	15-07-11	48.298,97	2.042,41	116,20	2.158,62	453,31	2.611,93
2	15-08-11	46.251,85	2.047,13	111,49	2.158,62	453,31	2.611,93
3	15-09-11	44.200,00	2.051,85	106,76	2.158,62	453,31	2.611,93
4	15-10-11	42.143,41	2.056,59	102,03	2.158,62	453,31	2.611,93
5	15-11-11	40.082,07	2.061,33	97,28	2.158,62	453,31	2.611,93
6	15-12-11	38.015,98	2.066,09	92,52	2.158,62	453,31	2.611,93
7	15-01-12	35.945,12	2.070,86	87,75	2.158,62	453,31	2.611,93
8	15-02-12	33.869,48	2.075,64	82,97	2.158,62	453,31	2.611,93
9	15-03-12	31.789,04	2.080,43	78,18	2.158,62	453,31	2.611,93
10	15-04-12	29.703,81	2.085,24	73,38	2.158,62	453,31	2.611,93
11	15-05-12	27.613,76	2.090,05	68,57	2.158,62	453,31	2.611,93
12	15-06-12	25.518,88	2.094,87	63,74	2.158,62	453,31	2.611,93
13	15-07-12	23.419,17	2.099,71	58,91	2.158,62	453,31	2.611,93
14	15-08-12	21.314,62	2.104,56	54,06	2.158,62	453,31	2.611,93
15	15-09-12	19.205,20	2.109,41	49,20	2.158,62	453,31	2.611,93
16	15-10-12	17.090,92	2.114,28	44,33	2.158,62	453,31	2.611,93
17	15-11-12	14.971,75	2.119,16	39,45	2.158,62	453,31	2.611,93
18	15-12-12	12.847,70	2.124,06	34,56	2.158,62	453,31	2.611,93
19	15-01-13	10.718,74	2.128,96	29,66	2.158,62	453,31	2.611,93
20	15-02-13	8.584,86	2.133,87	24,74	2.158,62	453,31	2.611,93
21	15-03-13	6.446,07	2.138,80	19,82	2.158,62	453,31	2.611,93
22	15-04-13	4.302,33	2.143,74	14,88	2.158,62	453,31	2.611,93
23	15-05-13	2.158,62	2.143,71	14,90	2.158,62	453,31	2.611,93
24	15-06-13		2.158,62		2.158,62	453,31	2.611,93

b) Nuevo cuadro de amortización:

$$J_{12} = 2{,}3 + 0{,}75 = 3{,}95\%$$

$$i_{12} = \frac{0{,}0305}{12} = 0{,}00254166$$

$$25.518{,}88 = a' \times a_{\overline{12}|\,0{,}00254166}$$

$$a' = 2.161{,}87\ €$$

Cuadro amortización:

Periodos	Fecha	Capital vivo	Amortización	Intereses	Cuota neta	Impuestos	Cuota bruta
0	15-06-11	50.341,38	2.158,62		2.158,62	453,31	2.611,93
1	15-07-11	48.298,97	2.042,41	116,20	2.158,62	453,31	2.611,93
2	15-08-11	46.251,85	2.047,13	111,49	2.158,62	453,31	2.611,93
3	15-09-11	44.200,00	2.051,85	106,76	2.158,62	453,31	2.611,93
4	15-10-11	42.143,41	2.056,59	102,03	2.158,62	453,31	2.611,93
5	15-11-11	40.082,07	2.061,33	97,28	2.158,62	453,31	2.611,93
6	15-12-11	38.015,98	2.066,09	92,52	2.158,62	453,31	2.611,93
7	15-01-12	35.945,12	2.070,86	87,75	2.158,62	453,31	2.611,93
8	15-02-12	33.869,48	2.075,64	82,97	2.158,62	453,31	2.611,93
9	15-03-12	31.789,04	2.080,43	78,18	2.158,62	453,31	2.611,93
10	15-04-12	29.703,81	2.085,24	73,38	2.158,62	453,31	2.611,93
11	15-05-12	27.613,76	2.090,05	68,57	2.158,62	453,31	2.611,93
12	15-06-12	**25.518,88**	2.094,87	63,74	2.158,62	453,31	2.611,93
13	15-07-12	23.421,87	2.097,01	64,86	2.161,87	453,99	2.615,86
14	15-08-12	21.319,53	2.102,34	59,53	2.161,87	453,99	2.615,86
15	15-09-12	19.211,85	2.107,68	54,19	2.161,87	453,99	2.615,86
16	15-10-12	17.098,81	2.113,04	48,83	2.161,87	453,99	2.615,86
17	15-11-12	14.980,40	2.118,41	43,46	2.161,87	453,99	2.615,86
18	15-12-12	12.856,61	2.123,79	38,08	2.161,87	453,99	2.615,86
19	15-01-13	10.727,41	2.129,19	32,68	2.161,87	453,99	2.615,86
20	15-02-13	8.592,81	2.134,60	27,27	2.161,87	453,99	2.615,86
21	15-03-13	6.452,78	2.140,03	21,84	2.161,87	453,99	2.615,86
22	15-04-13	4.307,31	2.145,47	16,40	2.161,87	453,99	2.615,86
23	15-05-13	2.161,87	2.145,44	16,43	2.161,87	453,99	2.615,86
24	15-06-13		2.161,87		2.161,87	453,99	2.615,86

Ejemplo 16.12

Condiciones leasing contratado por la sociedad CANOSA:

- Valor a financiar: 10.000 €.
- Tipo de interés efectivo anual fijo: 5%.
- Tipo de cuotas: 4 anualidades constantes pospagables.
- Importe del valor residual (opción de compra): de importe 1.000 € y se pagará junto con la última cuota de *leasing*.
- IVA: 21%.
- Comisión de apertura + estudio: 100 €.

Obtener:

a) Cuadro financiero de amortización.
b) Coste efectivo anual de la operación.

Solución

a) Cuadro financiero de amortización.

Periodos	Capital pendiente (Vivo-Deuda pendiente)	Recuperación del coste (Amortización)	Cuota de interés (Rendimientos)	Cuota neta	Impuestos (IVA 21%)	Cuota bruta
0	10.000,00					
1	7.911,89	2.088,11	500,00	2.588,11	543,50	3.131,61
2	5.719,38	2.192,51	395,59	2.588,11	543,50	3.131,61
3	3.417,24	2.302,14	285,97	2.588,11	543,50	3.131,61
4	**1.000,00**	2.417,24	170,86	2.588,11	543,50	3.131,61
	OPC.COMPRA					

b) Coste efectivo anual de la operación.

$$10.000 - 100 = \frac{2.588,11}{(1+k)^1} + \frac{2.588,11}{(1+k)^2} + \frac{2.588,11}{(1+k)^3} + \frac{3.588,11}{(1+k)^4}$$

$$k = 5,41\%$$

Utilizando la fórmula de la TIR de la Excel:

	-9.900
	2.588,11
	2.588,11
	2.588,11
	3.588,11
k=	5,41%

16.6. *CONFIRMING*

Es un sistema de financiación entre el proveedor y el cliente para operaciones comerciales, mediante el cual, una entidad financiera gestionará los pagos del comprador y su posible financiación, y el proveedor puede obtener un anticipo de las facturas antes de su vencimiento.

El comprador y confirmador de las facturas puede obtener una fuente de ingresos con dicha gestión ya que es habitual negociar con la entidad una comisión en función del volumen de cobros anticipados por nuestros proveedores.

Esta operación al igual que la de *factoring*, también puede clasificarse con y sin recurso.

16.6.1. *Confirming* en el sector público

El sistema de pagos confirmados (***confirming***) consiste en firmar un contrato entre la Administración Pública (cliente) y la entidad financiera para la remisión de las órdenes de pago, enviando periódicamente a la citada entidad relaciones con los pagos que la Administración va a efectuar durante los meses siguientes. En estas relaciones, además de los importes de las deudas y los datos de los acreedores, se hace constar la fecha exacta en que se deberá materializar cada una de las órdenes de pago. Una vez recibidas las relaciones por la entidad financiera, ésta se pone en contacto con los acreedores, indicándoles la fecha y el importe de la transferencia que van a recibir de la entidad ordenante, ofreciéndoles la posibilidad de anticipar el cobro a unos tipos de interés preferenciales. En las fechas previstas para cada una de las órdenes de pago, éstas son cargadas en la cuenta corriente de la Administración Pública.

La contratación puede comprender la simple gestión de pagos, con la posibilidad de anticipación por la entidad financiera, a solicitud y por cuenta del proveedor, o incluir también la posibilidad de aplazamiento del pago por el cliente (*postconfirming*), aplicando en este caso, el factor una penalización (interés de de demora) prevista en el contrato.

16.7. REMESAS DE DESCUENTO DE EFECTOS

Lo usual en descuento es que la empresa (cliente) presente al descuento en su entidad financiera varias remesas de efectos y no un único efecto. En este caso, la entidad financiera facilitará un documento, denominado factura de descuento, en el cual se detallarán, para cada uno de los efectos, todas las características que lo definan como por ejemplo, su nominal, vencimiento, etc.

Para calcular el efectivo de una remesa (E_T) se sumará los efectivos de cada uno de los efectos que componen la remesa.

$$E_T = E_1 + E_2 + \cdots + E_n$$

Ejemplo 16.13

Se presenta en el banco una remesa de efectos a través de la siguiente factura de descuento:

- Fecha de descuento: 15-09-15
- Tipo de descuento según vencimiento:
  - 5,25%: vencimiento hasta 60 días.
  - 6,25%: vencimiento hasta 90 días.
  - 7,25% vencimiento hasta 120 días.
- La comisión de cobranza es del 6‰ con un mínimo de 3 € por efecto.
- Timbres (en €):

- De 751,28 a 1.502,53: 4,21.
- De 1.502,54 a 3.005,06: 8,41.

Efecto	Vencimiento	Nominal	Días
A	01-10-15	2.000	16
B	15-10-15	1.400	30
C	20-11-15	2.500	66
D	21-12-15	3.000	97

Calcular:

- El efectivo y el líquido de la remesa.
- Coste efectivo para el cliente y la TAE bancaria.

Solución

Nominal N	Días n	$N \times n$	Intereses 5,25%	Intereses 6,25%	Intereses 7,25%	Comisión (mín. 3 €)	Efectivo	Timbre	Líquido
2.000	16	32.000,00	4,67			12,00	1.983,33	8,41	1.974,92
1.400	30	42.000,00	6,13			8,40	1.385,48	4,21	1.381,27
2.500	66	165.000,00		28,65		15,00	2.456,35	8,41	2.447,94
3.000	97	291.000,00			58,60	18,00	2.923,40	8,41	2.914,99
8.900		**530.000,00**	**10,79**	**28,65**	**58,60**	**53,40**	**8.748,56**	**29,44**	**8.719,12**

- Coste efectivo:

$$Promedio\ giro\ (pg) = \frac{3.000 \times 10 + 2.000 \times 16 + 1.400 \times 30 + 2.500 \times 66 + 3.000 \times 97}{11.900} =$$

$$= 47{,}06 \text{ días}$$

$$\text{Coste efectivo} = \left[\frac{N}{L}\right]^{365/pg} - 1 = \left[\left(\frac{8.900}{8.719{,}12}\right)^{\frac{365}{47,06}} - 1\right] \times 100 = 13{,}41\ \%$$

- La TAE bancaria:

$$\text{TAE} = \left[\frac{N}{E}\right]^{365/pg} - 1 =$$

$$\text{TAE} = \left[\left(\frac{8.900}{8.748{,}56}\right)^{365/59,55} - 1\right] \times 100 = 11{,}09\ \%$$

Ejemplo 16.14

Dada la siguiente factura de liquidación de la remesa de efectos enviada por una entidad financiera, compruebe los intereses del descuento cargados por esta entidad y el líquido abonado en cuenta.

Entidad Financiera

Cartera de efectos

Cargo
Gastos de remesa

7 de diciembre de 2016
Página 1 de 2

08613

IDENTIFICADOR CUENTA IBAN	FECHA CARGO	FECHA VALOR	TOTAL CARGO
	07.12.2016	25.11.2016	**767,24**

Datos generales

TITULAR/ES	NIF	CONTRATO CARTERA	NÚMERO FACTURA	NÚMERO LIQUIDACIÓN
			9524005	1

DATOS DE LA REMESA

FECHA ENTRADA REMESA	NÚMERO REMESA	NÚMERO DE EFECTOS	TOTAL REMESA	TOTAL EFECTOS LIQUIDADOS
25.11.2016	1	3	714.100,40	714.100,40

Cargo

TOTALES DE GASTOS

INTERESES	+	COMISIONES	+	TIMBRE	+	CORREO	=	TOTAL
767,24		0,00		0,00		0,00		767,24

RESUMEN DE LOS TIPOS DE INTERÉS

TIPO	NÚMEROS	IMPORTE
0,500 %	552.413,48	767,24

DETALLE DE LOS EFECTOS DE LA REMESA

NÚM. ORDEN	VENCIMIENTO	NOMINAL	DATOS DE INTERESES TIPO %	DÍAS	IMPORTE	COMISIÓN COBRO TIPO %	IMPORTE	ORDEN NO TRUNCAR	COMPL. MÍN.EF.	TIMBRE	CORREO
1	05.02.2017	64.164,53	0,500	73	65,06	0,00	0,00			0,00	0,00
2	05.02.2017	304.156,04	0,500	73	308,38	0,00	0,00			0,00	0,00
3	15.02.2017	345.779,83	0,500	82	393,80	0,00	0,00			0,00	0,00

Solución

Fecha vto.		Fecha efectiva vto.	Nominal (N)	Dias(d)	Tipo descuento (i)	Intereses	Números	Efectivo
						(N x d/360 x i)	(Nxdías)/100	
5-2-17	domingo	6-2-17	64.164,53	73,00	0,5%	65,06	46.840,11	64.099,47
5-2-17	domingo	6-2-17	304.156,04	73,00	0,5%	308,38	222.033,91	303.847,66
15-2-17		15-2-17	345.779,83	82,00	0,5%	393,80	283.539,46	345.386,03
			714.100,40			**767,24**	**552.413,48**	**713.333,16**

Al vencer los dos primeros efectos en domingo su vencimiento se pasa al día siguiente.

16.8. LETRAS DE RESACA

Cuando se devuelve un efecto al librador por impago, éste se pondrá en contacto con el librado para conocer las causas de la devolución, y generalmente se suele acordar el giro de una nueva letra que contenga todos los gastos habidos por la devolución. Esta nueva letra o efecto se suele denominar *"de resaca"* y habrá que volver a calcular el nominal de esta nueva letra, de tal forma que todos los gastos se le van a repercutir al librado.

Ejemplo 16.15

Se llevó a cabo el descuento de una letra de nominal 3.250 € y llegado el vencimiento de la misma, ésta es devuelta por impagada, cargándonos en cuenta corriente el banco los siguientes conceptos:

- Comisión de devolución: 1‰.
- Comisión de protesto: 2 ‰.
- Gastos de correo: 2 €.

Se pide:

a) Determinar el importe adeudado en la cuenta corriente.

b) Se recupera la letra impagada y se llega al acuerdo de girar una nueva letra con vencimiento a 30 días con las siguientes condiciones:

- Tipo de descuento: 12 %.
- Comisión: 2,5 ‰.
- Otros gastos: 5 €.

Solución

a) Total adeudado

$$\text{Total adeudado} = 3.250 + 3.250 \times 0{,}001 + 3.250 \times 0{,}002 + 2 = 3.261{,}75\ €$$

b) Nuevo efectivo

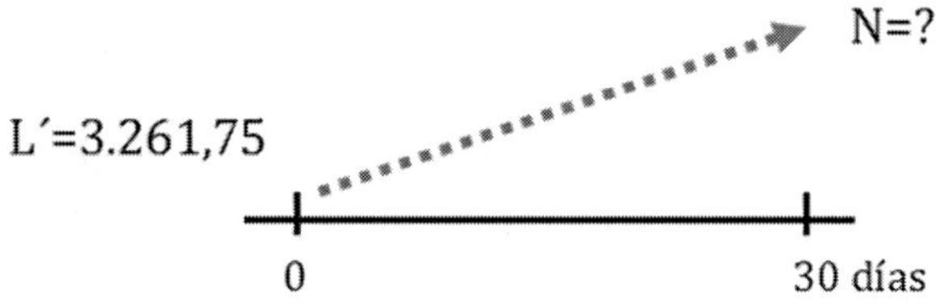

$$L' = N' - (I' + C' + G')$$

$$3.261{,}75 = N' - N' \times \frac{30}{360} \times 0{,}12 - 0{,}0025 \times N' - 5$$

$$N' = 3.308{,}10\ €$$

16.9. PAGARÉS DE EMPRESA

Los pagarés de empresa son activos financieros de deuda que se emiten al descuento y a corto plazo. Son títulos a la orden que emiten las empresas reconociendo un compromiso de pago a otras empresas o personas en la fecha indicada que es la del vencimiento.

Los pagarés de empresa son una alternativa de financiación a corto plazo que tienen el propósito de obtener liquidez y reducir el coste de su financiación. El objetivo es la de captación de recursos financieros a *corto plazo*, para el emisor, o como un producto de inversión (para el suscriptor).

La inversión es arriesgada ya que este producto no cuenta con ningún tipo de garantía, sólo están avalados por la garantía de la empresa emisora, por lo tanto, la solvencia del emisor del pagaré es un aspecto muy importante a tener en cuenta por el inversor, lo que hace necesario la exigencia de un buen rating (calificación crediticia del emisor).

Adquirir un pagaré de empresa cuenta con algunas ventajas como por ejemplo su rentabilidad es más elevada que otros tipos de renta fija (letras del tesoro), es una opción inversora y de financiación a corto plazo o que es pagadero en efectivo.

El cálculo de su rentabilidad se realiza a través de capitalización simple.

Ejemplo 16.16

Compramos en el mercado secundario un pagaré de empresa de 1.000 euros de valor nominal de Telefónica, realizando la operación con un tipo de descuento del 13% anual. El pagaré vence a los180 días y los gastos ascienden al 1,5‰ del valor nominal. ¿Cuál será la liquidación efectuada y la rentabilidad obtenida?

Solución

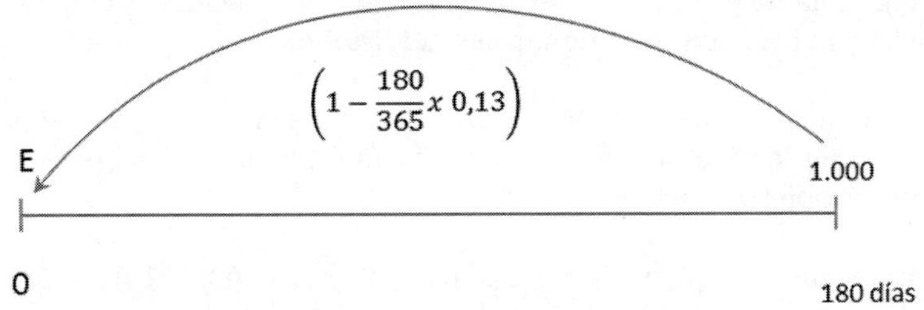

$$1.000\times\left(1-\frac{180}{365}\times\ 0{,}13\right)=E$$

$$E=935{,}89$$

El precio de compra (gastos incluidos) será:

$$Precio\ pagaré=935{,}89+1{,}5‰\ \times\ 1.000=937{,}39\ €$$

La rentabilidad obtenida será:

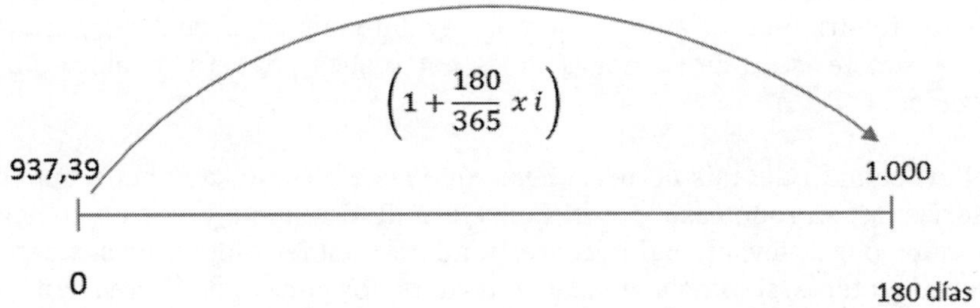

$$937{,}39\times\left(1+\frac{180}{365}\times\ i\right)=1.000$$

$$i=\left[\left(\frac{1.000}{937{,}39}-1\right)\times\frac{365}{180}\times 100\right]$$

$$i=13{,}54\ \%$$

16.10. DEUDA PÚBLICA

La emisión de títulos de Deuda Pública se recoge en los textos legales como una de las modalidades del recurso al endeudamiento por parte de las Administraciones Públicas. Con carácter general la emisión de deuda pública exige la realización de una serie de actuaciones de carácter previo. Dichas actuaciones aplicables a la emisión de deuda por el Estado se encuentran reguladas en la Ley General Presupuestaria.

En primer lugar, ha de existir una Ley que autorice la creación de la deuda. Esta ley será, en principio, la Ley de Presupuestos Generales del Estado.

Corresponde al ministro de Economía autorizar las operaciones, así como establecer los procedimientos a seguir para la contratación y formalización de las operaciones. Dichas facultades podrán ser objeto de delegación (artículo 98 LGP).

En los términos que dispongan la delegación o autorización, la Dirección General del Tesoro y Política Financiera podrá proceder a la emisión de valores, estableciendo su forma de representación, naturaleza y nombre, plazo, tipos de interés y demás características.

Una vez decidida la emisión, se procederá a la colocación de la misma, pudiendo realizarse de una sola vez o fragmentada en el tiempo, así como en su cuantía. Los valores podrán emitirse mediante subasta o mediante cualquier otra técnica que se considere adecuada. El régimen jurídico de la deuda emitida por el Estado aparece regulado en los artículos 103 a 105 de la LGP.

Las Comunidades Autónomas precisarán autorización estatal para la emisión de deuda pública. Sin perjuicio de la regulación estatal aplicable, habrá que estar a lo dispuesto en la respectiva normativa autonómica. Así, por ejemplo, en la Comunidad Autónoma gallega el artículo 29 de del Decreto Legislativo 1/1999, de 7 de octubre, por el que se aprueba el Texto Refundido de la Ley de Régimen Financiero y Presupuestario de Galicia, establece que el endeudamiento tendrá que ser autorizado por Ley autonómica, la cual, sin perjuicio de fijar cualquier otra característica de las operaciones por realizar, deberá señalar el importe máximo autorizado.

Añade el artículo 33 del mismo texto legal, que las emisiones de deuda pública tendrán que ser autorizadas, en todo caso, por el Consejero de Economía y Hacienda, dentro de los límites señalados por la ley, al cual le corresponderá también, autorizar sus características técnicas y tipo de interés, si estos no fuesen determinados por su ley de creación.

En cuanto a la emisión de deuda pública por parte de las Entidades Locales resultan de aplicación los límites legales aplicables a la concertación de operaciones de endeudamiento. En todo caso precisarán de la autorización del Ministerio de Hacienda.

Son instrumentos de Deuda Pública, entre otros:

- Las Letras del Tesoro.
- Las obligaciones y bonos del Estado.

16.10.1. Letras del Tesoro

Las Letras del Tesoro son títulos de Deuda Pública a corto plazo emitidos por el Ministerio de Economía y Hacienda, a través de la Dirección General del Tesoro, cuya finalidad es doble: en primer lugar, sirve como instrumento de control de la política monetaria y, en segundo lugar, actúa como instrumento de financiación del déficit público.

Las características más relevantes de este instrumento financiero son las siguientes:

- Se trata de activos emitidos al descuento, pagando el suscriptor el valor efectivo (E) y recibiendo a su vencimiento el valor de reembolso (nominal de letra N, que será de 1.000 euros o múltiplos de esta cantidad).
- Las Letras del Tesoro se materializan mediante anotaciones en cuenta, es decir, sin un soporte físico tangible.
- El Tesoro emite letras al descuento con vencimiento a 6, 12 y 18 meses.
- Se pueden adquirir en el mercado primario (se adquieren en el momento de la emisión), participando en las subastas, o en el mercado secundario (pueden venderse antes de su vencimiento, mediante orden de venta dada por el inversor).

Ejemplo 16.17

El Calcular el precio de compra de una Letra del Tesoro con vencimiento a 184 días y rendimiento del 3,5%.

Solución

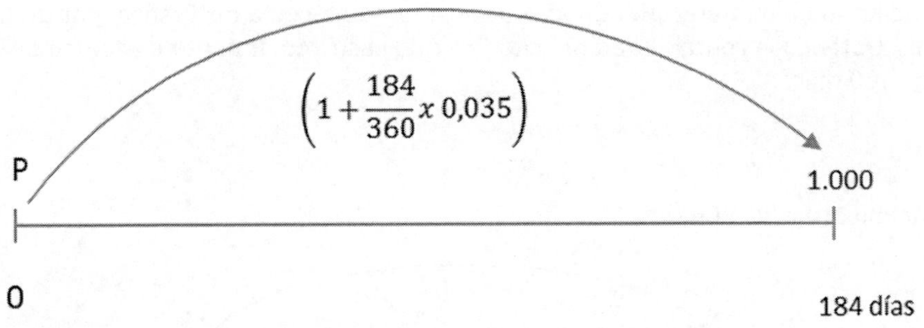

$$P \times \left(1+\frac{184}{360} \times 0{,}035\right) = 1.000$$

$$P = 982{,}43\ €$$

16.10.2. Rentabilidad de las Letras del Tesoro

Para el cálculo de la rentabilidad, distinguiremos dos casos distintos:

1. Vencimiento igual o inferior a un año. Calcularemos la rentabilidad (i) aplicando capitalización simple.

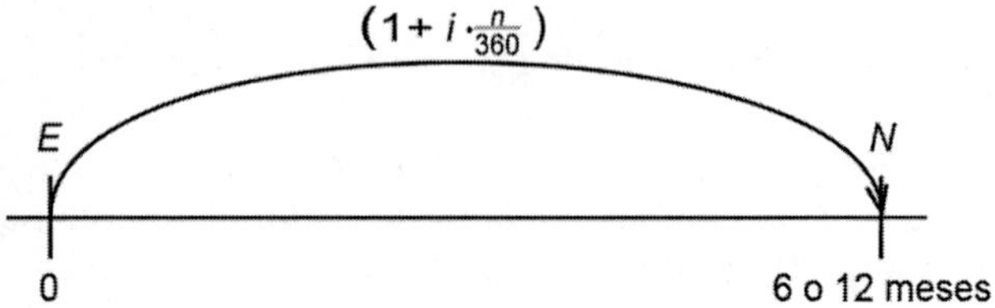

$$N = E \cdot \left(1 + \frac{n}{360} \cdot i\right)$$

2. Vencimiento superior a un año. Calcularemos la rentabilidad (i) aplicando capitalización compuesta.

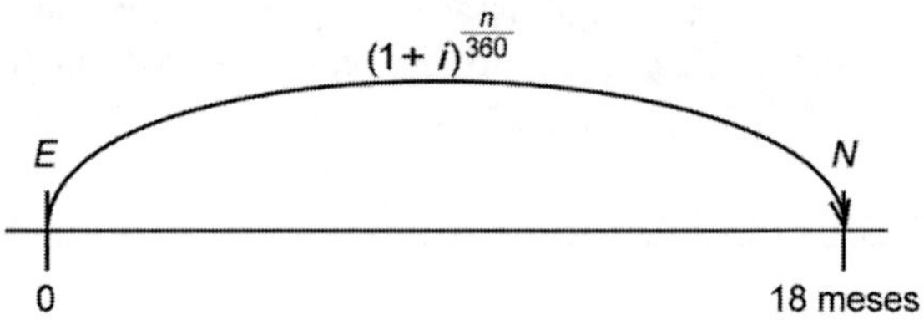

$$N = E \cdot (1 + i)^{\frac{n}{360}}$$

Ejemplo 16.18

El día 2 de junio de un determinado año, se suscribe una Letra de Tesoro, por un importe de 900 euros. Obtenga la rentabilidad del citado título si su vencimiento es dentro de 364 días o dentro de 400 días.

Solución

- Vencimiento a los 364 días

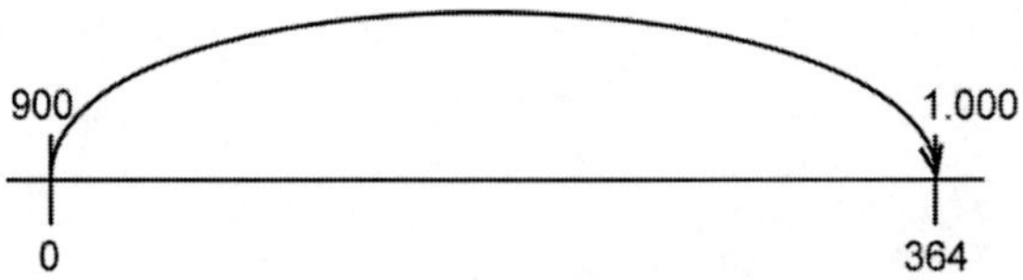

$$900 \cdot \left(1 + \frac{364}{360} \cdot i\right) = 1.000$$

$$i = \left[\left(\frac{1.000}{900} - 1\right) \times \frac{360}{364}\right] \times 100$$

$$i = 10{,}99\ \%$$

- Vencimiento a los 400 días

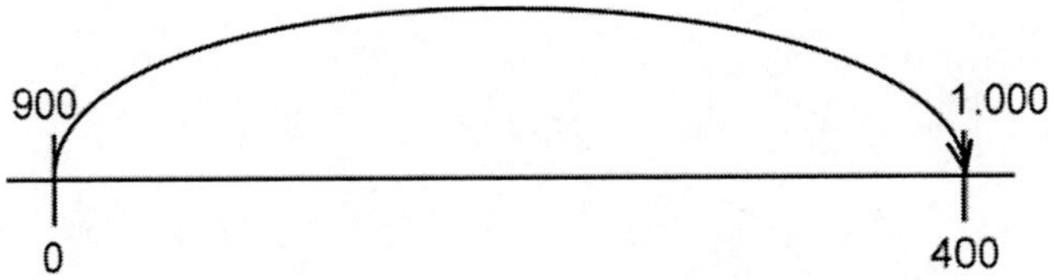

$$900 \cdot (1 + i)^{\frac{400}{360}} = 1.000$$

$$i = 0{,}09946584 = 9{,}95\ \%$$

16.10.3. Operaciones con pacto de recompra (repo)

Consiste en un acuerdo por el que una parte compra a la otra una determinada cantidad de activo (Letras del Tesoro, pagarés autonómicos, etc.), pagando por ello un determinado precio y comprometiéndose a la reventa a su propietario original en el plazo que se establezca y aún precio fijado de antemano.

En este tipo de operación el cedente como cesionario conoce de antemano el precio de compra y de recompra y, en consecuencia, la rentabilidad y el coste de la operación. Si se fijan los precios de antemano (E) y (E') la rentabilidad se calculará como sigue:

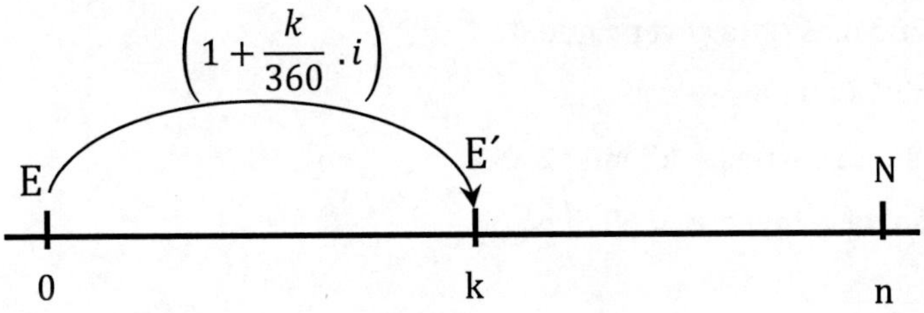

$$E \cdot \left(1 + \frac{k}{360}\, i\right) = E'$$

$$i = rentabilidad$$

Ejemplo 16.19

El 1 de Enero del año 00 se pacta una operación de compraventa sobre una Letra del Tesoro al precio de 925,5 euros con pacto de recompra a las 15 días a un precio de 927,6 euros. Obtener la rentabilidad obtenida en esta operación.

Solución

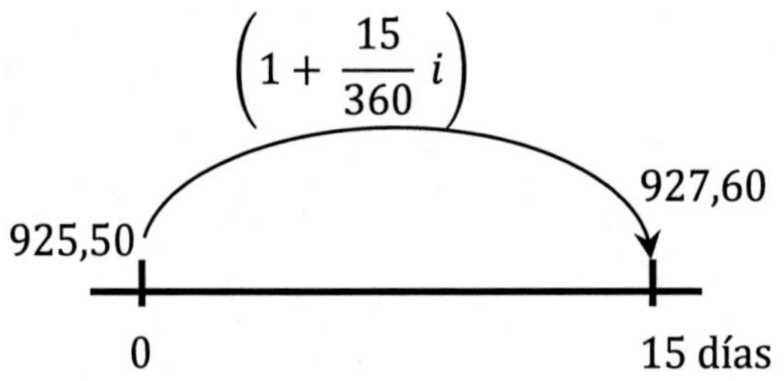

$$925{,}50\times\left(1+\frac{15}{360}\times i\right)=927{,}60$$

$$i=\left[\left(\frac{927{,}60}{925{,}50}-1\right)\times\frac{360}{15}\right]\times 100$$

$$i=5{,}45\ \%$$

Ejemplo 16.20

Un inversor compra un pagaré autonómico a través de una operación con pacto de recompra. Las características de la compra son:

- Faltan 280 días para el vencimiento.
- Nominal: 1.000 euros.
- Rendimiento correspondiente: 2,5%.
- Duración de la inversión: 60 días.

Calcular:

a) Precio pagado por el inversor en la fecha de la primera compraventa.

b) Precio de segunda compraventa.

c) Rentabilidad obtenida en esta inversión.

Solución

a) Precio pagado por el inversor en la fecha de la primera compraventa.

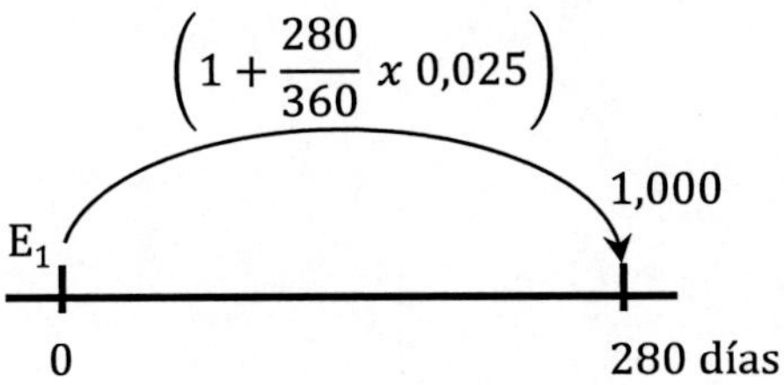

$$E_1 \times \left(1+\frac{280}{360}\times 0{,}025\right) = 1.000$$

$$E_1 = 980{,}93\ €$$

b) Precio de segunda compraventa.

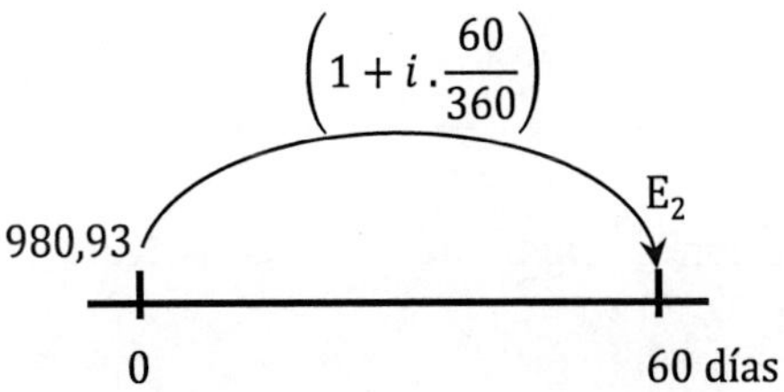

$$980{,}93 \times \left(1+\frac{60}{360}\times 0{,}025\right) = E_2$$

$$E_2 = 985{,}01\ €$$

c) Rentabilidad obtenida en esta inversión.

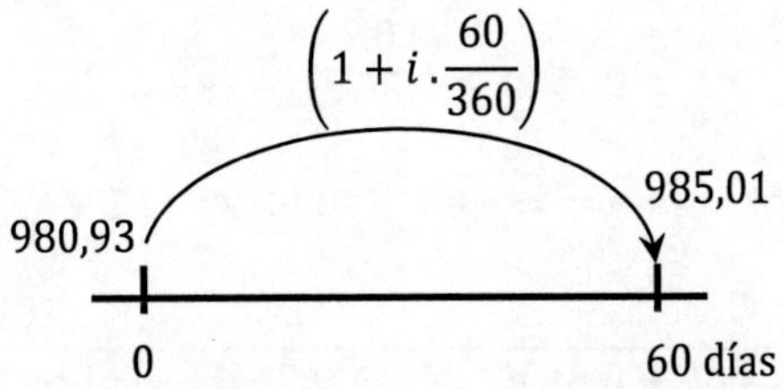

$$980{,}93 \times \left(1 + \frac{60}{360} \times i\right) = 985{,}01$$

$$i = \left(\frac{985{,}01}{980{,}93} - 1\right) \times \frac{360}{60}$$

$$i = 2{,}50\ \%$$

16.10.4. Obligaciones y bonos del Estado

Son títulos de renta fija a largo plazo, emitidos por el Estado previa autorización de las Cortes, con el fin de cubrir déficits de tesorería. La única diferencia que existe entre los bonos y obligaciones es el plazo de amortización, que oscila entre 3 y 5 años para los bonos y más de 5 para las obligaciones.

Tienen un valor nominal de 1.000 euros (o múltiplos de esta cantidad) y están representados por anotaciones en cuenta en el Banco de España, pudiendo ser adquiridos a través de una entidad gestora o, directamente, en las oficinas del Banco de España.

Ejemplo 16.21

Calcular el precio de un bono con las siguientes características:

- Vida 2 años.
- Cupones del 5% nominal anual pagaderos semestralmente.
- Tipo de interés de mercado 6% anual.
- Valor nominal 100 €.
- Precio amortización 100 €.

Solución

$$i_2 = \frac{J_2}{2} = \frac{0{,}05}{2} = 0{,}025$$

$$Cupones = 100 \times 0{,}025 = 2{,}5\ €$$

$$P = \frac{2{,}5}{(1+0{,}06)^{0{,}5}} + \frac{2{,}5}{(1+0{,}06)^{1}} + \frac{2{,}5}{(1+0{,}06)^{1{,}5}} + \frac{102{,}5}{(1+0{,}06)^{2}} = 98{,}30\ €$$

Ejemplo 16.22

Se adquiere el 1 de Enero del año X un bono por importe de 1.000 €. Se amortizarán dentro de 3 años por su valor nominal. Los cupones son anuales, y su interés nominal del 5%. Los gastos de la compra asciende a 10 €. Obtener la rentabilidad de la operación suponiendo que el bono se mantiene hasta su vencimiento.

Solución

$$1.000 - 10 = \frac{50}{(1+r)^1} + \frac{50}{(1+r)^2} + \frac{50 + 1.000}{(1+r)^3}$$

Utilizando la función financiera TIR en la Excel:

	-990
	50
	50
	1.050
TIR	5,37%

$$r = 5{,}37\%$$

Ejemplo 16.23

Calcular el precio ex–cupón de un bono y su cupón corrido el día 1 de marzo de 08, cuando su vencimiento tendrá lugar el 31 de diciembre de 11, paga un cupón del 6% anual mientras que su tasa de rendimiento hasta el vencimiento es del 7% y su valor nominal es de 100 euros.

Solución

$\text{Cupón} = 0{,}06 \times 100 = 6$

Precio de adquisición de un título = Precio ex-cupón + Cupón corrido

Precio ex–cupón =Precio de adquisición título – Cupón corrido

$$\text{Cupón corrido} = \frac{\text{Número de días transcurridos desde el úlimo cupón}}{\text{Número de días entre pago de cupones}} \times \text{Cupón}$$

$$\text{Cupón corrido} = \frac{61}{365} \times 6 = 1$$

Cálculo precio adquisición:

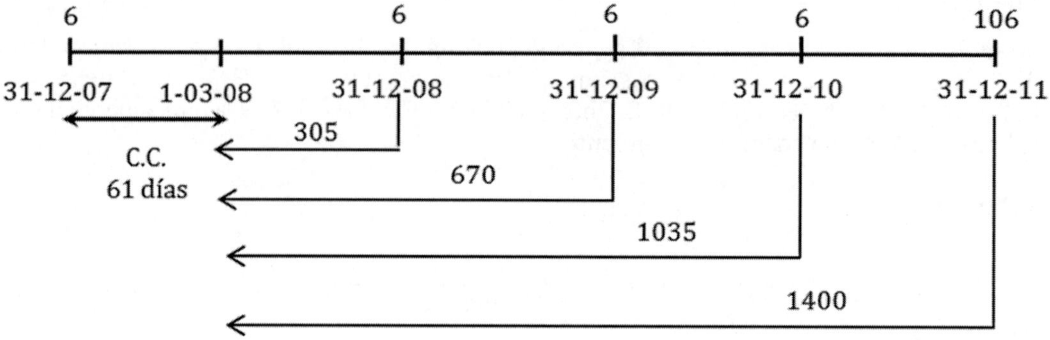

$$Precio\ adquisición = \frac{6}{(1+0{,}07)^{\frac{305}{365}}} + \frac{6}{(1+0{,}07)^{\frac{670}{365}}} + \frac{6}{(1+0{,}07)^{\frac{1035}{365}}} + \frac{106}{(1+0{,}07)^{\frac{1400}{365}}} = 97{,}69\ €$$

$$\text{Precio ex} - \text{cupón} = 97{,}69 - 1 = 96{,}79\ €$$

16.10.5. Bonos cupón cero

Son aquellos que durante toda su vida no proporcionan cupones periódicos y se amortizan al 100%, siendo su valor de emisión al descuento.

Su rentabilidad, por tanto, consiste en la diferencia entre el precio de adquisición y el precio de reembolso. El cálculo de su rendimiento interno será:

$$P = \frac{P_n}{(1+r)^n}$$

Ejemplo 16.24

¿Cuál será el precio de un bono cupón cero, con vencimiento a 5 años, si su precio de amortización es de 100 euros y su TIR del 9%?

Solución

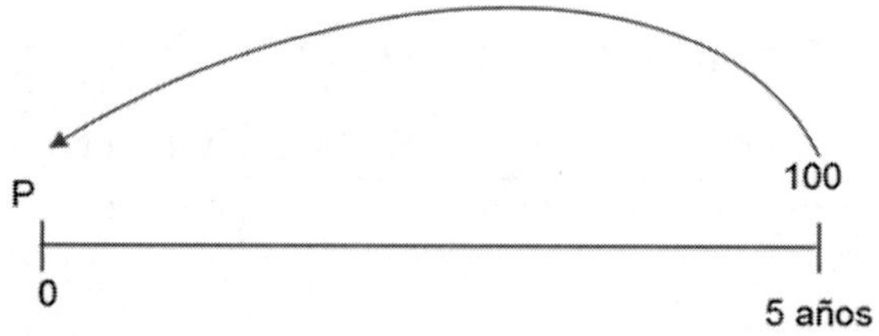

$$P = 100 \times \frac{1}{(1+0{,}09)^{-5}} = 65\ €$$

16.10.6. Bonos y obligaciones segregables. Los *strips* de deuda pública

Características:

- Posibilidad de *segregación*: consisten en bonos segregables, donde a partir de una obligación con vencimiento en n años, se obtienen $n+1$ bonos cupón cero, que se negocian independientemente.
- Tratamiento fiscal favorable para sujetos pasivos del Impuesto de Sociedades: el cupón de los bonos y obligaciones segregables no está sujeto a retención, y tampoco sufren retención los rendimientos implícitos generados por los bonos cupón cero (*strips*) procedentes de la segregación.

Ejemplo 16.25

El 12 de octubre del 02 se emiten bonos del Estado con vencimiento 31 de diciembre del 04, con un valor nominal de 1.000 euros, cupón del 4,65%, autorizándose su segregación. ¿Cuál será el precio de compra de cada uno de estos bonos segregados suponiendo que la rentabilidad es del 3,09%, del 2,99% y del 3,33%, respectivamente para cada bono?

Solución

Autorizada la segregación se descompone el bono de cupón periódico en 4 bonos cupón cero. El precio de compra de los bonos segregados (3 de cupón y 1 del principal) se obtienen actualizando el valor de reembolso al tanto de mercado, que para cada vencimiento esté negociado.

Segregación del Bono			
	Flujo	**Días**	**Rendimiento**
1º Cupón	46,5	80	3,09%
2º Cupón	46,5	445	2,99%
3º Cupón	46,5	811	3,33%
Nominal	1.000,00	811	3,33%

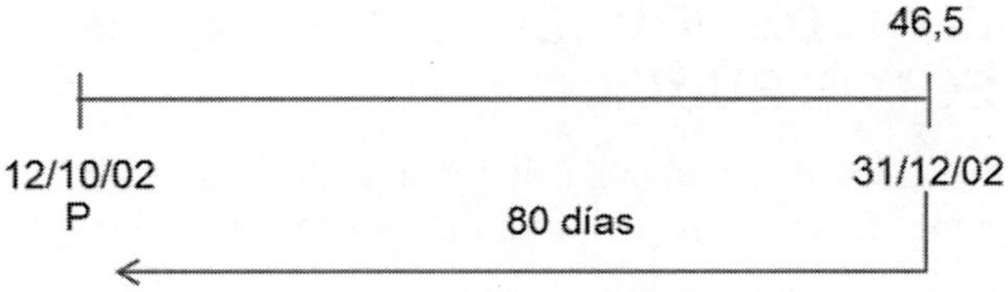

$$Precio\ 1er.\ cupón = \frac{46{,}5}{(1+0{,}0309)^{80/365}} = 46{,}19\ €$$

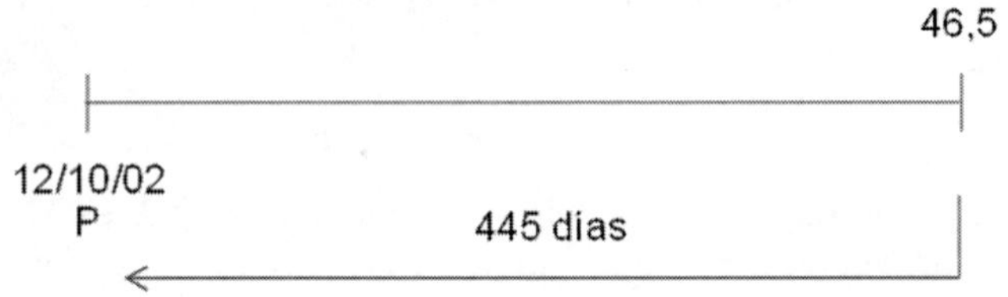

$$Precio\ 2^{\underline{o}}\ cupón = \frac{46{,}5}{(1+0{,}0299)^{445/365}} = 44{,}86\ €$$

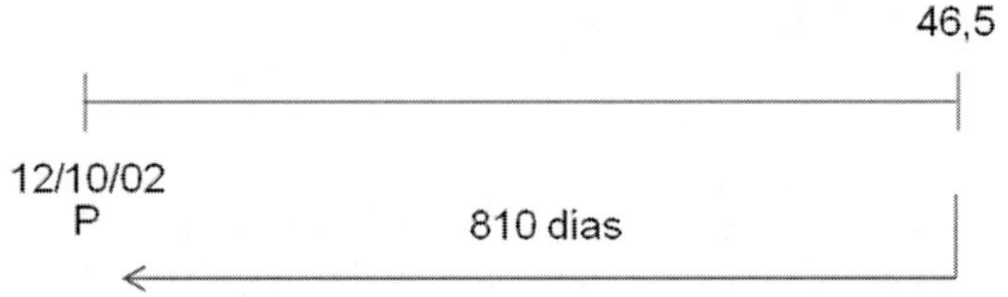

$$Precio\ 3^{\underline{o}}\ cupón = \frac{46{,}5}{(1+0{,}0333)^{810/365}} = 43{,}24\ €$$

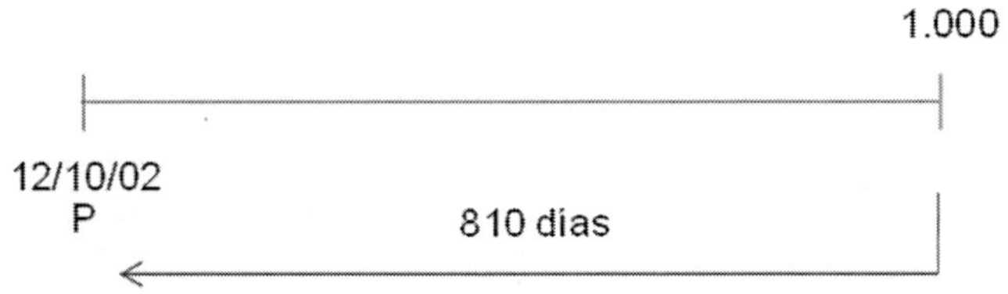

$$Precio\ nominal = \frac{1.000}{(1+0{,}0333)^{\frac{811}{365}}} = 929{,}80\ €$$

16.11. PRINCIPIO DE PRUDENCIA FINANCIERA APLICADO AL SECTOR PÚBLICO

Se entiende por principio de prudencia financiera al conjunto de condiciones que deben cumplir las operaciones financieras para minimizar el riesgo y el coste.

En la Resolución de 5 de febrero de 2015, de la Secretaría General del Tesoro y Política Financiera, define el principio de prudencia financiera aplicable a las operaciones de endeudamiento y derivados de entidades locales, y de las Comunidades Autónomas que se acojan al Fondo de Financiación.

En el artículo 3 de la citada Resolución nos dice que el coste total máximo (CTM) de las operaciones financieras de endeudamiento, incluyendo comisiones y otros gastos, salvo las comisiones citadas en el apartado 3 (camisones de no disponibilidad en las pólizas de crédito, comisión de agencia par operaciones sindicadas) no podrá superar el coste de financiación del Estado al plazo de la operación incrementado en el diferencial que corresponda según el tipo de administración.

Para conocer el coste de financiación del Estado a cada plazo, se empleará la tabla de tipos fijos o los diferenciales máximos aplicables sobre cada referencia que publique mensualmente la Secretaría General del Tesoro y Política Financiera.

Vida media en meses	Tipo fijo máximo	Diferencial máximo sobre Euribor 12 meses	Diferencial máximo sobre Euribor 6 meses	Diferencial máximo sobre Euribor 3 meses	Diferencial máximo sobre Euribor 1 mes

Tomando como referente el producto financiero, los préstamos en ningún caso el CTM podrá superar el coste de financiación del Estado (CFE) incrementado en el diferencial aplicable.

$$CTM \leq CFE + \text{diferencial}$$

¿Cómo se calcula el CTM?

En los préstamos a tipo de interés fijo, inicialmente la entidad financiera suele cobrar unos gastos bancarios que encarecen el coste de la operación y cuya medida es la TAE. De no existir otros gastos no bancarios, la TAE sería un referente del CTM.

Si además existen en la operación gastos no bancarios (notario, impuestos, etc.), la TAE no es el indicativo del coste de la operación, tendría que calcularse el coste efectivo que es un cálculo en el cual intervienen gastos bancarios y no bancarios.

Resumiendo, TAE y el coste efectivo serían CTM de la operación.

Una vez calculado el CTM tendremos que comprobar si dicho coste no supera el CFE + el diferencial.

Uno de los conceptos necesarios para calcular el CFE es la vida media de la operación, cuyo cálculo exponemos a continuación según el método de amortización que se vaya a utilizar en cada caso.

A nivel general, la vida media de un préstamo se define como la esperanza matemática del número de periodos que se tarda en amortizar cada cuota de amortización multiplicando por la probabilidad de que se amortice en cada periodo.

Esperanza matemática:

Siendo:

$n_1, n_2, \dots\dots\dots\dots\dots . . n_n \rightarrow$ *número de peeridos que tarda en amortizarse cada cuota*

$\frac{A_1}{C_0}, \frac{A_2}{C_0}, \dots\dots\dots\dots . . \frac{A_n}{C_0} \rightarrow$ *probabilidad de que se amortice en el año* $1, 2, \dots . n$

$$Vida\ media = n_1 \frac{A_1}{C_0} + n_2 \frac{A_2}{C_0} + \cdots \dots . + n_n \frac{A_n}{C_0} = \sum_1^n \frac{n_i A_i}{\sum A_i}$$

siendo

$$C_0 = \sum A_i \quad [1]$$

Con esta expresión se puede calcular la vida media de cada préstamo con independencia del método utilizado.

Particularidades:

- *Método italiano* o de *cuotas de amortización* constantes.

En este método las cuotas de amortización $\left(\frac{C_0}{n}\right)$ son iguales todos los años:

$$A_1, A_2, \dots\dots\dots\dots\dots . . A_n = A$$

La vida media para este método aplicando la fórmula [1] vendrá dada por la siguiente expresión:

$$Vida\ media = n_1 \frac{A}{C_0} + n_2 \frac{A}{C_0} + \cdots + n_n \frac{A}{C_0} = \frac{n_1 A + n_2 A + \cdots + n_n A}{C_0} =$$

$$= \frac{A\,(n_1 + n_2 + \cdots + n_n)}{C_0} \text{ (suma de terminos de una progresion aritmética)}$$

$$Vida\ media = \frac{n_1 + n_n}{2}$$

siendo:

$n_1 \rightarrow$ número de periodos que transcurre desde el inicio de la operación hasta la primera amortización.

$n_n \rightarrow$ número de periodos que tarda en amortizar la última cuota contando desde el inicio del contrato

- *Método americano*

  En este caso dado que la amortización del préstamo se realiza en el último periodo, la vida media se calcula como sigue:

  $n_1, n_2, \dots \dots \dots \dots . . n_n \rightarrow tiempo$

  $0, 0, \dots \dots \dots \dots . . \frac{C_0}{C_0} \rightarrow probabilidad$

$$Vida\ media = n_n$$

  El valor medio coincide con el último periodo.

- *Método francés* o de *términos amortizativos constantes.*

Las cuotas de amortización varían en progresión geométrica de razón (1 + *i*):

$$Valor\ medio = \frac{n_1\, A_1 + n_2\, A_2 + \cdots + n_n\, A_n}{C_0}$$

Las cuotas de amortización varían en progresión geométrica de razón (1 + *i*):

$$A_2 = A_1\, (1 + i)$$

$$A_3 = A_1\, (1 + i)^2$$

$$\vdots$$

$$A_n = A_1\, (1 + i)^{n-1}$$

Diferencial

Si las operaciones cuyos vencimientos quedan cubiertos por el Fondo de Financiación (Fondo de ordenación o Fondo de Impulso Económico) el diferencial máximo será de 20 puntos básicos.

Si las operaciones cuyos vencimientos no quedan cubiertos por el Fondo de Financiación a Entidades Locales existen 3 casos:

a) Operaciones concertadas por las Entidades Locales que cumplen las condiciones de elegibilidad al Fondo de Impulso Económico: 40 puntos básicos.

b) Operaciones concertadas por las Entidades Locales que no cumplen las condiciones de elegibilidad al Fondo de Impulso Económico: 75 puntos básicos.

c) Operaciones con vida media superior a 10 años, los diferenciales máximos anteriores se podrán incrementar en un punto básico adicional, hasta un máximo de 15 puntos básicos adicionales.

Ejemplo 16.26[2]

Un Ayuntamiento recibe la siguiente oferta de una determinada entidad financiera con fecha 5 de octubre del año XX15:

- Importe del préstamo: 847.000 euros.
- Plazo: 3 años, siendo el primero de ellos de carencia parcial.
- Interés: Euribor a 6 meses + Diferencial 0,45%.
- Cuotas semestrales.
- Interés de demora: tipo de interés de la operación más un recargo del 2%.
- Amortización mediante cuotas de amortización constantes.
- No existen gastos iniciales.

Se pide:

1) Verificar y comentar brevemente el cumplimiento de la normativa aplicable a la operación a efectos de la previa autorización del préstamo por el Pleno del Ayuntamiento.

   Información complementaria:

   — Euribor a 6 meses: 0,027%

   — La resolución del 1 de octubre de 2016 de la Dirección General del Tesoro, por la que se actualiza el Anexo 1 en el que se fijan los tipos de interés fijos y diferenciales del coste de financiación del Estado, contienen los siguientes datos:

Vida media de la operación (meses)	**Diferencial máximo, sobre Euribor a 6 meses (puntos básicos)**
24	13
36	27
48	40

2) Resolver el ejercicio suponiendo unos gastos iniciales de 7.500 €.

Solución

1)

$$J_2 = \frac{i_2}{2} = \frac{0{,}027\% + 0{,}45\%}{2} = \frac{0{,}477\%}{2} = 0{,}002385$$

Suponemos que este tipo es fijo durante toda la vida del préstamo.

---

[2] Examen propuesto en la convocatoria 2016 al cuerpo superior de Interventores-Tesoreros de Ayuntamiento.

$$TAE = (1 + 0{,}002385)^2 - 1 = 0{,}4776\%$$

Al no existir gastos iniciales la TAE y el Coste efectivo coinciden. En este caso la TAE será el Coste Total Máximo (CTM) de la operación.

Se debe cumplir lo siguiente:

CTM ≤ Coste de financiación del Estado + Diferencial aplicables

Cálculo Coste de financiación del Estado:

En primer lugar calcularemos la vida media del préstamo aplicando la siguiente fórmula, válida únicamente para el método de cuotas de amortización constantes:

$$Vida\ media = \frac{n_1 + n_n}{2}$$

siendo:

n_1 → el número de semestres que tarda en amortizar la primera cuota.

n_n → el número de semestres que tarda en amortizar la última cuota.

$$Vida\ media = \frac{1{,}5 + 3}{2} = 2{,}25 \text{ años} \times 12 \text{ meses} = 27 \text{ messes}$$

Al encontrares esta vida media, en la tabla de referencia dada en el enunciado entre 24 y 36 meses procedemos a interpolar:

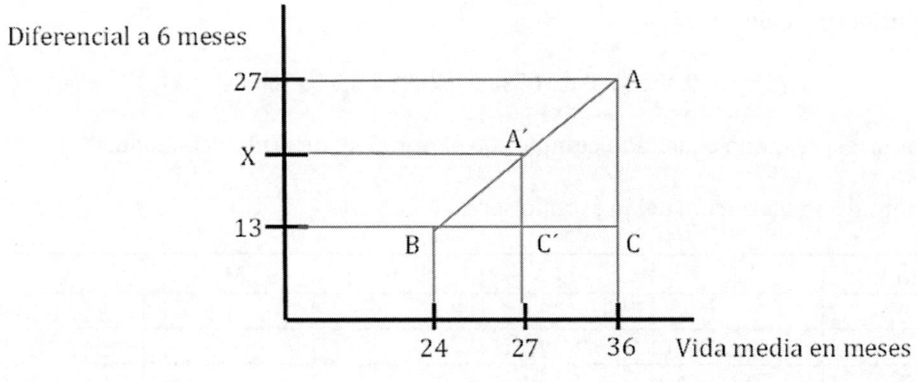

$$\frac{\overline{AC}}{\overline{BC}} = \frac{\overline{A'C'}}{\overline{BC'}}$$

$$\frac{27-13}{36-24}=\frac{X-13}{27-24} \quad \rightarrow \quad X = 16{,}5\ puntos\ básicos; 0{,}165\ \%$$

Diferenciales que corresponden al tipo de Administración:

- Para operaciones cuyos vencimientos no quedan cubiertos por el Fondo de Financiación de Entidades Locales (Fondo de Ordenación o Fondo de Impulso Económico): 20 puntos básicos (0,20%)
- Para operaciones cuyos vencimientos no quedan cubiertos por el Fondo de Financiación de Entidades Locales:
  a) Que cumplan las condiciones de elegibilidad al Fondo de Impulso Económico: 40 puntos básicos.
  b) Que no cumplan las condiciones de elegibilidad al Fondo de Impulso Económico: 75 puntos básicos.
- En el caso de operaciones de endeudamiento con una vida media superior a 10 años, los diferenciales máximos citados se podrán incrementar en 1 punto básico (0,01%) por año adicional hasta un máximo de 15 puntos básicos adicionales (0,15%).

Si suponemos que en Ayuntamiento se cumple las condiciones de elegibilidad al Fondo de Impulso Económico el diferencial será de 75 puntos básicos (0,75%).

Resumen:

CTM = 0,477%

CFE = 0,165%

Diferencial aplicable = 0,75%

0,477% < 0,165% + 0,75% = 0,915 %

Por tanto, el préstamo solicitado cumple con el principio de prudencia financiera.

El cuadro de amortización del préstamo será:

periodos	a_k	I_k	A	M_k	C_k
0					847.000,00
1	2.020,10	2.020,10			847.000,00
2	2.020,10	2.020,10			847.000,00
3	213.770,10	2.020,10	211.750,00	211.750,00	635.250,00
4	213.265,07	1.515,07	211.750,00	423.500,00	423.500,00
5	212.760,05	1.010,05	211.750,00	635.250,00	211.750,00
6	212.255,02	505,02	211.750,00	847.000,00	0,00

El tipo de interés de demora no podrá superar el tipo de interés de la operación más un recargo del 2% anual, es decir:

0,4776% + 2% = 2,4776 % anual

2) Suponiendo unos gastos iniciales de 7.500 €

Ecuación que nos permite calcular la TAE de la operación:

$$847.000 - 7.500 = \frac{2.020,10}{(1+i_2)^1} + \frac{2.020,10}{(1+i_2)^2} + \frac{213.770,10}{(1+i_2)^1} + \cdots + \frac{212.255,02}{(1+i_2)^6}$$

A través de la fórmula TIR en la Excel obtenemos que:

$$i_2 = 0,4378\ \%$$

$$TAE = (1 + 0,004378)^2 - 1 = 0,8775\ \%$$

Si cumple el principio de prudencia financiera.

16.12. SUPUESTOS DE APLICACIÓN

Ejemplo 16.27

En el Mercado de Renta fija están cotizando obligaciones emitidas por una empresa con las siguientes características:

- Fecha de emisión: 06 de Abril de 01.
- Fecha de vencimiento: 06 de Abril de 08.
- Volumen total emitido: 50 millones de títulos.
- Valor nominal unitario: 100.000 €.
- Precio de emisión: 99,41%.
- Amortización final: fija.
- Periodicidad del pago cupón: anual.
- Modalidad de interés: fijo al tipo 5,625% anual.

Se pide:

a) La expresión de la ecuación para el cálculo de la rentabilidad de un inversor que comprara obligaciones en el momento de la emisión y las mantuviera hasta el vencimiento.

b) Suponiendo que el 11 de octubre de 06 dichas obligaciones cotizan en el mercado, siendo su precio ex-cupón del 104,506%. ¿Qué rentabilidad obtendría un inversor que en dicha fecha las adquiriera en el mercado y las mantuviera hasta su amortización?

Solución

a) Cupón = 0,05625 × 100.000 = 5.625 €

Precio de emisión = 0,9941 × 100.000 = 99.410 €.

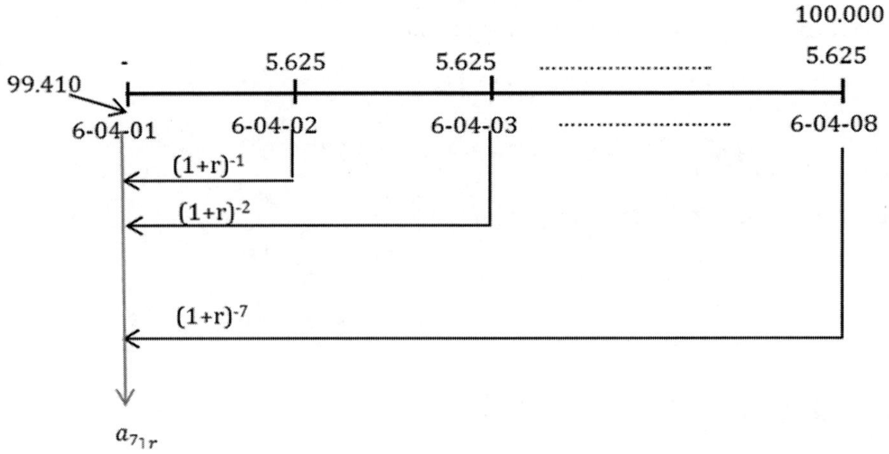

$$99.410 = 5.625 \times a_{\overline{7|}r} + 100.000\,(1 + r)^{-7}$$

Utilizando la función financiera TIR en la Excel:

	−99.410
	5.625
	5.625
	5.625
	5.625
	5.625
	5.625
	105.625
TIR	5,73%

$$r = 5{,}73\%$$

b) Precio de adquisición de un título = Precio ex-cupón + Cupón corrido

$$\text{Cupón corrido} = \frac{\text{Número de días transcurridos desde el úlimo cupón}}{\text{Número de días entre pago de cupones}} \times \text{cupón}$$

$$\text{Cupón corrido} = \frac{188}{365} \times 5.625 = 2.897{,}26\ €.$$

$$\text{Precio ex} - \text{cupón} = 104{,}506\% \times 100.000 = 104.506\ €$$

$$\text{Precio adquisición} = 104.506 + 2.897{,}26 = 107.403{,}26\ €$$

$$107.403{,}26 = \frac{5.625}{(1+r)^{\frac{177}{365}}} + \frac{105.625}{(1+r)^{\frac{543}{365}}}$$

Utilizando la función buscar objetivos de la Excel:

$$r = 2{,}48\ \%$$

Ejemplo 16.28

En el mes de Enero de este año, una sociedad emite obligaciones a 95 € mientras que su valor nominal es de 100 €. El vencimiento se producirá dentro de 5 años. La emisión se hace con una prima de reembolso del 10% que se pagará al vencimiento. El tipo de interés nominal anual pagadero a un año vencido es del 7%. Dentro de 3 años, por un cambio en la coyuntura económica, los tipos de interés para títulos equivalentes se sitúan en el 5%. ¿Cuál será el valor de las obligaciones en ese momento?

Solución

$$\text{Cupón} = 0{,}07 \times 100 = 7\ €$$

Valor de reembolso =100 × 1,10 = 110 €

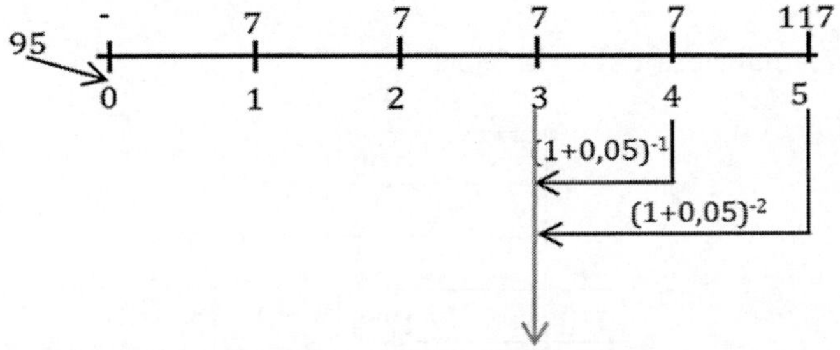

$$Valor\ en\ 3 = 7 \times (1+0{,}05)^{-1} + 117 \times (1+0{,}05)^{-2} = 112{,}79\ €$$

Ejemplo 16.29

En Julio se adquirieron obligaciones de una empresa con vencimiento dentro de 3 años. Dichas obligaciones tienen un valor de emisión y de reembolso de 100 € y un tipo de interés nominal anual del 6% pagadero por años vencidos.

Después de 2 años, se venden las obligaciones. En este momento, se estima que los tipos de interés de los títulos equivalentes estarán en el 3,5%. ¿Cuál es la rentabilidad obtenida en la inversión?

Solución

En primer lugar, estimamos el precio de venta de la obligación en 2

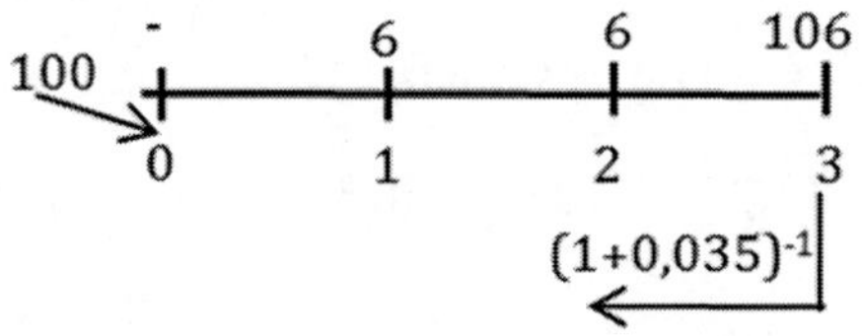

$$\text{Precio de venta en 2} = 106 \times (1 + 0{,}035)^{-1} = 102{,}42 \text{ €}$$

En segundo lugar, ya podemos calcular el rendimiento obtenido en la operación:

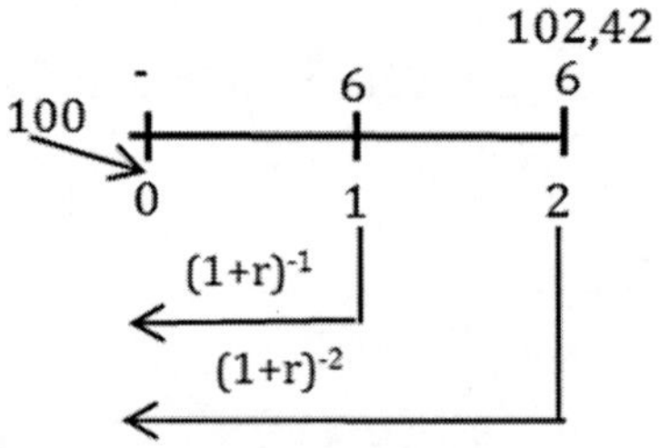

$$100 = 6 \times (1 + \mathrm{r})^{-1} + 108{,}42 \times (1 + \mathrm{r})^{-2}$$

Utilizando la función financiera TIR en la Excel:

	-100
	6,00
	108,42
TIR	7,17%

$$r = 7{,}17\ \%$$

Ejemplo 14.30

El 1 de enero del año X5 se emite un bono de nominal 100 euros con las siguientes características:

- Fecha vencimiento: 1/1/X7.
- Precio del bono: 93 euros.
- Valor de amortización: 100 euros.
- Cupón pagadero en base al Euribor a 6 meses más un diferencial del 1%.
- Suponiendo que el Euribor a 6 meses toma los siguientes valores.

Fecha	Euribor a 6 meses
1/1/X5	5%
1/7/X5	4%
1/1/X6	4,5%
1/7/X6	5%

Se pide: Calcular la tasa de rendimiento interna.

Solución

Fecha	Euribor a 6 meses	Diferencial	Interés nominal (J_2)	i_2	Cupones (Nonimal × i_2)
1/1/X5	5,0%	1%	6,0%	3,00%	3,00
1/7/X5	4,0%	1%	5,0%	2,50%	2,50
1/1/X6	4,5%	1%	5,5%	2,75%	2,75
1/7/X6	5,0%	1%	6,0%	3,00%	3,00

$$93 = \frac{3}{(1+r_2)^1} + \frac{2,5}{(1+r_2)^2} + \frac{2,75}{(1+r_2)^3} + \frac{103}{(1+r_2)^4}$$

Utilizando la función financiera TIR en la Excel:

	−93
	3
	2,5
	2,75
	103
TIR (r_2)	4,78%

$$TIR\ (r) = (1+r_2)^2 - 1 = (1 + 0,0478)^2 - 1 = 9,78\%$$

Otra forma:

$$93 = \frac{3}{(1+r)^{0,5}} + \frac{2,5}{(1+r)^{1}} + \frac{2,75}{(1+r)^{1,5}} + \frac{103}{(1+r)^{2}}$$

Utilizando la función buscar objetivos de la Excel:

$$r = 9,78\ \%$$

Ejemplo 16.31

En el mercado se negocian bonos cupón cero de 1.000 € de valor nominal emitidos por la sociedad Carosa. A estos títulos les restan 5 años para su vencimiento. La prima de amortización es del 40%.

a) ¿A qué precio cotizan actualmente si el mercado exige un rendimiento del 8%?

b) ¿Qué rentabilidad anual obtendrá un inversor que adquiera los títulos en las condiciones actuales y decida venderlos dentro de 2 años? Suponga que el rendimiento exigido por el mercado en el momento de la venta es del 9%.

Solución

a) ¿A qué precio cotizan actualmente si el mercado exige un rendimiento del 8%?

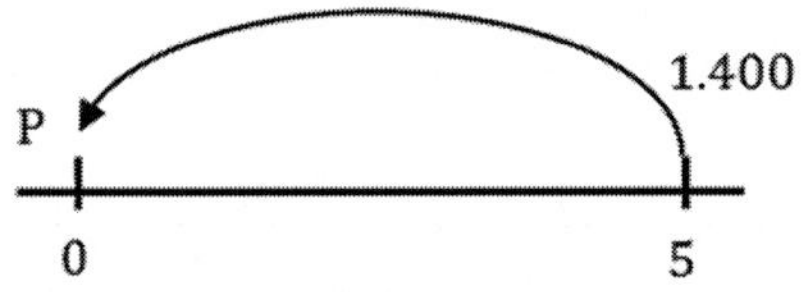

$$P = \frac{1.400}{(1+0,08)^{5}} = 952,82\ €$$

b) ¿Qué rentabilidad anual obtendrá un inversor que adquiera los títulos en las condiciones actuales y decida venderlos dentro de 2 años? Suponga que el rendimiento exigido por el mercado en el momento de la venta es del 9%.

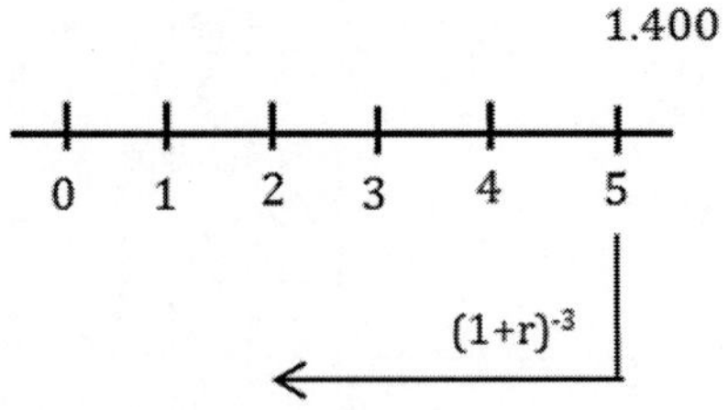

$$Precio\ de\ venta\ en\ 2 = \frac{1.400}{(1+0,09)^{3}} = 1.081,06\ €$$

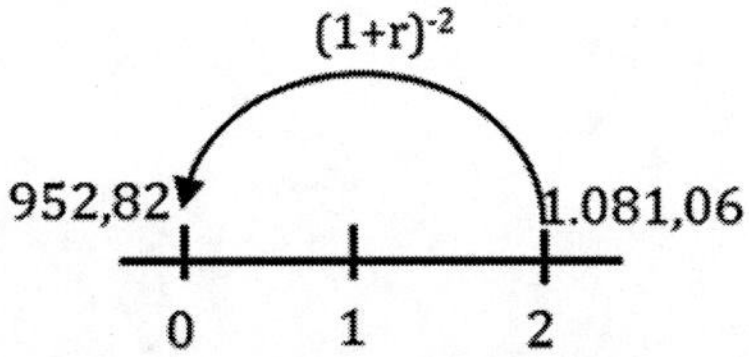

$$952{,}82 = \frac{1.081{,}06}{(1+r)^2}$$

$$r = 6{,}52\ \%$$